Advanced Ceramics Forming And Processing Technology

先进陶瓷成型及加工技术

朱 海 主 编

杨慧敏 朱柏林 副主编

化学工业出版社

·北京·

内 容 提 要

本书较全面地阐述了陶瓷材料成型及加工技术中的基础理论知识，注重新概念、新理论、常见成型工艺、方法和应用。以先进陶瓷材料的制备和加工技术为主线组织内容体系，首先概述了先进陶瓷的发展历史和应用，然后在系统介绍了先进陶瓷的粉体制备、烧结的原理及工艺基础上，重点介绍了先进陶瓷的成型及后续加工等方面的工艺和相关技术，其中包括大量国内外先进陶瓷研究的最新成果。

全书内容丰富、实用性强，可供广大从事无机非金属材料、陶瓷成型、陶瓷加工工艺等相关专业的高等学校师生参考学习，也可以作为从事陶瓷等硬脆材料成型加工生产、应用、开发和设备设计维修的高、中级技术人员实际生产操作中重要的技术参考资料。

图书在版编目（CIP）数据

先进陶瓷成型及加工技术/朱海主编；杨慧敏，朱柏林
副主编. —北京：化学工业出版社，2016.2（2020.1重印）
ISBN 978-7-122-25727-7

Ⅰ.①先… Ⅱ.①朱…②杨…③朱… Ⅲ.①陶瓷-成型
②陶瓷-生产工艺 Ⅳ.①TQ174.6

中国版本图书馆 CIP 数据核字（2015）第 282272 号

责任编辑：翁靖一 夏叶清 装帧设计：韩 飞
责任校对：程晓彤

出版发行：化学工业出版社（北京市东城区青年湖南街 13 号 邮政编码 100011）
印 装：北京虎彩文化传播有限公司
710mm×1000mm 1/16 印张 21½ 字数 419 千字
2020 年 1 月北京第 1 版第 2 次印刷

购书咨询：010-64518888
售后服务：010-64518899
网 址：http://www.cip.com.cn
凡购买本书，如有缺损质量问题，本社销售中心负责调换。

定 价：89.00 元

前言

FOREWORD

陶瓷材料由于其优异的耐磨损、耐腐蚀、抗高温、低密度等性能，被公认为21世纪最有活力的新型材料之一，它和金属材料、高分子材料、复合材料并列为当代四大工程材料。

按照性能和用途，陶瓷材料可分为传统陶瓷和先进陶瓷，后者随着科学技术的发展，又被不断赋予新的命名和定义，如特种陶瓷、精细陶瓷、工程陶瓷、高性能陶瓷等。先进陶瓷和传统陶瓷在原材料、结构、制备工艺等方面有明显不同，导致二者的性能也产生极大差异，不仅前者的性能远优于后者，而且先进陶瓷材料还能挖掘出传统陶瓷材料所没有的性能和用途，其中某些性能还远远超过现代优质合金和高分子材料。因而在各个工业领域，如石油、化工、钢铁、电子、纺织和汽车等行业中，以及尖端技术领域如航天、核工业和军事工业中有着广泛的应用价值和潜力。近年来，先进陶瓷材料的研究和应用技术得到了很大的发展，为了满足工业界对先进陶瓷材料的迫切需求，有必要及时总结先进陶瓷制备的基础理论和方法，以及加工技术的最新研究和应用成果。

本书以先进陶瓷材料的制备和加工技术为主线组织内容体系，首先概述了先进陶瓷的发展历史和应用，然后在系统介绍了先进陶瓷的粉体制备、烧结的原理及工艺基础上，重点介绍了先进陶瓷的成型及后续加工等方面的工艺及相关技术，其中包括大量国内外先进陶瓷研究的最新成果。

本书共分8章，其中第1章、第2章、第4章、第6章、第7章、第8章主要由东北林业大学朱海编写，第3章由黑龙江工程大学杨慧敏负责编写，第5章由东北林业大学朱柏林负责编写，参加本书编写工作的还有薛笑运、沈鸿侨、路达。全书由朱海负责统稿。

在本书的编写过程中，参阅并引用了一些国内外学者的著作、论文、论述及成果，尤其得到天津大学于思远教授、装甲兵工程学院田欣利教授和山东大学毕见强教授的支持，在此一并表示感谢。

  本书适用于材料类专业和机械制造专业的本科生教学，也可供相关专业的研究生、高职高专学生及相关学科领域的工程技术人员参考。

  先进陶瓷涉及学科广泛，由于编者知识面和理论水平有限，尽管在编写过程中竭尽努力，但书中不足之处在所难免，敬请各位读者和专家批评指正。

编　者

2015 年 10 月

目 录

CONTENTS

第3章 先进陶瓷成型方法 64

第4章 先进陶瓷烧结机理及烧结方法 150

第 5 章　先进陶瓷的切削加工技术　　179

第 6 章　先进陶瓷的磨削加工技术　　196

概　述

　　材料是我们衣食住行的必备条件，是社会发展的物质基础，它先于人类存在，并且与人类的出现和进化有着密切的联系。人类利用材料的历史，就是一部人类进化和进步的历史。每一种重要新材料的发现和使用，都会引起生产技术的重大变革，甚至引起一次世界性的技术变革，使得人类的物质文明和精神文明不断向前推进。追踪人类文明的历史，人类社会的发展是由材料的发展及伴随着的生产力的提高控制的，材料的性质直接反映人类社会文明的水平。因此，历史学家常用决定当时生活条件的代表性材料来命名人类生活的各个时代，如石器时代、青铜器时代、铁器时代等。

　　人类的发明创造丰富了材料世界，目前，世界上的传统材料已有几十万种，而新材料的品种正以每年大约 5% 的速率增长。进入 21 世纪，人类不断地发展和研制新材料，这些新材料具有一般传统材料所不可比拟的优异性能或独特性能，是发展信息、航天、能源、生物、海洋开发等高技术的重要基础，也是整个科学技术进步的突破口，新材料的广泛应用给社会带来了有目共睹的进步。

　　毋庸置疑，材料在人类社会发展中具有不可替代的作用和地位。人们往往用材料的发展和应用水平来衡量一个国家国力的强弱、科学技术的进步程度和人们生活水准的高低。材料在过去、现在和将来都必然是一切科学技术，尤其是高新技术发展的先导和支柱。世界各发达国家对材料的研究、开发、生产和应用都极为重视，并把材料科学技术列为 21 世纪优先发展的关键领域之一。

1.1　传统陶瓷与先进陶瓷

1.1.1　陶瓷的概念及分类

1.1.1.1　陶瓷的概念

　　按照构成，材料一般分为金属材料、无机非金属材料和有机材料。1968 年美国科学院将陶瓷定义为"无机非金属材料或物品"。陶瓷是一种与人类生活和生产密切相关的材料。随着生产力的不断发展和科学技术水平的不断提高，各个历史阶段赋予"陶瓷"的概念及范畴在不断变化，尤其是先进陶瓷出现后，侧重于传统陶瓷的定义已不再适用。从广义上讲，陶瓷材料是指除有机和金属材料之外的所有其他材料，即无机非金属材料。从狭义上讲，陶瓷材料主要指多晶的无机非金属材料，即经过高温热处理所合成的无机非金属材料。现代分析技术对陶瓷制品的分析结果表明：陶瓷是一种由若干晶相和玻璃相组成的混合物，其中的每一相都有许多不同的组成。这些组成主要属于无机非金属材料。因此，有些国家把由无机非金属材料作为基本组分组成的固体制品称作陶瓷。国际上常将无机非金属材料称为陶瓷材料。

1.1.1.2　陶瓷的分类

人们习惯将陶瓷分为两大类，即传统陶瓷和先进陶瓷（advanced ceramics）。传统陶瓷是以天然硅酸盐矿物为原料（黏土、长石、石英等），经过粉碎加工、成型、烧结等过程得到的制品，因此又叫硅酸盐陶瓷，诸如日用陶瓷、艺术陶瓷和工业陶瓷（电力工业用的高压电瓷、化学工业用的耐腐蚀的化工陶瓷、建筑工业用的建筑陶瓷和卫生陶瓷等）。与之相区别，人们将近代发展起来的各种陶瓷总称为先进陶瓷，先进陶瓷是采用纯度较高的人工合成化合物（如 Al_2O_3、ZrO_2、SiC、Si_3N_4、BN），通过恰当的结构设计，精确的化学计量，合适的成型方法和烧成制度，并经过加工处理得到的无机非金属材料。由于组成、性能、工艺及用途各不相同，上述两大类陶瓷又可细分为多种，见表 1-1。

表 1-1　陶瓷的分类

传统陶瓷	先进陶瓷				
	按性能分类	按化学组成分类			
		氧化物陶瓷	氮化物陶瓷	碳化物陶瓷	复合陶瓷
日用陶瓷	高强度陶瓷	氧化铝瓷	氮化硅瓷	碳化硅瓷	铝镁尖晶石瓷
建筑陶瓷	高温陶瓷	氧化锆瓷	氮化铝瓷	氮化硼瓷	锆钛酸铝镧瓷
绝缘陶瓷	耐磨陶瓷	氧化镁瓷	氮化硼瓷		
化工陶瓷	耐酸陶瓷	氧化铍瓷			
多孔陶瓷	压电陶瓷				
	电介质陶瓷				
	光学陶瓷				
	半导体陶瓷				
	磁性陶瓷				
	生物陶瓷				

1.1.2　传统陶瓷

1.1.2.1　传统陶瓷的发展历程

在材料的大家庭中，陶瓷是最古老的一种，是人类征服自然过程中获得的第一种经化学变化而制成的产品。传统陶瓷材料的发展经历了从陶器发展到瓷器，陶瓷的使用早于人类使用的第一种金属——青铜约 3000 年。我国现存最早的陶器残片出土于南方的一些洞穴居住遗址中，据碳-14 测定，距今 9000～10000 年。1977 年发掘的中原裴李岗遗址中的陶器为公元前 5935 年左右的陶器，1976 年发现的磁山遗址中的陶器距今 7300 年，1973 年发现的浙江余姚河姆渡遗址中的陶器，据测定距今约 7000 年，2002 年发掘的甘肃大地湾遗址的紫红色三足钵等 200 多件陶器，形态精美，距今已有 8000 年。最早出现的陶器大都是泥质和夹砂红陶、灰陶和夹炭黑陶，这类早期陶器的烧结温度为 800～900℃。

新石器时代晚期，中国第一个陶器品种——"彩陶"已趋成熟。以 1921 年在河南省渑池仰韶村发掘的彩陶为代表，这一历史时期的文化被称为"仰韶文化"或"彩陶文化"。彩陶是一类绘有黑色或红色花纹的红褐色或棕黄色的陶器。仰韶文化的陶器分布很广，苏北的大汶口文化，太湖的马家浜文化，华中的大溪文化等，都属于这一时期的文化。

1928 年在山东省历城龙山镇发掘的距今 4000 年前的"黑陶"，是区别于彩陶的另一类史前陶器。所以这一史期称为"龙山文化"或"黑陶文化"。龙山黑陶在烧制技术上有了显著进步，烧结温度达到 1000℃，炉内保持还原气氛，它广泛采用了轮制技术，因此，器形浑圆端正，器壁薄而均匀，出炉后打磨光滑，乌黑发亮，薄如蛋壳，厚度仅 1mm。说明中国的制陶业已有巨大的进步。这种陶也称为"蛋壳陶"。

进入有文字记载的殷商时代，陶器从无釉到有釉，在技术上是一个很大的进步，是制陶技术上的重大成就，陶器的烧结温度已达（1200±30）℃，达到了烧制瓷器的温度，为从陶过渡到瓷创造了必要的条件，这一时期釉陶的出现是我国陶瓷发展过程中的"第一次飞跃"。大批精美的秦俑的发掘充分证明了中国秦代（公元前 221～206 年）的制陶术已非常发达，制陶工业达到相当高的水平。汉代以后，釉陶逐渐发展成瓷器，无论从釉面和胎质来看，瓷器的出现无疑是釉陶的又一次重大飞跃。

瓷的发明晚于陶 4000～5000 年。如果说制陶是人类社会的普遍现象，只是中国比古埃及、古希腊早 2000～3000 年，那么瓷则是中国独一无二的发明。黄河流域和长江以南的商、周遗址的发掘表明，"原始瓷器"在中国已有 3000 年的历史，起始于商成熟于东汉。在浙江出土的东汉越窑青瓷是迄今为止我国发掘的最早瓷器，距今 1700 年，烧结温度达 1300～1310℃，在许多方面都达到了近代瓷器的水平。当时的釉具有半透明性，胎还欠致密，这"重釉轻胎倾向"一直贯穿到宋代的五大名窑（汝、定、官、越、钧）。我国陶瓷发展程中的"第三次飞跃"是瓷器由半透明釉发展到半透明胎。唐代越窑的青瓷、邢窑的白瓷、宋代景德镇湖田、湘湖窑的影青瓷都享有盛名。到元、明、清朝代，彩瓷发展很快，釉色从三彩发展到五彩、斗彩，一直发展到粉彩、珐琅彩和低温、高温颜色釉。晋朝（公元265～316年）吕忱的《字林》中已收入了"瓷"字。我国在唐代时期已有相当数量的瓷器出口。瓷器是中国独有的商品。到了明代，中国瓷器几乎遍及亚、非、欧、美各大洲。世界许多国家的大型博物馆都藏有中国明代瓷器。英国的李约瑟在《中国科学技术史》中认为，在瓷器方面西方落后于中国11～13个世纪。

陶与瓷的重要区别之一是坯体的孔隙度，即吸水率，它取决于原料和烧结温度。它们之间有一个过渡产品，叫炻器。炻器的代表是紫砂。紫砂是一类细炻，始烧于宋，成熟于明。随着中国茶文化的盛行，紫砂成为一类重要的实用品和工艺品。这三类陶瓷制品的主要区别如表1-2所示。

表1-2　日用陶、瓷器的分类

种类	粗陶	普通陶	细陶	炻	细炻	普通瓷	细瓷
吸水率/%	11～20	6～14	4～12	3～7	<1	<1	<0.5
烧结温度/℃	−800	1100～1200	1250～1280		1200～1300	1250～1400	1250～1400

1.1.2.2　从传统陶瓷到先进陶瓷

在一个相当长的历史时期，传统陶瓷的发展经历了三个阶段，取得三个重大突破。三个阶段分别是陶器、原始瓷器（过渡阶段）、瓷器，三个重大突破是原料的选择和精制、窑炉的改进和烧成温度的提高、釉的发现和使用。尽管如此，长期以来陶瓷的发展主要是靠工匠们技艺的传授，缺乏科学的指导，没有上升成为一门科学。产品主要是满足日用器皿、建筑材料（如砖、玻璃）等的需要，通常称为普通陶瓷（或称传统陶瓷）。进入20世纪，高新技术迅猛发展，传统意义上的陶瓷已远远不能满足电子、电气、热机、能源、空间、自控、传感、激光、通信、计算机等高新技术迅速发展的需要。为了满足新技术对陶瓷材料提出的特殊性能要求，人们采用传统陶瓷的基本原理和工艺制备出了一系列新型的陶瓷材料并用于现代科学技术中，为了区别传统概念上的陶瓷，人们把具有各种功能——机械、热、声、电、磁、光、超导等的陶瓷统称为先进陶瓷。先进陶瓷从原料、工艺和性能上与普通陶瓷有很大的差别。

先进陶瓷整个发展史只有半个多世纪，但是由于一系列新材料的开发，各种功能的新陶瓷材料层出不穷，为高科技和各个工业领域提供了一系列高性能陶瓷材料。可从表1-3陶瓷中氧化铝含量的变化中来看先进陶瓷的发展过程。

表 1-3　从氧化铝含量的变化看先进陶瓷的发展过程

名　称	Al_2O_3含量/%	材料性能	应用范围
传统材料	0~10	致密、脆、强度低	日用瓷、卫生瓷
耐火材料	30	多孔强度低	窑炉内衬
工业瓷	30~40	致密、强度低	化工、分析
75%Al_2O_3瓷	75	致密、强度一般	电子工业
95%Al_2O_3瓷	95	致密、强度较高	电子工业、化学工业
99%Al_2O_3瓷	≥99	高致密、高强度、耐腐蚀	电子、机械、化工

　　总的来说，陶瓷是一种既古老而又年轻的工程材料，陶瓷材料的发展经历了从陶器发展到瓷器，从传统陶瓷发展到先进陶瓷，从先进陶瓷发展到纳米陶瓷的三次重大飞跃，见图 1-1。

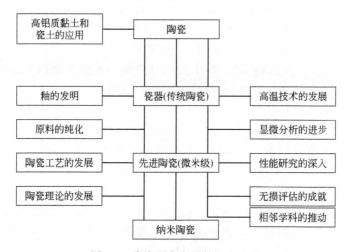

图 1-1　陶瓷研究发展的三个阶段

1.1.3　先进陶瓷

1.1.3.1　先进陶瓷的概念和特点

　　由于科学技术的迅速发展，特别是电子技术、空间技术、计算机技术的发展，迫切需要一些有特殊性能的材料，而某些陶瓷洽洽能满足这类要求。因此，近五六十年来这类陶瓷得到了迅速的发展。这新发展起来的一类陶瓷，无论从原料、工艺或性能上均与"传统陶瓷"有很大的差异。于是就出现了一系列名词称呼这类陶瓷以区别于旧有的陶瓷或传统陶瓷。这些名词，如先进陶瓷（Advanced Ceramics）、精细陶瓷（Fine Ceramics）、工程陶瓷（Engineering Ceramics）、新型陶瓷（New Ceramics）、近代陶瓷（Mordern Ceramics）、高技术陶瓷（High Technology Ceramics）、高性能陶瓷（High Performance Ceramics）、特种陶瓷（Special Ceramics）等。各个国家和同一国家不同的专业领域，根据其习惯常取其中一个或数个称呼。美国用"特种陶瓷"较多。日本用"精细陶瓷"较多。我国一般称先进陶瓷或特种陶瓷。从本质上来说，所有这些术语应该说具有相同或相近的含意。

通常认为，先进陶瓷材料是指"采用高度精选的原料，具有能精确控制的化学组成，按照便于控制的制造技术加工的，便于进行结构设计的，具有优异特性的陶瓷"。

我国国家标准对精细陶瓷的定义是：经过精细控制化学组成、显微结构、形状及制备工艺，获得具有力学、热学、化学、电子、磁性、光学、生物及其复合工况下的某些高性能特性，并用于各种高技术领域的陶瓷材料。

先进陶瓷材料与传统陶瓷材料的差别主要体现在以下几个方面：

① 原材料不同。传统陶瓷以天然矿物，如黏土、石英和长石等不加处理直接使用；而先进陶瓷则使用经人工合成的高质量粉体作起始材料，突破了传统陶瓷以黏土为主要原料的界线，代之以"高度精选的原料"。

② 结构不同。传统陶瓷是由黏土的成分决定，不同产地的陶瓷有不同的质地，所以由于原料的不同导致传统陶瓷材料中化学和相组成的复杂多样、杂质成分和杂质相较多而不易控制，显微结构粗劣而不够均匀，多气孔；而特种陶瓷一般化学和相的组成较简单明晰，纯度高，即使是复相材料，也是人为调控设计添加的，所以特种陶瓷材料的显微结构一般均匀而细密。

③ 制备工艺不同。传统陶瓷所用的矿物经混合可直接用于湿法成型，如泥料的塑性成型和浆料的注浆成型，材料的烧结温度较低，一般为900～1400℃，烧成后一般不需加工；而先进陶瓷一般用高纯度粉体添加有机添加剂才能适合于干法或湿法成型，材料的烧结温度较高，根据材料不同为1200～2200℃，烧成后一般尚需加工。在制备工艺上突破了传统陶瓷以炉窑为主要生产手段的界限，广泛采用诸如真空烧结、保护气氛烧结、热压、热等静压等先进手段。

④ 性能不同。由于以上各点的不同，导致传统陶瓷和先进陶瓷材料性能的极大差异，不仅后者在性能上远优于前者，而且先进陶瓷材料还挖掘出传统陶瓷材料所没有的性能和用途。传统陶瓷材料一般限于日用和建筑使用，而先进陶瓷具有优良的物理化学性能，高强度、高硬度、耐磨、耐腐蚀、耐高温、抗热震，而且在热、光、声、电、磁、化学、生物等方面具有卓越的功能，某些性能远远超过现代优质合金和高分子材料。因而先进陶瓷材料登上新材料革命的主角地位，在各个工业领域，如石油、化工、钢铁、电子、纺织和汽车等行业中，以及尖端技术领域如航天、核工业和军事工业中有着广泛的应用价值和潜力。

1.1.3.2 先进陶瓷的发展

19世纪末，人类已经成功地合成氮化硅（Si_3N_4）和碳化硅（SiC），拉开了先进陶瓷进入现代科技文明的序幕，较高纯度陶瓷原料的合成技术和烧结工艺初步形成。第二次世界大战爆发后，为了弥补战略物资的不足，德国考虑使用陶瓷代替钨、钴、镍、铜等特殊金属材料。为此大力开展了关于高纯度耐火陶瓷，具有陶瓷和金属的复合结构的金属陶瓷，以及陶瓷表面涂层等方面的研究。进入20 世纪 70 年代后，世界范围的石油危机使先进陶瓷再次受到重视。在开发新能源和有效利用石油能源的呼声中，相继掀起了有关先进陶瓷材料研究和开发的热潮。人们希望能够用耐高温高强度陶瓷取代耐热合金，制备具有高效率的燃气轮发电机和汽车发动机。为此陶瓷材料的研究和应用技术取得了很大的进展。

表 1-4 列出有代表性的先进陶瓷材料的研发和应用，其中稳定氧化锆陶瓷（PSZ）的发明将先进陶瓷材料的研究向前推进了一大步。PSZ 陶瓷具有接近3000MPa 的高强度（抗弯）和超出 $10MPa \cdot m^{1/2}$ 的高韧性。PSZ 陶瓷大量用来制备光纤接口、陶瓷刀具和模具。但是，因为 PSZ 陶瓷的高温强度性能不佳，耐高温陶瓷的研究重点不断倾斜到氮化硅（Si_3N_4）上，Si_3N_4 已用来制备一些汽车发动机部件。日本日产汽车公司于 1985 年首次将装有陶瓷涡轮增压器的轿车投入市场，引起社会的极大关注并鼓舞了从事陶瓷研究工作的科学技术人员。陶瓷涡轮增压器主要利用陶瓷的质量轻和耐高温等特性来提高汽车的加速性能。目前，关于碳化硅（SiC）陶瓷的研究和应用也取得了进展。SiC 是共价键结合很强的物质，因此 SiC 的常压烧结技术属于一项很大的突破。SiC 主要用来制作机械密封垫，半导体生产设备的零部件。

表 1-4　先进陶瓷材料研发和应用的代表性里程碑

年　代	研发和应用成果
1844 年	Bailamnn 发现 Si_3N_4
1891 年	Acheson 发现 SiC
1931 年	Al_2O_3 点火栓的应用
1959 年	美国通用电气公司研制出透明 Al_2O_3
1960 年	AlN 的热压烧结成功
1961 年	英国发现在 Si_3N_4 粉中添加 MgO 后可以热压得到高密度的 Si_3N_4 陶瓷
1971 年	日本开发出常压 AlN 烧结工艺
1973 年	美国通用电气公司成功研制出 SiC 常压烧结工艺
1975 年	澳大利亚发现部分稳定氧化锆陶瓷的增韧强化机理
1985 年	在日本载有陶瓷涡轮增压器的轿车投入市场

20 世纪 70 年代掀起了一股世界性的先进陶瓷热，为满足汽车功能多样化的要求，世界各国的陶瓷科技工作者逐渐把更多的目光寄希望于先进陶瓷。从最初开始采用陶瓷材料制作汽车用的绝缘装置，到生产火花塞的绝缘子，又扩展到净

化排气的氧传感器，蜂窝型催化剂载体等。近年来，陶瓷专家们对陶瓷发动机的研制与开发产生了浓厚的兴趣，并已取得了突破性进展，1971 年美国率先推出"脆性材料计划"旨在研究涡轮发动机零件。装有 104 个陶瓷零件的示范涡轮发动机试验表明：涡轮进口温度提高 200℃，功率提高 30%，燃料消耗降低 7%，1979 年美国能源部进一步提出了先进燃气轮机计划，研制成功的 AGT100 和 AGT101 发动机，涡轮入口温度分别达到 1288℃ 和 1371℃，在实验室单机室温试验时已达到 $1×10^5 r/min$ 的水平。1983 年美国能源部为了支持当时正在进行的陶瓷发动机及部件的研究和开发，制定了"陶瓷技术计划"，1996 年改为"发动机系统材料计划"，经过 10 年的研究，美能源部认为结构陶瓷的可靠性问题已经解决，主要是昂贵的价格阻碍了它的商品化。为此，1993 年又开始了一个为期 5 年的"热机用低成本陶瓷计划"。德国 1974 年开始实施国家科学部资助的国家计划，1980 年底进行室温试验时，转速 $6.5×10^4 r/min$，1350℃时，转速 $5×10^4 r/min$，在奔驰 2000 汽车上运行了 724km。日本政府 1978 年制定了"月光计划"，包括磁流体发电、先进燃气轮机、先进电池和储能系统等项目，1981 年日本又制定了"下一代工业基础技术发展计划"。特种陶瓷是其中重要的项目之一，1984 年制成的全陶瓷发动机，其热效率达 48%。节约燃料 50%，输出功率提高 30%，质量减轻 30%。其他国家，如英国、瑞典等都相继参加了这场竞争。

目前，美国与日本在先进陶瓷方面的研究与开发遥遥领先于世界上的任何国家，先进陶瓷的销售量逐年增加。据有关媒体报道的统计资料显示：1980 年美国先进陶瓷市场规模仅为 5.56 亿美元，1990 年达到了 21.96 亿美元，2000 年高达 51.25 美元。20 年间增长了近 10 倍。目前在美国从事电子陶瓷的公司有 300 多家，从事陶瓷发动机研究开发和生产的公司在 30～40 家之间。日本的先进陶瓷市场同样得到了飞速发展，1980 年为 6950 亿日元，1990 年达 25263 亿日元，2000 年高达 61261 亿日元，20 年间增长了近 9 倍。日本从事陶瓷开发生产的公司约 500 家。仅汽车特种陶瓷的专家就多达 2000 多名。日本发展先进陶瓷的战略步骤是首先开发制造日用生活用品和某些发热元件，如陶瓷剪刀、陶瓷加热器、陶瓷手术刀、人造陶瓷关节及陶瓷滚珠圆珠笔等。在积累了一定的先进陶瓷生产工艺、掌握了先进陶瓷生产技术的基础上，开始研究开发高级技术陶瓷及精密陶瓷元件。如日立公司采用的陶瓷薄膜磁头，既降低了产品的生产成本，又提高了磁头的录音、演奏与消磁性能。随即向市场投放陶瓷光盘，到 2000 年陶瓷光盘的销售额已达到 10 亿美元。另外，在泡沫陶瓷、超塑性陶瓷、塑胶复合陶瓷、及各种精细陶瓷材料与陶瓷元件等方面，日本均处于领先地位。

我国从 20 世纪 50 年代开始先进陶瓷的研究，材质以氧化铝陶瓷为主，60 年代为适应我国电子技术与核技术发展的需要，先进陶瓷的研究与开发逐步得到了发展，氧化铍质、氧化钙质以及其他非氧化物等先进陶瓷不断问世。"七五"、"八五"期间，我国先进陶瓷的开发与应用又进入了一个新阶段，从事先进陶瓷开发研制的高等院校、科研院所和生产企业到目前为止已超过 300 家。其中从事功能陶瓷的单位占 63.6%，从事结构陶瓷的单位占 36.4%，主要分布在江苏、浙江、上海、山东、天津、北京、福建和广东沿海地区的城市。西南、西北偏远地区从事先进陶瓷研制的单位以原军工企业为主。如 1976 年前后清华大学就研制成功以热压方法生产的氮化硅增韧氧化铝刀具。江苏省陶瓷研究所于上世纪 80 年代初就致力于先进陶瓷的研究开发与批量生产，先后成功地开发了纺织瓷件、PTC 系列、陶瓷摩擦片、压电陶瓷、泡沫陶瓷、电真空管及陶瓷过滤板等，为我国先进陶瓷的发展作出了积极贡献。广东佛山陶瓷研究所于 1991 年率先建成了国内第一条年产 10 万支陶瓷辊棒的生产线，有力地促进了建筑陶瓷的蓬勃发展。天津大学研制的"轿车发动机电控喷射系统用新型氧传感器"、"Al_2O_3 拉晶杆"和"压电陶瓷微位补偿片"也获得了成功。其中"轿车发动机电控喷射系统用氧传感器"为国家"863"攻关项目，已形成了年产 3 万只的批量生产能力。"压电陶瓷微位移补偿片"是国防工程配套项目。"Al_2O_3 拉晶杆"填补了国内在该领域的空白。台湾省生产的摩托车现正在逐步走向陶瓷汽缸时代。随着我国改革开放的深入和扩大，一批外资或合资特种陶瓷企业应运而生，其中较有规模的是生产 Al_2O_3 基片的上海京瓷有限公司，生产蜂窝陶瓷的上海华克排气系统有限公司，生产 Al_2O_3 基片的苏州共立电子有限公司，生产电子陶瓷和汽车陶瓷配件的摩根美超技术有限公司，生产片式陶瓷滤波器的江苏江佳电子陶瓷公司，生产压电陶瓷换能器的江苏捷嘉电子有限公司，生产 TTC、ZDN 和敏感陶瓷的武进兴勤电子有限公司，生产 TTC、ZDN 和铁氧体的珠海西门子-松下电子有限公司等。这些外资特陶企业的进入，不仅带来了先进的生产设备、生产工艺和科学管理，而且会加速我国先进陶瓷的发展。1986 年开始实施了"先进结构陶瓷与绝热发动机"的 5 年计划。20 世纪 80 年代末，一台无冷却六缸陶瓷柴油发动机大客车运行了 15000km。随后，两种沙漠车，EQ2060 和，WTC5400 或 Ul300，在 1995 年进行了行车实验，分别跑了 1 万余千米和 1100h 使我国成为世界上少数几个进行陶瓷发动机行车试验的国家之一。

1.2　先进陶瓷简介

1.2.1　先进陶瓷分类

按陶瓷的性能和使用功能来分类，先进陶瓷可分为结构陶瓷和功能陶瓷两大类。

结构陶瓷是指具有物理和力学性能及部分热学和化学功能的新型陶瓷，适用于高温下使用的结构陶瓷，又称为高温结构陶瓷，先进结构陶瓷是为满足迅速发展的宇航、航空、原子能等技术对材料的需要，以充分发挥其耐高温、耐腐蚀，高强度、高硬度等优异性能。按结构陶瓷的组成，可将其分为氧化物、碳化物、氮化物、硼化物、硅化物等类型。表 1-5 从材料的组成、性能及应用等方面简要介绍主要类型先进结构陶瓷材料。

表 1-5 结构陶瓷的主要种类、组成、性能及应用

分 类	性能特点	应用范围
氧化铍陶瓷	具有良好的热稳定性、化学稳定性、导热性、高温绝缘性及核性能	散热器件、高温绝缘材料、反应堆中子减速剂、防辐射材料等
氧化锆陶瓷	耐火度高，比热容和热导率小，化学稳定、高温绝热性好	冶金金属的耐火材料，高温阴离子导体，氧传感器，刀具等
氧化镁陶瓷	介电强度、高温体积电阻率高，介电损耗低，高温稳定性好	碱性耐火材料，冶炼高纯度金属的坩埚等
氧化铝陶瓷	高硬度、高强度，良好的化学稳定性和透明度	装置瓷，电路基板，磨具材料，刀具，钠灯管、红外检测材料，耐火材料等
氮化硅陶瓷	高温稳定性好，高温蠕变、摩擦系数、密度、热胀系数小，化学稳定性好，强度高	燃气轮机部件，核聚变屏蔽材料，耐火、耐腐蚀材料，刀具等
碳化硅陶瓷	较高的硬度、强度、韧性、良好的导热性、导电性	耐磨材料，热交换器，耐火材料，发热体，高温机械部件，磨料磨具等
氮化硼陶瓷	熔点高，比热容、热胀系数小，良好的绝缘性、化学稳定性，吸收中子和透红外线	高温固体润滑剂，绝缘材料，反应堆的结构材料，耐火材料，场致发光材料等
塞隆陶瓷（Sialon）	较低的热胀系数，优良的化学稳定性，高的低高温度强度，很强的耐磨性	高温机械部件，耐磨材料等

功能陶瓷是指以非力学性能为主的先进陶瓷材料。这类材料通常具有一种或多种功能，如电学、磁学、光学、热学、化学、生物等；有的有耦合功能，如压电、压磁、热电、电光、声光、磁光等。有些陶瓷材料既是结构材料也是功能材料，如 ZrO_2、Al_2O_3、SiC 等。功能陶瓷制品具有品种多、应用广、更换频繁、体积小、附加值高等特点，主要有金属氧化物和 Ba、Pb、Mg 及 Sr 的钛酸盐等，表 1-6 简要介绍几种主要功能陶瓷。

需要指出的是随着科学技术的发展、新材料的不断出现，结构陶瓷与功能陶瓷的界限正在逐渐淡化，有些材料同时具备优越的结构性能与优良的功能。当然，结构陶瓷与功能陶瓷不可能截然分开，功能陶瓷在力学性能上亦有基本要求，有些结构陶瓷尚有其他功能特性，如碳化硅是常见的研磨材料，但亦可用其半导性作高温发热元件。

表 1-6　功能陶瓷的主要种类、组成、性能及应用

分类	种类与性能	典型材料及组成	主要用途
电功能陶瓷	绝缘材料	Al_2O_3、BeO、MgO、AlN、SiC	集成电路基片、高频绝缘陶瓷等
	介电陶瓷	TiO_2、$LaTiO_3$、$Ba_2Ti_9O_{20}$	陶瓷电容器、微波陶瓷等
	铁电陶瓷	$BaTiO_3$、$SrTiO_3$	陶瓷电容器
	压电陶瓷	PZT、PT、LNN、$(PbBa)NaNb_3O_{15}$	超生换能器、谐振器、压电点火器、电动机、表面波延迟元件等
	半导体陶瓷	$PTC(Ba-Sr-Pb)TiO_3$ $NTC(Mn,Co,Ni,Fe,La)CrO_3$	温度补偿和自控加热元件温度传感器、温度补偿器等热传感元件、防火灾传感器等
	高温超导体陶瓷	$CTR(V_2O_3)$	超导材料等
磁功能陶瓷	软磁铁氧体	La-Ba-Cu-O Y-Ba-Cu-O	电视机、计算机磁芯、温度传感器、电波吸收器等
	硬磁铁氧体	Ba、Sr 铁氧体	铁氧体磁石等
	记忆用铁氧体	Li、Mn、Ni、Mg、Zn 与铁形成的尖晶石型铁氧体	计算机磁芯等
光功能陶瓷	透明氧化铝陶瓷	Al_2O_3	高压钠灯管等
	透明氧化镁陶瓷	MgO	特殊灯管、红外输出窗等
	透明铁电陶瓷	PLZT	光储存元件、光开关、光栅等
敏感陶瓷	湿敏陶瓷	$MgCr_2O_4-TiO_2$、$ZnO-Cr_2O_3$ 等	工业湿度检测等
	气敏陶瓷	SnO_2、$\alpha-FeO_3$、ZrO_2、ZnO 等	汽车传感器、气体泄漏报警器等
生物化学功能	载体用陶瓷	Al_2O_3瓷、$SiO_2-Al_2O_3$瓷等	汽车尾气催化载体、化工催化载体、酵素固定载体等
	催化用陶瓷	氟石、过渡金属氧化物	接触分解反应催化等
	生物陶瓷	Al_2O_3、$Ca_5(F,Cl)P_3O_{12}$	人造牙齿、关节骨等

1.2.2　先进陶瓷材料简介

下面从材料的组成、工艺、结构、性能及应用等方面简要介绍几种主要类型的先进结构陶瓷材料和先进功能陶瓷材料。

1.2.2.1　先进结构陶瓷

(1) 氧化物陶瓷

① 氧化铝陶瓷　氧化铝陶瓷是一种以 $\alpha-Al_2O_3$ 为主晶相的陶瓷材料。其中 Al_2O_3 含量一般在 $75\%\sim99.9\%$ 之间。通常以配料中的 Al_2O_3 含量来分类。含量在 75% 左右为"75"瓷，含量在 85% 的为"85"瓷，含量在 95% 的为"95"瓷，含量在 99% 的为"99"瓷。氧化铝主要有 α、β、γ 三种晶型，$\beta-Al_2O_3$ 是一

种含有碱土金属或碱金属的铝酸盐，六方晶格（$a=0.56nm$，$c=2.25nm$），密度 $3.3\sim3.63g/cm^3$，$1400\sim1500℃$开始分解，$1600℃$转变为 $\alpha\text{-}Al_2O_3$，；$\gamma\text{-}Al_2O_3$ 属尖晶石型（立方）结构，氧原子呈立方密堆积，铝原子填充在间隙中，它的密度较小，为 $3.42\sim3.47g/cm^3$，高温下不稳定，机电性能差，很少单独制成材料使用，在 $1500℃$ 可转化为 $\alpha\text{-}Al_2O_3$；几种晶型中，$\alpha\text{-}Al_2O_3$ 最稳定，为高温形态，它的稳定温度高达熔点，密度 $3.96\sim4.01g/cm^3$，属六方晶系，刚玉结构，$a=0.476nm$，$c=1.299nm$。在自然界中以天然刚玉、红宝石、蓝宝行等矿物存在，$\alpha\text{-}Al_2O_3$ 结构最紧密，活性低，高温稳定。电学性质最好，具有优良的机电性能，莫氏硬度为 9。氧化铝瓷具有高机械强度、高体积电阻率、良好的电绝缘性能、高强度、耐磨损、抗氧化等一系列特性，被广泛用作结构部件和功能装置瓷件，如机械、化工领域使用的耐磨耐腐蚀构件；坩埚、保护管、冶金工业中使用的耐火材料；基板、绝缘子、雷达天线罩、微波电解质等电子工业用瓷件。氧化铝陶瓷是研究较早、应用广泛且较成熟的先进陶瓷之一。

② 氧化锆陶瓷　氧化锆陶瓷是新近发展起来的仅次于氧化铝陶瓷的一种很重要的结构陶瓷。氧化锆有三种晶型。常温下是单斜晶型，密度 $5.65g/cm^3$，加热到 $1170℃$ 左右变为四方晶型，密度 $6.1g/cm^3$，加热到 $2370℃$ 左右转变为立方晶型，密度 $6.27g/cm^3$，至 $2700℃$ 左右熔融，上述变化是可逆转变。单斜晶型与四方晶型之间的转变伴随有 7% 左右的体积变化。加热时由单斜 ZrO_2，转变为四方 ZrO_2，体积收缩，冷却时由四方 ZrO_2 转变为单斜 ZrO_2，体积膨胀。但这种收缩与膨胀并不发生在同一温度，前者约在 $1200℃$，后者约在 $1000℃$，伴随着晶型转变，有热效应产生。氧化锆具有熔点、硬度、强度和韧性高，比热容和热导率低，可形成氧空位缺陷固溶体等特点，被广泛用作结构陶瓷和功能陶瓷，如刀具、机械部件、高级耐火材料、高温阴离子导体、氧传感器等。但氧化锆陶瓷的一大缺点是高温下其强度和韧性严重衰减，使其在高温条件下应用受到限制。

③ 氧化铍陶瓷　氧化铍属六方晶系，与纤锌矿晶体结构类型相同，其结构稳定，且无晶形转变。很致密。BeO 熔点高达 $(2570\pm30)℃$，密度 $3.028g/cm^3$，莫氏硬度 9。

BeO 陶瓷有与金属相近的热导率，为 Al_2O_3 的 $15\sim20$ 倍。因此可用来作散热器件；BeO 陶瓷具有好的高温电绝线性能，介电常数高，而且随着温度的升高略有提高，介质损耗小，也随温度升高而略有升高。因此可用以制造高温比体积电阻高的绝缘材料。BeO 陶瓷能抵抗碱性物质的侵蚀（除苛性碱外），可用来做熔炼稀有金属和高纯金屑铍、铂、钒等的坩埚。BeO 陶瓷具有良好的核性能，对中子减速能力强，对 α 射线有很高的穿透力，可用来作原子反应堆中子减速剂和防辐射材料等。此外，BeO 热膨胀系数不大，机械强度不高，约为 $\alpha\text{-}Al_2O_3$ 的 1/4，但在高温下降不大。BeO 有剧毒，这是由粉尘和蒸气引起的，操作时必须注意防护，但经烧结的 BeO 陶瓷是无毒的，在生产中应有安全防护措施。

④ 莫来石陶瓷　莫来石是 Al_2O_3-SiO_2 二元系统唯一稳定的化合物，熔点 1800℃，其组成不确定，一般介于 $2Al_2O_3 \cdot SiO_2$ 与 $3Al_2O_3 \cdot SiO_2$ 之间，通常认为莫来石化学计量式为 $3Al_2O_3 \cdot 2SiO_2$。莫来石具有高温力学性能好，热导率与热胀系数及密度低，抗蠕变性好等优点，缺点是常温力学性能差，且难烧结。莫来石陶瓷在高温结构陶瓷和耐火材料领域应用广泛并显示出良好的潜力。莫来石陶瓷可以用来制造热电偶保护管、电绝缘管、高温炉衬，还可用于制造多晶莫来石纤维，高频装置瓷的零件，如高频高压绝缘子、线圈骨架、电容器外壳、高压开关、套管及其他大型装置器件。此外，由于它具有表面的微细结构，也可用作碳膜电阻的基体等。通过与其他陶瓷复合是提高其常温力学性能和扩大应用范围的主要途径之一。

(2) 非氧化物陶瓷　非氧化物陶瓷主要是指氮化物陶瓷、碳化物陶瓷、硼化物陶瓷和硅化物陶瓷。它们一般以强共价键结合，非氧化物陶瓷原料在自然界很少存在，需要人工来合成原料，然后再按陶瓷工艺来做成陶瓷制品；原料的合成和陶瓷烧结时，易生成氧化物，因此必须在保护性气体中进行。化学稳定性高，熔点高，强度大，导热性好，有半导性，高温下易氧化分解等特点。

① 碳化硅陶瓷　碳化硅（SiC）陶瓷有两种晶型，一种是 α-SiC，属六方晶系，为高温稳定型；另一种是 β-SiC，属面心立方晶系，为低温稳定型。β-SiC 在 2100～2400℃ 温度范围可以转化成 α-SiC 晶型。碳化硅陶瓷高温强度大、高温蠕变小、硬度高、耐磨、耐腐蚀、抗氧化、高热导率和高电导率以及热稳定性好，所以是 1400℃ 以上良好的高温结构陶瓷材料。最早主要用作耐火材料和磨料磨具，如炼钢用水口砖、炉内衬、窑具、砂轮等，后来又逐渐用于某些技术领域做高温结构材料或发热元件，如火箭尾气喷管、燃气轮机叶片、磁流体发电机的电极，电炉发热体等。

② 氮化硅陶瓷　氮化硅（Si_3N_4）是共价键化合物，它有两种晶型，即 α-Si_3N_4 和 β-Si_3N_4。α-Si_3N_4 是针状结晶体，β-Si_3N_4 是颗粒状结晶体，两者均属六方晶系。由于 Si_3N_4 陶瓷的优异性能，在许多工业领域获得广泛的应用。利用其耐高温耐磨性能，在陶瓷发动机中用于燃气轮机的转子、定子和涡形管；无水冷陶瓷发动机中，用做活塞顶盖，柴油机的火花塞、活塞罩、汽缸套、副燃烧室以及活塞—涡轮组合式航空发动机的零件等。利用它的抗热震性好、耐腐蚀、摩擦系数小、热膨胀系数小的特点，它在冶金和热加工工业中被广泛用于测温热电偶套管、铸模、坩埚、燃烧嘴、发热体夹具、高温鼓风机和阀门等；钢铁工业上用作炼钢水平连铸机上的分流环；利用它的耐腐蚀、耐磨性好、导热性好的特点，广泛用于化工工业上作球阀、密封环、过滤器和热交换器部件等。利用它的耐磨性好、强度高、摩擦系数小的特点，用于机械工业上作轴承滚珠、狡镀、按珠座团、高温螺栓、工模具、柱塞泵、密封材料等。此外，它还被用于电子、军

事和核工业上，如开关电路基片、薄膜电容器、高温绝缘体、雷达天线罩、导弹尾喷管、炮筒内衬、核反应堆的支承、隔离件和核裂变物质的载体等。

③ 氮化硼陶瓷　氮化硼（BN）的结构和某些性能与石墨相似，有六方和立方两种晶型。六方在 1350~1800℃、6.5MPa 条件下可转化为立方 BN，硬度仅次于金刚石。六方为主晶相的 BN 材料具有可加工性和自润滑性，可作高温轴承等；热性好，是理想的高温绝缘散热材料、冶金容器及高温磨具材料。

④ 赛隆陶瓷　赛隆陶瓷是由 Al_2O_3 的 Al、O 原子部分地置换了 Si_3N_4 中的 Si、N 原子，而有效地促进了 Si_3N_4 的烧结，形成了 Si_3N_4 固溶体。该固溶体被称为"Sialon Aluminum Oxynitride"，取其字头为"Sialon"，译名为"赛隆"。赛隆陶瓷的晶体结构与 Si_3N_4 一样属六方晶系。赛隆陶瓷已在机械工业上用做轴承、密封件、焊接套简和定位销。连铸用的分流环，热电偶保护套管，晶体生长器具，铜、铝合金管拉拔芯棒以及滚轧、挤压和压铸用模具材料。它还具有良好的高温力学性能，制作成汽车内燃机挺杆；赛隆陶瓷还可制作透明陶瓷，如高压钠灯灯管、高温红外测温仪窗口。此外，它还可以用作生物陶瓷，制作人工关节等。

1.2.2.2　先进功能陶瓷

（1）压电陶瓷　压电陶瓷是指具有压电效应的一种功能陶瓷，是压电材料中的一种。所谓压电效应是指由应力诱导出极化（或电场），或由电场诱导出应力（或应变）的现象，前者为正压电效应，后者为负压电效应，两者统称为压电效应。压电陶瓷是一种多晶体，按晶体结构分类有钙钛矿型、钨青铜型、焦绿石型等几种，目前广泛应用的是钙钛矿型，如钛酸钡、钛酸铅、锆钛酸铅等。应用主要有五大类：电-声信号，光信号处理（频率器件），发射与接收超声波，计测和控制，信号发生器（电信号和声信号），高压电源发生器。其应用产品已达数百种，如：如压电陶瓷谐振器、滤波器，超声换能器、压电蜂鸣器和压电送、受话器；压电点火、压电发动机等。

（2）超导陶瓷　超导陶瓷是指具有高温超导性能的陶瓷材料。所谓超导体是指电阻仅为零且具有抗磁性的导体，达到这一状态的温度称为临界温度。最早发现的超导体往往需要在超低温才具有超导性，难以实用化。随着研究的不断深入，人们发现一些氧化物陶瓷也具有超导性，其临界温度大大提高，这为超导材料的实现带来希望，这就是人们现在提到的超导陶瓷。由于超导陶瓷具有零电阻和抗磁性等特性，可应用于以下几大领域，并将会产生巨大的经济效益和社会效益。一是用于电力输送配电，没有能量损耗（节能 20%）、长期无损耗地储存能量，也可制造大容量、高效率的超导发电机等；二是用于制造磁悬浮列车；三是用于制造超高性能计算机以及利用抗磁性进行废水处理及去除毒物等。目前主要的超导陶瓷组成体系有 Y-Ba-Cu-O 系、La-Ba-Cu-O 系、La-Sr-Cu-O 系、Ba-Pb-Bi-O 系等。

(3) 磁性陶瓷　磁性陶瓷是氧和以铁为主的一种或多种金属元素组成的复合氧化物，称为铁氧体。从铁氧体的性质和用途来分，磁性陶瓷包括软磁铁氧体、硬磁铁氧体、微波铁氧体、磁致伸缩铁氧体、矩磁铁氧体和磁泡铁氧体。

软磁铁氧体是易于磁化和去磁的一类铁氧体，具有很高的磁导率和很小的剩磁、矫顽力。可作为高频磁芯材料制作电子仪器的电感线圈和变压器等的磁芯。制作磁头铁芯材料，用于录像机、电子计算机等之中。还利用软磁铁氧体的磁化曲线的非线性和磁饱和特性，用于制作非线性电抗器件如饱和电抗器、磁放大器等。

硬磁铁氧体与高磁导率软磁材料相反，具有高矫顽力和高剩余磁感强度。磁化后，不需外部提供能量，就能产生稳定的磁场，故又称永磁铁氧体。硬磁铁氧体可用于电信领域如用于制作扬声器、微音器、磁录音拾音器、磁控管、微波器件等；用于制作电器仪表如各种电磁式仪表、磁通计、示波器、振动接收器等；用于控制器件领域如制作极化继电器、电压调整器、温度和压力控制、限制开关、永磁"磁扭线"记忆器等。在工业设备及其他领域也有应用。

微波铁氧体是在高频磁场作用下，平面偏振的电磁波在铁氧体中一定的方向传播时，偏振面会不断绕传播方向旋转的一种铁氧体，又叫做旋磁铁氧体。微波铁氧体以晶格类型分类，主要有尖晶石型、六方晶型、石榴石型铁氧体三类。使用微波铁氧体的微波器件，代表性的有环形器、隔离器等不可逆器件，即利用其正方向通电波、反方向不通电波的所谓不可逆功能；也有利用电子自旋磁矩运动频率同外界电磁场的频率一致时，发生共振效应的磁共振型隔离器。还有在衰减器、移相器、调谐器、开关、滤波器、振荡器、放大器、混频器、检波器等仪器中都使用微波铁氧体。

磁致伸缩铁氧体是具有显著磁致伸缩特性的铁氧体。这类材料多用来制作超声波换能器和接收器，在电信方面制作滤波器、稳压器、谐波发生器、微音器、振荡器等，在电子计算机及自动控制方面制作超声延迟线存储器、磁扭线存储器等。常用的磁致伸缩铁氧体为镍系铁氧体如 Ni-Co 系、Ni-Cu-Co 系、Ni-Zn 铁氧体等。矩磁铁氧体是指磁滞回线呈矩形的、矫顽力较小的铁氧体。主要用于计算机及自动化控制与元件控制设备中，作为记忆元件、逻辑元件、开关元件、磁放大器的存储器和磁声存储器。磁泡铁氧体与矩磁铁氧体相比，具有存储器体积小、容量大、功耗小的优点。鉴于此，作为记忆信息元件，人们寄希望于磁泡材料。

(4) 生物陶瓷　生物陶瓷是具有特殊生理行为的陶瓷材料，可以用来构成、修复或替换人体骨骼和牙齿等某些组织和器官。生物陶瓷必须满足六个条件，即生物相容性、力学相容性、与生物组织有优异的亲和性、抗血栓、灭菌性、具有很好的物化稳定性。目前，生物陶瓷一般可分为四大类：①惰性生物陶瓷，主要由氧化物陶瓷、非氧化物陶瓷组成，包括氧化铝陶瓷和各种碳制品；②表面活性陶瓷,包括羟基磷灰石陶瓷、表面活性玻璃、表面活性玻璃陶瓷;③吸收性生物陶瓷,包括硫酸钙、磷酸三钠和钙磷酸盐陶瓷;④生物复合材料,包括陶瓷涂层、活性玻璃陶瓷与有机玻璃或金属纤维、羟基磷灰石与自生骨头或聚乳酸等。

(5) 纳米陶瓷 所谓纳米陶瓷,是指显微结构中的物相具有纳米量级尺度的陶瓷材料,包括晶粒尺寸、晶界宽度、第二相分布、气孔尺寸、缺陷尺寸等均在纳米量级水平上。由于纳米微粒的小尺寸效应、表面效应、量子尺寸效应和宏观量子隧道效应等,使得纳米材料在磁、光、电、敏感等方面呈现一系列常规材料不具备的特性,因此,纳米微粒在磁性材料、电子材料、光学材料、高致密度材料的烧结、催化、传感等方面具有广阔的应用前景。

1.3 先进陶瓷制备工艺过程

先进陶瓷作为一种材料,其结构与性能与制备工艺过程密切相关,因此,了解和掌握其制备工艺过程以及所需的制备技术是十分重要的。

1.3.1 现代材料制备工艺过程特点

在现代三大材料,即金属、有机高分子和无机非金属材料中,无机非金属材料的制备工艺过程最为特殊,最为多样。金属材料(除硬质合金外)一般由矿物经熔融而制得,如钢铁材料,也可由盐溶液电解而制得,如铝、铜等。金属材料制备工艺的特点是,工艺过程中必须经过液相过程,所制得材料中无气孔存在。有机高分子材料一般是通过对有机原料进行化学加工(如裂解、合成等)而制得,化学反应在液相或气相中进行。

无机非金属材料的制备工艺过程取决于材料的类型。单晶材料的晶体生长常在溶液或融盐中进行,也有在气相中进行的。同样,玻璃材料一般也是由熔融的熔体经过冷却并防止析晶产生而制得,玻璃-陶瓷材料则是玻璃经部分晶化制得的。然而,现代陶瓷材料的工艺过程不仅与金属和有机材料有极大的不同,同时与单晶材料和玻璃材料也不一样。陶瓷材料一般是经过烧结制得的。

1.3.2 传统陶瓷材料制备工艺简介

古代的人类利用身边的黏土,经手工成型、烘烤发现可作为简单的容器使用,进一步发现这种容器如再经一定的烧烤即可获得高一些的强度,并可防止水的渗漏破坏,因而更有实用价值,这种初始的器皿即早期的陶器。

瓷器是我国古代的发明,早期的瓷器出现于东汉、西晋年间。与陶器的主要差别在于，早期的瓷器原料较为纯净，需较高的烧制温度（达 1200℃），其强度、密度远高于陶器．早期瓷经原料选择和成型烧制工艺的改进，其性能有很大提高。瓷器的秘密于 18 世纪传入西方。在以后的岁月里，一些近代、现代工业技术，如蒸汽机技术、燃料和燃烧技术等被用于传统的陶瓷行业，使陶瓷工业从传统的手工业走向了工业化。

现代的工业用瓷一般以长石、石英和黏土（如高岭土）为原料，经球磨、混合制成泥料（塑性体）或浆料（泥浆），再经成型、干燥后，在窑中烧成。烧成的器件可能还需施釉以提高其强度、外观等性能。典型的瓷器如长石瓷的制造所用原料一般取自于自然，主要成分为氧化硅、氧化铝和一些碱金属、碱土金属氧化物，如氧化钠、氧化钾、氧化钙、氧化镁等；主要的相组成为石英、莫来石和一些由氧化铝、氧化硅和碱金属、碱土金属等组成的氧化物玻璃相等杂相。另外，瓷器烧成时，物件内除大部分石英为固相骨架外，其余有很大一部分为液相，即为液相烧结，即使如此，烧成时必须有一相为固相以保持其原有形状。这是与其他材料制备过程不同的一个最重要的差别。

除长石瓷外，根据原料和相组成的不同，还有滑石瓷（含氧化、镁），骨质瓷（含磷酸盐）、刚玉瓷（氧化铝为主晶相）等很多品种，它们一般有各种较好的性能。

传统的瓷器由于化学组成、相组成均不够纯净，而且杂质主要藻是对机械、电学等性能均不利的碱金属及碱土金属氧化物，另外烧成后的制品内含有 5% 以上的气孔率，所以总体性能较差。

1.3.3　先进陶瓷材料制备工艺特点

先进陶瓷材料的制备技术是在传统陶瓷制备技术的基础上不断探索总结而发展起的。一般来讲，传统陶瓷的制备工艺比较稳定，其侧重点在效率、质量控制等方面，对材料微结构的要求并不十分严格。而先进陶瓷则必须在粉体的制备、成型、烧结方面采取许多特殊的措施，并控制材料显微结构，才能获得性能优异的先进陶瓷制品。对其他材料如金属和有机高分子材料来说，制备过程均经过一个液相过程，材料的致密度一般不成问题，即材料中不含气孔缺陷。同样是无机非金属材料，单晶和玻璃材料的制备过程中也必须经过液相过程，也不存在气孔问题。但陶瓷材料一般必须通过多孔生坯（气孔率达 50%）的烧结过程。对先进陶瓷而言，烧结过程伴随有致密化、晶粒生长、晶界形成、气孔尺寸变化等多个因素，并且这些因素之间相互干扰，使得最后烧成品的性能不仅与烧结过程有关，而且也与烧前生坯及粉体性能有密切关系。由此可见先进陶瓷材料性能对工艺的依赖性很强。

传统陶瓷材料的工艺基本是经验性的，虽然现代的科学技术日益广泛地应用于传统材料的制造过程，但由于历史的原因，现在的传统陶瓷工艺早就已经靠经验定型了。现代的先进陶瓷材料的制造工艺本身及其各个步骤不仅含有大量的现代科技含量。而且工艺的确定、质量的检测均有赖于现代科学技术的进步。

1.3.4   先进陶瓷材料制备工艺过程

先进陶瓷的制备工艺过程主要包括原始粉料的合成、制品成型、烧结、加工及检验等环节。此外，根据陶瓷制品的外形特点，还可将先进陶瓷分为先进陶瓷固体材料、先进陶瓷复合材料、先进陶瓷多孔材料等。针对这些先进陶瓷材料的制备，图 1-2 给出了先进陶瓷材料的制备工艺过程和常用的制备技术。具体内容将在随后的章节中详细讨论。

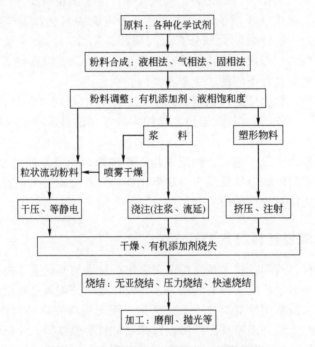

图 1-2   先进陶瓷材料通常的工艺流程图

(1) 起始原料   现代先进陶瓷材料的起始原料一般是已经过提纯、加工的具有较高纯度的化学试剂或工业用化学原料。有时也可使用较初级的原料，原料的提纯在粉体的合成过程中一起进行。一些常用的化学试剂如表 1-7 所列。

(2) 粉体合成   由起始原料经化学反应合成符合要求（化学组分、相组分、纯度、颗粒度、流动性等）的粉体。粉料合成方法可以是颗粒细化的机械粉碎法，也可由颗粒在介质中成核生长的方法制备，后者一般是化学法。化学法可根据化学反应进行的相态不同分为液相法，气相法和固相法等。第 2 章第 3 节中介绍了化学法制备陶瓷粉体的一些常用方法。

表 1-7　常用的陶瓷粉体合成起始原料

陶瓷材料	化学试剂
氧化铝(Al_2O_3)	煅烧氧化铝(bayer process)、氯化铝、硫酸铝氨、氢氧化铝、有机铝盐(醇盐)
氧化锆(ZrO_2及亚稳、全稳定四方立方根)	氧氯化锆、硫酸锆、硝酸锆、有机锆盐(如醇盐、醋酸盐)
氧化钇(Y_2O_3)	氯化钇、硫酸钇、硝酸钇、有机钇盐(如醇盐)
钛酸钡($BaTiO_3$)	碳酸钡、草酸钡、硝酸钡、氧化钛、钛酸盐、有机钡(钛)盐(如醇盐等)
氧化镁(MgO)	氯化镁、煅烧氧化镁、有机镁盐
锆钛酸铅(PZT,PLZT)	相关组分氧化物、草酸盐、硝酸盐、有机盐(醇盐、柠檬酸盐等)
Mn-Zn 铁氧体	氧化物、硝酸盐、有机盐等
莫来石(Mullite)	氯化铝、硝酸铝、有机铝盐、硅醇盐(TEOS)

（3）粉料的调整　如合成的粉体不符合设计或后续工艺的要求，则需对粉体进行调整。如粉体细度不够或含较大团聚体，粉体需要研磨。研磨的方法有球磨、搅拌球磨、砂磨、振动磨等；如含有不希望有的离子杂质，可用洗涤（如水洗或酸洗）的方法加以改善。

粉料调整还包括为适于成型而进行的有机添加剂的加入、湿度调整、造粒、泥料（塑性物料）和浆料调制、混练等。用于颗粒法成型（干压、等静压）的粉体需经造粒以改善其流动性和模具填充性，并使之含有一定湿度（根据颗粒大小需 1％～15％不等）和添加剂含量；塑性物料的调制用于塑性成型方法（挤压、注射成型），塑性物料中液相饱和度（液相占颗粒间气孔百分数）接近于 1，物料呈塑性；浆料的调制用于浇注成型（注浆、流延成型），浆料的液相饱和度大于 1，具有流动性，喷雾干燥造粒也从浆料开始。

（4）成型　成型是将一个分散体系（粉体、塑性物料和浆料）转变成具有一定几何形状、体积和强度的块体。如上所说，不同形态的物料适用于不同的成型方法。颗粒态粉体用干压法或等静压法成型；塑性物料适用于挤压成型或注射成型（塑性法成型）；浆料则用于浇注法成型。

（5）成型体烧结前预处理　由于成型体中（不管什么成型方法）均含有一定量的有机添加剂和溶剂，因此烧结前一般需经处理，即干燥和有机添加剂烧失处理。

干燥必须在较低温度以较慢速度进行，以免速度过快造成成型体开裂．有机物烧失处理一般选择在有机物分解或氧化温度以上，但温度不能过高，避免烧失过快引入缺陷。一般的烧失选择在氧化气氛下，以尽量减少碳的残余。某些情况下需先在非氧化气氛中分解后在氧化气氛中脱碳，这样可防止直接氧化时气体过多过快产生。

（6）烧结 烧结是指在一定温度、压力下使成型体发生显微结构变化并使其体积收缩、密度升高的过程。最常用和最基本的方法是常压（无压）烧结法。使用压力的烧结为热压或高温等静压（热等静压）法。此外还有新发展起来的各种快速烧结方法。

烧结是陶瓷材料制造的关键步骤。通过烧结，材料不仅变得致密，而且获得相当的强度等力学性能和其他各种各样的功能性能。由于烧结是在固相之间或固相—液相之间进行，烧结时密度、晶粒和气孔尺寸等参数同时变化并相互影响，所以其过程十分复杂。

（7）加工 先进陶瓷在使用前，必须根据用户要求进行加工后方能使用。如在机械结构上使用时，必须与金属零部件接合或配合，这就要求先进陶瓷零部件的各项精度与金属零部件相一致。而先进陶瓷材料经过成型、烧结后虽然具有一定的形状和尺寸，但由于工艺过程中产生了较大的收缩，使烧结体尺寸偏差在毫米数量级甚至更大，根本达不到装配的精度要求，因而需要进行精加工；而且在成型和烧结过程中，由于受各种因素的影响，制品表面不同程度会有黏附、微裂纹，甚至表面被其他化合物所包裹，所以必须对制品进行表面加工处理。

目前，先进陶瓷材料的加工方法主要有：切削加工、磨削加工、光整加工、特种加工等方法。

● 参考文献

［1］ 毕见强，赵萍等．特种陶瓷工艺与性能［M］．哈尔滨：哈尔滨工业大学出版社，2008．

［2］ 李世普．特种陶瓷工艺学［M］．武汉：武汉理工大学出版社，2007．

［3］ 刘维良．先进陶瓷工艺学［M］．武汉：武汉理工大学出版社，2004．

［4］ 高瑞平．先进陶瓷物理与化学原理及技术［M］．北京：科学出版社，2001．

第2章
先进陶瓷粉体的性能表征及制备技术

先进陶瓷材料的性能在某种程度上是由其显微结构决定的，而显微结构取决于制备工艺过程。前已述及，先进陶瓷的制备工艺过程包括粉体制备、成型和烧结三个主要环节。其中粉体制备是基础，如果作为基础的粉体质量不高，即使在随后的成型和烧结时付出再大的代价，也难以获得理想的显微结构以及高质量的陶瓷产品。所谓粉体（powder），就是大量固体粒子的集合系。它表示物质的一种存在状态，既不同于气体、液体，也不完全同于固体。因此，有人将粉体看做是气、液、固三态之外的第四相。粉体性能的优劣，将直接影响到成型和烧结的质量，如果粉体的流动性差、严重团聚、颗粒粗大，则通过成型，无论如何也不可能得到质地均匀、致密度高、无缺陷的生坯，而这样的生坯必然烧结温度非常狭窄，就会导致烧结条件难以控制，不可能制出显微结构均匀、致密度高、内部无缺陷、外表平整的瓷坯。因此，粉体作为先进陶瓷材料的主体原料，其性能优劣对先进陶瓷材料是至关重要的。因此学习和掌握好陶瓷粉体的基本特征、制备方法是制备性能优良陶瓷制品的重要前提。

目前先进陶瓷粉料的制备方法一般分为机械法和合成法两种。前者是采用机械粉碎方法将机械能转化为颗粒的表面能，由粗颗粒获得细颗粒的方法。这种方法工艺简单，成本低，适用于工业化大生产，但在粉碎过程中难免混入杂质，而且不易制得粒径在 $1\mu m$ 以下的微细颗粒。后者是通过离子、原子或分子的反应、成核和成长，收集后进行处理来获得微细颗粒的方法。这种方法的特点是纯度、粒度可控，均匀性好，可获得颗粒微细的微粉，并可以实现颗粒在分子级水平上的复合、均化，特别适用于先进陶瓷微细粉料的制备。合成法通常又可分为固相法、液相法和气相法，不过固相法合成出来的原料往往需要进行机械粉碎。

2.1　先进陶瓷粉体应有的特性

粉体的性质对制备先进陶瓷的质量是十分重要的，这里的"质量"除了指产品性能优良与重复性好之外，还包括工艺性能优良且稳定性好。为能达到这种理想状态，先进陶瓷粉体应具有如下一些特性。

(1) 化学组成精确　化学组成精确是一个最基本的要求，因为对先进陶瓷而言，不同化学组成直接决定了产品的晶相和性能，若化学组成产生偏离，其结果将会是面目全非。如 PZT 压电陶瓷，当 Zr：Ti＝52：48 时，正是三方相与四方相的相界，当设计的组成落在四方相区内，其产品的压电性能与四方相相对应，若偏离到三方相区内，则产品的压电性能将与设计的要求大不相同，不符合产品质量的要求；如在 $SrTiO_3$ 中，SrO 过量会使烧结时出现液相，导致二次重结晶，而 TiO_2 过量则会阻碍烧结。

(2) 化学组成均匀性好　化学组成均匀性好即表示化学组成分布得均匀一致，如果化学组成分布得不均匀，将会导致局部化学组成的偏离，从而影响粉料的烧结及制品的性能。因为成分分布的不均匀常造成局部熔点降低，出现液相，促进晶粒生长，或导致二次重结晶，或局部难以烧结，导致制品的显微结构的不均匀。致密度不高，对制品性能将产生不利影响，从而造成陶瓷产品的性能下降，重复性与一致性变差。

(3) 纯度高　纯度高要求粉体中杂质含量要低，特别是有害的杂质含量要尽可能的低，因为杂质的存在将会影响到粉体的工艺性能和产品的物理性能。为了保证粉体的纯度，首先在选用原材料时，就应该严格控制；其次在制备过程中，应尽量避免有害杂质的引入。粉体的化学成分关系到先进陶瓷的各项性能是否能够得到保证。材料中含杂质的情况，对烧结过程也有不同程度的影响。尽管杂质不一定都有害，但对粉料通常都有一个纯度的要求，对于纯度不够的粉料应忌用或慎用。但需指出，对原料的纯度也应有合理的要求，不能盲目追求不必要的纯度，而造成经济上的浪费，在满足产品性能的前提下尽量采用价格低廉的原料。对于杂质要作具体分析，有的不仅无害，反而是有益的。例如有些杂质能与主成分形成低共熔物而促进烧结；有Ⅲ、Ⅴ族或Ⅱ、Ⅵ族杂质能作离子价补偿而提高电气性能等。这正是采用不同批量而相同纯度的原料，往往却得不到相同性能产品的主要原因。当更换原料批号或产地时，除应注意其纯度外，还应注意杂质类型与含量，分析可能对产品产生的影响，并通过小批量试验而加以证实。

(4) 适当小的颗粒尺寸　粉体颗粒尺寸的大小是决定其烧结性能的重要因素，在一定的烧结温度下，烧结速率与颗粒大小（如颗粒半径）的某一次方成反比，所以颗粒大小常常决定了粉料的烧结性能。粒度越细、结构越不完整，其活性（不稳定性、可烧结性）越大，不但可降低烧成温度，而且还可展宽烧结温度范围，越利于烧结的进行。一般来说粉料的粒度越细，其工艺性能越佳。例如，当采用挤制、轧膜、流延等方法成型时，只有当粉料达到一定的粒度时，才能使浆料达到必要的流动性、可塑性，才能保证制出的坯体具有足够的粗糙度、均匀性和必要的机械强度。此外，随着粉料粒度的进一步细化，陶瓷的烧成温度也将有所降低，所以对那些烧结温度特别高的电子陶瓷，如 Al_2O_3 瓷、MgO 瓷，以及要低温烧结的独石瓷等，粉料的超细粉碎具有很大的实际意义。对于不同的陶瓷材料其适当的颗粒尺寸也不尽相同，但对于功能陶瓷材料而言，其平均颗粒尺寸 $D_{50}=0.5\sim1\mu m$ 比较适当。当然，粒度过小，也往往会导致其他问题，如粒度过于小，会引起表面活性的急剧增大，并吸附过多的空气，或由于处理不当而吸附有害的气体而导致表面"中毒"。这些均会使成型时容易分层，生坯致密度不易提高。此外，粒度越细，团聚现象越严重，也会影响到成型质量。所有这些最终均影响到烧结的顺利进行，有时会使产品不易烧结，有时会导致瓷坯内晶粒的异常生长，而且粉料越细，加工量越大，磨料掺杂的可能性也大，付出的代价也就越高。因此，粉料应有一个合理的粒度，应从整个工艺过程及最终产品的性能做出全面的考虑。

(5) 颗粒呈球状且尺寸均匀单一　粉体颗粒最理想的外形应是球形，因为球形颗粒粉体的流动性好，颗粒堆积密度高（理论计算值为 74%），气孔分布均匀，从而在成型与烧结致密化过程中，可对晶粒的生长和气孔的排除与分布进行有效的控制，以获得显微结构均匀、性能优良、一致性好的产品。此外，粉体颗粒尺寸应均匀单一，因为颗粒尺寸差别大的粉料，烧结后颗粒较大的区域往往不致密，并且大颗粒常常会成为二次重结晶的核，导致个别晶粒的异常长大，从而严重地影响到显微结构和产品的性能。因此，颗粒尺寸的差别越小越好，最理想的是所有颗粒具有同一尺寸，即所谓的单尺寸颗粒，这样的粉料如不团聚，其成型性能好，得到的素坯显微结构均匀，密度高，气孔尺寸分布单一，从而使其在致密化过程中，可对显微结构的发展达到有效的控制。实际上，粉体颗粒尺寸均匀单一的要求是很难达到的，只能在颗粒分布曲线上，使其颗粒尺寸分布非常狭窄，也就是说，只能达到近似地均匀单一。

(6) 分散性好无团聚　理想的粉体应该是由单个的一次颗粒组成，不能有团聚体存在。所谓"一次颗粒"是指粉体中最基本的颗粒。而团聚体则是指粉料中一定数量的一次颗粒，由于各种力的相互作用（如静电力、范德瓦耳斯力、液体存在于颗粒间形成的毛细管力等），相互之间形成一定强度的键；或由于在煅烧过程中，在表面张力作用下，通过扩散在颗粒间形成瓶颈而使颗粒间以固相桥相连接，而形成一定大小的二次颗粒。通常由于静电力、范德瓦耳斯力等引起的颗粒的团聚，颗粒间的键较弱，其团聚体的强度也较低，在成型过程中，一定的压力可将这种团聚体破碎；而由于粒子互相扩散，颗粒间形成固体桥的团聚体，其强度比较高，成型不易被破碎，需要用比较强烈的手段，如加入分散剂、球磨、强超声处理等，方可予以破碎。前者成为软团聚体，后者为硬团聚体。这两种不同性质的团聚体，它们内部颗粒键合情况不同。软团聚体内颗粒接触较弱，容易被破坏而分散为一次颗粒，而硬团聚体内颗粒间形成固体桥联，比较难被破坏。因而无团聚体或团聚体较少的粉体，被视为分散性好的粉体。

以上对粉体提出的要求，是理想化的，有些要求是相互制约的，实际上很难完全达到，如粉料过细，容易吸附杂质，易团聚等。在实践中，人们只能不断创新与改进粉体制备技术与方法，以努力去接近这些理想化的要求，并在复杂的相互制约中寻找其平衡点。这里应该强调说明，对于不同的陶瓷材料，由于各具特殊性，则对其粉体的性能要求也应有所侧重。如对一些功能陶瓷如 $BaTi_3$、PLZT 等，由于对性能的要求偏重于它们的铁电、压电性，所以对粉料的化学和结构特性的要求较高；而对一些结构陶瓷，如四方相 Y-TZP、Si_3N_4 等，其力学性能是最主要的，故对粉料要求偏重于其物理性能和结构性质。

2.2　先进陶瓷粉体的性能及表征

粉体是大量固体粒子的集合，表示物质的一种存在状态，由一个个的固体颗粒组成，所以它仍然具有很多固体的属性，如物质结构、密度、几何尺寸等。它与固体之间最直观、最简单的区别在于：当用手轻轻触及它时，会表现出固体所不具备的流动性和变形性。组成粉体的固体颗粒的粒径大小对粉体系统的各种性质有很大影响，其中最敏感的有粉体的比表面积、可压缩性和流动性，同时粉体颗粒的粒度决定了粉体的应用范畴，是粉体诸物性中最重要的特征值。如土木、水利等行业所用的粉体，其颗粒粒径一般在 1cm 以上，冶金、食品等所用粒径为 $4\mu m \sim 1cm$ 的粉体，而纳米材料的颗粒粒径都在几纳米至几十纳米。我们所要研究的先进陶瓷粉体，一般是按其组成颗粒的粒径为 $0.05 \sim 40\mu m$，并且希望采用颗粒尺寸分布窄或颗粒尺寸分布均匀的粉体。粉体颗粒尺寸对制备工艺过程（成型、干燥、烧结等）都有很大影响。长期以来，许多材料科学工作者都集中在材料组成的研究上，忽视了材料的显微结构及其影响，而陶瓷材料的显微结构在很大程度上是由原材料粉体的特性，如颗粒形状、粒度、粒度分布、比表面积所决定的。因此了解和掌握先进陶瓷粉体的基本特性是制备优良陶瓷制品的重要前提。

2.2.1　粉体颗粒的概念

(1) 颗粒　粉体颗粒一般是指物质本质结构不发生改变的情况下，分散或细化得到的固态基本颗粒，其特点是不可渗透，一般是指没有堆积、絮联等的最小单元，即一次颗粒。尽管如此，一次颗粒由完整的单晶物质构成的情况还比较少见，很多外形比较规则的颗粒，都常常是以完整单晶体的微晶嵌镶结构出现；即使是完全由一颗单晶构成，也在不同程度上存在一些诸如表面层错等缺陷。

（2）团聚体　团聚体由一次颗粒通过表面力吸引或化学键键合形成的颗粒，是很多一次颗粒的集合体。粉体颗粒之间的自发团聚是客观存在的一种现象。颗粒团聚的原因有：①分子间的范德华引力；②颗粒间的静电引力；③吸附水分的毛细管力；④颗粒间的磁引力；⑤颗粒表面不平滑引起的机械纠缠力。由于以上原因形成的团聚体称为软团聚体，由化学键键合形成的团聚体称为硬团聚体，团聚体的形成使体系能量下降。

（3）二次颗粒　二次颗粒是通过某种方式人为地制造的物体团聚粒子，也有人称之为假颗粒。通常认为：一次颗粒直接与物质的本质结构相联系，而二次颗粒往往是作为研究和应用工作中的一种对颗粒物态描述的指标。在实际应用的粉体原料中，往往都存在有一定程度上团聚了的二次颗粒。先进陶瓷粉体原料一般都比较细小，表面活性也比较大，更容易发生一次颗粒间的团聚。

（4）胶粒　胶粒即胶体颗粒。胶粒尺寸小于 100nm，并可在液相中形稳定胶体而无沉降现象。

2.2.2　粉体颗粒的粒度及尺寸

粒度是颗粒在空间范围所占大小的线性尺寸（linear dimension）的大小。粒度越小，颗粒微细程度越大。但是，粉体通常不可能由单一大小的颗粒组成，而是由许多大小不同的颗粒群构成，因此，所有颗粒的平均大小被定义为该粉体的粒度。

事实上，实际的粉体颗粒，其颗粒形状和不均匀程度都是千差万别的。绝大多数颗粒并非球形，而是条状、多边形状、片状或各种形状兼而有之的不规则体，从而导致粒度表示的复杂性。换言之，这使得表示颗粒群平均大小的方法多种多样。球形颗粒只有一个线性尺寸，即其直径，粒度就是直径；正方体颗粒的粒度可用边长来表示。对于其他一些不规则形状的颗粒，可按某种规定的线性尺度来表示其粒度，通常是利用某种意义的相当球或相当圆的直径（即等当直径）作为其粒度的。表 2-1 为一组等当直径的定义。

表 2-1　等当直径的定义

符号	名称	定　义
d_v	体积直径	与颗粒同体积的球直径
d_i	表面积直径	与颗粒同表面积的球直径
d_f	自由下降直径	相同流体中，与颗粒相同密度和相同自由下降速率的球直径
d_s	Stoke's 直径	层流颗粒的自由下降直径，即斯托克斯径

符号	名称	定　义
d_r	周长直径	与颗粒投影轮廓相同周长的圆直径
d_w	投影面积直径	与处于稳态下颗粒相同投影面积的圆直径
d_A	筛分直径	颗粒可通过的最小方孔宽度
d_M	马丁径(Martin)	颗粒影像的对开线长度,也称定向径
d_F	费莱特径(Feret)	颗粒影像的二对边切线(相互平行)之间距离

下面就其中的两种表示方法进行简要介绍。

(1) 体积直径　即某种颗粒所具有的体积用同样体积的球来与之相当,这种球的直径就代表该颗粒的大小,即体积直径,其大小一般采用如下公式表示:

$$d_V = \sqrt[3]{\frac{6V}{\pi}} \qquad (2\text{-}1)$$

式中,d_V 为体积直径;V 为颗粒体积。

(2) Stoke's 直径（斯托克斯径）　斯托克斯径也称为等沉降速率（Sedimentation velocity）相当径。斯托克斯假设:当速率达到极限值时,在无限大范围的黏性流体（viscosity fluid）中沉降的球体颗粒的阻力,完全由流体的黏滞力（viscous force）所致。这时可用式(2-2)表示沉降速率与球径的关系:

$$\nu_{stk} = \frac{(\rho_s - \rho_f)g}{18\eta} \cdot D^2 \qquad (2\text{-}2)$$

式中,ν_{stk} 为斯托克斯沉降速率;D 为斯托克斯径;η 为流体介质的黏度;ρ_s、ρ_f 分别是颗粒及流体的密度。

这里必须指出,斯托克斯公式的应用受颗粒—介质系统的阻力系数 C_D 及雷诺数 R_e 的限制。图2-1表示了式(2-2)的适用范围。式(2-2)适用于 $R_e \leqslant 0.2$ 的系数。

利用式(2-2),只要测得颗粒在介质中的最终沉积速率 ν_{stk}（而实际应用中,往往取平均速率来计算）就可以求得 D。该 D 实际上是斯托克斯的所谓相当球径。这种方法应用得很广泛。利用该原理生产的测试仪很多,诸如移液管（pipetter）、各类沉降天平等。

必须明确的是,这里所说的颗粒径,并非仅对一次颗粒而言,作为粉体形态参数,团聚颗粒往往更接近实际。粒径小到一定程度后,几乎所有粉体都具有不同程度的团聚。因此,在提到颗粒度的时候,要注意测量方法。比如斯托克斯径测定时,团聚颗粒常常是作为一个运动单位表示其沉降行为的。唯有显微镜法,可以有目的地将一次颗粒径与团聚颗粒径分开。

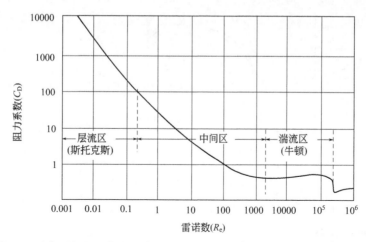

图 2-1　球体颗粒在液体中沉降时雷诺数 R_e 和阻力系数 C_D 的实验关系曲线

2.2.3　粉体颗粒的粒度分布

粉体的平均粒度（average particle size）是表征颗粒体系的重要几何参数，但所能提供的粒度特性信息则非常有限。因为两种平均粒度相同的粉体，完全可能有极不一样的粒度组成，何况现代科学技术往往要求掌握精确的粒度特性，才能正确地评价技术效果和分析生成过程。描述粒度特性的最好方法是查明粉体的粒度分布，它反映了粉体中各种颗粒大小及对应的数量关系。

粒度分布用于表征多分散颗粒体系中，粒径大小不等的颗粒的组成情况，分为频率分布（frequency distribution）和累积分布（cumulative distribution）。频率分布表示与各个粒径相对应的粒子占全部颗粒的百分含量；累积分布表示小于或大于某一粒径的粒子占全部颗粒的百分含量，是频率分布的积分形式。其中，百分含量一般以颗粒质量、体积、个数等为基准。颗粒分布常见的表达形式有粒度分布曲线（size distribution curve）、平均粒径、标准偏差（Standard deviation）、分布宽度等。

粒度分布曲线包括累积分布曲线和频率分布曲线，如图 2-2 所示。

颗粒粒径包括众数直径（d_m）、中位径（d_{50} 或 $d_{1/2}$）和平均粒径（d）。众数直径是指颗粒出现最多的粒度值，即频率曲线的最高峰值；d_{50}、d_{90}、d_{10} 分别指在累积分布曲线上占颗粒总量为 50%、90% 及 10% 所对应的粒子直径；在 Δd_{50} 指众数直径即最高峰的半高宽。

(1) 平均粒径

$$\overline{d} = \sum_{i=1}^{m} f_{d_i} d_i \tag{2-3}$$

式中，m 为粒度间隔的数目；d_i 为某一间隔内的平均粒径；f_{di} 为颗粒在粒

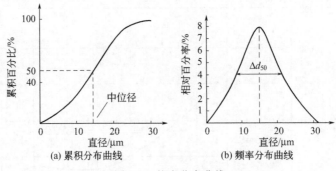

图 2-2　粒度分布曲线

度间隔的个数或质量分数。

（2）标准偏差 σ

标准偏差 σ 用于表征体系的粒度分布范围，σ 越大，粒度分步越宽。

$$\sigma = \sqrt{\frac{\sum n\,(d_i - d_{50})^2}{\sum n}} \tag{2-4}$$

式中，n 为体系中的颗粒数；d_i 为体系中任一颗粒的粒径；d_{50} 为中位径。

（3）分布宽度

体系粒度分布范围也可用分布宽度 SPAN 表示，SPAN 数值越大，说明粒度分布范围越宽。

$$\frac{D_0}{\text{SPAN}} = \frac{k_B T}{3\pi\eta_0 d} = \frac{d_{90} - d_{50}}{d_{10}} \tag{2-5}$$

粉体的颗粒尺寸及分布、颗粒形状等是其最基本的性质，对陶瓷的成型、烧结有直接的影响。因此，做好颗粒的表征具有极其重要的意义。另外，由于团聚体对物体的性能有极重要的影响，所以一般情况下团聚体的表征单独归为一类讨论。

2.2.4　粉体粒度测定方法

表 2-2 给出了可使用到亚微米领域中的粉体颗粒的一般测定法。从表 2-2 可知，除了电子显微法外，测定粒度分布的许多方法都是把试样分散在水中来进行的，即都是以颗粒在水中存在的状态为对象，但这未必与干燥状态的颗粒行为相对应。因此，认为仅仅用一个测定值得到粉体颗粒的所有信息是不确切的。在选择颗粒测试方法时，首先要了解待测样品是否符合实验要求和环境，如 X 射线沉降法不适于测量不吸收 X 射线的物质；同时还要了解测试方法所基于的原理与被测参数和颗粒尺寸之间的数学关系。在建立这些关系时，曾作了那些假设，这些假设对仪器的要求，它有哪些优点和局限性。其次，还必须明确所得到数据是以哪种为基准的粒径分布，是颗粒的数量分布、质量分布还是表面积分布等。

下面就目前测定粉体颗粒粒度的几种主要方法加以介绍。

表 2-2　粒度测定分析的一般方法

方法	条件	技术和仪器
显微镜法	干或湿	光学显微镜
	干	电子和扫描电子显微镜
	干	自动图像与分析仪
筛分法	干或湿	编织筛和微孔筛
	湿	自动筛
	干/重力沉降	微粒沉降仪
沉降法	湿/重力沉降	移液管,密度差光学沉降仪,β射线返回散射仪,沉降天平,X射线沉降仪
	湿/离心沉降	移液管,X射线沉降仪,光透仪,累积沉降仪
感应区法	湿	电阻变化技术
	湿或干	光散射,光衍射,遮光技术
	干	吸收技术,小角度散射和线叠加
X射线法	湿	β射线吸收
	干	外表面积渗透
表面积法	干	总表面积,气体吸收或压力变化,重力变化,热导率变化
	湿	脂肪酸吸收,同位素,表面活性剂,熔解热
其他方法	干或湿	全息照相,超声波衰减,动能传递,热金属丝蒸发与冷却

2.2.4.1　沉降法

沉降法测定颗粒尺寸是以 Stoke's 方程为基础的,该方程表达了一球形颗粒在层流状态的流体中,自由下降速率与颗粒尺寸的关系,所测得的尺寸相当于 Stoke's 直径,是一种常用的粉体粒度的测量方法,可分为重力沉降法和离心沉降法。

重力沉降法测定颗粒尺寸分布有增值法和累计法两种。增值法是测定初始均匀的悬浮液在固定已知高度处颗粒浓度随时间的变化或固定时间测定浓度—高度的分布,累计法是测量颗粒从悬浮液中沉降出来的速率。目前以高度固定法使用得最多。

依靠重力沉降的方法,一般只能测定大于 100nm 的颗粒尺寸,因此在用沉降法测定纳米粉体的颗粒时,需要借助于离心沉降法。在离心力的作用下使沉降速率增加,并采用沉降场流分级装置,配以先进的光学系统,以测定 100nm 甚至更小的颗粒,这时粒子的 Stoke's 直径可表示为

$$d_{st} = \left[\frac{18\eta U_{st}}{(\rho_s - \rho_t)g} \right]^{1/2} \tag{2-6}$$

式中,η 为分散体系的黏度;ρ_s 为固体粒子的密度;ρ_t 为分散介质的密度;U_{st} 为颗粒沉降末速率;g 为重力加速度。

沉降方法的优点是可以分析颗粒尺寸范围宽的样品,颗粒大小比率为 100:1,缺点是分析时间长。

2.2.4.2　X射线小角度散射法

小角度 X 射线是指 X 射线衍射中倒易点阵原点（000）附近的相干散射现象。散射角 ε 大约为 $0.01\sim0.1$rad。ε 与颗粒尺寸及 X 射线波长义的关系为

$$\varepsilon = \frac{\lambda}{d} \tag{2-7}$$

假定粉体粒子为均匀大小，则散射强度 I 与颗粒的重心转动惯量的回转半径的关系为

$$\ln I = a - \frac{4\pi \overline{R}^2 \varepsilon^2}{3\lambda^2} \tag{2-8}$$

式中，a 为常数。

如得到 $\ln I\text{-}\varepsilon^2$ 直线，由直线斜率 σ 得到 $\overline{R}$

$$\overline{R} = \sqrt{\frac{3\lambda^2}{4\pi}}\sqrt{-\sigma} \tag{2-9}$$

X 射线波长约为 0.1nm，而可测量的 ε 为 $10^{-2}\sim10^{-1}$rad，故可测的颗粒尺寸为几纳米到几十纳米。用此种方法测试时按 GB/T 13221—1991《超细粉末粒度分布的测定—X 射线小角散射法》进行，从测试结果可知平均粒度和粒度分布曲线。

2.2.4.3　X射线衍射线线宽法

用一般的表征方法测定得到的是颗粒尺寸，而颗粒不一定是单个晶粒，而 X 射线衍射线线宽法测的是微细晶粒尺寸。同时，这种方法不仅可用于分散颗粒的测定，也可用于晶粒极细的纳米陶瓷的晶粒大小的测定。是测定颗粒晶粒度的最好方法。

当晶粒度小于一定数量级时，由于每一个晶粒中某一族晶数目的减少，使得环宽化并漫射（同样使衍射线条宽化），这时衍射线宽度与晶粒度的关系可由谢乐公式表示，即

$$B = \frac{0.89\lambda}{D\cos\theta} \tag{2-10}$$

式中，B 为半峰值强度处所测量得到的衍射线条的宽化度，以弧度计；D 为晶粒直径；λ 为所用单色 X 射线波长；θ 为入射束与某一组晶面所成的半衍射角或称布拉格角。

谢乐公式的适用范围是微晶的尺寸为 $1\sim100$nm，晶粒较大时误差增加。当颗粒为单晶时，该法测得的是颗粒度；当颗粒为多晶时，该法测得的是组成单个颗粒的单个晶粒的平均晶粒度。但是，采用衍射仪对衍射峰宽度进行测量时，由于仪器条件等原因也会有线条宽化，故上式的使用中，B 值应校正，即由晶粒度引起的宽化度为实测宽化与仪器宽化之差。

2.2.4.4　激光散射法

粒子和光的相互作用，能发生吸收、散射、反射等多种现象，即在粒子周围形成各角度的光强度分布取决于粒径和光的波长。但这种通过记录光的平均强度的方法只能表征一些颗粒比较大的粉体。对于纳米粉体，主要是利用光子相关光谱来测量粒子的尺寸，即以激光作为相干光源，通过探测由于纳米颗粒的布朗运动所引起的散射光的波动速率来测定粒子的大小分布，其尺寸参数不取决于光散射方程，而是取决于 Stock's-Einstein 方程

$$D_0 = \frac{k_B T}{3\pi\eta_0 d} \qquad (2\text{-}11)$$

式中，D_0 为微粒在分散系中的扩散系数；k_B 为玻耳兹曼常数；T 为绝对温度；η_0 为溶剂黏度；d 为等价圆球直径。

由式（2-11）可知，只要测出 D_0 的值，就可获得 d 值。

这种方法称动态光散射法或推弹性光散射，目前主要应用在测量纳米颗粒粒度分布上，虽然时间不长，但现在已被广泛地应用，其特点是：

(1) 重复性好，测量速度快，测定一次只用十几分钟，而且一次可得到多个数据。

(2) 能在分散性最佳的状态下进行测定，可获得精确的粒径分布，加上超声波分散后，立刻能进行测定，不必像沉降法那样分散后经过一段时间再进行测定。

2.2.4.5　比表面积法

颗粒的比表面积 S_w 与其直径 d（设颗粒呈球形）的关系为

$$S_w = \frac{6}{\rho d} \qquad (2\text{-}12)$$

式中，S_w 为质量比表面积；d 为颗粒直径；ρ 为颗粒密度。

测定粉体的比表面积，就可根据上式求得颗粒的一种等当粒径，即表面积直径。

测定粉体比表面积的标准方法是利用气体的低温吸附法，即以气体分子占据粉体颗粒表面，测量气体吸附量，计算颗粒比表面积的方法。目前最常用的是BET 吸附法，该理论认为气体在颗粒表面吸附是多层的，且多分子吸附键合能来自于气体凝聚相变能。BET 公式为

$$\frac{p}{V(p_0 - p)} = \frac{1}{V_m C} + \frac{(C-1)p}{V_m C p_0} \qquad (2\text{-}13)$$

式中，p 为吸附平衡时吸附气体的压力；p_0 为吸附气体的饱和蒸气压；V 为平衡吸附量；C 为常数；V_m 为单分子层饱和吸附量。

BET 法测定比表面积的关键在于确定气体的吸附量 V_m，目前常用的方法有滴定法和重量法。在已知的前提下，可求得样品的比表面积 S_w

$$S_w = \frac{V_m N\sigma}{M_V W} \tag{2-14}$$

式中，N 为阿佛伽德罗常数；W 为样品质量；σ 为吸附气体分子的横截面积；V_m 为单分子层饱和吸附量；M_V 为气体摩尔质量。

比表面积法的测定范围为 $0.1\sim1000\,m^2/g$，以 ZrO_2 粉体为例，颗粒尺寸的测定范围为 $1\sim10000\,nm$。

2.2.4.6   显微镜分析法

显微镜测量颗粒径是唯一对颗粒既可观察又可测量的方法。它测量的是颗粒的一次直径，而且可以观察颗粒形貌，甚至微观结构，用显微镜测定颗粒的形状、组成、大小等的精确性比其他方法要好得多。所用仪器有普通光学显微镜、扫描电镜（SEM）、透射电镜（TEM）以及大型图像分析仪器等，为颗粒分析提供了良好的测试条件。由于颗粒在显微镜下的影像一般是两维空间，所以用下面几种方法比较合适。

(1) 马丁径   马丁径也称定向径，是最简单的粒径表示法。它是指颗粒影像的对开线长度，该对开线可以在任何方向上画出，只要对所有颗粒保持同一方向。

(2) 费莱特径   费莱特径是指颗粒影像的二对边切线（相互平行）之间的距离，只要选定一个方向之后，任意颗粒影像的切线都必须与该方向平行。以上两种表示法都是以各颗粒按随机分布为条件的。

(3) 投影面积径   投影面积径是指与颗粒影像有相同面积的圆的直径。

2.2.4.7   团聚系数法

在 BET、TEM 的颗粒尺寸测定中，观察到或测到的常是某一次颗粒尺寸，而沉降法、相干光谱法中所得到的是粉体所有颗粒的尺寸。为了得到团聚体尺寸的大致信息，可定义一所谓团聚系数

$$团聚系数 = \frac{d_{50}}{\overline{d}_{BET}} \tag{2-15}$$

式中，d_{50} 为由相干光谱法或沉降法得到的尺寸频率分布中，$\Phi=50\%$ 处的颗粒（团聚体）尺寸；$\overline{d}_{BET}$ 为 BET 法测得一次颗粒尺寸。

这一系数反映了团聚体平均尺寸与一次颗粒尺寸的比值。

2.2.4.8   瓶颈数法

与团聚系数法类似的方法是用团聚体中晶粒相连成的瓶颈数来表示团聚体的大小，其公式是：

$$n = \frac{2d_X}{d_{Ar}\left(1 - \dfrac{S}{S_t}\right)} \tag{2-16}$$

式中 n 为团聚体中晶粒相连形成的瓶颈数；d_x 为射线衍射线宽法测定的微细晶粒直径；d_{Ar} 为氩分子的直径；S 为冠吸附所得的比表面积；S_t 为假设每个晶粒都可被氩覆盖所得到的理论比表面积。

根据 n 的数值，再根据晶粒的堆积结构，就可得到团聚体中的晶粒数的大小，这种方法表示的是硬团聚体的尺寸。

2.2.4.9　素坯密度-压力法

素坯密度-压力法主要用于测定团聚体的强度。在含有团聚体的粉体的成型过程中，成型密度与压力对数的关系往往由两条直线组成，如图 2-3 所示。在低压下，这一关系代表粉体中团聚体的重排过程，这一过程中团聚体内部结构没有任何变化；而高压下则代表团聚体破碎，团聚体内部结构被破坏的过程。两条直线的交点即转折点对应的压力为团聚体开始破碎压力，定义为团聚体屈服强度。

从密度-压力关系中，还可大致推断出粉体中团聚体含量。假设粉体团聚体初始密度与基体相同，在较高压力，含团聚粉体的成型密度与无团聚体的相同粉体的成型密度相等，则粉体中的团聚体含量 C_{ugg} 为：

$$C_{ugg} \approx 1 - \frac{a_m}{a_{agg}} \qquad (2\text{-}17)$$

式中，a_m 为低压部分直线（图 2-3）的斜率；a_{agg} 为高压部分直线的斜率。

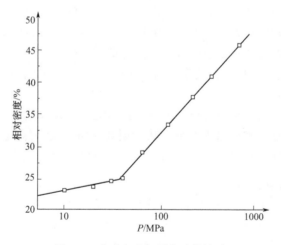

图 2-3　成型密度与压力对数关系

2.2.5　颗粒形貌结构分析方法

2.2.5.1　透射电子显微镜（TEM）

透射电子显微镜是高分辨率、高放大倍数的显微镜，它以聚焦电子束为照明源，使用对电子束透明的薄膜试样，利用透射电子成像，是应用最广泛的一种电子显微镜。其工作原理是：电子束经聚焦后均匀照射到试样的某一观察微小区域上，入射电子与试样物质相互作用，透射的电子经放大投射在观察图形的荧光屏上，显出与观察试样区的形貌、组织、结构对应的图像。

作为显微技术的一种，透射电子显微镜是一种准确、可靠、直观的测定、分析方法。由于电子显微镜以电子束代替普通光学显微镜中的光束，而电子束波长远短于光波波长，结果使电子显微镜的分辨率大大提高，成为观察和分析纳米颗粒、团聚体及纳米陶瓷的最有力方法。大多数透射电子显微镜的实际分辨率大约为 3nm。对于纳米颗粒，不仅可以观察其大小、形态，还可根据像的衬度来估计颗粒的厚度、是空心还是实心；通过观察颗粒的表面复型还可了解颗粒表面的细节特征。对于团聚体，可利用电子束的偏转和样品的倾斜从不同角度进一步分析，观察团聚体的内部结构，从观察到的情况可估计团聚体内的键合性质，由此可判断团聚体的强度。其缺点是只能观察微小的局部区域，所获数据统计性较差。

2.2.5.2　扫描电子显微镜（SEM）

用于透射电子显微镜观察的样品必须非常薄（500nm），才能直接获得所需的图像。对于大块样品，或样品不能破坏加工，则需要应用扫描电子显微镜来观察。SEM 的工作原理与电视相似，是利用聚集电子束在试样表面按一定时间、空间顺序进行扫描，与试样相互作用产生二次电子信号发射（或其他物理信号），发射量的变化经转换后在镜外显示屏上逐点呈现出来，得到反映试样表面形貌的二次电子像。扫描电子显微镜的分辨率大约是 10nm，小于 TEM。

利用 SEM 的二次电子像观察表面起伏的样品和断口，同时特别适合于粉体样品，可观察颗粒三维方向的立体形貌，具有放大倍率高、分辨率大、景深大、保真度好、试样制备简单等特点。另外，扫描电镜可较大范围地观察较大尺寸的团聚体的大小、形状和分布等几何性质。因此，SEM 发展十分迅速，在加入相应附件后，SEM 还能进行加热、冷却、拉伸及弯曲等动态过程的观察。

2.2.5.3　扫描隧道显微镜

扫描隧道显微镜是 20 世纪 80 年代初发展起来的一种新型表面结构研究工具，其基本原理是基于量子隧道效应和三维扫描。利用直径为原子尺度的针尖，在离样品表面小于 1nm 时，双方原子外层的电子云略有重叠。这时样品和针尖间产生隧道电流，其大小与针尖到样品的间距不变，并使针尖沿表面进行精确的三维移动，根据电流的变化反馈出样品表面起伏的电子信号。扫描隧道显微镜自发明以来发展迅速，目前又出现了一系列新型显微镜，包括原子力显微镜、激光力显微镜、摩擦力显微镜、磁力显微镜、静电力显微镜、扫描热显微镜、弹道电子发射显微镜、扫描隧道电位仪、扫描离子电导显微镜、扫描近场光学显微镜和扫描超声显微镜等。

扫描隧道电子显微镜具有很高的空间分辨率，能真实地反映材料的三维图像，观察颗粒三维方向的立体形貌，在纳米尺度上研究物质的特性，最突出的特点是，可以对单个原子和分子进行操纵，对研究纳米颗粒及组装纳米材料都很有意义。

2.2.6　颗粒成分分析方法

化学组成包括主要成分、次要成分、添加剂及杂质等。化学组成对粉料的烧结及纳米陶瓷的性能有极大影响，是决定陶瓷性质的最基本的因素。因此，对化学组分的种类、含量，特别是微量添加剂、杂质的含量级别、分布等进行表征，在陶瓷的研究中都是非常必要和重要的。

化学组成的表征方法可分为化学分析法和仪器分析法。而仪器分析法按原理可分为原子光谱法、特征 X 射线法、质谱法、光电子能谱法等。

（1）化学分析法　化学分析法是根据物质间相互的化学作用，如中和、沉淀、络合、氧化-还原等测定物质含量及鉴定元素是否存在的一种方法。该方法所用仪器简单，准确性和可靠性都比较高。但是，对于陶瓷材料来说，这种方法有较大的局限性。这是因为陶瓷材料的化学稳定性较好，很难溶解，多晶的结构陶瓷更是如此。因此，基于溶液化学反应的化学分析法对于这些材料的限制较大，分析过程耗时、困难。此外，化学分析法仅能得到分析试样的平均成分。

（2）原子光谱法　原子光谱是基于原子外层电子的跃迁，分为发射光谱与吸收光谱两类。原子发射光谱是指构成物质的分子、原子或离子受到热能、电能或化学能的激发而产生的光谱，该光谱由于不同原子的能态之间的跃迁不同而不同，同时随元素的浓度变化而变化，因此可用于测定元素的种类和含量。原子吸收光谱是物质的基态原子吸收光源辐射所产生的光谱，基态原子吸收能量后，原子中的电子从低能级跃迁至高能级，并产生与元素的种类与含量有关的共振吸收线，根据共振吸收线可对元素进行定性和定量分析。用于原子光谱分析的样品可以是液体、固体或气体。

原子发射光谱的特点是：

① 灵敏度高，绝对灵敏度可达 $10^{-9}\sim10^{-8}$。

② 选择性好，每一种元素的原子被激发后都产生一组特征米谱线，其光谱性质有较大差异，由此可以准确确定该元素的存在，所以光谱分析法仍然是元素定性分析的最好方法。

③ 适于定量测定的浓度范围为 5%～20%，高含量时误差高于化学分析法，低含量时准确性优于化学分析法。

④ 分析速度快，一个试样可进行多元素分析，多个试样连续分析，且样品用量少。

原子吸收光谱的特点是：

① 灵敏度高，绝对检出限量可达 10^{-14} 数量级，可用于微量元素分析，是目前最灵敏的方法之一。

② 准确度高，一般相对误差为 $0.1\% \sim 0.5\%$。

③ 选择性较好，由于原子吸收谱线仅发生在主线系，而且谱线很窄，所以光谱干扰小，克服光谱干扰容易，选择性强。

④ 方法简便，分析速度快，可以不经分离直接测定多种元素。

⑤ 分析范围广，目前应用原子吸收光谱测定的元素已超过 70 种。

原子吸收光谱的缺点是，由于样品中元素需要逐个测定，故不适用于定性分析。

(3) 特征 X 射线法　特征 X 射线分析法是一种显微分析和成分分析相结合的微区分析方法，特别适用于分析试样中微小区域的化学成分。其基本原理是用电子枪将具有足够能量的电子束轰击在试样表面待测的微小区域上，来激发试样中各元素的不同波长（或能量）的特征 X 射线（或荧光 X 射线），然后根据射线的波长或能量进行元素定性分析，根据射线的强度进行元素的定量分析。可以实现 $1\mu m$ 范围内的微区定量分析，然而，电子束有时会破坏样品表面。

(4) 质谱法　质谱法是 20 世纪初建立起来的一种分析方法，其基本原理是：将被测物质离子化，利用具有不同质荷比（也称质量数，即质量与所带电荷之比）的离子在静电场和磁场中所受的作用力不同，因而运动方向不同，导致彼此分离。经过分别捕获收集而得到质谱，确定离子的种类和相对含量，从而对样品进行成分定性及定量分析。

质谱分析的特点是可作全元素分析，适于无机、有机成分分析，样品可以是气体、固体或液体；分析灵敏度高，选择性、精度和准确度较高，对于性质极为相似的成分都能分辨出来，用样量少，一般只需 10^{-6} g 级样品，甚至 10^{-9} g 级样品也可得到足以辨认的信号；分析速度快，可实现多组分同时检阅。现在质谱法使用较广泛的是二次离子质谱分析法（SIMS）。它是利用载能离子束轰击样品，引起样品表面的原子或分子溅射，收集其中的二次离子并进行质量分析，就可得到二次离子质谱。其横向分辨率达 $100 \sim 200nm$。现在二次中子质谱分析法（SIMS）发展也很快，其横向分辨率为 $100nm$，个别情况下可达 $10nm$。

质谱仪的最大缺点是结构复杂，造价昂贵，维修不便。

2.2.7　粉体颗粒晶态的表征

2.2.7.1　X 射线衍射法

对于粉体样品，可以采用 X 光照相技术和 X 光射线衍射技术进行标定。X 射线衍射法是利用 X 射线在晶体中的衍射现象测试晶态，其基本原理是布拉格

方程

$$n\lambda = 2d\sin\theta \tag{2-18}$$

式中，θ 为布拉格角；d 为晶面间距；λ 为 X 射线波长。

满足布拉格公式可实现衍射。根据试样的衍射线的位置、数目及相对强度等确定试样中包含有哪些结晶物质以及它们的相对含量，具体的 X 射线衍射方法有劳厄法、转晶法、粉末法、衍射仪法等，其中常用于纳米陶瓷的方法为粉末法和衍射仪法。具有不损伤样品、无污染、快捷和测量精度高，还能得到有关晶体完整性的大量信息等优点。目前，X 射线衍射法的用途越来越广泛，除了在无机晶体材料中的应用外，还在有机材料、钢铁冶金以及纳米材料的研究中发挥巨大作用。

2.2.7.2　电子衍射法

电子衍射法与 X 射线法原理相同，遵循劳厄方程或布拉格方程所规定的衍射条件和几何关系。只不过其发射源是以聚焦电子束代替了 X 射线。电子波的波长短，使单晶的电子衍射谱和晶体倒易点阵的二维截面完全相似，从而使晶体几何关系的研究变得比较简单。另外，聚焦电子束直径大约为 $0.1\mu m$ 或更小，因而对这样大小的粉体颗粒上所进行的电子衍射往往是单晶衍射图案，与单晶的劳厄 X 射线衍射图案相似。而纳米粉体一般在 $0.1\mu m$ 范围内有很多颗粒，所以得到的多为断续或连续圆环，即多晶电子衍射谱。

电子衍射法包括选区电子衍射、微束电子衍射、高分辨电子衍射、高分散性电子衍射、会聚束电子衍射等方法。

电子衍射物相分析的特点如下：

(1) 分析灵敏度高，小到几十甚至几纳米的微晶也能给出清晰的电子图像。适用于试样总量很少、待定物在试样中含量很低（如晶界的微量沉淀）和待定物颗粒非常小的情况下的物相分析。

(2) 可以得到有关晶体取向关系的信息。

(3) 电子衍射物相分析可与形貌观察结合进行，得到有关物相的大小、形态和分布等资料。

此外，谱学表征提供的信息也是十分丰富的。选用合适的谱学表征手段，能得到大量的包括化学组成、晶态和结构以及尺寸效应等内容的重要信息。尤其对于粒径小于 10nm 的超细颗粒，更适合于谱学表征。这里主要介绍较为常用的红外、拉曼以及紫外可见光谱。

2.2.7.3　红外光谱法

将一束不同波长的红外线（波长范围 $0.78\sim1000\mu m$）照射到物质的分子上，某些特定波长的红外线被吸收，形成红外吸收光谱。红外光谱是使用广泛的谱学表征手段，其应用包括两方面，即分子结构的研究和化学组成研究，它们都可应用在纳米陶瓷的表征中。

与其他研究物质结构的方法相比较,红外光谱法有以下特点。

(1) 特征性高,从红外光谱图产生的条件以及谱带的性质看,每种化合物都有其特征红外光谱图,这与组成分子化合物的原子质量、键的性质、力常数以及分子的结构形式有密切关系。因此,几乎很少有两个不同的化合物具有相同的红外光谱图。

(2) 不受物质的物理状态的限制,气态、液态和固态均可测定。

(3) 测定所需的样品极少,只需几毫克甚至几微克。

(4) 操作方便,测定速度快,重复性好。

(5) 已有的标准图谱较多,便于查阅对照。

红外光谱法的缺点是灵敏度和精度不够高,一般用于定性分析,定量分析较困难。但用有机物对纳米粉体进行改性或包覆时,红外光谱能有效地判断有机物的吸附以及成键情况。另外,在研究纳米粉体的分散和吸附时,红外光谱也是一种广为采用的方法。测试中,可以通过改变压片样品的浓度或利用差谱来提高检测精度。

2.2.7.4　拉曼光谱法

拉曼光谱法是建立在拉曼效应基础上的,与红外光谱相同,其信号来源于分子的振动和转动。样品分子受波数为 ν_0 的单色光照射时,大部分辐射将毫无改变地透射过去,但还有一部分被散射掉。如果对散射辐射的频率进行分析,就会发现不仅出现与入射辐射相联系的 ν_0,而且,一般还会出现 $\nu = \nu_0 \nu_m$ 类型的新波数。在分子系统中,ν_m 基本上落在与分子的转动能级、振动能级和电子能级之间跃迁相联系的范围。在拉曼光谱中,新波数的谱线称作拉曼线或拉曼带。记录并分析这些谱线,即可得到有关物质结构的一些信息。对纳米粉体和纳米陶瓷来说,同样可以用拉曼光谱进行晶相、受热过程中物质的相变以及超细粉体的尺寸效应进行研究。拉曼光谱的特点是可以用很低的频率进行测量,在形态上和解释上较红外光谱简单,且所需样品少。现代拉曼光谱仪已有显微成像系统,能进行微区分析。配备光纤后,可以实现远程检测,只需要把激光传到样品上,而无需把样品拿到实验室。"遥测"技术使拉曼光谱在工业应用中极有前景。拉曼光谱的缺点是要求样品必须对激发辐射透明。

目前,用拉曼光谱表征颗粒正受到越来越多的关注,很多颗粒的红外光谱并没有表现出尺寸效应,但它们的拉曼光谱却有显著的尺寸效应。如 ZrO_2、TiO_2 等超细颗粒的拉曼光谱与单晶或尺寸较大的颗粒明显不同。纳米颗粒尤其是粒径小于 10nm 颗粒的拉曼光谱的特点主要表现在:

(1) 低频的拉曼峰向高频方向移动或出现新的拉曼峰;

(2) 拉曼峰的半高宽明显宽化,拉曼位移的原因是复杂的,表面效应是造成其尺寸效应的主要原因,另外,非化学计量比以及光子限域效应也是重要原因。

2.2.7.5 紫外-可见光吸收光谱法

紫外-可见光吸收光谱法是利用物质分子对紫外可见光的吸收光谱对物质的组成含量和结构进行分析研究的方法。物质受光照射时，通常发生两种不同的反射现象，即镜面反射和漫反射。镜面反射如同镜子反射一样，光线不被物质吸收，反射角等于入射角，对于纳米粉体和纳米陶瓷，主要发生的是漫反射。漫反射满足 Kubelka-Munk 方程式

$$\frac{1-R_\infty}{2R_\infty}=\frac{K}{S} \tag{2-19}$$

式中，K 为吸收系数，与吸收光谱中的吸收系数的意义相同；S 为散射系数；R_∞ 为无限厚样品的反射系数 R 的极限值。

实际上，反射系数 R 通常采用与已知的高反射系数（R_∞）标准物质比较来测量，测定 R_∞（样品）与 R_∞（标准物）的比值，将此比值对波长作图，构成一定波长范围内该物质的反射光谱。粉体团聚在液相介质中由于二次颗粒对光的散射，难以获得吸收带边界明显的吸收光谱。可以通过将粉体压片，然后放在附有积分球的分光光度计中进行。但用吸收光谱研究超细纳米粉体的尺寸效应时，应该关注物体颗粒尺寸的均匀性，若尺寸分布过宽，也难以获得可靠的结果。总的来讲，该方法具有灵敏度高、准确度好、选择性好、操作简便、分析速度快、应用广泛等特点。

2.3 先进陶瓷粉体的制备方法

粉体的性能会直接影响陶瓷的性能，因此，制备出高纯、超细、组分均匀分布和无团聚的粉体是获得性能优良的先进陶瓷材料的前提。

粉体的制备方法一般来说有两种，一是粉碎法，二是合成法。粉碎法是由粗颗粒来获得细粉的方法，通常采用机械粉碎（机械制粉），现在已发展到采用气流粉碎；这类方法制备多组分粉体工艺简单、产量大，但得到的粉体组分分布不均匀，特别是当某种组分很少的时候，这种方法常常会使粉体引入杂质，而且不易制得粒径在 1μm 以下的微细颗粒。合成法是由离子、原子、分子通过反应、成核和成长、收集、后处理来获得微细颗粒的方法（化学制粉）。这种方法可得到性能优良的高纯、超细、组分均匀的粉料，其粒径可达 10nm 以下，可以实现颗粒在分子级水平上的复合、均化。是一类很有前途的粉体（尤其是多组分粉体）制备方法。但这类方法需要较复杂的设备，制备工艺要求严格，因而成本也较高。通常合成法包括固相法、液相法和气相法。

本节首先简要介绍几种常用的粉碎法，然后重点介绍广泛用于先进陶瓷粉体制备的合成法。

2.3.1　粉碎法

2.3.1.1　球磨

球磨是最常用的一种粉碎和混合装置。其进料粒度为 6mm，球磨细度为 1.5～0.075mm。

生产中普遍采用的是间歇式球磨机，如图 2-4 所示。被粉碎的物料和研磨体装在一个圆筒形球磨罐中，当筒体旋转时带动研磨体（亦称磨球）旋转，靠离心力和摩擦力的作用，将磨球带到一定高度。当离心力小于其自身重量时，研磨体下落，冲击下部研体及筒壁，而介于其间的粉料便受到冲击和研磨，达到粉碎的目的。

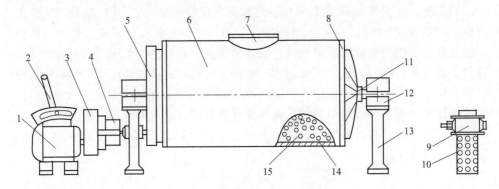

图 2-4　间歇式球墨示意图

1—电动机；2—离合器操纵杆；3—减速器；4—摩擦离合器；5—大齿圈；
6—筒深；7—加料口；8—端盖；9—旋塞阀；10—卸料管；11—主轴头；
12—轴承座；13—机座；14—衬板；15—研磨体

影响球磨机粉碎效果和效率的主要影响因素有以下几方面：

(1) 球磨机的转速　球磨机的转速对粉碎效果有直接影响。一般来说，球磨机转速越大，粉碎效率越高，但当球磨机转速超过临界转速时就失去粉碎作用。球磨机的临界转速可用下式计算：

$$D > 1.25\text{m 时}，n = \frac{35}{\sqrt{D}}；D < 1.25\text{m 时}，n = \frac{40}{\sqrt{D}}$$

式中，n 为球磨机的转速，单位为 r/min；D 为球磨罐的内径，单位为 m。该式为经验公式，式中常数由实验确定。

只有当转速适当时，磨机才具有最大的研磨和冲击作用产生最大的粉碎效果。应当指出的是，上述经验公式，仅仅考虑了磨机的内径的影响，而工作转速与磨机内衬及研磨体种类、粉料性质、装料量、研磨介质含量等都有关系。生产中，要根据实际情况确立 n 值。

(2) 研磨体（grinding media）的密度、大小及形状　增大研磨体密度，可以加强它的冲击作用，同时可以减少研磨体所占体积，提高装料量，故可以提高研磨效率。图 2-5 反映研磨体种类与研磨效率的关系。大的研磨体冲击力较大，而小的研磨体因其与粉料的接触面积较大，故研磨作用较大。应根据粉料的性质确定研磨体的大小配比。最大直径为 $(D/24 \sim D/18)$，最小直径为 $D/40$，且应大中小搭配，以增加研磨接触面。当脆性料多时，研磨体应稍大，黏性料多时，研磨体可稍小。

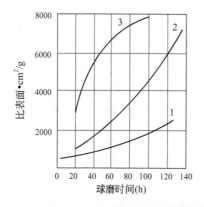 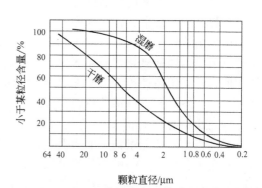

图 2-5　研磨体和研磨方式对研磨效率的影响

1—φ22mm 刚玉球；2—φ12×40mm 刚玉柱；3—φ8.5mm 钢球

(3) 球磨方式　球磨方式有湿法和干法两种。湿法球磨时需加分散剂（水或有机溶剂），主要靠球的研磨作用进行粉碎，得到的颗粒较细，单位容积产量大，粉尘小，出料时可用管道输送，生产中用得较多。湿法球磨通常用水作分散剂，当原料中有水溶性物质时，可采用乙醇等其他液体作为分散剂。干法球磨一般不加研磨介质，主要靠研磨体的冲击与磨削作用进行粉碎。干磨后期，由于粉料之间的吸附作用，容易黏结成块，降低粉碎效果。干法得到的颗粒较湿法粗。

从图 2-5 可以看出，湿磨的效率较干磨高得多，这是由于水或其他分散剂所起的劈裂作用。

(4) 料、球、水的比例　料、球、水比例根据原料的吸水性和粒度大小，以及球磨机装载量的不同而异。

磨机中加入的研磨体愈多，单位时间内物料被研磨的次数就愈多，研磨效率也愈高。但磨球过多，会占用磨机的有效空间，降低物料的装载量。一般料球比为(1∶2.0)～(1∶1.5)。密度大的可取下限，密度小的可取上限。对难磨的粉料及细度要求较高的粉料，可以适当提高研磨体的比例。

采用湿法球磨时，对于吸水性强的软质原料（如黏土、二氧化钛），水的比例要适当增大，否则料浆强度过大，甚至固结，降低研磨和冲击作用，难以将原料或配料磨细、混合均匀。对于硬质原料（长石、石英、方解石等）吸水性差，应少加水。一般用不同大小的瓷球研磨普通陶瓷坯料时，料∶球∶水的比例约为

1:（1.5～2.0）:（0.8～1.2）。目前生产中趋向于增多磨球，减少水分，从而提高研磨效率的方法。

（5）球磨机直径 筒体大研磨体也可相应增大，研磨和冲击作用都会提高，研磨效率提高，进料粒度也可增大。所以，大筒径的磨机，可大大提高球磨细度（可达几十微米，甚至几微米），而且产量大，成本低，可以制备性能一致，组分均匀的粉料。目前，普通陶瓷用的球磨机向大型化、自动化方向发展。

此外，陶瓷原料的研磨处理必须特别重视研磨体与球磨机内衬的化学成分，这对于提高球磨效率、减少球磨过程的污染是十分重要的。新型陶瓷原料粉体制备用的球磨体应采用先进陶瓷材质，常用的有氧化铝瓷球，氧化锆磨球、ZTA磨球（氧化锆增韧氧化铝质）等材料。普通球磨内衬常采用花岗岩内衬，新型陶瓷用磨机常采用高性能瓷质内衬或橡胶内衬，采用橡胶内衬不会给浆料带入杂质。对一些组分要求严格的粉料，可采用橡胶内衬和本料瓷球进行研磨，从而避免球磨过程中的杂质混入。

必须指出，从能量消耗的角度考虑，球磨粉碎效率非常低，只有百分之几的效率；况且，研磨获得的颗粒尺寸较大，小于 $1\mu m$ 的颗粒无法通过球磨来实现。

2.3.1.2 振动磨

振动磨主要由电动机、弹性联轴节、振动器、弹簧、主轴、机架、底座、料筒、料斗、磨球等组成。振动磨的原理是：电动机带动偏心轮转动，导致支承在弹簧上的机架和料筒振动，使料筒内的磨球和物料跟着振动，当振动频率很高时，上述运动非常剧烈，磨球对物料的研磨和撞击作用使物料的结构缺陷在机械振动下迅速扩大和破坏。这种方法可把物料粉碎到 $0.1\sim10\mu m$。细度和粉碎效率与振动频率、振幅、振动时间等因素有关，见图 2-6。该方法的湿磨优于干磨，但湿磨的分散介质需要适当选择。振动磨工作方法可根据实际需要又分间歇式和连续式，工业生产多用连续式密堆积磨球振磨机。进入磨机物料的细度为过 60～80 目筛，出磨细度一般全部通过 300 目筛。

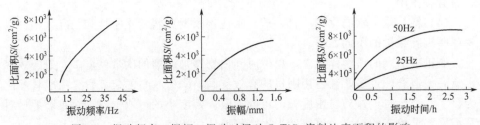

图 2-6 振动频率、振幅、振动时间对 $CaTiO_3$ 瓷料比表面积的影响

2.3.1.3 行星式振动粉碎

行星振动磨机由 4 个球磨筒、弹簧、支座和电机等组成，如图 2-7 所示。

其工作原理是，磨筒既作行星运动，同时又发生振动。工作时，磨筒内部的

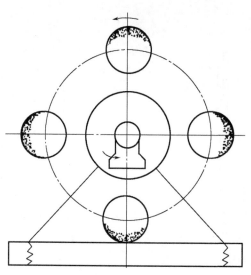

图 2-7　行星式振动磨

粉磨介质处在离心力场之中，加速度可以达到重力加速度的数十倍乃至数百倍。既在一定高度上抛落或泻落，又不断发生振动，在这一过程中，对物料施加碰击力和磨削力，从而使物料粉碎。无论泻落和抛落循环中，或者在振动当中，都能对物料施加强烈的作用力，促使颗粒粉碎。而且磨筒自转速度较高，加快了介质的循环，且振动频率较高，大部分介质都在振动，使不起作用的惰性区缩小。介质对物料作用频繁，次数很多，故研磨效率大大提高，是目前先进陶瓷原料处理较先进的设备。

2.3.1.4　砂磨

　　砂磨由直立固定的圆筒和旋转的桨叶构成，如图 2-8 所示。一般磨球采用直径为 1～6mm 的粒状瓷球或钢球。待磨浆料由筒底泵入，经研磨后由上部溢出。磨球总量约占圆筒有效容积的一半。中轴带动桨叶以 700～1400r/min 的速率旋转，给予磨球极大的离心力和切线加速度，球和球、球和壁之间产生滚碾摩擦，使研磨料的粒度下限比振动磨小，呈圆球形，流动性好，适用于轧膜成型、挤制成型和流延成型。砂磨方法的效率高，但应该注意的是：在磨料过程中圆筒壁、磨球和旋转的桨叶会因磨损而进入料中，可能会给产品带来质量问题。

2.3.1.5　气流粉碎

　　气流粉碎是超细粉碎物料的另一种有效的方法。它的原理是利用高压气流（空气或过热蒸气）作为介质，将其高速通过细的喷嘴射入粉碎室内，此时气流体积突然膨胀，压力降低，而流速急剧增大（可以达到音速或超音速），物料在高速气流的作用下，相互摩擦、碰撞、剪切而迅速破碎，如图 2-9 所示。被粉碎

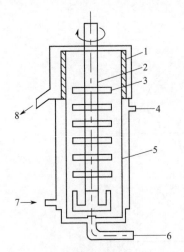

图 2-8　砂磨机示意图

1—滤网；2—中轴；3—桨叶；4—冷却
（加热）水出口；5—筒体；6—浆料入口管；
7—冷却（加热）水入口；8—产品出口

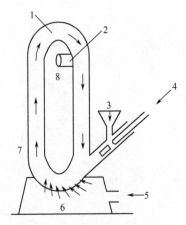

图 2-9　气流粉碎机示意图

1—分级区；2—惯性分离器；3—加料；
4,5—压缩空气；6—喷嘴；7—粉碎区；
8—出口

物料在分级区受离心力作用，按粒子粗细自行分级。粗颗粒靠管道外壁，细粉末靠内侧，达到一定细度的粉末，经惯性分离器在出口处被收集排出磨机，粗颗粒下降，回到粉碎区继续粉碎，如此循环使物料达到一定的细度。气流粉碎的进料粒度在 0.1～1mm 之间，出料细度可达 1μm 左右，粉碎比通常为 1∶40。

气流粉碎的最大特点是不需要任何固体研磨介质。粉碎室的内衬一般采用橡胶及耐磨塑料、尼龙等，故可以保证物料的纯度。在粉碎过程中，颗粒能自动分级，粒度较均匀，且能够连续操作，有利于生产自动化。缺点是耗电量大，附属设备多。干磨时，噪声和粉尘都较大。

影响气流粉碎的因素主要是粉料的物性和粉碎时的工艺参数。物料的硬度、脆性及进料粒度都直接影响粉碎的细度和产量。硬度很大的物料不易磨细，软而黏的物料容易堵塞加料喷管和粉碎室，也不易粉碎。进料粒度直接关系到出料的粒度和产量，它和物料的硬度有关。粉碎时，气体压力及流量的大小，加料速率等工艺参数也是很重要的。任何一个参数的变化都会影响到出料的细度及产量。进气压力恒定时，提高加料速率会使产量提高，细度降低，反之，则会使产量降低，细度增大。

2.3.2　固相合成法

固相法是以固态物质为原料，通过一定的物理与化学过程制备陶瓷粉体的方法。它不像气相法和液相法伴随有气相-固相、液相-固相那样的状态（相）变化，制得的固相粉体和最初固相原料可以是同一物质，也可以不是同一物质。

图 2-10 为固相法制备陶瓷粉体的基本流程。

图 2-10　固相法制备陶瓷粉体基本流程图

2.3.2.1　原料的准备

图 2-10 中所列的固相原料，可以是天然矿物、化工原料（氧化物）、化学试剂等。最早固相法的起始原料多为天然矿物，如黏土、长石、石英、滑石、方解石、膨润土、菱镁矿、硅灰石等，通常被称为传统固相法，是日用陶瓷、低压电瓷和高压电瓷等所常采用的。而氧化物陶瓷则采用工业氧化物原料为固相材料，是结构陶瓷、装置陶瓷和绝缘陶瓷基片等所常采用的。对于化学组成比较复杂（即多组分）的现代功能陶瓷材料，则采用化学试剂为固相原料。

2.3.2.2　配料及混合

陶瓷所需组分的固相原料按照制品要求的比例称重后，要经过充分混合（其中也包含着一定的细化作用），使其分布均匀，各原料之间处于充分接触的状态，以利于混合物在下一阶段的合成。混合是一个物理过程，一般可分为干混与湿混两种，混合的主要设备有振动磨机与球磨机等。干混在振动磨机和球磨机中均可进行，但湿混主要是在球磨机中进行。就混合的效果来说，湿混要优于干混，但干混的优点是混合物无需烘干或脱水；而湿混的混合物是浆状，需要进行脱水或烘干，而在脱水或烘干的过程中，由于原料间比重的差异会造成部分原料的合成分离与分层，破坏了混合的效果。为了确保湿混的良好混合效果，可采用榨滤或喷雾干燥的办法，保持混合物在脱水过程中的均匀性。

2.3.2.3　原料的合成

混合物在一定的温度下，各组分之间的化学反应进行得比较充分和完全，才能获得所需的物相。由于这种化学反应是在固相之间发生的，所以也称为固相反应（亦称合成）。作为固相反应，事实上包含有很多内容，如化合反应、分解反应、固溶反应、氧化还原反应、出溶反应以及相变等。实际工作中往往几种反应同时发生，并且反应生成物需要粉碎。这里侧重介绍如下几种反应。

（1）化合反应法　化合反应法是两种或者两种以上的粉末，经混合后在一定的热力学条件和气氛下反应而成为复合物粉末，有时也伴有一些气体逸出。

化合反应法一般具有以下反应方程式

$$A(s) + B(s) \longrightarrow C(s) + D(g)$$

钛酸钡粉末的合成就是典型的固相化合反应，等摩尔比的钡盐 $BaCO_3$ 和二氧化钛混合物粉末在一定条件下发生如下反应：

$$BaCO_3 + TiO_2 \longrightarrow BaTiO_3 + CO_2$$

该固相化学反应在空气中加热进行，生成用于制作 PTC 的钛酸钡盐，放出二氧化碳。但是，该固相化合反应的温度控制必须得当，只要温度控制在 $1100 \sim 1150℃$ 之间，就可以得到理想的粉末状钛酸钡。

采用这种方法还可以生产尖晶石粉末和莫来石粉末，反应式如下：

$$Al_2O_3 + MgO \longrightarrow MgAl_2O_4（尖晶石）$$

$$3Al_2O_3 + 2SiO_2 \longrightarrow 3Al_2O_3 \cdot 2SiO_2（莫来石）$$

在固相化合反应的过程中，常常会出现烧结和颗粒生长现象，这两种现象一般发生在同种原料间和反应生成物间，从而导致原料的反应性降低，并且使扩散距离增加和接触点的减少，所以应尽量抑制烧结和颗粒生长。可尽量降低原料粒径并使之充分混合，使原料组分间紧密接触对反应进行有利。

(2) 热分解反应法　热分解反应不仅仅限于固相，气体和液体也可发生热分解反应，这里主要介绍固相热分解生成新固相的反应。

许多金属的硫酸盐、硝酸盐等都可以通过热分解反应法获得先进陶瓷所需的氧化物粉末。

将硫酸铝铵在空气中进行热分解，就可以获得性能良好的 Al_2O_3 粉末，其分解过程为：

$$Al(NH_4)_2(SO_4)_4 \cdot 24H_2O \xrightarrow{200℃} Al_2(SO_4)_3 \cdot (NH_4)_2(SO_4)_4 \cdot H_2O + 23H_2O \uparrow$$

$$Al_2(SO_4)_3 \cdot (NH_4)_2(SO_4) \cdot H_2O \xrightarrow{500 \sim 600℃} Al_2(SO_4)_3 + 2NH_3 \uparrow + SO_3 \uparrow + 2H_2O \uparrow$$

$$Al_2(SO_4)_3 \xrightarrow{500 \sim 600℃} \gamma\text{-}Al_2O_3 + 3SO_3 \uparrow$$

$$\gamma\text{-}Al_2O_3 \xrightarrow[1.0 \sim 1.5h]{1300℃} \alpha\text{-}Al_2O_3$$

如上反应过程，通过对高纯硫酸铝铵进行热分解，转化而得到的 $\alpha\text{-}Al_2O_3$ 粉其纯度高，粒度小（$<1.0\mu m$），是高纯 Al_2O_3 陶瓷的重要原料。

(3) 氧化物还原法　在现代工业生产中，非氧化物陶瓷的原料粉末一般采用氧化物还原方法制备，或通过还原碳化，或者还原氮化实现。例如 SiC 粉末的制备，是将 SiO_2 与碳粉混合，在 $1460 \sim 1600℃$ 的加热条件下，逐步还原碳化。其大致历程如下：

$$SiO_2 + C \longrightarrow SiO + CO \tag{2-20}$$

$$SiO + 2C \longrightarrow SiC + CO \tag{2-21}$$

$$SiO + C \longrightarrow Si + CO \tag{2-22}$$

$$Si + C \longrightarrow SiC \tag{2-23}$$

当温度达到 $1460℃$ 以上时，SiO_2 颗粒表面开始蒸发和分解。SiO_2 及 SiO 蒸气穿过颗粒间气孔扩散至 C 粒表面就发生了上述式（2-20）～式（2-22）的反应，进一步还原后，产生 Si 蒸气，进而发生式(2-23) 的反应。整个反应由式(2-21)控制。这时得到的 SiC 粉是无定形的。经过 1900℃ 左右的高温处理就可获得结晶态 SiC。

同样，在 N_2 条件下，温度在 1600℃ 左右，通过 SiO_2 与 C 的还原-氮化，可以制备 Si_3N_4 粉末。其基本反应如下

$$3SiO_2 + 6C + 4N_2 \longrightarrow 2Si_3N_4 + 6CO$$

由于 SiO_2 和 C 粉是非常便宜的原料，并且纯度高，因此这样获得的 Si_3N_4 粉末纯度高、颗粒细。实验表明，SiO_2 的还原氮化法比 Si 粉的直接氮化反应速率要快，并且由此得到的 Si_3N_4 粉所制备的陶瓷材料具有较高的抗弯强度。但是必须注意一点：SiO_2 较难还原氮化完全。在合成的 Si_3N_4 粉末中，若存在少量的 SiO_2，则会最终影响 Si_3N_4 烧结体的高温强度。

(4) 自蔓延高温合成法　自蔓延高温合成法技术最早于 1967 年由苏联科学院结构宏观动力学研究所研究成功，现已经能用这一技术生产近千种化合物粉末。该方法特别适合制备氮化物、碳化物、硼化物、硅化物和金属间化合物，并且具有经济、方便、反应产率高和纯度高等特点。该技术制取粉末可概括为以下两大方向。

① 元素合成　如果反应中无气相反应物也无气相产物，则称为无气相燃烧。如果反应在固相和气相混杂系统中进行，则称为气相渗透燃烧，主要用来制造氮化物和氢化物，例如：

$$2Ti + N_2 \longrightarrow 2TiN \tag{2-24}$$

$$3Si + 2N_2 \longrightarrow Si_3N_4 \tag{2-25}$$

就属于这类合成方法。如果金属粉末与 S、Se、Te、P、液化气体（如液氮）的混合物进行燃烧，由于系统中含有高挥发组分，气体从坯块中逸出，从而称之为气体逸出合成。

② 化合物合成用　金属或非金属氧化物为氧化剂、活性金属为还原剂（如 Al、Mg 等）的反应即为一例。这实际上是前面谈到的化合法，或称之为 Al（或 Mg）热法。

复杂氧化物的合成是自蔓延高温合成法技术的重要成就之一。例如，高 T_c 超导化合物的合成可写为：

$$3Cu + 2BaO_2 + 1/2Y_2O_3 \xrightarrow{O_2} YBa_2Cu_3O_{7-x} \tag{2-26}$$

自蔓延高温合成法技术不仅可以用来制造化合物粉末，而且可以用来进行烧结、热致密化、冶金铸造、涂层等。

由于该技术用的是化学能而不是电能，快速内部自热而不是低速外部加热，用简单的反应装置而不是复杂的高温装置，因此受到重视。

(5) 爆炸法　爆炸法是利用瞬间的高温高压反应制备微粉的方法，是一种连续粉体制备工艺，制备出的粉体呈球形，尺寸一般在 20～30nm 范围。爆炸技术

用于新材料的方法包括爆炸复合、冲击相变合成、爆炸粉末烧结、气相爆轰等，所合成的材料既包含尺寸巨大的金属复合板，也包括各种微细至纳米尺度的新兴材料。

目前，研究较多的气相爆轰合成材料主要是纳米金刚石，人们不仅对其合成方法、合成原理进行了大量的研究，而且对其实际应用也进行了大量研究，如作为微电子抛光液、橡胶改性剂、耐磨镀层添加剂、润滑油添加剂、基因药物载体等。粉末爆炸法合成技术，除了用于金刚石以外，还可制备 W、Mo 等金属微粉，也可在通氧气的条件下制备 Al_2O_3、TiO_2 等氧化物粉体。颗粒的尺寸及分布与输入的能量及脉冲参数等有关。各种新材料的爆炸合成技术应用将成为新的研究领域。

2.3.2.4　细化过程

经合成后获得具有所需物相的物料，再经过细化，才能成为制备陶瓷产品所需的粉体（或瓷料）。在固相法中，细化均采用机械方法，因而也称粉碎，对于先进陶瓷而言，最常用的粉碎设备有振动磨机、球磨机、胶体磨机、气流粉碎机等，之后又发展并出现了偏心球磨机和砂磨机等。前者可将粉体细化到平均粒径 $D_{50}=1\sim5\mu m$，而后者可将粉体细化到平均粒径 $D_{50}<1\mu m$，甚至达到 $0.4\sim0.7\mu m$。因而偏心球磨机和砂磨机将被大量应用于现代功能陶瓷粉体的制备。不过由于砂磨机对研磨介质的材质要求极高，因而将限制其应用范围。

综上所述，固相法是一种设备和工艺简单、便于工业化生产的粉体制备方法，也是目前在科研和工业化生产中采用的最主要的一种先进陶瓷粉体制备方法。但是它却有着许多缺点，首先是由于在细化过程中，主要采用了机械粉碎手段，非常容易造成一些有害杂质的引入，从而损害先进陶瓷材料的性能。如在PTC 陶瓷粉体的制备过程中，任何细小的不慎，均可导致 Al_2O_3、Fe_2O_3、ZrO_2 等杂质的引入，从而大大恶化 PTC 陶瓷的电性能。其次，机械手段的混合和细化均无法使组分的分布达到微观的均匀，粒度难以达到 $1\mu m$ 以下，因此很难满足某些先进陶瓷材料，特别是功能陶瓷材料粉体充分合成的要求。因为大多数特种功能陶瓷粉体合成的固相反应，主要为扩散机制所控制，若各固相原料的扩散特性差异大，再加上原料微观分布的不均匀，使扩散反应难以顺利进行而达到生成目的物相，如制备 PMN 基功能陶瓷粉体时不可避免地存在着一定量的杂质，就是一个很好的例证。

2.3.3　液相合成法

液相合成法是由均相的溶液制备氧化物微粉的方法，该法首先是从制备二氧化硅和氧化铝开始的。由于其制备的粉体具有颗粒形状和粒度易控制、化学组成精确、表面活性好、易添加微量成分、工业化生产成本低等特点，目前已经得到广泛的应用。液相合成法制备陶瓷粉体的基本流程如图 2-11 所示，从均相的溶液出发，将相关组分的溶液按所需的比例进行充分的混合，再通过各种途径将溶质与溶剂分离，得到所需要组分的前驱体，然后将前驱体经过一定的分解合成处理，获得先进陶瓷的粉体，可以细分为：沉淀法、溶胶-凝胶法、醇盐水解法、溶剂蒸发法、水热法等。

图 2-11　液相合成法制备陶瓷粉体基本流程

2.3.3.1　沉淀法

沉淀法是在金属盐溶液中施加或生成沉淀剂，并使溶液挥发，对所得到的盐和氢氧化物通过加热分解得到所需的陶瓷粉末的方法。所制得的氧化物粉末的特性取决于沉淀和热分解两个过程。溶液一达到过饱和溶解度就生成沉淀，沉淀生成的基本过程是：①形成过饱和态；②形成新相的核；③从核长成粒子；④生成相的稳定化。

这种方法能很好地控制组成，合成多元复合氧化物粉末，很方便地添加微量成分，得到很好的均匀混合，反应过程简单，成本低，但必须严格控制操作条件，才能使生成的粉末保持溶液所具有的，在离子水平上的化学均匀性。沉淀法分为直接沉淀法、均匀沉淀法和共沉淀法。

(1) 直接沉淀法　通常的沉淀法是将溶液中的沉淀进行热分解，然后合成所需的氧化物微粉，即在溶液中加入沉淀剂，反应后所得到的沉淀物经洗涤、干燥、热分解而获得所需的氧化物微粉。然而只进行沉淀操作也能直接得到所需的氧化物。沉淀操作包括加入沉淀剂或水解，沉淀剂通常使用氨水等，来源方便，经济便宜，不引入杂质离子。$BaTiO_3$ 微粉就可以采用直接沉淀法合成。例如，将 $Ba(OC_3H_7)_2$ 和 $Ti(OC_5H_{11})_4$ 溶解在异丙醇或苯中，加水分解（水解），就能得到颗粒直径为 $5\sim15nm$（凝聚体 $<1\mu m$）的结晶性好的化学计量的 $BaTiO_3$ 微粉。通过水解过程可消除杂质，纯度可显著地提高（纯度 $>99.8\%$）。采用这种 $BaTiO_3$ 微粉进行成型、烧结，所得制品的介电常数比一般的 $BaTiO_3$ 微粉烧结体高得多。在 $Ba(OH)_2$ 水溶液中滴入 $Ti(OR)_4$（R：丙基）后也能得到高纯、平均颗粒直径为 $10nm$ 左右的化学计量的 $BaTiO_3$ 微粉。此外，在以硝酸铝为原料，氨水为沉淀剂，采用直接沉淀法制备 Al_2O_3 超细粉末时，为了降低煅烧温度，提高粉末的烧结活性，可以在制备工艺中采用添加晶体等方法达到目的。

(2) 均匀沉淀法　一般的沉淀过程是不平衡的，但如果控制溶液中的沉淀剂浓度，使之缓慢地增加，使溶液中的沉淀处于平衡状态，并使沉淀在整个溶液中缓慢、均匀地析出，这种方法称为均匀沉淀法。这种方法的特点是改变沉淀剂的加入方式，不是采用外加沉淀剂，而是通过溶液中的某一化学反应使沉淀剂慢慢地生成，从而克服了由外部向溶液中加沉淀剂而造成沉淀剂的局部不均匀性，结果沉淀不能在整个溶液中均匀出现的缺点。因为在金属盐溶液中外加入沉淀剂时，即使沉淀剂的含量很低，不断搅拌，沉淀剂均匀度在局部溶液中也会变得很高，这是非常不利的。例如，将尿素水溶液加热到 70℃ 左右，就发生如下水解反应

$$(NH_2)CO + 3H_2O \longrightarrow 2NH_4OH + CO_2\uparrow$$

由此生成的沉淀剂 NH_4OH 在金属盐的溶液中分布均匀，浓度低，使得沉淀物均匀地生成。由于尿素的分解速率受加热温度和尿素浓度的控制，因此可以使尿素分解速率降得很低。因此沉淀物的纯度很高，颗粒均匀致密，容易进行过滤、清洗。除尿素水解后能与 Fe、Al、Sn、Ga、Th、Zr 等生成氢氧化物或碱式盐沉淀物外，利用这种方法还能使磷酸盐、碳酸盐、硫酸盐、草酸盐等均匀沉淀。

(3) 共沉淀法 共沉淀法是在混合的金属盐溶液（含有两种或两种以上的金属离子）中添加合适的沉淀剂，反应得到成分混合均匀的沉淀，然后进行热分解得到高纯超微粉体材料的方法。

大多数电子陶瓷是含有两种以上金属元素的复合氧化物，要求粉末原料的纯度高，组成均匀，同时粉末原料应是烧结性良好的超微粒子。而按一般的混合、固相反应和粉碎的方法是难以达到要求的。采用共沉淀法可以克服这些缺点，合成具有优良特性的粉末原料。这种复合氧化物粉不仅可以直接使用制成复杂陶瓷，而且常常是制取复合金属粉的原料。

共沉淀法可分为单相共沉淀和混合物共沉淀。

① 单相共沉淀 沉淀物为单一化合物或单相固溶体时，称为单相共沉淀，又称化合物沉淀法。例如，在 $BaCl_2$ 和 $TiCl_4$ 的混合水溶液中，采用滴入草酸的方法沉淀出以原子尺度混合的 $BaTiO(C_2O_4)_2 \cdot 4H_2O$（Ba 与 Ti 比为 1）。$BaTiO(C_2O_4)_2 \cdot 4H_2O$ 经热分解后，就得到具有化学计量组成且烧结性良好的 $BaTiO_3$ 粉体。采用类似的方法，能制得固溶体的前驱体 $(Ba,Sr)TiO(C_2O_4)_2 \cdot 4H_2O$ 及各种铁氧体和钛酸盐。单相共沉淀法的缺点是适用范围窄，仅对有限的草酸盐沉淀适用。

② 混合物共沉淀 如果沉淀产物为混合物时，称为混合物共沉淀。四方氧化锆或全稳定立方氧化锆的共沉淀制备就是一个很典型的例子。采用 $ZrOCl_2 \cdot 8H_2O$ 和 Y_2O_3（化学纯）为原料来制备 ZrO_2 (Y_2O_3) 的纳米粒子的过程如下：Y_2O_3 用盐酸溶解得到 YCl_3，然后将 $ZrOCl_2 \cdot 8H_2O$ 和 Y_2O_3 配制成一定浓度的混合溶液，在其中加 NH_4OH 后便有 $Zr(OH)_4$ 和 $Y(OH)_2$ 沉淀粒子缓慢形成。其反应式如下

$$ZrOCl_2 + 2NH_4OH + H_2O \longrightarrow Zr(OH)_4\downarrow + 2NH_4Cl$$

$$YCl_3 + 3NH_4OH \longrightarrow Y(OH)_3\downarrow + 3NH_4Cl$$

得到的氢氧化共沉淀物经洗涤、脱水、煅烧可得到具有很好烧结活性的 $ZrO_2(Y_2O_3)$ 微粒。混合物共沉淀过程是非常复杂的，溶液中不同种类的阳离子不能同时沉淀，各种离子沉淀的先后与溶液的 pH 值密切相关。为了获得沉淀的均匀性，通常是将含多种阳离子的盐溶液慢慢加到过量的沉淀剂中并进行搅拌，使所有沉淀离子的浓度大大超过沉淀的平衡浓度，尽量使各组分按比例同时沉淀出来，从而得到较均匀的沉淀物。

2.3.3.2　溶胶-凝胶法

溶胶-凝胶法是将金属氧化物或氢氧化物浓的溶胶转变为凝胶，再将凝胶干燥后进行煅烧，然后制得氧化物的方法。即先造成微细颗粒悬浮在水溶液中（溶胶），再将溶胶滴入一种能脱水的溶剂中使粒子凝聚成胶体状（即凝胶），然后除去溶剂或让溶质沉淀下来变成凝胶。溶液的 pH 值、溶液的离子或分子浓度、反应温度和时间是控制溶胶凝胶化的 4 个主要参数。而溶液的 pH 值和反应温度是制备简单氧化物（如 SiO_2）粉体的主要控制条件，不同组分溶胶的凝胶过程是不相同的，控制凝胶过程的主要参数需从总结实验数据中得到。这种方法最早于 20 世纪 60 年代用于制造 ThO_2，所得 ThO_2 粉烧结性良好，可在 1150℃温度下进行烧结。所得制品的密度为理论密度的 99%，可见致密程度相当高。溶胶-凝胶法不仅可用于制备微粉，而且可用于制备薄膜、纤维、体材和复合材料。其优缺点如下：

① 高纯度　粉料（特别是多组分粉料）制备过程中无需机械混合，不易引进杂质；

② 化学均匀性好　由于溶胶凝胶过程中，溶胶由溶液制得，凝胶时，反应物在分子级水平均匀地混合；

③ 颗粒细　胶粒尺寸小于 $0.1\mu m$；

④ 该法可容纳不溶性组分或不沉淀组分　不溶性颗粒均匀地分散在含不产生沉淀的组分的溶液，经胶凝化，不溶性组分可自然地固定在凝胶体系中，不溶性组分颗粒越细，体系化学均匀性越好；

⑤ 掺杂分布均匀　可溶性微量掺杂组分分布均匀，不会分离、偏析。比醇盐水解法优越；

⑥ 化学反应比固相反应更容易进行，而且合成温度较低；

⑦ 工艺、设备简单，但原材料价格昂贵；

⑧ 烘干后的球形凝胶颗粒自身烧结温度低，但凝胶颗粒之间烧结性差，即材料烧结性不好；

⑨ 干燥时收缩大；

⑩ 溶胶-凝胶过程所需时间较长，一般需要几天或几周。

采用溶胶凝胶工艺制备纳米粉体的工艺过程如图 2-12 所示。

图 2-12　溶胶-凝胶法制备陶瓷粉体基本流程

莫来石，最早发现于苏格兰的莫来岛，因此而得名。天然莫来石在地壳中含量很少，现实中大多使用人造莫来石。莫来石具有许多优良特性，其热传导系数和热膨胀系数较低，抗蠕变性和抗热震稳定性好，电绝缘性和化学稳定性优良，高温强度较高。故莫来石在结构、电子、光学等领域得到广泛的应用。溶胶-凝胶法是制备莫来石粉料的方法之一。所用原料有：正硅酸乙酯（TEOS）、硝酸铝 [Al(NO₃)₃·9H₂O]、无水乙醇（EtOH）、蒸馏水、盐酸。设定组成配方为 $Al_2O_3 : SiO_2 = 3 : 2$；$TEOS : EtOH : H_2O = 1 : 1 : 4$。操作步骤为：

① 按一定比例制备正硅酸乙酯、水、乙醇的混合液，并加入催化剂盐酸，放置一段时间进行预水解；

② 制备硝酸铝的乙醇溶液；

③ 将预水解后的混合液和硝酸铝的乙醇液混合，并在一定的温度下水洗加热，得到湿凝胶；

④ 老化后的湿凝胶用无水乙醇洗涤 3 次，再在烘箱中烘干得到干凝胶；

⑤ 干凝胶在高温下煅烧后即得到莫来石粉。

溶胶-凝胶法是很有前途的粉体制备方法，利用溶胶-凝胶法制备的纳米粉体可用于电子材料、生物材料、结构陶瓷等多种材料。当前，各国溶胶-凝胶与粉体制备技术的研究已经相当活跃。随着各种新技术、新设备的出现，可以预见，溶胶-凝胶技术将会进入一个新的发展阶段。

2.3.3.3　醇盐水解法

采用这种方法能制得微细而高纯度的粉体。金属醇盐 $M(OR)_n$（M 为金属元素，R 为烷基）一般可溶于乙醇，遇水后很容易分解成乙醇和氧化物或共水化物。金属醇盐有以下独特优点：

① 金属醇盐通过减压蒸馏或在有机溶剂中重结晶纯化，可降低杂质离子的含量；

② 金属醇盐中加入纯水，可得到高纯度、高表面积的氧化物粉末，避免了杂质离子的进入；

③ 如控制金属醇盐或混合金属醇盐的水解程度，则可发生水解-缩聚反应，在近室温条件下，形成金属-氧-金属键网络结构，从而大大降低材料的烧结温度；

④ 在惰性气体下，金属醇盐高温裂解，能有效地在衬底上沉积，形成氧化物薄膜，亦能用于制备超纯粉末和纤维；

⑤ 由于金属醇盐易溶于有机溶剂，几种金属醇盐可实行分子级水平的混合。直接水解可得到高度均匀的多组分氧化物粉末，控制水解则可制得高度均匀的干凝胶，高温裂解可制得高度均匀的薄膜、粉末或纤维。

金属醇盐具有挥发性，因而易于精制，金属醇盐水解时不需添加其他阳离子和阴离子，所以能获得高纯度的生成物。根据不同的水解条件，可以得到颗粒直径从几纳米到几十纳米的化学组成均匀的复合氧化物粉体。其突出优点是反应条件温和、操作简单，但成本较高，这种方法是制备单一和复合氧化物高纯微粉的重要方法之一。

增韧氧化锆（四方氧化锆）中稳定剂（Y_2O_3、CeO_2 等）的加入具有决定性的作用，为得到均匀弥散的分布，一般采用醇盐加水分解法制备粉料。把锆或锆盐与乙醇一起反应合成锆的醇盐 $Zr(OR)_4$，同样的方法合成钇的醇盐 $Y(OR)_3$，把两者混合于有机溶剂中，加水使其分解，将水解生成的溶胶洗净、干燥，并在 850℃ 煅烧得到粉料。根据不同水解条件可得到从几纳米到几十纳米均匀化学组成的复合氧化锆粉料，由于金属醇盐水解不需添加其他离子，所以能获得高纯度成分。此外，这种方法也可用于 $BaTiO_3$、PLZT、$SrTiO_3$ 等微粉的制取。醇盐水解法制备的超微粉体不但具有较大的活性，而且粒子通常呈单分散状态，在成型中表现出良好的填充性，具有良好的低温烧结性能。

2.3.3.4　溶剂蒸发法

沉淀法存在下列几个问题：①生成的沉淀呈凝胶状，水洗和过滤困难；②沉淀剂（NaOH、KOH）容易作为杂质混入粉料中；③如采用可以分解消除的 NH_4OH、$(NH_4)_2CO_3$ 作沉淀剂，Ca^{2+}、Ni^{2+} 会形成可溶性络离子；④沉淀过程中各成分可能分离；⑤在水洗时一部分沉淀物再溶解。

采用沉淀剂的溶剂蒸发法可解决上述问题。这种蒸发溶剂热解法的原理，是利用可溶性盐或在酸作用下能完全溶解的化合物为原料，在水中混合为均匀的溶液，通过加热蒸发、喷雾干燥、火焰干燥及冷冻干燥等方法蒸发掉溶剂。然后通过热分解反应得到混合氧化物粉料的方法。基本过程是溶液的制备、喷雾、干燥、收集和热处理，其特点是颗粒分布比较均匀，一般为球状，流动性好，能合成复杂的多成分氧化物粉料。

（1）冰（冷）冻干燥法　将配制成一定浓度的金属盐水溶液喷到低温有机液体中（用干冰和丙酮冷却的乙烷浴内），使液体进行瞬间冷冻并沉淀在玻璃器皿的底部，然后在低温（−40℃ 以下）降压条件下，溶剂升华、脱水，再在煅烧炉内将盐分解，制得超细粉料，这就是冰冻干燥法。采用这种方法能制得组成均匀、反应性和烧结性良好的微粉，已广泛应用于各个重要的科学技术领域。"阿波罗"号航天飞机上所用燃料电池（掺 Li 的 NiO 电极），就是采用冰冻干燥法和喷雾干燥法制造的，在 150℃ 以下显示出很强的活性。在冰冻干燥法中，由于干燥过程中冰冻液体并不收缩，因而生成粉料的表面积比较大，表面活性高。

冷冻干燥法具有一系列优点：在溶液状态下均匀混合，适于微量组分的添加，有效合成复杂的陶瓷粉体，并精确控制最终组分；制备的粉体粒度为 $10\sim500nm$，容易获得易烧结的陶瓷超微粉；操作简单，特别适于高纯陶瓷材料用微粉的制备。

下面介绍用冻结干燥法合成氧化铝的过程：使硫酸铝 $Al_2(SO_4)_3 \cdot (16\sim18)H_2O$ 溶解于水，制备成浓度为 $0.6mol/L$ 的溶液，将该溶液从喷嘴喷雾，冻结。经过冻结，生成直径约为 $1mm$ 的硫酸铝球，经冻结干燥后形成非晶态的球形硫酸铝粒子，经 $573K$ 加热晶化成无水硫酸铝粒子，经 $1043\sim1133K$ 加热硫酸铝分解成 $\gamma\text{-}Al_2O_3$，γ 相经 $1473K$ 加热 $10h$ 形成由几十纳米粒径的 $\alpha\text{-}Al_2O_3$ 构成的链状长粒子，长度达几微米。

(2) 喷雾干燥法   喷雾干燥法是将金属盐溶液分散成微细液滴（$10\sim20\mu m$），喷入干燥室内中，液滴经高温作用迅速干燥，金属盐析出或分解，生成金属盐或氧化物微粉的方法。喷雾干燥制备过程不需粉磨工序，直接得到超微粉体材料。只要在初始盐溶液中无不纯物，过程中又无外来杂质引入，就可得到化学成分稳定、纯度高、性能优良的超微粉体材料。采用本方法制备的 Ni-Zn 铁氧体粉体材料和 $MgAl_2O_4$ 粉体材料，经等静压成型和烧结后得到的材料可达到理论密度的 $99.00\%\sim99.90\%$。具体程序是将镍、锌、铁的硫酸盐的混合水溶液喷雾，获得了 $10\sim20\mu m$ 混合硫酸盐的球状粒子，经 $1073\sim1273K$ 焙烧，即可获得镍锌铁氧体软磁超微粒子，该粒子是由 $200nm$ 的一次颗粒组成。喷雾干燥法应用广泛，工艺简单，制得的粉体具有化学均匀性好，重复性与一致性好，以及球状颗粒、流动性好的特点，适于工业化大规模生产微粉的方法。

(3) 喷雾热分解法   喷雾热分解法是将金属盐溶液喷雾至高温气氛中，使溶剂的蒸发和金属盐的热分解同时发生，从而直接合成氧化物粉料的方法。该方法也被称为喷雾焙烧法、火焰雾化法、溶液蒸发分解法。喷雾热分解法包括两种方法，一种方法是将溶液喷雾到加热的反应器中，另一种方法是将溶液喷雾到高温火焰中。多数场合使用可燃性溶剂（通常为乙醇），以利用其燃烧热。例如，如将 $Mg(NO_3)_2 + Mn(NO_3)_2 + 4Fe(NO_3)_2$ 的乙醇溶液进行喷雾热分解，就能得到 $(Mg_{0.5}, Mn_{0.5})Fe_2O_3$ 的微粉。

冰冻干燥法和喷雾干燥法，不能用于后面热分解过程中产生熔融的金属盐，而喷雾热分解法却不受此限制。而且喷雾热分解法不需过滤、洗涤、干燥、烧结及再粉碎等过程，产品纯度高，分散性好，粒度均匀可控，能够制备多组分复合粉体，有希望广泛地用于复合氧化物系超微粉末的合成法。喷雾热分解法和上述喷雾干燥法适合于连续操作，所以生产能力很强。

2.3.3.5 水热法

水热法是指密闭体系如高压釜中，以水为溶剂，在一定的温度和水的自生压力下，原始混合物进行反应的一种合成方法。由于在高温、高压水热条件下，能提供一个在常压条件下无法得到的特殊的物理化学环境，使前驱物在反应系统中得到充分的溶解，并达到一定的过饱和度，从而形成原子或分子生长基元，进行成核结晶生成粉体或纳米晶，既可制备单组分微小单晶体，又可制备多组分化合物粉体，而且所制备的粉体粒度细小均匀、纯度高、分散性好、无团聚、形状可控、晶型好，利于环境净化，是一种极有应用前景的纳米陶瓷粉体的制备方法。

水热法的特点主要有：①由于反应是在相对高的温度和压力下进行，因此有可能实现在常规条件下不能进行的反应；②改变反应条件（温度、酸碱度、原料配比等）可能得到具有不同晶体结构、组成、形貌和颗粒尺寸的产物；③工艺相对简单，经济实用，过程污染小。

水热法最初主要用于单组分氧化物（如 ZrO_2、Al_2O_3 等）的制备，随着制备技术的不断改进和发展，水热法广泛应用于单晶生长、陶瓷粉体和纳米薄膜的制备、超导体材料的制备与处理及核废料的固定等研究领域。一些非水溶剂也可以代替水作为反应介质，如乙醇、苯、乙二胺、四氯化碳、甲酸等非水溶剂就曾成功地用于非水溶剂水热法中制备纳米粉体。

此外，近年来水热法制备纳米氧化物粉体技术又有新的突破，将微波技术引入水热制备技术中，可在很短的时间内制得优质的 CdS 和 Bi_2S_3 粉体；采用超临界水热合成装置可连续制备纳米氧化物粉体；将反应电极埋弧技术应用到水热法制备技术中制备粉体等。

2.3.3.6　超临界流体沉积技术

当一种流体的温度和压力同时比其临界温度（T_c）和临界压力（p_c）高时就称为超临界流体（SCF）。在临界温度和临界压力时流体的液相和气相变得不能区分，该点称为临界点。超临界流体具有类似液体的密度、类似气体的黏度和扩散性。另外，超临界流体的表面张力远远低于液体，在超临界区，随着温度或压力的很小的变化，这些性质可呈现出很大的变化，其特殊的物理性质使超临界流体成为一种优良的溶剂和抗熔剂，用于溶解和分离物质。常用的超临界流体包括乙烯、二氧化碳、一氧化氮、丙烯、丙烷、氨、正戊烷、乙醇和水，临界温度依次升高。

自 1822 年 Cagniard 发现流体的超临界现象以来，人们对其性质的认识越来越深入，近年来应用超临界流体（SCF）的新兴技术有超临界流体萃取、超临界流体中的化学反应、超临界流体沉积技术等。超临界流体沉积技术是正在研究中的一种新技术。在超临界情况下，降低压力可以导致过饱和的产生，而且可以达到高的过饱和速率，固体溶质可从超临界溶液中结晶出来。由于这种过程在准均匀介质中进行能够更准确地来控制结晶过程。由此可见，从超临界溶液中进行固体沉积是一种很有前途的新技术，能够生产出平均粒径很小的细微粒子，而且还可控制其粒度尺寸的分布。

2.3.4　气相合成法

气相法是直接利用气体或者通过各种手段将物质变成气体，使之在气体状态下发生物理变化或化学反应，最后在冷却过程中凝聚长大形成粉体的方法。根据系统中是否发生化学反应将气相法分为两种：一种是蒸发-凝聚法（PVD），另一种是气相化学反应法（CVD）。

CVD 法是将原料加热至高温（用电弧或等离子流等加热），使之汽化，接着在电弧焰和等离子焰与冷却环境造成的较大温度梯度条件下急冷，凝聚成微粒状物料的方法。这一过程不伴随化学反应。采用这种方法能制得颗粒直径在 5～100nm 的微粉，其纯度、粒度、晶形都很好，成核均匀，粒径分布窄，颗粒尺寸能够得到有效控制，这种方法适用于制备单一氧化物、复合氧化物、碳化物或金属的微粉。

PVD 法是将挥发性金属化合物的蒸气通过化学反应合成所需物质的方法。气相化学反应可分为两类：一类为单一化合物的热分解 $[A_{(g)} \longrightarrow B_{(s)} + C_{(g)}]$；另一类为两种以上化学物质之间的反应 $[A_{(g)} + B_{(g)} \longrightarrow C_{(s)} + D_{(g)}]$。前者的前提条件是必须具备含有全部所需元素的适当的化合物；而后者可以有很多种组合，因而更具有通用性。PVD 法与沉淀法和盐类热分解法相比，具有如下特点：

(1) 金属化合物具有挥发性，容易提纯，而且生成粉料不需要粉碎，同时生成物纯度高；

(2) 生成颗粒的分散性良好；

(3) 只要控制反应条件，就能容易获得粒径分布窄的微细粉末；

(4) 气氛控制容易。气相反应法除适用于制备氧化物外，还适用于制备液相法难于直接合成的金属、氮化物、碳化物、硼化物等非氧化物。制备容易、蒸气压高、反应性较强的金属氯化物常用作气相化学反应的原料。炭黑、ZnO、TiO_2、SiO_2、Sb_2O_3、Al_2O_3 以及高熔点的氮化物和碳化物粉料的合成已达到工业生产水平。

下面介绍一些常用的制备微粉的气相法。

(1) 低压气体中蒸发法（气体冷凝法）　气体冷凝法是采用物理方法制备微粉的一种典型方法，即属于蒸发-凝聚法（PVD）。是在低压的氩、氦等惰性气体中加热金属，使其蒸发后形成超微粒或纳米微粒。根据加热源不同有以下几种：电阻加热法；等离子喷射法；高频感应法；电子束法；激光法。这些不同的加热方法制备出的超微粒的量、品种、粒径大小及分布等存在一些差别。气体冷凝法最早由 Ryozi Uyeda 及其合作者于 1963 年研制出，即通过在纯净的惰性气体中的蒸发和冷凝过程获得较干净的纳米微粒。20 世纪 80 年代初，Gleiter 等人首先提出，在超高真空条件下采用气体冷凝法制得具有清洁表面的纳米微粒，图2-13 为气体冷凝法制备纳米微粒的原理图。

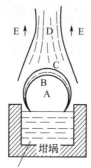

溶化的金属、合金或离子化合物、氧化物

图 2-13　气体冷凝法制备纳米微粒的原理图

E—惰性气体（Ar，He 气等）；D—边成链状的超微粒子；C—成长的超超微粒子；

B—刚诞生的超微粒子；A—蒸气

整个过程是在超高真空室内进行，通过分子涡轮泵使其达 0.1kPa 以上的真空度，然后充入低压（约 2kPa）的纯净惰性气体（He 或 Ar，纯度为99.999%）。欲蒸的物质（例如 CaF_2、NaCl、FeF 等离子化合物、过渡族金属氮化物及易升华的氧化物等）置于坩埚内，通过钨电阻加热器或石墨加热器等加热装置逐渐加热蒸发，产生原物质烟雾，由于惰性气体的对流，烟雾向上移动，并接近充液氮的冷却棒（冷阱，77K）。在蒸发过程中，由原物质发出的原子由于与惰性气体原子碰撞迅速损失能量而冷却，这种有效的冷却过程在原物质蒸气中造成很高的局域过饱和，这将导致均匀的成核过程。因此，在接近冷却棒的过程中，原物质蒸气首先形成原子簇，然后形成单个纳米微粒。在接近冷却棒表面的区域内，由于单个纳米微粒的聚合而长大，最后在冷却棒表面上积累起来，用聚四氟乙烯刮刀刮下并收集起来获得纳米粉。

气体冷凝法是通过调节惰性气体压力，用蒸发物质的分压即蒸发温度或速率，或惰性气体的温度来控制纳米微粒粒径的大小。实验表明，随蒸发速率的增加（等效于蒸发源温度的升高）粒子变大，或随着原物质蒸气压力的增加，粒子变大。气体冷凝法特别适于制备由液相法和固相法难以直接合成的非氧化物系的微粉，粉体纯度高，结晶组织好，粒度可控，分散性好。

（2）溅射法　溅射法的原理如图 2-14 所示，用两块金属板分别作为阳极和阴极，阴极为蒸发用的材料，在两电极间充入 Ar 气（40～250Pa），两电极间施加的电压为 0.3～1.5kV。由于两电极间的辉光放电使 Ar 离子形成，在电场的作用下 Ar 离子冲击阴极靶材表面，使靶材原子从其表面蒸发出来形成超微粒子，并在附着面上沉积下来。粒子的大小及尺寸分布主要取决于两电极间的电压、电流和气体压力，靶材的表面积越大，原子的蒸发速率越高，超微粒的获得量越多。

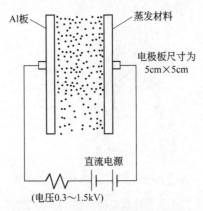

图 2-14 溅射法制备超微粒子的原理

有人用高压气体中溅射法来制备超微粒子，靶材达高温，表面发生熔化（热阴极），在两极间施加直流电压，使高压气体，例如 13kPa 的 $15H_2 + 85\%$ 的混合气体，发生放电，电离的离子冲击阴极靶面，使原子从熔化的蒸发靶材上蒸发出来，形成超微粒子，并在附着面上沉积下来，用刀刮下来收集超微粒子。

用溅射法制备纳米微粒有以下优点：可制备多种纳米金属，包括高熔点和低熔点金属。常规的热蒸发法只能适用于低熔点金属；能制备多组元的化合物纳米微粒，如 $Al_{52}Ti_{48}Cu_{91}Mn_9$ 及 ZrO_2 等；通过加大被溅射的阴极表面可提高纳米微粒的获得量。

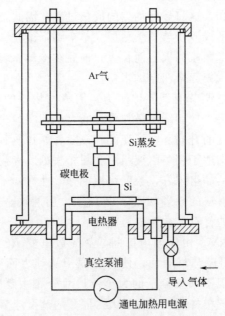

图 2-15 通电加热蒸发法制备 SiC 超微粒装置

（3）通电加热蒸发法 此法是通过碳棒与金属相接触，通电加热使金属熔化，金属与高温碳棒反应并蒸发形成碳化物超微粒子。图 2-15 为制 SiC 超微粒的装置图。

碳棒与 Si 板（蒸发材料）相接触，在蒸发室内充有 Ar 或 He 气，压力为 1～10kPa，在碳棒与 Si 板间通交流电（几百安培），Si 板被其下面的加热器加热，随 Si 板温度上升，电阻下降，电路接通。当碳棒温度达到白热程度时，Si 板与碳棒相接触的部位熔化。当碳棒温度高于 2473K 时，在它的周围形成了 SiC 超微粒的"烟"，然后将它们收集起来。

SiC 超微粒的获得量随电流的增大而增多。例如在 400kPa 的气中，当电流为 400A，SiC 超微粒的收得率为约 0.5g/min。惰性气体种类不同超微粒的大小也不同，He 气中形成的 SiC 为小球形，Ar 气中为大颗粒。

用此种方法还可以制备 Cr、Ti、V、Zr、Hf、Mo、Nb、Ta 和 W 等碳化物超微粒子。

（4）混合等离子法 这是采用 RF 等离子与 DC 等离子组合的混合方式获得超微粒子的方法，图 2-16 是混合等离子法制备超微粒子的装置。

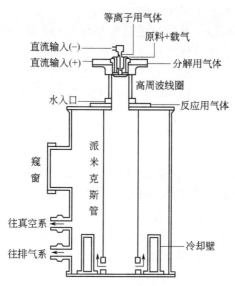

图 2-16 混合等离子法制备超微粒子的装置

图 2-16 中石英管外的感应线团产生高频磁场（几兆赫）将气体电离产生 RF 等离子体，由载气携带的原料经等离子体加热反应生成超微粒子并附着在冷却壁上。由于气体或原料进入 RF 等离子体的空间会使 RF 等离子弧焰被搅乱，导致超微粒的生成困难。为了解决这个问题，采用沿等离室轴向同时喷出 DC（直流）等离子电弧束来防止 RF 等离子弧焰受干扰，因此称为"混合等离子"法。该制备方法有以下几个特点：产生等离子体时没有采用电极，不会有电极物质

（熔化或蒸发）混入等离子体而导致等离子体中含有杂质，因此超微粒的纯度较高；等离子体所处的空间大，气体流速比 DC 等离子体慢，使反应物质在等离子空间滞留时间长，物质可以充分加热和反应；可以产生 O_2 等其他方法不能产生的等离子体；可使用非惰性气体（反应性气体）。因此，可制备化合物超微粒子，即混合等离子法不仅能制备金属超微粒，也可制备化合物超微粒，产品多样化。

(5) 激光诱导化学气相沉积（LICVD） LICVD 法制备超细微粉是近二十几年兴起的，LICVD 法具有清洁表面、粒子大小可精确控制、无黏结、粒度分布均匀等优点，并容易制备出几纳米至几十纳米的非晶态或晶态纳米微粒。目前，LICVD 法已制备出多种单质、无机化合物和复合材料超细微粉末。LICVD 法制备超细微粉已进入规模生产阶段，美国的 MIT（麻省理工学院）于 1986 年已建成年产几十吨的装置。

激光制备超细微粒的基本原理是利用反应气体分子（或光敏剂分子）对特定波长激光束的吸收，引起反应气体分子激光光解（紫外光解或红外多光子光解）、激光热解、激光光敏化和激光诱导化学合成反应，在一定工艺条件下（激光功率密度、反应池压力、反应气体配比和流速、反应温度等），获得超细粒子空间成核和生长。例如用连续发出的 CO_2 激光（$10.6\mu m$）辐照硅烷气体分子（SiH_4）时，硅烷分子很容易热解，热解生成的气相硅 Si(g) 在一定温度和压力条件下开始成核和生长，粒子成核后的典型生长过程包括如下五个过程：

反应体向粒子表面的运输过程；在粒子表面的沉积过程；化学反应（或凝聚）形成固体过程；其他气相反应产物的沉积过程；气相反应产物通过粒子表面运输过程。

粒子直径可控制在小于 10nm，通过工艺参数调整，粒子大小可控制在几纳米至 100nm，且粉的纯度高。用 SiH_4 除了能合成纳米 Si 微粒外，还能合成 SiC 和 Si_3N_4 纳米微粒，粒径可控制在几纳米至 70nm，粒度分布可控制在正负几纳米以内。激光制备纳米粒子装置一般有两种类型：正交装置和平行装置，其中正交装置使用方便，易于控制，工程实用价值大，如图 2-17 所示。

图中激光束与反应气体的流向正交，用波长为 $10.6\mu m$ 的二氧化碳激光，最大功率为 150W，激光束的强度在散焦状态为 $270\sim1020W/cm^2$，聚焦状态为 $105W/cm^2$，反应室气压为 $8.11\sim101.33Pa$，激光束照在反应气体上形成了反应焰。经反应在火焰中形成了微粒，由氩气携带进入上方微粒捕集装置。由于纳米微粒比表面积大，表面活性高，表面吸附性强，在大气环境中，上述微粒对氧有严重的吸附（约 $1\%\sim3\%$），物体的收集和取出要在惰性气体环境中进行，对吸附的氧可在高温下（>1273K）通过 HF 或 H_2 处理。目前 LICVD 法的研究重点是在继续研究其内在规律的同时，开展超细粉的成型烧结技术及相关理论方面的探讨，以寻求激光制粉新气源和反应途径。LICVD 法已成为粉体制备工艺中最有发展前途的方法之一，正得到迅速发展。

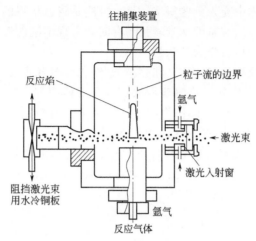

图 2-17　LICVD 法合成纳米粉装置

（6）爆炸丝法　这种方法适用于工业上连续生产纳米金属、合金和金属氧化物的纳米物体。基本原理是先将金属丝固定在一个充满惰性气体（5×10^6 Pa）的反应室中，如图 2-18 所示，丝两端的卡头为两个电极，它们与一个大电容相连接形成回路，加 15kV 的高压，金属丝在 500～800kA 电流下进行加热，融断后在电流中断的瞬间，卡头上的高压在融断处放电，使熔融的金属在放电过程中进一步加热变成蒸气，在惰性气体碰撞下形成纳米金属或合金粒子沉降在容器的底部，金属丝可以通过一个供丝系统自动进入两卡头之间，从而使上述过程重复进行。

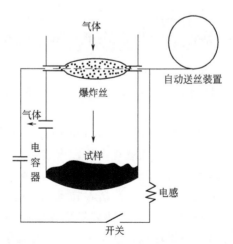

图 2-18　爆炸丝法制备纳米粉体装置示意图

为了制备某些易氧化的金属氧化物纳米粉体，可通过两种方法来实现：一种方法是先在惰性气体中充入一些氧气，另一方法是将已获得的金属纳米粉进行水热氧化。用这两种方法制备的纳米氧化物有时会呈现不同的形状，例如由前者制备的氧化铝为球形，后者则为针状粒子。

(7) 化学气相凝聚法（CVC）和燃烧火焰-化学气相凝聚法（CF-CVC） 这是通过金属有机先驱物分子热解获得纳米陶瓷粉体的方法。化学气相凝聚法的基本原理是利用高纯惰性气体作为载气，携带金属有机前驱物，例如六甲基二硅烷等，进入铝丝炉，如图 2-19，炉温为 $1100\sim1400℃$，气氛的压力保持在 $100\sim1000Pa$ 的低压状态，在此环境下，原料热解形成团簇，进而凝聚成纳米粒子，最后附着在内部充满液氮的转动衬底图上，经刮刀刮下进入纳米粉收集器。

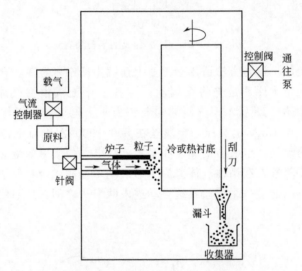

图 2-19　化学蒸发凝聚（CVC）装置示意图（工作室压力为 $100\sim1000Pa$）

燃烧火焰-化学气相凝聚法采用的装置基本上与 CVC 法相似，不同处是将钼丝炉改换成平面火焰燃烧器，如图 2-20 所示，燃烧器的前面由一系列喷嘴组成。

当含有金属有机前驱物蒸气的载气（例如氢气）与可燃性气体的混合气体均匀地流过喷气嘴时，产生均匀的平面燃烧火焰，火焰由 C_2H_2、CH_4 或 H_2 在 O_2 中燃烧所致。反应室的压力保持 $100\sim500Pa$ 的低压，金属有机前驱物经火焰加热在燃烧器的外面热解形成纳米粒子，附着在转动的冷阱上，经刮刀刮下收集。此法比 CVC 法的生产效率高得多，因为热解发生在燃烧器的外面，而不是在炉管内，因此反应充分并且不会出现粒子沉积在炉管内的现象。此外，由于火焰的高度均匀，保证了形成每个粒子的原料都经历了相同的时间和温度的作用，粒径分布窄。

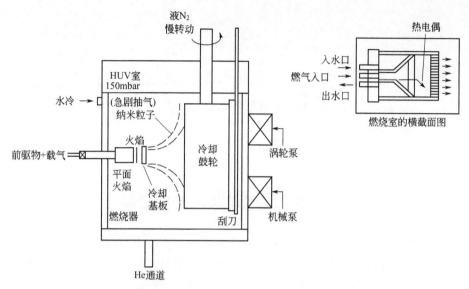

图 2-20　燃烧火焰-化学气相凝聚装置

参 考 文 献

[1]　毕见强，赵萍等．特种陶瓷工艺与性能［M］．哈尔滨：哈尔滨工业大学出版社，2008．

[2]　李世普．特种陶瓷工艺学［M］．武汉：武汉理工大学出版社，2007．

[3]　刘维良．先进陶瓷工艺学［M］．武汉：武汉理工大学出版社，2004．

[4]　高瑞平．先进陶瓷物理与化学原理及技术［M］．北京：科学出版社，2001．

先进陶瓷成型方法

3.1 先进陶瓷成型方法的分类

所谓成型是指原料车间按要求制备好的坯料，通过不同的成型方法制成具有一定形状、尺寸的坯体的过程。陶瓷成型对坯料提出一定的成型性能的要求，如细度、含水率、可塑性及流动性等，而且对烧成应满足生坯的干燥强度、致密度、生坯入窑的含水率及器型规整等烧装性能要求。陶瓷成型后的坯体只是半成品，后面还要经过干燥、上釉、装坯、烧成等多道工序，还要经过多次人工或机械的取拿，所以要求提高生坯的干燥强度以尽可能减少生坯的破坏率。由此可见，陶瓷的成型技术对制件的性能具有极其重要的影响。陶瓷成型方法的选择应当根据制件的性能要求、形状、尺寸、产量及其经济效益等综合指标进行确定。

陶瓷制品的种类繁多，大致分为以下两类：传统陶瓷和先进陶瓷（special ceramics）。由于先进陶瓷的生产工艺突破了传统方法，更主要的是由于其化学组成、显微结构及性能都优于普通陶瓷而被人们广泛研究及应用。先进陶瓷主要包括高温、高强、耐磨、耐蚀等为特征的结构陶瓷、用以进行能量转换的功能陶瓷（functional ceramics）及生物陶瓷（bio-ceramics）、原子能陶瓷（nuclear ceramics）等。结构陶瓷由于其应用领域主要在工程或工业，因此又称为"工程陶瓷"，如切削刀具、新型发动机的叶片、陶瓷轴承等而受到人们极为广泛的重视。

由于不同的陶瓷制件的用途各异，制件的形状、尺寸、材质及烧成温度不一，对各种制件的性能、质量的要求也不尽相同，因此采用的成型方法也多种多样，进而造成了成型工艺的复杂化。目前，先进陶瓷材料成型方法的分类至今尚未统一，可从以下几个方面加以分类。

(1) 按坯料的特性分类 粉末原料均需经过加工处理来制成适合于一定成型方法的坯料。可按坯料的特性分类，主要是坯料的流动、流变性质，将成型方法分为三类：干坯料成型、可塑性坯料成型和浆料成型。

① 干坯料成型 所谓干坯料是指粉末经粉碎、磨细至一定粒度并混合均匀后制成的坯料中，基本不含水分等液体或含量很少（一般小于 6%～7%），所含

的其他成型剂或润滑剂也极少（不超过 1%～2%），坯料呈现出固相颗粒的流动特性。以这种坯料成型的方法有压制成型、等静压成型及轧制成型等。

② 可塑性坯料成型　可塑性坯料中所含的各种成型剂的量较干坯料要多，但一般不超过 20%～30%。水在与粉末颗粒润湿的情况下也是一种成型剂，而且其他的成型剂中有相当一部分都必须溶于水后才能发挥增加坯料可塑性和黏结颗粒的作用。坯料呈半固化状态，具有一定的流变性，有良好的可塑性，在成型后或成型再冷却后能够保持形状。挤制成型、轧膜成型、热压注成型及注射成型等方法可归属于可塑性坯料成型。注射成型由于是针对超细粉末的，所以粉末的比表面积大，所用成型剂量不止 30%，但是从坯料的流变性和保型性看仍属于这一类成型方法。

③ 浆料成型　浆料中除粉末颗粒外主要含水分和极少量的分散剂，一般水的含量为 28%～35%。粉末颗粒依靠分散剂的作用呈分散状态悬浮在水中，形成固液两相混合的浆料，并呈现出具有一定黏度的流体的流动性质。采用这一类型坯料的成型方法有注浆成型和原位凝固成型。

（2）按成型的连续性分类

① 连续成型　用有些成型方法能成型出长度远远大于宽度、厚度的坯体，坯体为连续的、截面尺寸一致的带状、棒状或管状等，理论上用这类成型方法可成型出的长度无限长，只要坯料能源源不断地供应。在实际生产中往往将坯料在成型后切割成所需要的一定长度，或用连续式烧结炉烧结后再切割成一定长度。属于这类成型方法的有粉末轧制成型、挤制成型、轧膜成型和流延法成型等。

② 非连续成型　除了上述几种连续成型以外的成型方法均属于非连续成型。

（3）按有无模具分类

① 有模成型　压制成型、等静压成型、注浆成型、注射成型、热压注成型及原位凝固成型等方法均属于有模成型。用有模型方法成型出的坯体的形状、尺寸由模具所决定。最为常用的模具材料是金属材料，有时也使用非金属材料，如注浆成型用石膏模或多孔塑料模，冷等静压成型则用橡胶模或塑料模。

② 无模成型　上述属于连续成型的几种成型方法均可以归为无模成型。在无模成型中，粉末轧制成型、轧膜成型的坯体的厚度虽然由轧辊的缝隙间距所控制，宽度也取决于轧辊的宽度，但长度方向的尺寸却是自由的。挤制成型的坯体的截面形状由挤制腔出口的形状所决定的，长度也是不受限制的。也就是说，用这类方法成型的坯体至少有一个方向的尺寸是自由的。况且，轧辊、挤制嘴也不属于通常意义上的模具。

综上，粉末坯体的成型方法较多，但是总体上其成型方法可以分为以下几种，如图 3-1 所示。

在种类繁多的陶瓷成型方法中，我们如何来选择合适于生产的成型方法变得尤为重要。成型方法的选择应以制件的图纸或样品为依据来确定工艺路线，选择

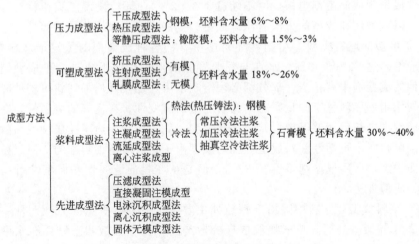

图 3-1　陶瓷成型方法分类

合适的成型方法，做好工艺准备并进行配料投产。成型方法的选择主要从下面几个方面来考虑、选择：

(1) 根据制件的形状、大小及厚薄等进行选择。通常，形状复杂、尺寸较大、薄壁的制件可采用注浆成型法。而对于形状简单回转的制件则可以采用滚压成型法或旋压成型法。

(2) 依据坯料的工艺性能来选择。可塑性较好的坯料适用于可塑成型法，可塑性较差的坯料则适用于注浆成型法或干压成型法。

(3) 根据制件的产量和质量要求来选择成型方法。产量大的制件可采用可塑成型法，而产量小的制件则可采用注浆成型法。

(4) 成型设备要简单，劳动强度小且劳动条件好。

(5) 技术指标要高，经济效益要好。

总而言之，在选择先进陶瓷的成型方法时，我们希望在保证产品质量和产量的前提条件下，选用设备简单，生产周期最短，成本最低的一种。

3.2　压制成型方法

压制成型法又称模压成型（stamping process），它是将粉料（含水量控制在 $4\%\sim7\%$，甚至可为 $1\%\sim4\%$）加入少量黏结剂进行造粒，然后将造粒后的粉料置于金属模（一般为钢模）中，在压力机械上加压形成一定形状的坯体。压制成型法的特点是黏结剂含量较低，不经过干燥就可以直接焙烧，坯体的收缩率小，该方法大大提高了坯体的致密程度，进而提高了制件的强度，而且压制成型的机械化水平较高。压制成型方法在日用陶瓷和先进陶瓷的生产中常常采用的一种成型方法之一，通常可分为干法、半干法和湿法压制。干法压制：坯料的含水量为 0～5％，包括润滑介质和其他液态加入物；半干法压制：坯料的含水量为 5％～8％；湿法压制：坯料的含水量为 8％～18％。

3.2.1　干法压制成型法

干法压制成型法又称干压成型法（dry pressing），其主要特点有以下几点：

（1） 干压成型的模具成本高，只有大量生产同一品种时才是经济、实惠的。

（2） 它最适合于几何尺寸不太大，长宽尺寸相差也不太大，形状不太复杂的制件。形状太复杂使得模具的结构复杂，成本增高，且尺寸精度不一定能满足要求。

（3） 为了达到最佳的压制性能，对泥料的颗粒组成和颗粒形状有较高的要求。因此，干压成型的粉料需经过严格的工序加工处理。

（4） 由于坯体的含水量少，因此干燥收缩小，从而使得干燥废品率相对较低。

（5） 干压成型的坯体致密度大，强度大，烧成收缩或膨胀通常较小，生产中也易于控制成品尺寸。

（6） 干压成型的机械化程度较高，一般都是流水线生产。但机械发生故障后的维修相对较为麻烦，而且必须在较短时间内完成，否则会影响生产。

3.2.1.1　干压成型的工艺原理

干压成型是基于较大的压力将粉状坯料在模型中压成的。其实质是在外力作用下颗粒在模具内相互靠近，并借助于内摩擦力牢固地把各颗粒联系起来并保持一定的形状的工艺。这种内摩擦力作用在相互靠近的颗粒外围结合剂薄层上。总之，干压坯体可以看成是由一个液相层（结合剂）、空气、坯料组成的三相分散的体系。如果坯料的颗粒级配和造粒恰当，堆集的密度比较高，那么空气的含量可以大大减少。随着压力的增大，坯料将改变外形，相互滑动，间隙被填充并减少，逐渐加大接触且相互紧贴。由于颗粒之间进一步靠近使得胶体分子与颗粒之间的作用力加强，因而坯体具有一定的机械强度。如果坯料的颗粒级配合适，结合剂使用正确，加压方式合理，干压法可以得到比较理想的坯体密度。

（1）粉末的压制过程　粉末料在钢制模具中经单轴向压制而成为一定形状的成型体（压坯）的过程为压制成型。压制成型的过程如图 3-2 所示。在压制过程中，由于粉末颗粒之间、颗粒与模壁之间存在着摩擦力，使得粉末在压模内各个部位受到的压力是不均匀的。因此，压坯各部分的致密度也是不一样的。

当粉末颗粒刚装入模具时，粉末呈松装堆积的。此时粉末颗粒由于表面不规则且相互间的摩擦而形成拱桥效应（图 3-3），粉末间的空隙很大且松装时密度很低。所谓"拱桥效应"是指实际粉料不是球形，加上表面粗糙，结果粉末颗粒

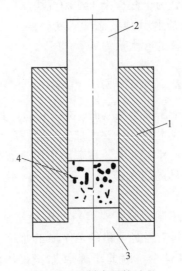

图 3-2　压制成型的过程

1—阴模；2—上模冲；3—下模冲；4—粉体

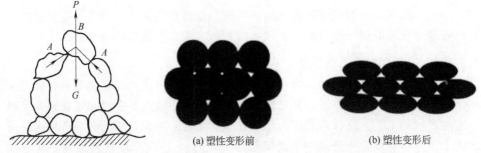

图 3-3　粉料堆积的拱桥效应　　　图 3-4　塑性颗粒的受压变形

之间相互交错咬合，形成拱桥形空间，增大了孔隙率的现象。当粉料颗粒 B 落在 A 上时，由于粉料 B 自重为 G，则在接触处产生反作用力，其合力为 P，大小与 G 相等，但方向相反。若粉末颗粒间附着力较小，则 P 不足以维持 B 的重量 G，便不会形成拱桥，粉末颗粒 B 则落入空隙中。因此，粗大而光滑的粉末颗粒堆积在一起时，空隙容易形成拱桥。比如气流粉碎的刚玉粉料，颗粒多为不规则的棱角形，其自由堆积时的孔隙比球磨后的刚玉粉末颗粒要大一些。

　　当粉末颗粒受到压力时便发生位移，填充密度提高。此时，随着压力的增加压坯的密度不断提高。同时，粉末颗粒在压制过程中发生变形。当粉末颗粒受力较小时，颗粒发生弹性变形，撤除压力后粉末颗粒又恢复原有的形状。当压力较高超过粉末颗粒的弹性极限时，对于具有良好塑性变形能力的金属颗粒则发生塑性变形，变形后的颗粒不能恢复原有的形状。颗粒间由原来的点接触变为面接触，如图 3-4 所示，压坯的密度将进一步提高。在一定范围内压力的增大导致粉末颗粒的塑性变形增加，但压力过大则粉末颗粒有可能发生碎裂。而对于陶瓷粉末这种塑性变形能力极差的粉末颗粒，在压力较高时则发生较大的弹性变形，压力撤除后颗粒发生回弹，被压缩的气孔回复导致发生脆性断裂。因此，陶瓷粉末的成型压力往往低于金属粉末，一般控制在 $50 \sim 100 \text{MPa}$ 的范围内。也就是说，陶瓷压坯的密度往往低于金属压坯的密度。图 3-5 为金属镁粉末和二氧化钍陶瓷粉末的压缩性能，由图可见金属镁的压坯中孔隙率明显低于二氧化钍陶瓷压坯中的孔隙率。

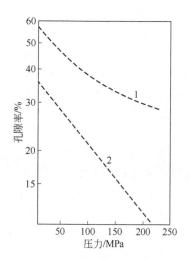

图 3-5　不同粉末的压缩性能
1—二氧化钍陶瓷粉末；2—金属粉末

对于压制成型，坯体的成型密度主要受以下几个因素的影响：

① 粉料装模时自由堆积的孔隙率越小，则坯体成型后的孔隙率也越小。因此，应控制粉料的粒度和级配，或者采用振动装料时减少起始孔隙率，从而可以得到较致密的坯体。

② 增加压力可使坯体孔隙率减少，而使其呈指数关系。实际生产中受到设备结构的限制及根据坯体质量的要求压力值不能过大。

③ 延长加压时间也可以降低坯体的气孔率，但会降低生产率。

④ 减少粉末颗粒间的内摩擦力也可使坯体孔隙率降低。实际上，粉粒经过造粒或通过喷雾干燥得到球形颗粒，再加入成型润滑剂或采取一面加压一面升温等方法均可以达到这种效果。

⑤ 坯体形状、尺寸及粉料的性质对坯体密度的关系反映在数值上。压制过程中，粉料与模壁产生摩擦作用，导致压力损失。坯体的高度 H 与直径 D 之比（H/D）越大，压力损失也越大，坯体密度更加不均匀。模具不够光滑、材料硬

度不够等都会增加压力损失。模具结构不合理，如出现锐角、尺寸急剧变化等，在模具的某些部位粉末不容易填满，会降低坯体的密度和密度分布的不均匀性。

总之，整个压制过程中大体上分为以下两个阶段：

第一个阶段，90MPa 以前，随着加压压力的增大，坯体密度迅速上升。这主要是由于最初充填于模具内的造粒粉颗粒是松散堆积的，造粒粉的排列并不规则，从而形成大量的空隙。当受到外加压力时，颗粒就会有效地克服颗粒间的阻力而发生位移，使颗粒间重新进行排列，细小的颗粒会充填于大颗粒之间所形成的孔隙之中，从而使气孔率下降，坯体的致密度得到提高。

第二个阶段，90～130MPa 甚至到 140MPa，压力不断增大，但坯体的密度增大的速率越来越慢，直到接近该粉料的理论堆积密度。这是因为当压力达到一定的数值时，坯体密度的增加方式已由颗粒间的滑动为主转为颗粒的变形和破碎为主，所以这一阶段坯体的密度增加变得越来越缓慢。在极限压力下，密度不但不再提高甚至有时会呈下降趋势，这是由于所施加的压力超过极限压力时，当压力撤除后坯体将产生弹性后效，引起层裂，使密度下降。

（2）粉料的流动性 粉料虽然是由固体颗粒所组成的，但是由于其分散度较高，具有一定的流动性，并以粉料自身的休止角（α）来表示其特性。休止角是指粉料堆积层的自由斜面与水平面形成的最大夹角，休止角越小，流动性越好。当堆积到一定高度后粉料会向四周流动，始终保持为圆锥形，其休止角保持不变。当粉料堆积的斜度超过其固有的 α 角时，粉料便向四周流泻，直到倾斜角降至 α 角为止。一般粉料的休止角 α 约为 20°～40°。如果粉料颗粒呈球形且表面光滑，那么该粉料易于向四周流泻，α 角值就小。

从本质来看，粉料的流动取决于它的内摩擦力。如图 3-6 所示，设 A 点的颗粒本身重为 G，根据力的合成与分解，G 可以分解为颗粒下滑的推动力 $F = G \times \sin\alpha$ 和垂直于斜坡的正压力 $N = G \times \cos\alpha$。通过推导可以得到下式：

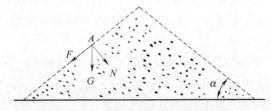

图 3-6 粉料颗粒自然堆积的外形

$$F = \frac{N}{\cos\alpha} \times \sin\alpha = N \times \tan\alpha \tag{3-1}$$

当粉料维持休止角 α 时，颗粒不再向下流动。这时必然产生与 F 力大小相等、方向相反的摩擦力 P，此时颗粒的受力是维持平衡的，即 $P = F$。摩擦力 $P = \mu N$，式中 μ 为颗粒的内摩擦系数。此时，$\mu = \tan\alpha$，也就是说粉料的休止角的正切值等于其摩擦系数。而实际上粉料颗粒的流动性还与其粒度的分布、颗粒的形状、大小及表面形状等因素有关。在实际成型过程中，粉料颗粒的流动性还取决于粉料颗粒在模型中的填充速率和填充程度。对于流动性差的粉料颗粒而言，其难以短时间内填满模具，从而影响压制成型机械的产量和坯体的质量，在这种情况下往往向粉料颗粒中加入润滑剂来降低粉料颗粒之间的摩擦，进一步提高粉料颗粒的流动性。

3.2.1.2　干压成型的工艺过程及应用

(1) 干压成型的工艺过程　干压成型的工艺一般包括以下几个工序：

① 喂料　将粉料颗粒装填入模框内，为了保证坯体的规格和质量，喂料应该均匀并定量。定量喂料分为定容式喂料和定量式喂料这两种方法，其中有手工操作也有用专门的喂料装置来实现自动喂料。最简单的定容式喂料装置以模框作为容器，把粉料加满后刮平。也有的装料则是通过电子秤的称量来实现粉料的定量。

② 加压成型　利用模具之间的相对运动给疏松的粉料施加压力，使粉料压紧成致密的坯体。该工序是压制成型中的关键工艺，需要控制施加压力的大小、压制时间及压制方式等因素，任何条件的改变都有可能导致坯体质量发生变化。

③ 脱模　将成型好的坯体从模具型腔内脱出。可采用多种脱模方式，如模腔固定、下模上升的方法将成型好的坯体顶出，也有用下模固定、模腔下行的方法脱模的。

④ 出坯　将顶出的成型好的坯体移动至放坯台面上或输送带上。出坯过程有手工操作，也有用专门的推出装置或真空吸坯机械手完成的。

⑤ 清理模具　必要时还需要在模腔内壁喷油来润滑。

(2) 干压成型的优缺点　干压成型在先进陶瓷、工程陶瓷的生产中是较为常用的成型方法，主要是由于该方法具有工艺简单、操作方便、周期短、效率高等优点，便于实行自动化生产。此外，由此成型方法获得坯体具有密度大、尺寸精确、收缩小、机械强度高和电性能好。但是，干压成型对大型坯体的生产有困难，模具磨损大、加工复杂、成本高。其次，该方法加压只能上下加压且压力分布不均匀，致密度不均，收缩不均，则会产生开裂、分层等现象。随着现代化成型方法的发展，这一缺点被等静压成型方法所克服。

(3) 干压成型的应用　干压成型是将一定量的有机添加剂加入粉料，而后注入模具并依靠外压而使其成型的方法。该成型技术的关键是黏结剂、润滑剂和分散剂等有机添加剂的选择和粉末的加工，制出具有最密填充粒度分布的粉末和最佳粒度分布的颗粒，干压成型压力一般不大于 100MPa。干压成型技术被广泛应用于 PTC 陶瓷材料、氧化铝陶瓷及陶瓷真空管壳的制备成型。

3.2.1.3　压制成型模具

（1）模具设计原理　模具是压制成型的一个关键因素，对成型的质量和生产效率有着十分重要的影响。在压制成型过程中，模具与粉体颗粒之间的相互摩擦会造成模具的磨损。其中，陶瓷粉末颗粒具有较高的硬度，而金属粉末常常有黏附于模具内壁的倾向。因此，模具材料必须要具有较好的耐磨性。在模具的工作过程中还应考虑压制过程中粉末的受力情况、操作的可行性和方便程度等。所以，在制造或选用模具时必须考虑多种因素。在模具材料的选择和处理上，应考虑模具材料的硬度、显微组织、残余应力及弹性状态等；在模具的加工上应考虑模腔内表面和模冲工作表面的粗糙程度，模腔的平行度和模具出口的锥度，阴模与模冲间的间隙和配合，阴模与模冲棱角的几何半径及其他几何因素等。此外，压制时的工作条件，如压制压力、加压速率等因素在设计和制造模具时也应考虑。一般来说，粉末冶金和陶瓷压制成型的模具应选用冷作模具钢、高合金不变形模具钢、高速工具钢及轴承钢等高硬度、高强度的材料。

（2）浮动式模具　模具的结构设计在模具的制造中至关重要。对于复杂形状的零件，好的模具结构不仅能够提高生产效率，而且能够提高压坯的密度和均匀性。目前，形状复杂的零部件的压制常采用浮动式压模和拉下式压模。在用带浮动阴模的模具压型时，阴模安装在弹簧或液压缸等浮动装置上，如图 3-7 所示，压制时下模冲固定不动，但阴模可以上下浮动。当上模冲以一定速率进入模腔时，粉末颗粒与模腔内表面之间存在摩擦力使阴模克服弹簧的阻力向下运动，所起的作用与下模冲向上运动的作用是一致的，均起到了双向加压的效果。如果阴模的运动速率为上模冲运动的速率的一半，则等效于上下模冲以相同的速率运动。用带浮动阴模的双向压制方法成型不仅压坯的密度均匀性得到改善，而且操作方便、生产效率高。

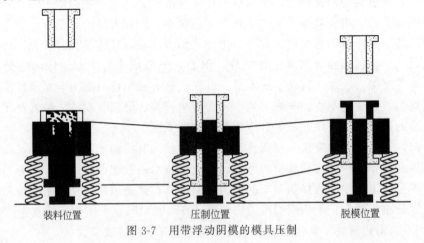

装料位置　　　　　　　　压制位置　　　　　　　　脱模位置

图 3-7　用带浮动阴模的模具压制

（3）拉下式模具　拉下式模具是另一种常用的双向加压成型模具，在这种形式的模具中，必须有一个工具支架。工具支架由一个安装在压机架上的基板和两块可以上下运动的可动板组成，这两块可动板一块是阴模板，另一块是下连接板，两块可动板通过基板轴承的支柱相互连接，组装在一起。图 3-8 表示了压制带内孔圆环形零件的拉下式模具系统。在这一系统中，下模冲安装在基板上，在压制过程中固定不动，阴模和芯杆分别安装在阴模板和下连接板上。在工作时，通过装料靴头填充粉料，上模冲压入模腔后，上模冲和阴模板同时向下运动，其压制效果和双向加压相同。拉下式模具的特点是改变了下模冲向上运动的脱模方法。在脱模时，上模冲向上运动，而阴模板和下连接板继续向下运动，直至零件被脱出阴模，这也是拉下式模具名称的由来。

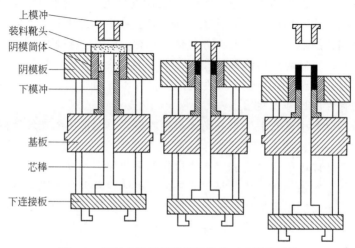

上模冲
装料靴头
阴模筒体
阴模板
下模冲
基板
芯棒
下连接板

图 3-8　压制内孔圆环形零件的拉下式模具系统

3.2.1.4　干压成型方法的主要缺陷

对于成型坯体而言，如果配料混合和成型操作不良时坯体就会产生缺陷或成为废品。而且有的缺陷是在干燥或烧成以后才会暴露出来。可见，成型后的坯体内部已有缺陷，而这些缺陷是由成型方法或成型机械所造成，其最主要的缺陷就是层裂。

层裂（slabbing）是指在压制的坯体内部有层状裂纹的缺陷。这常常是成型的主要缺陷，层裂除了受压制成型中的不均匀性影响之外，还与许多因素有关。一般将层裂和弹性后效综合分析。坯体被压制过程中，施加于坯体上的外力被方向相反、大小相等的内部弹性力所平衡。模具与坯体之间也存在着这种力的平衡。当外力取消时，坯体内部的弹性能被释放出来，坯体就会发生微膨胀。有时候，这种微膨胀后的裂纹细微，很难被肉眼所观察到。但是干燥、烧成后，由于坯体收缩，这些裂纹往往成为制品缺陷的最直接的根源。

坯料所释放的弹性能的特点是部分弹性能的释放（或者说是弹性应变）滞后于压力下降的过程，即在压力取消之后，坯体仍具有较大的滞后膨胀作用。坯体的这种滞后膨胀作用被称为弹性后效（elastic after-effect）。弹性后效在压制过程中往往是造成废品的直接原因。压力取消后，坯体的横向膨胀被压模的侧壁阻止，因而纵向则出现较大的膨胀。有的坯体纵向膨胀甚至达到 1%～2%。由于弹性后效引起坯体的不均匀膨胀及坯体本身性质的不均匀性，往往导致坯体产生层裂废品。工厂俗称"过压裂"，而实际上并非过压。试验研究表明，如果坯料性质非常均匀，利用液压机压制，即使压力高达 1000MPa 也不会产生"过压裂"。

在坯体的压制过程中坯体产生层裂，该过程是一个非常复杂的过程，其影响因素较多且复杂，例如坯体本身的影响（如颗粒组成、水分及可塑性等）、操作条件（如压机结构、加压操作情况等）都可能会对坯体的缺陷产生影响。

(1) 气相的影响　坯料中大部分气体在压制过程中被排除，一部分被压缩，应当强调的是，压制时坯料体积的减少并不等于排除坯料中空气的体积。这主要是由于压制时尚有颗粒的弹性、脆性变形和空气本身的压缩。坯料中的气体能够增加物料的弹性变形和弹性后效。

如果压制过程中坯料中的空气尚未从模内排除，则被压缩在坯体内的空气的压力是很大的。计算结果表明，这样高的压力实际已经超过了砖坯的断裂强度。因此，残留在坯体内的空气是造成坯体层裂的重要原因。在其他条件相同的状况下，坯料内的空气量越多，压制时造成层裂的可能性越大，所以空气如果不能从坯体中排出则不可能得到优质的产品。坯体中气相数量的多少，也与很多因素有关，如坯料的成分、颗粒组成、混炼和压制操作等工艺条件，但是颗粒组成是先决条件。

(2) 坯体的水分影响　在半干压制的坯料中水分太大会引起层裂，这是因为水的压缩性很小且具有弹性，在高的压制力下，水从颗粒的间隙处被挤入气孔内。当压力撤除后，它又重新进入颗粒之间，使颗粒分离，引起坯体的体积膨胀，产生层裂。总而言之，在水分过大时，水分是引起层裂的主要原因；在水分较少时，弹性后效是引起层裂的主要原因。

(3) 加压次数对层裂的影响　加载、卸载的次数增多，则残余变形逐渐减小。所以在条件相同的情况下，坯体经过多次压制比一次压制的密度更高。

(4) 压制时间及压力的影响　在条件相同的情况下，慢慢地增加压力，也就是说，延长了加压时间，也能得到类似压缩程度很大的结果。粉料在持续负载的作用下塑性变形很大。塑性变形的绝对值取决于变形速率，在任一最终荷重下缓慢加荷比快速加荷使坯体具有更大的塑性变形。实践证明，坯体在压力不大但作用时间长的情况下加压，比大压力一次加压产生的塑性变形更大。

(5) 其他因素　除了以上因素外，还有许多因素影响着坯体缺陷的产生。

如粉料颗粒之间的结合性太差、粉料不均匀、粉料中片状结构的颗粒太多并形成取向结构、模具粗糙、摩擦力过大、模子安装不当等也是造成层裂的原因。

3.2.1.5　干压成型方法的机械设备

陶瓷材料工业使用的压制机械是典型的专用机械，其主要特点如下：

① 陶瓷压力机由于是以石英、长石等矿物为基础原料来制成陶瓷坯体，因此成型规律必须按照粉体的力学特性来进行，而压制金属的通用压力机不能作为陶瓷粉料压力成型机。

② 压力机需要长时间的连续运行，其工作循环频率高，工作环境粉尘大、温度高，而且压制压力大，所以要求其必须安全运行且具有一定的保护装置。

③ 压制成型的压力是通过粉料颗粒之间的接触传递的，在传递压力的过程中一部分能量消耗在克服颗粒之间的摩擦力和颗粒与模壁之间的摩擦力上，压力的传递是逐渐减小的，因此粉料的质量、加压工艺、压力大小对坯体的致密度都有较大的影响。

④ 生产中为了保证坯体具有足够的强度，压机一般体积都很大且价格较为昂贵，需要经常进行维护。

目前，许多陶瓷制品、制件的生产企业绝大部分使用的都是大型的液压机，此液压机在流水线生产过程中可以完全进行自动化操作，节省了大量的时间，同时也保证了坯体具有足够的强度。

(1) 液压机概述　液压机最早是 1795 年由英国的 J. 布拉默应用帕斯卡原理发明的，当时的工作介质为水，从此水压机诞生，该设备在当时主要用于打包、

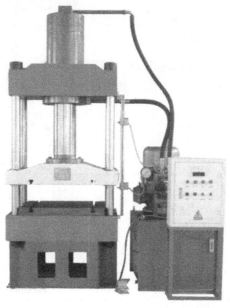

图 3-9　液压机实物图

榨植物油等。目前，根据所用液体不同，液压机包括水压机和油压机。液压机是一种以液体为工作介质，用来传递能量以实现各种工艺的机器，如图 3-9 所示。液压机除用于锻压成形外，也可用于矫正、压制、压块等。以水基液体为工作介质的称为水压机，以油为工作介质的称为油压机。液压机的规格一般用公称工作力（kN）或公称吨位（tf）表示。锻造用液压机多是水压机，吨位较高。为减小设备尺寸，大型锻造水压机常用较高压强（35MPa 左右），有时也采用 100MPa 以上的超高压。其他用途的液压机一般采用 6～25MPa 的工作压强。油压机的吨位比水压机低。

液压机的特点是成型压力比摩擦压砖机大，加压时静压有利于坯体中气体的排除和密度的均匀，而且液压机比其他机械更易于实现自动化。但是，液压机的构造复杂，其制造技术要求较高。另外，该设备的日常维护比较困难。液压机一

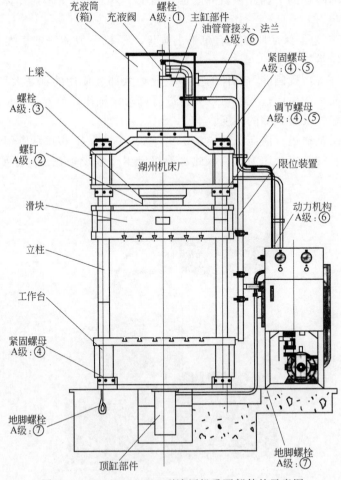

图 3-10　YC32-63A-SM 型液压机重要部件的示意图

般用于密度、强度等指标要求较高的制品的成型，如先进功能陶瓷、高强度大规模的地砖、高档炉衬砖等。

（2）液压机的优点　液压机采用了液压传动系统具有以下几个优点：

① 液体的压力和工作活塞（柱塞）的尺寸可在较大范围内选择，液压机很容易获得大的压制力来满足压制大规格制品的要求。

② 采用液压传动可以方便地实现对压制压力、速率、保压时间等参数的调节和控制，并可以保证其稳定性，能够很好地满足成型工艺的要求。

③ 对压制坯体施加的是静压力，工作平稳，有利于压制成型。

④ 容易实现自动化操作。

目前，液压压制机械总的特点是压制压力大，主机结构刚度大，压制制度（如压力、速率、时间）可以灵活调节，具有参数数字显示、过程监控、故障跟踪显示、程序存储等完善的控制功能，自动化程度高，生产效率高。而且，液压机的动作比普通压力机更能符合陶瓷粉体的压制成型工艺要求。

（3）液压机结构概述　现以湖州机床厂有限公司生产的 YC32-63A-SM 型四柱液压机（图 3-10）为例，简要介绍液压机的主要技术参数、结构、液压系统等。表 3-1 为四柱液压机的主要技术参数。该设备具有独立的动力机构、电器控制柜。以按钮控制，可实现调整（电动）、手动、半自动三种操作形式。在工艺形式上能完成定压定形、定程定形。液压机一般由主机、动力机构和电气系统组成。

表 3-1　YC32-63A-SM 型四柱液压机主要技术参数

序号	项目	规格
1	公称力	630kN
2	液体最大工作压力	25MPa
3	回程力	125kN
4	顶出力	160kN
5	顶出回程压力	60kN
6	拉伸时顶出缸液体压力	25MPa
7	拉伸时顶出缸压力	160kN
8	滑块最大行程	500mm
9	顶出活塞最大行程	160mm
10	滑块距工作台面最大距离	800mm
11	顶出活塞距工作台面最小距离	46mm
12	快速下行速率	115mm/s
	工作时最大速率	10mm/s
	回程最大速率	105mm/s

序号	项目		规格
13	顶出活塞行程速率	顶出最大	90mm/s
		回程最大	260mm/s
14	工作台尺寸	左右	570mm
		前后	500mm
15	立柱中心距离	左右	640mm
		前后	360mm
16	工作台距地面高		800mm
17	外形尺寸	左右	1850mm
		前后	1855mm
		地面以上高	2910mm
18	电机总功率		5.5kW
19	主机质量		1.8t
20	全机质量		2.5t

① 主机　主机是由机身、主缸、顶出缸、限程装置组成。

机身由"三梁四柱"组成，三梁是指上横梁、滑块和工作台；四柱是指立柱。通过四只螺母紧固组成一封闭的刚性机架，每只紧固螺母为锯片螺母形式，通过螺钉压紧抱住立柱起放松的作用。滑块和主缸由活塞连接，油缸工作时带动滑块沿立柱做上下运动。在滑块下平面和工作台平面上设有T形槽，可配专用螺栓安装工作模具。在工作台中央有一圆孔，顶出缸由压套紧压于圆孔内的台阶上，在上横梁中央孔内，装有主油缸。主油缸由缸口端的台阶和大螺母紧固于横梁上。滑块中央的大孔装配主活塞杆，由螺栓和螺纹法兰将块与主活塞杆联成一体。在滑块四立柱孔内装有导套，便于磨损后更换。在外部均装有压配式的压注油杯，用以润滑立柱。

主缸则为活塞式油缸，在柱活塞中有一柱塞式油缸，当其快速下行时柱塞式油缸进油，上腔吸附油箱中的油，达到快速下行。上压时，两型腔均进压力油。回程时，下腔进油，上腔和柱塞油缸内均排油。主缸由下端台肩和法兰紧固在上横梁上，活塞杆下端靠压圈和法兰连接在滑块上。活塞和导套上使用Yx型密封圈，材料为聚氨酯-4，其具有较好的密封性和耐磨性。

顶出缸为活塞式油缸，活塞和导套的密封都采用Yx型聚氨酯类材料。顶出缸装在工作台中央的孔内，靠台肩和大圆螺母紧固。活塞杆头部M48×2螺纹供模具连接安装用。使用时可将保护用螺母旋下。

限程装置由上限位形成开关、快慢速转换行程开关、下限位行程开关共有三只、开关支架和撞块组成。在各种工艺动作时，按滑块需要行程调节上、下限位开关盒快慢速转换行程开关。

② 动力机构　动力机构是由油箱、油泵、电机、阀总成、压力表及调压阀等组成。

油箱为焊接件，侧面设有长形油标（内有温度计，可粗略表示油温），容量一般为 400L，箱内装有铜丝网滤油板，使柱塞泵可以得到较为洁净的滤清油液。

③ 电气柜　电气柜的按钮板上装有指示灯、转换开关及控制按钮，对液压机的动作进行控制。柜门开关与漏电开关在电气上进行连锁，压机运行时必须关好电气柜门、漏电自动开关才能合闸。打开门时，漏电开关即自动跳闸来保护人身安全。

电气柜上四个按钮分别为 SA1、SA2、SA3、SA4 组合方式如下：

① 调整活动点　按压按钮时动作，手松停止，SA1、SA2 都断开。

② 手动工作　按压按钮时动作，手动停止，直到动作完成。SA1 接通、SA2 断开。

③ 主缸半自动工作　保压后或碰下限形成开关 SQ1 后滑块自动回程，SA1 接通、SA2 接通，但 SA4 断开。

④ 主缸、顶缸半自动　保压后或碰下限行程开关 SQ1 后，滑块自动回程、顶缸自动顶出、退回并停止工作，SA1、SA2、SA4 都接通。

⑤ 保压时不停机　SA3 接通。

⑥ 保压时停机　SA3 断开。

3.2.2　等静压成型法

等静压成型（isostatic pressing）又叫静水压成型，它是利用液体介质不可压缩性和均匀传递压力性的一种成型方法。也就是说，处于高压容器中的试样受到的压力如同处于同一深度的静水中所受到的压力情况，所以叫做静水压或等静压。根据这种原理而得到的成型工艺则称为静水压成型或等静压成型。

等静压成型与干压成型的主要区别如下：

① 干压成型只有一到两个受压面，而等静压成型则是多轴施压，即多方向加压多面受压，这样有利于把粉料压实到相当的密度。同时，粉料颗粒的直线位移小，消耗在粉料颗粒运动时的摩擦功相对较小，提高了压制效率。

② 与施压强度大致相同的其他压制成型相比，等静压成型可以得到较高的生坯密度，而且在各个方向上都密实均匀，不因为形状厚薄不同而有较大的变化。

③ 由于等静压成型的压强方向性差异不大，粉料颗粒间和颗粒与模型间的摩擦作用显著地减少，所以在生坯中产生应力的现象是很少出现的。

④ 等静压成型的生坯强度较高，生坯内部结构均匀，不存在颗粒取向排列。

⑤ 等静压成型采用粉料含水量很低（一般在 1％～3％），也不必或很少使用黏合剂或润滑剂。这对于减少干燥收缩和烧成收缩是有利的。

⑥ 对于制件的尺寸和尺寸之间的比例没有很大限制。等静压成型可以成型的直径为 500mm、长 2.4m 左右的黏土管道，且对制件形状的适应性也较宽。

⑦ 等静压成型可以实现高温等静压，使成型与烧成合为一个工序。

3.2.2.1　等静压成型方法的分类

等静压成型方法有冷等静压和热等静压成型两种类型。冷等静压成型是一种非常重要的陶瓷成型工艺技术，由于采用冷等静压成型获得制件性能优异，在先进陶瓷制备等领域有重要的应用，已成功应用于一些大型的、形状复杂的陶瓷制件，如热电偶保护套管、陶瓷天线罩、石油钻探用氧化铝或氧化锆陶瓷管、高压钠灯用透明陶瓷套管、高压陶瓷绝缘管、火花塞及碳素石墨制件等的生产中。通常，冷等静压成型方法分为湿式等静压和干式等静压成型。

(1) 湿式等静压成型　湿式等静压成型（wet isostatic pressing）方法的结构如图 3-11 所示。它是将预压好的坯料包封在弹性的橡胶模或塑料模具内，然后置于高压容器施以高压液体（如水、甘油或刹车油等，压力通常在 100MPa 以上）来成型坯体。湿式等静压成型方法的特点是其模具处于高压液体中，各个方向受压，因此叫做湿式等静压。由于其可以根据制件的形状任意改变塑性包套的形状和尺寸，因而可以生产不同形状的制件。可见，该方法应用较为广泛。

(2) 干式等静压成型　干式等静压成型方法相对于湿式等静压，其模具并不都是处于液体之中，而是半固定式的，坯料的添加和坯体的取出都是在干燥状态下操作的，因此叫做干式等静压（dry isostatic pressing），如图 3-12 所示。干式等静压成型方法更适用于生产形状简单的长形、壁薄、管状制件，该方法主要适用于单一产品的小规模生产。

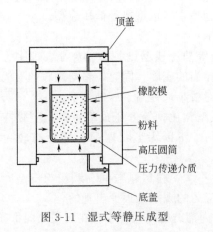

图 3-11　湿式等静压成型

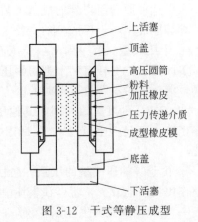

图 3-12　干式等静压成型

3.2.2.2 等静压成型的工艺原理

等静压成型的理论基础是根据"帕斯卡原理"关于液体传递压强的规律："加在密闭液体上的压强能够大小不变地被液体向各个方向传递。"图 3-13 为等静压成型的原理示意图，用于成型的粉料装在塑性包套内并置于高压容器中，当液体介质通过压力泵注入压力容器时，根据流体力学原理，其压强大小不变且均匀地传递到各个方向。此时，在高压容器中的粉料在各个方向上受到的压力应当是均匀的和大小一致的。

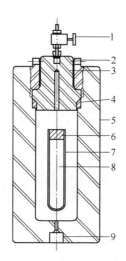

图 3-13 等静压成型原理示意图

1—排气阀；2—压紧螺母；3—盖顶；4—密封圈；5—高压容器；6—橡胶塞；

7—模套；8—压制料；9—压力介质入口

(1) 粉体颗粒的压制过程 在等静压成型过程中，粉体颗粒将发生以下变化过程，其过程主要分为三个阶段：第一阶段是粉体颗粒的迁移和重堆积阶段。在等静压成型的初期，压力较低，粉体颗粒发生相对滑动位移进行重新堆积。这一阶段粉体的填充密度显著增加，坯体强度也不断增加，如图 3-14 所示。粉体颗粒的尺寸在这一阶段没有明显的变化，但有些颗粒会发生破碎。

第二阶段是局部流动和碎化阶段。在这一阶段中，随着等静压成型压力的提高，粉体的密度将进一步提高。对于脆性较大的陶瓷粉体，在较高的成型压力下颗粒发生破碎，破碎的小颗粒填充到大颗粒间的空隙中，使坯体的密度有所提高。

第三阶段是体积压缩阶段。在这一阶段成型压力达到最高值，粉体颗粒间残余的空隙无法继续排除，压坯密度不会再提高。此时继续加压气孔被弹性压缩，压力撤除后气孔恢复到原来的大小。脆性较大的陶瓷颗粒的破碎现象在这一阶段明显减少。

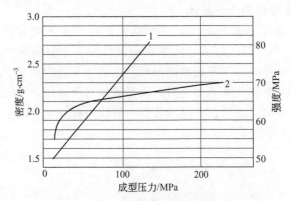

图 3-14   等静压成型压力对电绝缘陶瓷压坯性能的影响
1—压坯强度；2—压坯密度

(2) 等静压成型过程中的摩擦力   在压制成型过程中，由于粉体颗粒和钢模模壁之间的相对运动使得两者之间存在摩擦力，因此压制压力沿压制方向上产生压力损失。这使得压坯各个部分受到的压力产生不均匀性，无论是单向压制还是双向压制压坯的密度都不均匀。而等静压成型时液体介质传递压力在各个方向上都是相等的，塑性包套在受到液体介质的压力时产生弹性变形，将压力传递给包套中的粉料，弹性模具和粉料颗粒之间没有明显的相对运动，两者之间的摩擦力很小。因此，压坯密度在各个方向上是均匀的和大小一致的。只是由于粉体颗粒之间的内摩擦力使得压坯密度沿径向由外向内略有降低。

3.2.2.3   等静压成型的工艺过程及应用

(1) 等静压成型的工艺过程   湿式等静压成型和干式等静压成型主要是根据使用模具的不同而分类的，因此，等静压成型的工艺过程因类型不同而有差异，下面分别对这两种不同类型的等静压成型的工艺过程进行叙述。

① 湿式等静压成型的工艺过程   湿式等静压成型工艺过程（图 3-15）是将预压好的坯料包封在弹性的橡胶模或塑料模具内，然后放于高压容器中施以通常在 100MPa 以上高压液体（如水、甘油或刹车油等）来成型坯体。因为处在高压

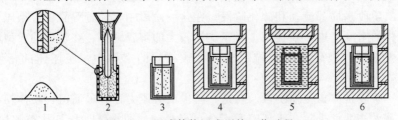

图 3-15   湿式等静压成型的工艺过程
1—粉料；2—粉料装入弹性软模中；3—把软模关上并封严；4—把模子放到施压
容器的施压介质中；5—施压；6—减压后得到毛坯

液体中各个方向上受压而成型坯体，所以称为湿式等静压。这种方法的应用范围比较广泛，主要适用于研究或小批量的生产，在压制成型形状复杂或大型的制件，但是该方法的操作比较费时。

典型的湿式等静压成型方法的具体操作过程如下：粉料称量→固定好模具形状→装料→排气→把模具封严→将模具放入高压容器内→把高压容器盖紧→关紧高压容器各支管→施压→保压→降压→打开高压容器的支管→打开高压容器的盖→取出模具→把压实的坯体取出。

② 干式等静压成型的工艺过程　干式等静压成型工艺过程（如图 3-16 所示）是将坯料包封在弹性的成型橡胶模内，然后将其置于高压容器中施加以一定的压力来成型坯体，坯料的添加和取出都是在干燥状态下进行的，模具是半固定式的。干式等静压成型的模具可不与施压液体直接接触，这样可以减少或消除在施压容器中取放模具的时间，加快了成型过程。但这种方法只是在粉料周围受压，模具的顶部或底部无法受压且密封较难。这种方法适用于大批量生产，而且该成型方法的操作过程可以省略某些环节，有的操作可以合为一个过程。下面重点介绍几个主要的操作过程。

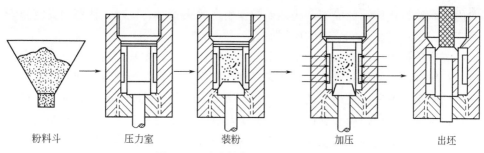

粉料斗　　　压力室　　　装粉　　　加压　　　出坯

图 3-16　干式等静压成型工艺过程

Ⅰ）备料　制备等静压成型的粉料的过程与干压成型方法的相似。对于无塑性的粉料颗粒则要求粉料颗粒要细一些，一般在 $20\mu m$ 以下且粉料的含水量在 $1\%\sim3\%$ 范围内。如果水分太多，坯体中的空气不容易排除，坯体容易产生分层。因此，采用喷雾干燥的粉料颗粒是较好的办法，它易于均匀填满模具内。

Ⅱ）装料　把粉料装入模具中时一般不容易填满模具，尤其是形状复杂、有较多凸凹的模型。一般可以采用振动装料的方法，有时还一边振动一边抽真空，效果更好。粉料振实后，把模具封严，密封处涂上清漆后放入高压容器中。

Ⅲ）加压　一般陶瓷粉料的压力为 $1.96MPa$，无塑性的坯料压力要高些，如无线电瓷用压力为 $5.88\sim9.8MPa$，耐火砖可加压到 $9.8\sim13.7MPa$。如果提高压力能使粉料颗粒断裂或颗粒移动则会增加生坯的致密度和烧结性。但是，等静压成型的设备费用随压力的提高而增加，超过产品的要求而提高压力等级是不经济的。

等静压成型的加压过程主要由以下两个阶段组成：

第 1 个阶段是升压阶段。升压速率应该力求快而平稳。升压速率的快慢由设备的功能与欲成型坯体的大小决定。压制塑性粉料时应采用较低的最高成型压力，压制硬而脆的粉料时应采用尽可能高的压力。

第 2 个阶段是保压阶段。保压的目的是增加颗粒的塑性变形和提高坯体的致密度。在实际生产中保压时间一般为几分钟到 10 分钟左右。当坯体截面较大时，保压时间可以稍长一些。但是有研究表明，当采用厚壁模进行均衡压制时，保压有降低坯体密度的趋势，最佳的保压时间只需（40～60）s。

Ⅳ）降压　装在模具内的粉料颗粒在高压容器受压时，残余空气的体积被压缩。通常，在 100MPa 条件下，空气的体积会减小到原来体积的 0.2%。它只占据粉料颗粒之间的空间。粉料成型后要避免突然降压来避免生坯内外的气压不平衡会使坯体碎裂，因此要均匀缓慢地降低压力。

(2) 等静压成型方法的应用　等静压成型的制品具有组织结构均匀，密度高，烧结收缩率小，模具成品低，生产效率高，可成型形状复杂、细长制品和大尺寸制品和精密尺寸制品等突出优点，是目前一种较先进的成型工艺，以其独特的优势开始替代传统的成型方法，如陶瓷生产的火花塞、瓷球、柱塞、真空管壳等产品，显示出越来越广阔的应用前景。

等静压技术初期主要应用于粉末冶金的粉体成型，尤其是发动机整体叶盘制造，在航空航天领域具有重要的意义。现代航空发动机的结构设计和制造技术是发动机研制、发展、使用中的一个重要环节，21 世纪，高推重比发动机要求减轻结构重量，降低研制和制造成本，为满足这一苛刻的要求，必须更新制造技术和改善加工工艺，在提高发动机可靠性和维护性的同时，尽可能提高发动机的推力和推重比，减轻重量。超高压等静压成型技术为利用先进轻质高性能材料实现发动机整体、轻量化成型提供了契机，为我国以 F119、F120、EJ200 为标志第四代战斗机和大型飞机制造给予重要的技术支持。同样，等静压技术在民用油泵等叶轮的制造上发挥出色，显著提高叶轮在低温下的力学性能。此外，等静压技术可广泛应用于陶瓷、铸造、原子能、工具制造、塑料和石墨等领域，在零件致密化处理和复合、连接方面具有卓越的表现。

目前，等静压技术已经应用在陶瓷工业中，包括耐火砖、陶瓷管、氧化铝化工填料球、氧化铝灯管、氧化铝柱塞、氧化铝研磨球、钛酸铝升液管、陶瓷天线罩等结构陶瓷与功能陶瓷制品等，如图 3-17 所示。表 3-2 为国内企业应用等静压技术制备的陶瓷制品的信息列表。

(3) 等静压成型方法的特点

① 可以成型用一般方法不能生产的形状复杂，大件及细而长的制品，而且成型的质量比较高。

(a) 氧化铝研磨球

(b) 钛酸铝生液管

(c) 高压电磁绝缘子

(d) 陶瓷真空灭弧室

图 3-17　等静压成型设备制备的陶瓷产品

表 3-2　国内应用等静压技术制备的产品列表

名称	材料	尺寸	批量	备注
97％氧化铝陶瓷天线罩	Al_2O_3陶瓷	外径 210mm，孔径 200mm，高 500mm 圆锥形，壁厚为 4～5mm（变化值），公差尺寸 0.03mm	国内可批量生产	经冷等静压成形
带伞棱的 97 氧化铝陶瓷高频端子绝缘瓷套	Al_2O_3陶瓷	$\phi 200mm \times 470mm \times 100mm$（外径×孔径×高度）	国内可批量生产	采用冷等静压成型，经烧结，切削修坯，高温 1730℃烧成，磨削加工
高铝陶瓷热电偶保护管		长达 1000mm 壁厚 1mm，外径 25～50mm		经冷等静压成形
高压钠蒸气放电灯管	Al_2O_3陶瓷	长为 250mm，壁厚只有 0.6mm		冷等静压成形壁厚公差控制在 0.1mm 以内
多孔陶瓷管	平均粒径 220μm 的刚玉粉	$\phi 60mm \times 40mm \times \phi 1000mm$	山东理工大学研制	采用冷等静压成型法，经过 1400℃烧成
热电偶保护套管	氮化硅陶瓷	长为 700mm，外径 $\phi 28mm$，内径 $\phi 16mm$	西北工业大学研制	冷等静压成形，采用阶梯式烧结

② 可以不增加操作难度而比较方便地提高成型压力，而且压力作用效果比其他干压法好。

③ 由于坯体各向受压均匀，其密度高且均匀，烧成的收缩小，因此不容易变形。

④ 模具制作方便、寿命长、成本较低。

⑤ 可以少用或不用黏结剂。

3.2.2.4　等静压成型的模具

包套和模具对等静压成型是非常重要的。等静压成型所用模具必须满足下列要求：①具有足够的弹性，装料时保持原有的几何形状，受压时能够发生弹性变形；②具有较高的抗拉强度，具有较好的耐磨性能；③具有良好的耐腐蚀性能，不能与液体介质和被压粉料起化学反应；④脱模性能较好，不能与坯体产生黏附；⑤制造方便且使用寿命较长，价格便宜。

加工模具的材料常用高分子材料，如氯丁橡胶、硅氯丁橡胶、聚氯乙烯、聚丙乙烯等。天然橡胶和氯丁橡胶多用于制造湿式等静压成型用模具，而聚氨酯、聚氯乙烯更适用于制造干式等静压成型用模具。用橡胶制作等静压模具的缺点是工艺较为复杂且橡胶制品与矿物油长期接触会产生变形。用于制造等静压成型的模具塑料主要是热塑性软性树脂。

而等静压成型模具尺寸设计要综合考虑特定的成型压力下粉料压缩比及坯体在特定烧结工艺下的收缩率。而且将修坯加工模量及尺寸公差考虑在内，确定最初的模具内腔尺寸。首先，要根据制件图纸尺寸考虑加工模量和尺寸公差，确定一个烧结后样品需要达到的尺寸；然后，根据烧结收缩率确定成型后坯体将要达到的尺寸；其次，坯体尺寸确定后根据成型压缩比确定模具内腔尺寸。模具的内腔尺寸的确定还要考虑一定的修坯余量，如需要考虑"象足"缺陷对尺寸的影响和模具对中不良导致的垂直度误差以及成型圆形制件时圆度的误差等；最后，根据烧结坯体的实际尺寸和密度等反复进行试验来矫正设计。

3.2.2.5　等静压成型的主要缺陷

通过等静压成型方法制备的坯体的质量主要表现为坯体的表面质量、坯体的致密度、坯体的断裂强度及坯体的缺陷情况等，见表3-3。

在众多等静压成型的坯体缺陷中，"象足"是较为常见的缺陷之一，先对其产生的原因及预防作详细的叙述。"象足"是由于成型坯体中间细两端相对粗，外形酷似大象的脚而得名。"象足"在成型过程中，当长径比大的细长管状或棒状制品时更为突出。虽然可以通过修坯工艺可以消除"象足"的影响。但是由于"象足"的根本原因是成型坯体不同部位的收缩率不同而使得坯体的致密度不均匀所致。即使修坯消除了外形尺寸上的差异，其缺陷最终还是可以在烧成阶段显

表 3-3　等静压成型坯体中的缺陷

缺陷名称	颈部	表面不规则	"象足"	香蕉型	压缩裂痕	裂纹分层	轴向裂纹
图示							
产生原因	填充不均匀而形成的与粉料流动性有关	填充不均匀或橡胶包套无支撑	湿袋法的模具套太硬或粉料的压缩性太大	橡胶包套不支撑	由轴向弹性回弹形成，与粉料性质有较大关系	不适宜的或过厚的模具材料，或坯体的强度太低	包套模具弹性不足

现。因此，解决"象足"问题还需要从根本上解决坯体密度不均匀问题。"象足"还有可能导致成型坯体在脱模过程中发生断裂等现象。据日本专利报道，其有一种有效地解决"象足"缺陷的工艺方法。该工艺方法是在成型模具设计中增加了一个多孔的橡胶环，由于橡胶环为多孔结构，具有较好的弹性，在液体介质中手压式可以和粉料同时收缩，这极大减少了两者之间相对运动的摩擦力。因此可以有效地减小"象足"效应。从实验结果可以看出，随着气孔率的增加"象足"效应逐渐减小，气孔率为 60% 时为最佳。

3.2.2.6　等静压成型的机械设备

(1) 等静压设备的构造　虽然湿法等静压机和干法等静压机在结构上略有不同，但都主要由弹性模具、超高压容器、液压系统和辅助设备组成，下文以湿法等静压设备为例，对其构造进行简述。

图 3-18 为大型冷等静压设备整体示意图，图 3-19 为小型等静压机示意图与实物图。以该图为例，等静压机的工作过程是，首先将装有物料的密封弹性模具，置于盛有液体介质的缸体内，然后闭合上端塞，框架沿导轨底座滑行至缸体正上方，将上端塞压住。接着，加压设备通过缸体底部的高压油路，对缸内液体介质施加超高压力，此时弹性模具内的物料受压成型。经一段时间保压后，减压阀开启，缸内压力缓慢回复至常压，框架后移，上端塞开启，最后取出成型样品。

(2) 弹性模具及传压介质　弹性模具常用的制备材料有：模用橡胶、浸渍乳胶、聚氯乙烯、有机硅树脂、聚氨基甲酸酯等。模具设计是等静压成型的关键，因为坯体尺寸的精度和致密均匀性与模具关系密切。将物料装入模具中时，其棱角处不易为物料所充填，可以采用振动装料，或者边振动，边抽真空。作为等静压系统的传压介质，应选择对人体无害、压缩性小、无腐蚀并与模具相容的液

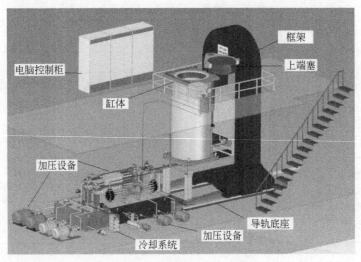

图 3-18　大型冷等静压设备整体示意图

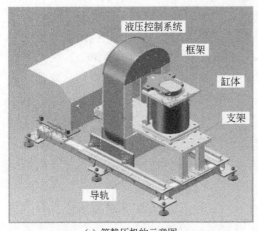

(a) 等静压机的示意图

(b) 等静压机的实物图

图 3-19　小型等静压机示意图与实物图

体，一般采用蓖麻油、乳化液、煤油以及煤油和变压器油的混合液。

(3) 超高压容器　超高压容器是冷等静压机中的主要设备，是粉末压制成型的工作室，必须要有足够的强度和可靠的密封性。其中，容器缸体的结构主要有螺纹式和框架式两种。

螺纹式缸体结构：缸体是一个上边开口的坩埚状圆筒体，在外面常装有加固钢箍，形成双层缸体结构，内筒处于受压状态，外筒处于受拉状态。缸筒的上口用带螺纹的塞头连接和密封。这种结构制造起来比较简单，但螺纹易损坏，安全可靠性差，工作效率不高。为了操作方便，有的设计成开口螺纹结构，塞头装入后，旋转 45°，上端另有液压压紧装置。

框架式缸体结构：主要由圆筒状缸体和框架组成，图 3-20 为框架式缸体整体示意图及缸体结构示意图。首先用力学性能良好的高强度合金钢加工出芯筒，然后用高强度钢丝按预应力要求，缠绕在芯筒外面，形成一定厚度的钢丝层，使芯筒承受很大的压应力。这样一来，即使在工作条件下，芯筒也不承受拉应力或只承受很小的拉应力。筒体内的上、下塞是活动的，无螺纹连接，工作过程中，缸体的轴向压力靠框架来承受，这样就避免了螺纹结构中的应力集中现象。该结构中的框架为缠绕式结构，是由两个半圆形梁和两根立柱拼合后，用高强度钢丝预应力缠绕而成。框架式缸体结构受力合理，抗疲劳强度高，工作安全可靠，对于缸体直径大、压力高的情况，更具有优越性。

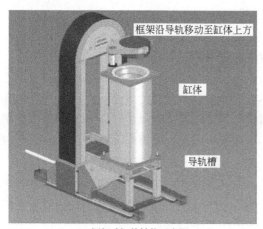

(a) 框架式缸体结构示意图

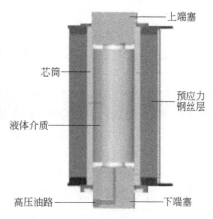

(b) 缸体内部示意图

图 3-20　框架式缸体结构示意图

（4）液压系统　液压系统主要由低压泵、高压泵和增压器以及各式阀门组成。工作时，首先由流量较大的低压泵供油，达到一定压力后，再由高压泵供油，如压力再高，则由增压器来提高油的压力。

图 3-21 为增压器工作原理示意图。活塞由外部电机皮带轮的带动，在活塞腔内做来回往复运动。当活塞向右运动时，阀门 A1 闭合，A2 开启，液体介质由 A 处进水口吸入 A 端液压腔，同时，阀门 B1 开启，B2 闭合，B 端液压腔内液体介质被压出，沿油路进入工作缸体。同理，当活塞向左运动时，液体介质由 A 端压入工作缸体，同时 B 端吸入液体介质。活塞往复运动，当压力表监测到缸体内压力，达到预定值时，增压器停止运行，缸体进入保压阶段。

（5）辅助设备　为了使等静压机高效率地工作，还必须配备辅助设备。自动冷等静压机的辅助设备主要有开、闭缸盖系统，模具装卸、振动系统，压坯、脱模系统，压力检测系统和整机操作系统等。

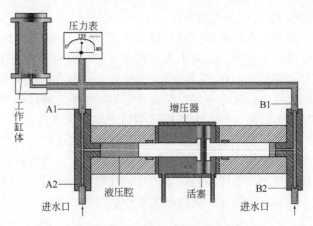

图 3-21　增压器工作原理示意图

3.3　可塑成型方法

可塑成型（plastic forming）是利用模具或道具等运动所造成的压力、剪切力及挤压等外力对具有可塑性的坯料进行加工，迫使坯料在外力的作用下发生可塑性变形进而制成坯体的成型方法。可塑成型利用泥料具有可塑性的特点，经过一定工艺处理浆料制成一定形状的制品。适合于成型具有回转中心的圆形产品，在传统陶瓷生产中较为普遍采用。在先进陶瓷的生产中也是经常应用的一种成型方法。根据可塑成型的原理后来又发展了挤压成型、轧模成型等。可塑成型方法适合生产管、棒和薄片状的制品，所用的结合剂比注浆成型方法的少。但是，由于可塑成型方法所用泥料的含水量比较高，干燥热耗比较大（需要蒸发大量的水分），因此，变形开裂等缺陷较多。由此可见，可塑成型工艺对泥料的要求也比较苛刻。但可塑成型所用坯料的制备比较方便，对泥料加工作用外力不大，对模具强度要求不算很高，其操作也比较容易掌握，这也是可塑成型方法应用比较广泛的一些主要原因。

3.3.1　挤压成型法

挤压成型（extrusion forming）是可塑成型方法的一种，其方法一般是将真空炼制的泥料放入挤制机内，在外力的作用下通过挤压嘴（也称压模嘴）挤成一定形状的坯体。在这种成型方法中挤压嘴就是成型模具，通过更换挤压嘴可以挤出不同形状的坯体，也有将挤压嘴直接安装在真空练泥机，成为真空练泥挤压机，挤出的制件性能良好。

3.3.1.1　挤压成型的工艺原理

（1）挤压过程的受力分析　金属粉末加入一定量的有机增塑剂混合均匀后可

以在一定的温度（一般为 40～200℃范围内）下进行挤压成型，这种方法被称为"冷挤法"或"增塑粉末挤压法"。而对于陶瓷材料的挤压成型而言，其一般在常温条件下进行挤压成型。用于挤压成型的陶瓷粉体必须先加水及塑化剂混合均匀后制备成坯料后才能用于挤压成型。在挤压过程中抽真空有利于坯料中空气的排出，从而可以提高成型坯体的生坯密度。

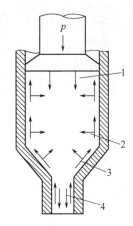

图 3-22　挤压过程中的受力情况
1—轴向应力；2—径向应力；
3—模壁摩擦力；4—拉力

在陶瓷材料的挤压过程中坯料在挤压力下向前运动则需要克服一定的阻力，这一阻力主要来源于坯料与模壁制件的相对运动所产生的摩擦力。其摩擦力的大小为：

$$f = \mu P_1 \tag{3-2}$$

式中，f 为摩擦力；μ 为摩擦系数；P_1 为模壁对坯料产生的侧压力。

侧压力 P_1 的大小和挤压力 P 成正比，其关系式如下：

$$P_1 = \xi P \tag{3-3}$$

式中，ξ 为侧压力系数。将公式（3-2）代入公式（3-1）可以得出起摩擦力的表达式：

$$f = \mu \xi P \tag{3-4}$$

图 3-22 为坯料挤压过程中的受力情况。当坯料被挤压到挤压嘴部分时由于挤压断面显著减小，使得坯料的流动速率加快。在中心不受模壁摩擦力的部分坯料流动速率明显快于靠近模壁的部分，这使得在挤压的制件中产生剪切拉力，该剪切拉力称为"附加内应力"。附加内应力的存在容易使制品产生分层或开裂。为了减少附加内应力，可以降低挤压嘴内壁的粗糙度来减小坯料与模壁之间的摩擦力。因此，合理地设计挤压嘴的角度可以使坯料进入挤压嘴部位时流动速率不至于变化过快，从而降低其附加内应力。

（2）挤压成型的特点　挤压成型适合于成型管状和截面一致的制件，挤制的制件其长度几乎不受限制，并且可以通过更换挤压嘴来控制挤出的形状。通过这种方法制备的制件其壁厚可以很薄，如表 3-4 所列。近年来广泛应用的蜂窝陶瓷制品就是用挤压成型的方法制造的，图 3-23 为挤压成型制造的蜂窝陶瓷制件的模具示意图。此外，挤压成型的方法还可以制备厚度小于 1mm 的薄片，再通过切割或冲压等方法制备出不同形状的制件。

表 3-4　挤压成型法制备陶瓷管的管径与壁厚的关系

外径/mm	3	4～10	12	14	17	18	20	25	30	40	50
壁厚/mm	0.2	0.3	0.4	0.5	0.6	1.0	2.0	2.5	3.5	5.5	7.5

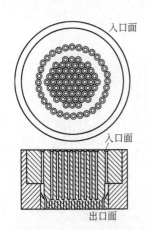

入口面

入口面

出口面

图 3-23　挤压成型制造的蜂窝陶瓷制件的模具示意图

3.3.1.2　挤压成型的工艺过程及应用

（1）挤压成型的工艺过程　挤压成型的关键工艺就是泥料的制备。挤压成型一般要求粉料的颗粒度较细小，外形圆润，以长时间小球石球磨的粉料为好。另外，在粉料中加入溶剂、增塑剂、黏结剂等添加剂来改善泥料的性能，但用量要适当。同时，必须使泥料的高度均匀，否则挤压的坯体质量不好。

在传统陶瓷的生产过程中，因为坯料中含有一定量的黏土，其本身就具有可塑性，所以不用加塑化剂。在先进陶瓷的生产过程中，除了少数品种用的坯料含有少量的黏土外，其余几乎都是采用化工原料，这些原料都是瘠性料，没有可塑性。因此，在挤压成型之前要对坯料进行塑化。

所谓"塑化"是指在坯料中加入塑化剂使坯料具有可塑性的过程。可塑性是指可使瘠性坯料具有可塑性的物质。塑化剂一般分为无机塑化剂和有机塑化剂两大类。无机塑化剂在传统陶瓷中主要是指黏土物质，其塑化机理是加水后形成带电的黏土-水系统，使黏土具有可塑性和悬浮性。有机塑化剂一般也是水溶性的，是亲水的，也是极性的。因此，这种分子在水溶液中能形成水化膜，对坯料表面具有活性作用，能被坯料粒子表面吸附，而且分子上的水化膜也一起被吸附在坯料粒子的表面上，所以在瘠性粒子的表面既有一层水化膜又有一层黏性很强的有机高分子物质。这种高分子物质是可卷曲的线性分子，所以能将松散的瘠性粒子黏结在一起又由于瘠性粒子的表面水化膜的作用使其具有流动性，从而使坯料具有塑性。在实际生产中使用的塑化剂一般由三种物质组成，分别为黏结剂、增塑剂和溶剂。

① 黏结剂　黏结剂可以是亲水的，也可以是憎水的。这都要求溶解或融化成液态时有较高的黏结能力。这类黏结剂中有的是天然产物，如淀粉、桐油、石蜡等，也有的是合成产物，如聚乙烯醇 PVA、羧甲基纤维素 CMC、羧甲基纤维素钠盐等。他们可用于压制成型及多种可塑成型，如挤压成型、注射成型、轧膜成型等，还可以用于浇注成型（包括流延成型）。从使用角度来说，挤压成型要求用黏度中等的黏结剂，如淀粉、甲基纤维素、糊精等。

② 增塑剂　增塑剂一般用来溶解有机黏结剂和润湿坯料颗粒，在颗粒之间形成液态间层，从而提高坯料的可塑性。增塑剂分为有机增塑剂和无机增塑剂两类。有机增塑剂通常有甘油、邻苯二甲酸二丁酯、草酸等；无机增塑剂通常有水玻璃、黏土、磷酸铝等。常用的增塑剂多数为有机的醇类或脂类。

③ 溶剂　溶剂能溶解黏结剂、增塑剂等，而且能和坯料组成胶状物质。溶剂的分子结构和他们相似或有相同的官能团。常用的溶剂为水、有机醇、无水酒

精、丙酮、苯等。

（2）挤压成型的应用　挤压成型是将粉料、黏结剂和润滑剂等与水均匀混合，然后将物料挤压出刚性模具即可得到管状、柱状、板状及多孔柱状成型体。挤压成型技术的缺点主要是物料强度低、容易变形，而且可能产生表面凹坑、气泡、开裂及内部裂纹等缺陷。挤压成型用的物料以黏结剂和水作为塑性载体，尤其需要黏土来提高物料相容性，所以挤压成型技术广泛应用在传统耐火材料如炉管、护套管以及一些电子材料的成型生产。

3.3.1.3　挤压成型的影响因素

（1）挤压嘴的几何尺寸　挤压嘴是挤压模具最重要的组成部分，他决定了挤压过程中的压缩比和制件的形状及尺寸。挤压嘴的结构及受力情况如图 3-24 所示。"压缩比"是坯料通过挤压嘴前的受压横截面与通过挤压嘴后的横截面积的相对比值，如图 3-25 所示。压缩比的公式如下所示：

$$K = \frac{\pi D^2 - \pi d^2}{\pi D^2} \times 100\% \tag{3-5}$$

式中，K 为压缩比；D 为挤压筒直径；d 为挤压嘴定型带直径。

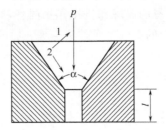

图 3-24　挤压嘴的结构及受力情况
1—垂直于锥面的分力 $p_\perp$；2—平行于锥面的分 $p_\parallel$

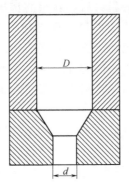

图 3-25　坯料通过挤压嘴前后的横截面面积

挤压力的大小和压缩比有关，挤压时如果压缩比大则要求较大的挤压力。挤压嘴的受力情况还与锥角 α 的大小密切相关。当挤压嘴的受到挤压力的作用时，挤压力可以分解为两个分力，即平行于锥面的分力 $P_{/\!/}$ 和垂直分力 $P_\perp$。平行分力 $P_{/\!/}$ 的存在促进了挤压过程的进行，而垂直分力 $P_\perp$ 对挤压过程起到阻碍作用。因此，锥角 α 越大则挤压阻力就越大，也就是说，要求具有更大的挤压力。但过大的挤压力将产生较大的摩擦力，造成设备的负担过重，挤压嘴的磨损较大。此时，如果在不改变压缩比和锥角的前提下要降低挤压力，则要求坯料的含水量提高。但是，这又会造成坯体强度的降低、收缩大、易变形。反之，如果锥角过小或压缩比过小，则造成挤出的坯体密度低、强度低。因此，锥角 α 通常在 $45°\sim75°$ 范围内，一般取 $60°$ 为宜。

定型带的长度是挤压嘴又一重要的几何尺寸。定型带长则附加内应力增大，坯体容易出现纵向裂纹；定型带过短则挤出的坯体容易产生弹性膨胀，从而产生横向裂纹。通常来说，定型带的长度取其直径的 $2\sim3$ 倍左右。

(2) 坯料的预处理　为了提高坯料的可塑性、提高成型坯体的生坯密度，需要对坯体进行预处理。陶瓷坯料在挤压成型前要经过陈腐或真空练泥工序。"陈腐"是将用天然矿物原料制备的坯料在一定的温度和湿度条件下存放一段时间，使坯料中的水分更加均匀，并通过有机物的发酵或腐烂作用提高坯料的可塑性。"真空练泥"则是通过对坯料的混炼和挤压作用时坯料中的塑化剂、有机物和水分更加均匀，并排除坯料中的空气。经过真空练泥后的坯料中的空气体积可以降至 $0.5\%\sim1\%$，真空练泥可用专门的练泥机进行，也可以通过用挤压机对坯料的反复挤压来实现。它对成型坯体的生坯的密度、组分的均匀性和制件的性能都具有有益的作用。

(3) 挤压速率和挤压温度　挤压成型时单位时间内挤出的坯体的长度称为"挤压速率"。图 3-26 为挤压压力与挤压速率的关系，当挤压力较小时，主要用于克服坯料本身的内摩擦力、坯料与挤压嘴制件的摩擦力及坯料的变形阻力。在挤压力足以克服这三种阻力后，新增的挤压力几乎全部用于推动坯料的流动，所以挤压速率随着挤压力的增大而迅速增加。如果挤压速率增加过快，在挤压筒中心部位的坯料的流动比靠近筒壁的边缘部位超前得多，坯料中会形成较大的剪切应力，从而造成坯体的开裂。由于陶瓷坯料中加入的多为高分子塑化剂，其塑化效果与温度的关系不大，因此陶瓷坯料一般在常温下进行挤压成型。

(4) 粉末的性能　挤压成型要求粉料的颗粒度要细，形状最好为球形。片状颗粒在挤压力的作用下会发生定向排列使得成型坯体呈现各向异性，对制件的性能是不利的。制备陶瓷挤压成型用的粉料时，以长时间小磨球球磨的粉料质量较好。

3.3.1.4　挤压成型的主要缺陷

在实际生产中，挤压成型容易出现的缺陷列于表 3-5。

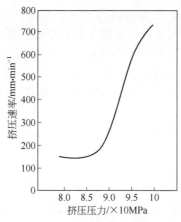

图 3-26 挤压压力与挤压速率的关系

表 3-5 挤压成型的主要缺陷

缺陷的种类	产生原因
气孔	塑化剂产生的气体排除不尽
裂纹	混料不均匀
弯曲变形	水分过多或坯料组成不均匀
管壁厚度不一致	型芯与机嘴不同心
表面不光滑	挤压压力不稳定,坯料塑性较差或颗粒定向排列

3.3.1.5 挤压成型的机械设备

挤压成型机械的工作原理是将经过真空练泥的塑性泥料置于挤压机的筒体内,靠螺旋轴或活塞来给予相当大的挤压力,泥料便从机嘴模具挤压出,从而获得一定形状的坯体。实心体的机嘴模具较简单,空心管状制件的机嘴模具带有型芯(也称为中针),如图 3-27 所示。为使管壁薄厚均匀,型芯一定要装正并需要带有调节装置。

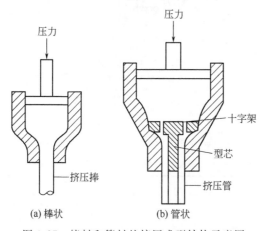

图 3-27 棒材和管材的挤压成型结构示意图

　　挤压成型机的构造按受压方式可以分为螺旋式挤压机和活塞式挤压机两大类。螺旋式挤压机可以连续加料、出坯，螺旋叶片的推动力大，作用面多，但泥质不够均匀；活塞式挤压机的工作为间歇式，挤出的泥质较为均匀。

　　按挤压嘴的布置形式又可以分为卧式（水平式）挤压机和立式挤压机两种，其基本结构如图 3-28、图 3-29 所示。挤压机的选用取决于混料的性质、制件的形状和尺寸。通常，空心管件制品选用立式挤压机；板状、瓦状制件则用卧式挤压机。表 3-6 为某高压真空挤压机的型号规格。

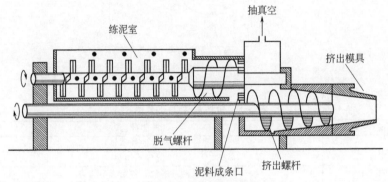

图 3-28　卧式挤压机

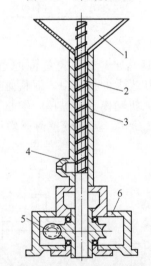

图 3-29　螺旋立式挤压机

1—料斗；2—螺杆；3—机筒；4—机头；5—传动装置；6—机座

表 3-6　某高压真空挤压机的型号规格

机型		MV-FM-A-1 型	MV-FM-A-2 型	MV-310-A-1 型
挤压成型能力/(L/h)		100～150	500～1500	2000～4000
功率/kW	上段	2.2	11	11
	下段	7.5	22	37

机型	MV-FM-A-1 型	MV-FM-A-2 型	MV-310-A-1 型
真空泵	60L/min,0.4kW	350L/min,0.75kW	500L/min,2.2kW
水泵	10L/min,65W,2 台	18L/min,100W,2 台	40L/min,400W

3.3.2　轧膜成型法

对于一些薄片状的陶瓷制件，其厚度一般在 1mm 以下，因此干压成型已不能满足这个要求而广泛采用轧制成型方法。在粉末的轧制成型时粉末中一般不加或添加很少的黏结剂，粉末颗粒在轧制压力下产生塑性变形。这主要是依靠粉末颗粒之间的机械咬合作用而联结成为具有一定形状的带坯，并达到一定的密度和强度。因此，轧制成型应用于大多数的金属或合金。但是，对于那些瘠性粉末（如先进陶瓷粉末）和轧制性能很差、用常规轧制难以成型的金属或合金粉末来说，制备薄型的带材则需要采用轧膜成型工艺来实现。

所谓"轧膜成型"（dough rolling）是将准备好的陶瓷粉末拌以定量的有机黏结剂和溶剂，通过粗轧和精轧成膜片后再进行冲片成型。轧膜成型的主要特点如下：

(1) 适合于成型厚度极薄的片状电子陶瓷元器件，如晶体管底座、电容器、厚膜电路基板等先进陶瓷制件。

(2) 制件厚度均匀致密、气孔少、生产效率高，适合于成批生产。

(3) 坯体只在厚度和长度方向受到碾压，在宽度方向缺乏足够的压力，这导致坯体在烧成时收缩不一致，使制件出现开裂、变形等缺陷。

(4) 冲片多余的边角料较多，虽能回收，但难免浪费。

由于轧膜成型时不必形成液体浆料，这避免了复杂的陶瓷悬浮体制备过程。特别是在多成分的材料体系中，极容易得到高质量的陶瓷薄片生坯。

3.3.2.1　轧膜成型的工艺原理

轧膜成型工艺主要借鉴了橡胶、塑料生产工艺中薄片或带状材料的成型原理，利用粉末材料本身或加入一定量塑化剂使其具有良好的可塑性的特点而发展而来的。对于陶瓷材料而言，首先将瘠性粉末与一定量的塑化成型剂溶液混合均匀，使各个瘠性粉末颗粒被塑化成型剂薄层所包裹，形成具有良好可塑性的轧膜用坯料。轧膜机也是由两个反向转动的轧辊构成，两个辊之间的缝隙的距离是可调的。成型用的坯料放于两个轧辊制件，当轧辊转动时依靠轧辊表面与坯料制件的摩擦力来带动坯料从两辊之间的缝隙中挤出。由于粉末颗粒已经被塑化成型剂包裹黏结，在轧辊制件发生延展变形的是塑化成型剂本身，而粉末颗粒只是借助于成型剂的延展变形进行重新排列的。坯料在两轧辊之间被挤轧，一般要反复数次，每次都要逐步调小两辊之间的缝隙间距。最后成型出的带坯的厚度极薄，通常在 1mm 以下。

由于轧膜成型方法所用的坯料具有一定的可塑性，因此需要变形的压力不大。同时，在轧膜成型所用坯料中通过塑化成型剂的黏结作用已使坯料形成了很好的连续性。所以，与粉末轧制相比，轧膜成型用的轧膜机结构要简单得多，所需功率很小，对轧辊材质的要求也不高，供料装置也没有特殊要求，甚至可以不需要专门的供料装置。轧膜成型的带坯可由引导、卷绕装置卷成长度很长的坯卷存放，也可与干燥机、冲切机组成生产流水线。由于掺有塑化成型剂的极薄带坯具有很好的可塑性，可以采用与冲切金属片工艺类型的方法，将薄带坯在冲切机上用切刀冲切成众多的、形状多种多样的小薄片器件生坯。由于轧膜成型的带坯既薄又软，所以冲切机也远比金属冲床简单得多。小薄片生坯再经过脱胶处理（除去塑化成型剂）后，进行烧结来完成制件的制备。

3.3.2.2 轧膜成型的工艺过程及应用

（1）轧膜成型的工艺过程 轧膜成型的工艺过程通常是将预烧过的粉料磨细过筛并伴以一定量的有机黏结剂、增塑剂和溶剂等，将其置于两辊之间进行混炼，使粉料、黏结剂或溶剂等成分充分混合均匀。再将其进行热风干燥，使溶剂逐步挥发，形成一层厚膜，该工艺过程称为"粗轧"。粗轧之后要进行精轧，精轧是逐步调小两轧辊之间缝隙间距并进行多次折叠，90°转向反复轧炼以达到良好的均匀度、致密度、粗糙度和厚度。轧好的坯片要在一定的数度环境中储存，防止其干燥脆化，以便进行下一步的冲切工艺。其具体工艺过程如下：

① 轧膜坯料的制备 对于陶瓷材料而言，使瘠性粉末与塑化成型剂混合制备成具有良好可塑性的坯料是实现轧膜成型的关键工序。塑化成型剂是由黏结剂、增塑剂和溶剂组成的。黏结剂的作用是能把瘠性粉末颗粒黏结在一起，要具有足够的黏结力并具有良好的成膜性能，即具有良好的延展性和韧性，通常采用有机高分子化合物。这些物质一般为固态粉末或粒状，必须溶解于溶剂中才可以使用。黏结剂在脱胶或烧结时应能分解、烧失，残留灰分要少且无毒。增塑剂的作用是插入高分子化合物的链段之间，增大链段间的距离，减弱链段间的引力，使黏结剂在受挤压变形后不出现弹性收缩和断裂，提高坯料的可塑性，而且可以降低黏结剂溶液的黏度。增塑剂也是有机化合物，应能很好地溶解于溶剂中且应无色、无毒、不易挥发。溶剂则是用于溶解以上两种有机化合物，应对有机化合物有足够的溶解度。目前，常用的黏结剂有聚乙烯醇（PVA）、甲基纤维素（MC）、聚醋酸乙烯酯（PVAE）、合成橡胶等；增塑剂有甘油、乙酸三甘醇、邻苯二甲酸二丁酯等；溶剂有水、乙醇、丙酮等。从对环境保护和操作者的健康的影响及脱胶考虑，常用聚乙烯醇、甲基纤维素、聚醋酸乙烯酯、甘油和水等。

坯料的制备过程如下：瘠性粉末应先经过预烧，其目的是使粉末颗粒在加热时产生气体的分解过程和产生体积变化的成分化合提前完成，在后续的脱胶和烧结过程中不再发生，同时使颗粒的比表面积尽可能小来减少塑化成型剂的用量。

如果要达到一定的颗粒粒度及其组成，还可以在预烧后将粉末磨细、筛分。塑化剂在配制时先将一定配比的黏结剂与溶剂混合，为了保证充分溶解可以适当地加热并充分搅拌，再加入增塑剂继续搅拌直到其充分溶解，没有结块。将此塑化成型剂溶液过滤后，置于烘箱中，使其具有一定的黏度，贮存备用。将预烧过的粉末放入容器中，按一定加入量逐步掺入塑化成型剂并不断搅拌至混合均匀，形成初始坯料。为了加强混合均匀的效果，初始坯料还需要经过进一步地混炼。关于塑化成型剂的配比和加入量，随粉末的性能、成型剂的种类、膜坯厚度和环境湿度不同而不一。一般需要通过实验，以坯料的成膜性能来确定。

② 混炼与轧膜　混炼与轧膜的工艺过程主要是在轧膜机上进行的，混炼也称为"粗轧"，这一工艺过程的主要目的是提高粉末与塑化剂混合的均匀度并轧成初步的带坯。将初始坯料放在轧膜机的两个轧辊之间，此时两轧辊之间的缝隙宽度较大，经过轧辊轧制后坯料成为带状，由于塑化剂的延展变形和颗粒的重新排列，两者之间得到进一步地混合。上述过程要重复数次，混合的均匀程度不断提高。每进行下一次粗轧，将轧辊之间的缝隙距离调小一次。在混炼的同时并伴有吹风来使塑化剂中的溶剂逐渐挥发，使得带坯的韧性逐步增大，每轧制一次，带坯的厚度就减薄一次。而且带坯中的气泡也不断被排除。但是，两轧辊之间的缝隙间距的减小不宜过早，否则会导致粉末与塑化剂的混合不够均匀。粗轧到一定厚度后再经过逐步缩小轧辊间缝隙间距进行数次精轧，直至生坯带达到所需要的厚度、致密度和表面粗糙度。但是，轧膜成型时坯料主要是在厚度方向和沿轧膜的长度方向受到压力，而在沿轧辊的宽度方向受到的变形压力很小，这必然会使粉末颗粒的排列呈一定的方向性，成型的带坯在宽度方向的致密度偏低，这最终导致了坯体经过干燥、烧成工序之后在宽度方向收缩较大，当收缩严重时甚至沿纵向发生开裂现象。因此，在每次精轧前应将带坯片转向 90°来弥补在宽度方向受到轧压不足的缺点，减小各个方向密度差异的程度。但是最终一次精轧所留下的宽度方向轧压不足的结果仍然存在。轧膜成型后的带坯应置于一定的湿度环境下来防止干燥过早，使其保持足够的塑性和韧性，使其适合于冲切成各种形状的小片。冲切完成后再进行完全干燥、脱胶和烧结。轧膜成型适合于生产厚度为 1mm 以下的薄片状产品。但对厚度在 0.08mm 以下的、表面光滑的超薄片用轧膜成型方法是很难得到质量合格的坯片的，此时要用流延成型才行。

(2) 轧膜成型的影响因素

① 粉末原料预烧的影响　轧膜成型所用的坯料是由瘠性的陶瓷粉末原料和塑化成型剂组成，要使两者得到充分的混合，并能轧压成很薄的坯片，最终获得性能良好的制件，粉末原料必须要经过预先煅烧，这主要是由材料化学组成的特点和轧膜成型工艺本身的特点决定的。由于特种陶瓷材料的化学组成中成分种类较多，大多数为各种金属氧化物，各种金属氧化物之间在加热、烧结的过程中会发生化合反应，形成特定的化合物主晶相。有的金属氧化物是由其碳酸盐、氢氧

化物和草酸盐为中间原料引入的。在加热分解过程中生成相应的金属氧化物，再以较高的化学活性与其他成分发生化合，但分解时会有气体产生。另外，许多原料在加热过程中要发生结晶水的脱出或晶型的转变，也会伴随体积的变化。材料的化学组成中常有微量的添加成分使其预先混合在主要原料中煅烧所获得的成分配比，显然要比直接混合在坯料中再经过加热、烧结得到的坯体更为准确。

实际上对化学成分复杂的功能陶瓷材料，即使用其他成型方法成型时也要将原料粉末在坯料制备前预烧。原料粉末经预烧处理后再重新粉碎、过筛得到适于轧膜成型的粒度细小、均匀的粉末颗粒。由于轧膜坯体厚度很薄，坯料中粉末颗粒的粒度、粒形对成型膜坯的质量（如厚度的均匀性、致密度和表面光滑程度等）都有很大的影响。粒度小、粒度分布均匀、粒形等轴性好则轧出的膜坯质量就高。另一方面，预烧后粉末的体积密度增大，粉末的比表面积减小，则制备坯料时所需要的塑化剂的加入量可以相应地减少、坯料中所含的气孔也少。这对于坯料中含有较多塑化剂的轧膜成型而言是十分有利的，有助于降低干燥和烧结的收缩率、减少变形和开裂的几率并能够提高陶瓷制件的致密度。因此，坯料制备前粉末原料的预烧工艺不当则会产生气体的分解、晶型转变、稳定化合物的合成等各个过程如果进行得不充分或预烧后粉末的粉碎质量不好，一是需要更多的塑化剂，二是轧膜成型也难以获得较好的坯片质量，容易造成坯片厚薄不均匀或穿孔、表面粗糙，在加热烧结时更容易发生坯片的表面气泡、变形过大甚至开裂。

② 塑化剂的影响　轧膜成型用的塑化剂是由黏结剂、增塑剂和溶剂配合而成的。在常用的一些黏结剂中，聚乙烯醇黏结性好，烧后基本没有灰分，价格较高；羧甲基纤维素的黏结性不如聚乙烯醇，烧后有少量的灰分但价格较低。各种黏结剂、增塑剂在脱胶加热时的挥发特性也不一样，有的挥发温度范围宽、有的挥发范围窄。挥发集中且量大的塑化剂容易引起坯体的开裂。对于轧膜成型而言，为保证轧膜的质量使用聚乙烯醇水溶液再加入适量的甘油作为塑化剂较为普遍。

对于塑化剂为高分子化合物，其塑化性能还受其聚合度的影响。当聚合度 n 较小时塑性小而脆性大；当聚合度 n 过大时，轧出的坯膜弹性太大，难以延展。所以聚合度过小或过大都不能很好地轧膜成型，一般聚合度 n 为 1400~1700 时较好。对于聚乙烯醇来说其醇解度应在 80%~90% 范围内，醇解度过高其在热水中也很难溶解，冷却后呈现胶冻状，只有在醇解度在适合的范围内，聚乙烯醇的水溶性好、黏度较小、弹性低、塑性好，具有很好的轧膜性能。在聚乙烯醇塑化剂配制时要加入甘油，有时还要加入酒精。甘油作为增塑剂，能插入线性高分子链段间，增大分子间距来降低塑化剂的黏度。这使得膜坯易于产生塑性变形不至于回弹或破裂。同时，甘油还能调节膜坯的湿度，使轧出的膜坯表面光滑、平整。但是甘油的加入量不能过多，否则膜片会发生粘连、柔顺性也较差，容易破碎。酒精可以加强塑化剂中各组分的互溶性，有助于改善坯料的可塑性。另外，酒精的表面张力比水小可以使聚乙烯醇水溶液中的气泡排除。聚乙烯醇塑化剂的用量要根据粉末的相对密度、轧膜的厚度和环境的湿度而定，一般在膜坯厚度薄、粉末相对密度低、环境干燥的情况下塑化剂的用量应适当地增加。当粉末的预烧料为中性或弱酸性时，用聚乙烯醇配制塑化剂较好。但粉料为碱性时则应用聚醋酸乙烯酯来配制塑化剂。而含钛酸钙、锡酸钙和硼酸盐的粉末料用聚乙烯醇作为塑化剂时会造成坯膜的脆性增加、强度降低或者使膜坯片的弹性过大、多孔。这主要是由于钛酸钙、锡酸钙粉料中含有未化合的碱性氧化物，与水形成氢氧化物，再与聚乙烯醇生成脆性的化合物。而硼酸盐与聚乙烯醇能形成不溶于水的络合物—聚硼酸乙烯酯，其弹性像橡胶一样很难延展轧膜。用聚醋酸乙烯酯作塑化剂时要求其聚合度在 $400\sim600$ 范围内，聚醋酸乙烯酯不溶于水，只溶于酒精、苯、甲苯等有机溶剂，这种塑化剂的成本较高且有刺激性气味。

(3) 轧膜成型方法的应用　轧膜成型方法在生产集成电路基片、电容器及电阻等各种片式功能陶瓷元器件方面具有独特的优势。此成型方法生产效率高、工艺简单、成本低、劳动强度小而获得了广泛的应用。如用轧膜成型方法可以制备 ZnO-玻璃系叠层片式压敏电阻器，成型前组成成分的各种粉末原料需预先煅烧合成再加以粉碎来减低塑化剂的用量。先将 Pb-B 玻璃粉末预先合成，由 PbO、B_2O_3、SiO_2 和少量 ZnO 按照一定的比例混合均匀，在 900℃煅烧 1h 后进行淬火、经研磨、过筛而成。Pb-B 玻璃和其他掺入剂加入的目的是为了降低陶瓷烧结温度、改善陶瓷的电性能。采用 ZnO 粉末、Pb-B 玻璃粉末及少量其他掺入剂按一定的比例配料，经球磨、干燥，在 700℃预烧 2h 再进行第二次球磨、烘干、过筛，就可以得到轧膜用的粉料。此粉料约与 30% 的塑化剂混炼均匀后轧膜成型为厚度为 $0.4\sim1.0\text{mm}$ 的生坯，形成叠层式压敏电阻器，控制成型坯片的厚度可以灵活地调整压敏电压。

固体氧化物燃料电池电解质材料目前主要采用 Y_2O_3 稳定的 ZrO_2（YSZ），电解质层越薄，其各种损耗越小，电池性能也越好。因此，电解质薄膜化一直是关注和研究的热点。轧膜成型与溅射成型、化学气相沉积法、溶胶-凝胶法等方法制备 YSZ 电解质薄膜相比，工艺简单、成本低廉，适合于大规模生产。用轧膜成型方法制取 YSZ 电解质的工艺过程如下：采用化学共沉淀法制备的含 $8\text{mol}\%Y_2O_3$ 的 YSZ 粉末，平均粒度为 $0.53\mu m$，粒度组成集中在 $0.2\sim1.5\mu m$ 范围内，颗粒均匀。将 YSZ 粉料与 PVA 水溶液再加入适量的甘油一起混炼均匀。在双轧辊的轧膜机上轧制成为 $0.1\sim1\text{mm}$ 的坯片，冲切成所需要的尺寸，再缓慢升温至 1000℃保温 2h 后在 1450℃烧结 2h。经过扫描电子显微镜观察分析可知，YSZ 陶瓷薄片的微观组织结构较为均匀，平均晶粒尺寸在 $1.5\mu m$ 左右，封闭气孔的孔径很小，数量也极少，瓷体的致密度较高。晶粒细小、致密度高，材料的活化能较低，电导率较大。用轧膜成型法制得的 YSZ 电解质陶瓷材料的电导率从 700℃开始大于 0.011S/cm，在 950℃已经达到了 0.10S/cm 以上，很好地满足了固体氧化物燃料电池对电解质的要求。

3.3.2.3　轧膜成型方法的主要缺陷

采用轧膜成型方法制备的坯体的主要缺陷及产生原因列于表 3-7。

表 3-7　轧膜成型坯体的主要缺陷及产生原因

缺陷的种类	产生的原因
气泡	粗轧时夹杂有空气未排出；粉料水分较多；轧膜次数不够；加入的表面活性物质未排出
厚度不均匀	调整轧辊开度不精确；轧辊磨损或变形
无法成膜	粉料游离氧化物多；选择的黏结剂不恰当

3.3.2.4　轧膜成型方法的机械设备

轧膜成型使用的轧膜机主要由电机、皮带-蜗杆传动装置、联轴组成的驱动部分、前后轧辊、轧辊齿轮、可移动式轴承组成的轧膜工作部分及台式机架、轧刀等构成，如图 3-30 所示。

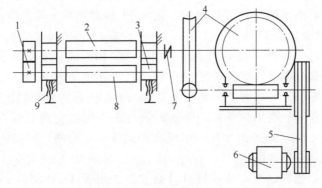

图 3-30　轧膜机结构示意图

1—齿轮传动；2—后轧辊；3—可移式轴承；4—蜗杆传动；5—V 带传动；
6—电机；7—联轴器；8—前轧辊；9—调节螺旋

两根轧辊是轧膜机的关键性部件，为了获得光滑而均匀的膜坯片必须要满足以下条件：

(1) 工作面的线速度相同。

(2) 轧辊有足够的强度、刚度、表面粗糙度、硬度和几何精度。

(3) 轧辊不能污染材料。

(4) 两轧辊之间的距离，即开度，能够精确调节。

当轧膜机两个相向滚动的轧辊转动时，如图 3-31 所示，置于两个轧辊之间的可塑性坯料不断受到挤压，使坯料中的颗粒能够均匀地覆盖上一层有机黏结剂。同时，在轧辊连续不停地挤压下坯料中的气泡不断地被排除，最后轧出所需

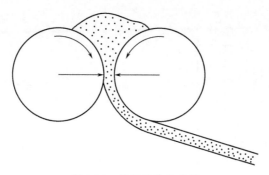

图 3-31　轧辊工作示意图

厚度的薄片和薄膜，再由冲片机冲出所需的形状、尺寸即可。在轧膜过程中坯料在两轧辊之间碾压时在不同部位所受到的应力和产生的变形是不同的。图 3-32 为轧膜过程中坯料的受力部位，入轧辊前膜坯片的厚度为 L，轧辊的开度为 1。当膜坯片随轧辊转动到 A、A' 点时坯料开始受到径向的应力作用，经过 A 和 A' 点以后，应力逐渐增大。当到达 B、B' 点后坯料所受到的应力迅速降低到零。将坯料受到的应力及变形对应于坯料的位置或轧膜的时间作图可以得到图 3-33。在变形的曲线图中，Aa 段相当于坯料处于 A 或 A' 点；Bb 段相当于坯料处于 B 或 B' 点。Bc 段说明膜坯片离开轧辊后的回弹现象，体积略有增加。如果轧辊的开度较大，则膜坯片各个部位所受到的应力是不同的，变形也是有差别的。膜坯片的变形越大，其密度也越大。

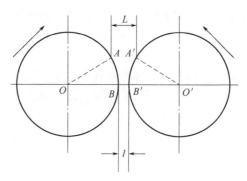

图 3-32　轧膜过程中坯料的受力部位

3.3.3　注射成型法

注射成型（injection molding）是将陶瓷粉末和有机黏结剂混合后，经过注射成型机在 $130\sim300℃$ 温度范围内将陶瓷粉末注射到金属模腔内，待其冷却后黏结剂固化便可以取出成型好的生坯。注射成型是 1878 年首先被应用于塑料的成型和金属模具的浇注，其工艺自身的特点是适应性强、生产周期短、产率高、

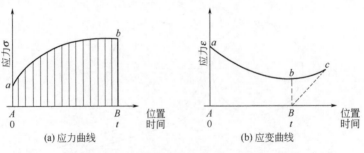

图 3-33　轧膜过程中坯料的应力与应变曲线

易于自动化控制。与其他成型方法相比，注射成型可以一次成型形状复杂、尺寸精确的制件，因而广泛应用于塑料制品的生产中。陶瓷注射成型源于 20 世纪 20 年代的热压铸成型技术，在 20 世纪 70 年代末到 80 年代初随着先进陶瓷发动机部件的开发而发展起来的。陶瓷的注射成型是一种适用于制备精密陶瓷的新技术，该方法具有许多具有许多特殊的技术优势和工艺优势。与传统陶瓷成型技术相比，注射成型技术可以制备出体积小、形状复杂、尺寸精度高的结构件，而且由于流动充模使生坯密度均匀，制件的烧结性能优越。另外，由于注射成型是一种近净成型工艺，不需要后续加工或只需微加工即可，特别是对于具有耐高温、高强度、高硬度、抗腐蚀等性能优异的碳化硅、氮化硅等高温结构陶瓷的成型方法中注射成型技术显得尤为重要。陶瓷注射成型工艺的优势主要体现在以下方面：

(1) 具有优越的成型能力，能够生产形状复杂的精密部件。

(2) 由于采用的原料为较细的粉末颗粒，因此烧结密度高，固相烧结可以获得 95％以上的相对理论密度，而液相烧结可以达到 99％以上，其显微组织细小均匀，具有优良的力学性能。

(3) 注射成型在注射过程中处于等静压状态，所得的成型坯体密度均匀，保证了烧结的均匀收缩。因此，注射成型方法制备的部件尺寸精度高，公差小。

(4) 注射成型的产品利用率高，烧结零件不需要或只需要进行少量的后续机械加工处理即可使用，降低了生产成本，可以获得较高的生产效率。

3.3.3.1　注射成型的工艺原理

陶瓷注射成型的原理如下：先将陶瓷粉末与适量的黏结剂混合后制备成适用于注射成型工艺要求的喂料。当温度升高时，喂料产生较好的流动性，此时在一定的压力作用下注射成型机将具有流动性的喂料注射到模具的型腔内制成毛坯。待其冷却后取出已固化的成型坯体在一定的温度条件下进行脱脂，去除毛坯中所含的黏结剂，再进行烧结获得所需形状、尺寸的陶瓷制件。

3.3.3.2　注射成型的工艺过程及应用

(1) 注射成型的工艺过程　注射成型是陶瓷粉料与热塑性有机载体相配比、

混合，造粒后加入注射机中注射进入模具型腔内，经过填充、冷却、脱模等过程得到所要求的坯体，再将其置于排塑炉内缓慢加热、加压，排除有机载体（该过程即为排塑），最终获得陶瓷坯体，如图 3-34 所示。

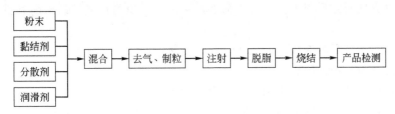

图 3-34　注射成型工艺过程

① 喂料的制备　所谓"喂料"是指粉末和黏结剂的混合物。注射成型所采用的坯料不含水，它是由陶瓷瘠性粉料和黏结剂、润滑剂、增塑剂等有机物的混合物。其中，黏结剂的选择是陶瓷注射成型技术的核心，它使粉末颗粒均匀地填装成所需要的形状并使这种形状一直保持到烧结开始。也就说，喂料的制备显得尤为重要。注射成型工艺要求喂料具有均匀性、良好的流变特性及良好的脱脂特性。这就要选择符合要求的粉末和适当的黏结剂，按照一定的配比在一定的温度条件下采用适当的方法混炼成均匀的注射成型喂料，这样才能保证后续工艺的顺利进行，因此，喂料的制备是整个工序中十分关键的工序步骤。喂料的质量与原料粉体的性能、黏结剂的选择和混合过程有关。

a. 粉体的性能　由于注射成型所制备的制件烧结后尺寸收缩很大，为了防止其变形和控制尺寸的精度必须提高喂料中粉体的含量，也就是说，必须提高粉体的填充密度。粉末颗粒为球形时，虽然其流动性好、填充密度高，但是粉体颗粒之间的咬合力差，容易造成脱脂中的变形。因此，应当同时考虑这两方面的影响。粉体颗粒的粒径是另一个重要因素。细的粉体颗粒可以增加烧结驱动力，降低了烧结温度，但是过细的粉末颗粒比表面积比较大，颗粒之间的团聚严重。这使得粉末颗粒和黏结剂很难混合均匀，增大了喂料的黏度。在混料时增加剪切力可以在一定程度上分散团聚，加入分散剂可以包覆颗粒表面进而改善粉体的流动性，增加其填充密度。

b. 黏结剂的选择　粉体颗粒和黏结剂混合后形成一定的大小和形状的团粒，黏结剂在注射成型方法中起着关键的作用。只有加入一定量的黏结剂后粉末颗粒才具有一定的流动性来适合于注射成型。成型后，黏结剂又起着保持制件形状的作用。通常，黏结剂的含量（体积分数）为 15%～60%。对于陶瓷注射成型而言，其理想的黏结剂要求具备以下几点：

Ⅰ）使喂料具有良好的流动性来满足其无缺陷的充型过程。流动性的好坏与黏结剂分子量的大小和分布有关。一般相对分子量较小的黏结剂的黏度较低、流动性较好；相对分子量较大的黏结剂其黏度较高、流动性较差。

Ⅱ）黏结剂与陶瓷粉体颗粒的润湿性好，对粉体颗粒有较好的黏附性，而且黏结剂与粉体颗粒之间不发生化学反应。

Ⅲ）黏结剂一般采用多组元体系。多组分有机物比单一组分的黏结剂更容易满足注射成型所需喂料的流动性。另外，多组分有机物构成的黏结剂对脱脂更为有利。

Ⅳ）黏结剂要具有较高的导热性和较低热膨胀系数，这可以减少热量的集中于热冲击所引起的缺陷。

Ⅴ）黏结剂中各组元必须化学互溶、相容，不发生相分离。

Ⅵ）黏结剂还必须无毒、无污染、不挥发、不吸潮、循环加热不变质、易脱除、无残留、储藏寿命长等。

目前，对于陶瓷粉体的黏结剂体系根据黏结剂组元和性质主要可分为蜡基或油基黏结剂、水基黏结剂和固体聚合物，如表 3-8 所列。

表 3-8　各黏结剂体系的组成

类型	蜡基或油基				水基黏结剂			固体聚合物溶液		
名称	聚合物	主填充剂	表面活性剂	增塑剂	聚合物	水玻璃	主填充剂	聚合物	主填充剂	表面活性剂
成分	聚乙烯、聚丙烯、聚苯乙烯、聚乙酸乙烯酯、聚甲基丙烯酸甲酯	石蜡、微晶蜡、植物油	硬脂酸、油酸、鱼油、植物油、有机硅烷、有机钛酸酯	邻苯二甲酸二甲酯、邻苯二甲酸二乙酯、邻苯二甲酸二丁酯、邻苯二甲酸二辛酯、巴西棕榈油	琼脂、琼脂蜡、甲基纤维素	硅酸钠溶液	水	聚苯乙烯	N-乙酰苯胺（醇液）、安替比林（水溶）、萘（升华）	硬脂酸

c. 混合过程　混合过程的机制是十分复杂的，通常认为混合过程的机制包括扩散混合机制、对流混合机制和分散机制。

Ⅰ）扩散混合机制　扩散混合机制认为混合的驱动力来源于两种不同物质的化学位，这种机制在小分子物质之间，如液体物质之间，混合中起主导所用，因为它可以快速高效地进行。但是，对于粉体注射成型系统来说，则非常缓慢，这主要是由于结构力学的因素所致。

Ⅱ）对流混合机制　对流混合机制认为通过外力作用，如机械力、热作用力等，在高黏度流体中引起层流。在不改变物质尺寸的条件下可以加速不同物质之间的相互混合，达到比较均匀的状态。

Ⅲ）分散混合机制　分散混合机制是指在更高的外力作用下团聚的颗粒尺寸变小，强外力作用下的强布朗运动使体系得到均匀的混合状态。

在粉体注射成型的混合过程中，上述三种机制均起作用。第一种机制是混合均匀的热力学基础，第二种、第三种机制是混合的动力学保证。对于选定的混合技术起主要作用的是混合速率、温度及时间。当粉料混合时，其剪切速率对混合的均匀性有很大的影响。如果剪切速率小于某一临界剪切速率时，粉料无法达到均匀混合。当混合速率或温度很低时，剪切速率不能达到临界剪切状态，无论时间多长喂料也无法均匀混合。在空气中进行混合时，混合温度也不能太高，否则将引起黏结剂的氧化。另外，在混合过程中对于易于团聚的粉体，光靠剪切力一般是无法破坏团聚体的。因此，在进行混合之前应对粉体进行分散处理，加入分散剂来减少粉体的团聚现象。粉体的细化和粒径分布的宽化有利于粉体堆积密度的提高和黏度的降低。

② 坯料的制备　坯料的制备过程中首先是按照一定的配比获得喂料，加热混合后进行干燥固化，此后要进行粉碎造粒，这样就可以得到塑化的粒状坯料。坯料中的有机物的含量直接影响坯料的成型性能和烧结收缩性能。尽管提高坯料中的有机物含量可以使成型性能得到改善，但是这会导致烧结收缩增加，降低了制件的精确度。但为了使坯料具有足够的流动性，必须加入一定量的有机物。通常有机物的含量为 20%～30% 范围内，有时可以达到 50% 左右。

③ 注射过程　注射过程是整个工艺过程的关键工序。陶瓷注射成型过程是借助于高分子聚合物在高温下熔融、在低温下凝固的特性来进行成型的。陶瓷注射成型常用多模腔模具，再加上模腔使用时的磨损不一，因此，控制和优化注射温度、模具温度、注射压力、保压时间和注射量等参数对减少生坯重量波动、提高制件的成品率至关重要。

在注射过程中温度对制件的质量有很大的影响。对于温度的选择应该注意以下几个方面：第一，合理选择喷嘴孔的温度使喂料呈现最小的黏度；第二，进料区的温度不能太高，避免喂料在进料口熔融或黏结；第三，所用的模具应该进行完全的硬化处理；第四，对于螺杆式注射成型，螺杆圆周旋转速率选择在 5～30m/s 范围内，以避免局部过热。

注射压力是影响制件质量的另一个重要因素。当充模完全时，注射压力对成型体的密度影响很小，但是注射压力的增大会使坯体中的残余应力增加，这将导致生坯强度的下降。同时，过大的注射压力会使注射速率过快，导致坯体中的气体来不及被排除，从而产生气泡。但注射压力对粉体材料的烧结强度影响不大。

另外，在注模和冷却过程中坯体内部会产生一定的应力，这将导致坯体形成裂纹、孔隙、焊缝、分层及粉末颗粒与黏结剂分离等多种缺陷。产生的应力包括：温度应力和成型应力。温度应力是当熔体进入温度较低的模具时，靠近模腔内壁的熔料迅速冷却而固化，使坯体内外形成温度梯度而产生的。成型料的热导率越高，温度应力就越大。成型应力则是由于注射过程中模腔内熔料尚未完全凝固，但浇口已经封凝而保存在熔料内部的残余应力。通常，在注射压力和保压压力较大时在模腔内保存的残余应力较大。对于注射熔料压缩性小的坯体，这种压力不容易得到有效松弛，所以冷却时容易导致应力分布不均而使坯体产生裂纹等缺陷。

除此之外，模具的设计和注射充模的动态过程直接相关，不合理的模具设计将会使熔体以湍流方式进行流动，导致坯体的不均一性。模具内壁的光滑程度对坯体也有一定程度的影响。总之，注射成型的具体过程如下（下面只是一个工作循环）：

Ⅰ）合模　合模油缸中的压力油推动合模机构动作，移动模板可使模具闭合。坯料投入成型机，加热圆筒使坯料塑化。

Ⅱ）注射　注射座前移，注射油缸充入压力油，喷嘴与模具相连使油缸活塞带动螺旋杆按要求的压力和速率将熔料注入到模腔内。

Ⅲ）保压　当熔料充满模腔后，螺杆仍对熔料保持一定的压力，也就说，该过程正在进行保压，该过程是为了防止模腔中熔料的反流，并向模腔内补充因制件冷却收缩所需要的物料。

Ⅳ）冷却定型　模腔中的熔料经过冷却后由黏流态回复到玻璃态，从而进行定型，获得一定尺寸精度和表面粗糙度的制件。

Ⅴ）顶出制件　当完全坯料完全冷却定型后可将模具打开。在顶出机构的作用下将制件和模具分离、顶出，从而完成一个注射成型过程。

④ 脱脂过程　脱脂是指通过加热或其他物理方法将成型体内的有机物质排除并产生少量烧结的过程。脱脂是注射成型中最为困难和重要的环节，也是注射成型工艺过程中耗时最长的一步。脱脂过程的工艺方式和参数的不恰当会使制件的收缩不一致，从而导致制件变形、开裂、夹杂和存在有害应力等缺陷，而且这些缺陷不能通过后期的烧结来进行弥补。脱脂方式的选择与所选择的黏结剂的种类密切相关。目前，脱脂方式大致分为热脱脂、溶剂脱脂、催化脱脂、蒸发或升华脱脂、超临界流体脱脂等。

对于陶瓷注射成型而言，其常用的脱脂方式是热脱脂。热脱脂不仅涉及坯体内有机物质的一系列物理化学变化（如氧化、扩散、热降解等），还包括有机物从坯体内排出后扩散到周围的过程。根据热脱脂的方式可分为气氛热脱脂、真空热脱脂、虹吸脱脂和氧化脱脂。采用热脱脂方式进行脱脂时，加热速率应该非常缓慢来防止聚合物反应速率过快而导致坯体中产生的气体不能及时排除，引起鼓泡或开裂。对于复杂形状的坯体，其脱脂时间可能需要数天或更长。在脱脂过程中坯体应埋在粉中进行缓慢加热。埋粉可以通过毛细管作用吸附有机物，并能对坯体起到支撑作用。同时，埋粉使坯体的各个部分受热更加均匀以防止表面因辐射加热使温度升高。在非氧化气氛中进行的脱脂结束后应排除坯体中残余的碳。

此外，陶瓷注射成型由于该成型要求添加较多的黏结剂，一般添加的体积分数为 30%～50%，如果急剧升温会引起坯体的开裂或气泡的产生，因此要避免该现象的产生。一般来说，开始升温的速率很慢，等到一些小分子的物质被移除后，留在坯体中很多的空隙，再把升温速率加快，这样才会避免缺陷的产生，一般时间在几十个小时。脱脂后的坯体的强度特别低，而且通常都残留少量的碳化物，需要采用氧化气氛烧成。

(2) 注射成型的应用　目前，适用于注射成型的材料主要有铁基合金、Fe-Ni 合金、钨基合金、钛合金、硬质合金、永磁合金等粉末冶金材料，还有氧化铝、氧化锆、氮化硅等陶瓷材料。粉末注射成型技术适用于一些小型、复杂形状、薄壁的制件的制造。可以用于钻头、刀头、喷丸嘴等工具；手表壳、剪刀、高尔夫球头、电动牙刷等日用品零部件；导弹尾翼、枪支零件、弹头等军工零件；离合器内环、拨叉套、气门导管等汽车船舶零件；磁头、磁芯等计算机及辅助零部件以及其他各类机械、器械的小型零部件。

3.3.3.3　注射成型所用模具

注射成型所用模具通常为金属模具，在模具的设计方面应注意以下几点：

(1) 在金属模具内部生坯的收缩很小，通常为 0.1%～0.2%，因此坯体与金属模具的尺寸基本相同。由于坯体在模具内，空气不易外逸，容易包裹在生坯中，所以在脱脂时容易产生气泡。也就是说，在设计金属模具时应设计 10～20μm 深的排气孔。

(2) 金属模具必须设有冷却沟槽以便进行冷却、加热，使金属模具保持一定的温度，冷却沟槽与温度调节结构相连。

(3) 金属模具内最细的注入口部分由于通过高速高压成型坯料很容易磨损。有的则采用在缸筒内壁镀上一层镍铬合金来提高其耐磨性。

3.3.3.4　注射成型的主要缺陷

由于注射成型工艺参数的选择不当，在注射成型过程中容易产生一些缺陷，其缺陷和产生原因列于表 3-9。

表 3-9　注射成型方法的主要缺陷及产生原因

缺陷种类	产生原因
欠注	欠注是指喂料在充模过程中不能充满整个模腔。一般在刚开始注射时产生，可能是由于喂料温度没有均匀化或模具温度过低、加料量不足、喂料黏度过高等因素引起的
脆断	和黏结剂与粉体发生分离、黏结剂冷却强度太低或粉末、黏结剂配比不合理等因素有关，导致坯体的强度降低
孔洞	由于注射过程中靠近模壁的注射坯体表面固化，而中间部分仍为熔体，与冷却温度和坯料的性能有关
飞边	通过调整模板的位置、增加锁模力及每次注射完成后认真仔细地清除模板上的杂物可以避免飞边的产生，喂料的温度高、流动性好也会产生飞边，因此适当地降低注射温度也可以避免飞边
熔接痕	熔接痕主要是由于模具温度过低、注射嘴温度过低、注射速率太慢、注射压力太低等因素造成的。为避免熔接痕的产生，常采取的措施为提高模具温度、提高注射嘴温度、增加注射速率、提高注射压力等

3.3.3.5　注射成型的机械设备

注射成型机一般由注射机构、合模机构、油压机构和电子、电气控制机构所组成。注射成型机因塑化机构的内部结构不同分为两类：柱塞式注射成型机、液压螺杆式注射成型机，其结构如图 3-35 所示。按其压力的大小又可分为高压注射成型机和低压注射成型机两种，其中，高压注射成型机的工作压力为 18～21MPa，而低压注射成型机的工作压力为 3MPa。相对于柱塞式注射成型机而言，液压螺杆式注射成型机的性能更为优越。

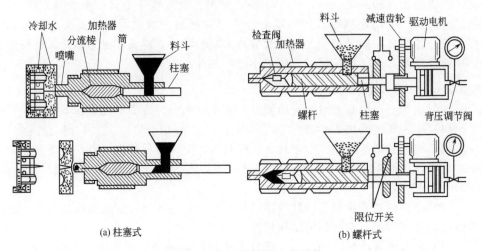

(a) 柱塞式　　　　　　　　　　(b) 螺杆式

图 3-35　两种注射成型机的结构

柱塞式注射成型机是通过柱塞依次将落入料筒的喂料推向料筒前端的塑化室，依靠料筒外加热器提供的热量使喂料塑化。然后，熔料被柱塞注射到模具型腔内成型。这是早期的注射成型机类型，现在已经很少见。

螺杆式注射成型机与柱塞式注射成型机的工作原理基本相同，只是喂料塑化由螺杆和料筒共同完成，而注射过程则完全由螺杆实现，螺杆取代了柱塞。这是目前最常用的注射成型机类型，应用非常广泛。

3.4　浆料成型方法

浆料成型是采用高分散的陶瓷悬浮体的湿法成型工艺。与干法成型相比，该方法可以有效地控制团聚，减少坯体的缺陷。但传统的浆料成型，如注浆成型、压滤成型等，大多是依赖多孔模具的毛细吸力或外加压力，所形成的坯体存在密度梯度和不均匀性。因此，这也是进行工艺优化的主要目的之一。浆料成型与其他成型方法相比，历史悠久、工艺成熟，经过几十年的发展已经日趋成熟，应用也十分广泛。该方法已成为粉末冶金工业中十分重要的成型手段。

3.4.1　注浆成型法

注浆成型（slip casting）是将陶瓷粉末分散在液态介质中制成悬浮液，使其具有良好的流动性，将此悬浮液注入一定形状的模具中，通过模具的吸水作用使悬浮液固化制成具有一定形状的生坯的成型方法。注浆成型方法具有设备简单、适用性强的特点，适合于制造大型的、形状复杂的、薄壁的制件。传统的注浆成型主要用是石膏模注浆成型，依靠石膏的吸水作用使坯体固化。该方法在陶瓷制件的生产中已有数百年的历史，工艺成熟。另一种是热压铸成型，该方法是利用石蜡的热流性特点与坯料配合，使用金属模具在压力作用下进行成型的，该方法在先进陶瓷成型中也是普遍采用的。

3.4.1.1　注浆成型的工艺原理

注浆成型是基于石膏模具能迅速吸收水分的特征，其成型过程的原理在理论上并不完全清楚，但一般认为注浆成型过程基本上分成以下几个阶段：

(1) 第一阶段是从模具吸水开始到形成薄的一层为止。在这个阶段中成型的动力是模具的毛细管力，即模具有毛细管力的作用开始吸水，使靠近模壁的泥浆中的水、溶于水的溶质质点、小于微米级的坯料颗粒被吸入模具内的毛细管中。由于水分被吸走，使泥浆中的颗粒相互靠近，靠模型对颗粒、颗粒对颗粒的范德华力—吸附力而靠近模壁，形成最初的薄泥层。另外，也有研究指出，在最初阶段石膏模中的钙离子与泥浆中的钠离子进行交换从而促进了泥浆凝固成泥层。

(2) 第二阶段是在形成薄泥层后泥层逐渐增厚，直至达到形成注件。在这个阶段中模具的毛细管力继续吸水，薄泥层继续脱水。同时，泥浆内的水分向薄泥层中扩散，通过泥层被吸入模具的毛细管中。其扩散动力为水分的浓度差和压力差。泥层如同一个滤网，随着泥层逐渐增厚，水分扩散的阻力也逐渐增大。当泥层增厚到所需厚度时把剩余的浆料倒出，即形成了雏坯。

(3) 第三阶段是雏坯形成后一直到脱模，该阶段为收缩脱模阶段。雏坯形成后，由于石膏模具能继续吸水和雏坯的表面水开始蒸发，雏坯开始收缩，与模具脱离形成生坯。具有一定的强度后，即可脱模。

泥浆注浆过程实质上是通过石膏模的毛细管吸力从泥浆中吸取水分因而在模壁上形成泥层。大量的研究表明，注浆时吸浆过程和泥浆的压滤过程相似，并得出泥层厚度与时间的平方成正比的定量关系。而泥层的形成速率则主要取决于泥浆中水在泥层中的渗透率。影响渗透率的因素很多从注浆过程的机理来看，影响渗透率的因素主要有：泥层两边的压力差；泥层的孔隙率和孔隙的形状；泥料颗粒的比表面；水的黏度；相对密度和泥层的厚度等。其中，泥层两边的压力差主要取决于模型的毛细管力（吸水能力）和泥浆的压力。泥层的孔隙率、孔隙的形状、泥料颗粒的比表面等则取决于泥浆的组成、颗粒的大小、级配和稀释剂。因此，要改变注浆的成型时间，也就是说，泥层的形成速率可以从以下几个方面来调节：

（1）泥浆的性质 对于泥浆来说，泥浆中的细颗粒的含量多，解胶完全则不利于泥层的快速形成。因此，可以通过调整泥浆的可塑性原料的用量、电解质的用量（采用一些絮凝剂、强化剂等）调节注浆的成型时间。

（2） 可以通过控制模具的吸水能力来调整注浆成型的时间。为了缩短坯体的成型时间，可以采取适当减小模具的扩散系数来实现。至于模具的扩散系数的减小或增大则是由模具的制造工艺来决定的。

（3） 可以采用增大泥层两边的压力差来达到缩短成型时间的目的。在生产中正是采用了增大泥浆压力或减少泥层一边的压力等方法来缩短成型时间，这也是生产中采用压力注浆、真空注浆和离心注浆等方法的原因。

（4） 也可采用减小水的黏度或相对密度的方法来提高水的渗透率，从而缩短成型时间，生产中常用提高泥浆的温度的方法来缩短注浆成型的时间。

综上，强化注浆成型的方法往往不是仅使注浆成型时间缩短，而是也能改善生坯的一些性质，如提高坯体的致密度、降低其收缩等。

3.4.1.2 注浆成型的工艺过程及应用

（1）注浆成型的工艺过程

① 浆料的制备 对于注浆成型而言，浆料的性能显得尤为重要。对浆料的性能有如下要求：

a. 流动性要好 也就说，浆料的黏度小，这有利于浆料能充满整个型腔的各个角落；

b. 稳定性要好 浆料能长期保持稳定，不容易沉淀和分层；

c. 触变性要小 浆料注入一段时间后，其黏度变化不大，脱模后的坯体不会受轻微外力的影响而变软，有利于保持坯体的形状；

d. 含水量尽可能小 在保证流动性的条件下，含水量要尽可能地小，这可以减少成型时间和干燥收缩，从而减小坯体的变形和开裂；

e. 渗透性要好 浆料中的水分容易通过形成的坯层，能不断被模壁吸收，使泥层不断加厚；

f. 脱模性要好 形成的坯体容易从模具上脱离且不容易与模壁发生化学反应；

g. 浆料应尽可能地不含气泡 可以通过真空处理来达到此目的。

对于含有黏土的浆料，一般与传统陶瓷的泥浆料的制备方法相同，即通过调整 pH 值或加入适当的表面改性物质。对于瘠性材料的浆料制备的方法则采用是瘠性料悬浮的方法进行。

通常，把粉状原料按其原料种类，采用酸性的或碱性的水溶液或酒精溶液调制成可浇注的悬浊液。有时要添加有机保护剂，使得这种假胶体系不离析。原料粉末的细度、种类，液体的数量和化学性质及添加物的数量必须相互配合，使其能形成一种含固体材料尽量多的、流动性好的泥浆。由于影响泥浆的流变性能的物理、化学因素众多，很多问题只能通过实验来解决。

② 浇注成型　将泥浆浇注到某一透气的、多毛细孔的、所需坯体尺寸外形的模具中（多数为石膏模），类似于过滤过程，固体材料在模具与泥浆的界面上富集，从而形成生坯。

(2) 注浆成型的应用　注浆成型技术利用石膏模具的吸水性，将制得的陶瓷浆料注入多孔质模具，由模具的气孔把浆料中液体吸出，在模具中留下坯体。注浆成型工艺成本低，过程简单，易于操作和控制，但是成型形状粗糙，注浆时间较长，坯体的密度、强度也不高。人们在传统注浆成型的基础上相继发展了新的压滤成型和离心注浆成型，借助于外加压力和离心力的作用来提高素坯的密度和强度，避免了注射成型中复杂的脱脂过程，但由于坯体均匀性差，因此不能满足制备高性能陶瓷材料的要求。通过注浆成型可以制备出高性能的氮化硅陶瓷，主要是通过对氮化硅粉体进行煅烧预处理和烧结助剂包覆制备的浆料的固相含量、pH 值、Zeta 电位、流变特性及对分散剂的吸附量等一系列参数进行设计，提高氮化硅浆料的稳定性和悬浮性，进而制备出高强度的坯体，最后通过合理的干燥、脱胶工艺，烧结制备出相对密度的氮化硅试样棒。而且注浆成型工艺技术对于制备氧化铝陶瓷材料也是一个较为合适的成型方法，通过加入 MnO_2-TiO_2-MgO 复相添加剂达到了降低烧结温度又保持或提高氧化铝陶瓷材料的综合性能。

3.4.1.3　注浆成型方法

注浆成型方法分为基本注浆成型、加速注浆成型方法。基本注浆方法又分为空心注浆（drain casting）和实心注浆（sold casting）；加速注浆方法有真空注浆、压力注浆和离心注浆等类型。

(1) 基本注浆方法

① 空心注浆　空心注浆又称为单面注浆，注浆时采用的石膏模具没有模芯。成型时将制备好的浆料注入模型内放置一段时间。在靠近模壁的地方由于石膏模的吸水作用使浆料固化，等模具内部吸附了一定厚度的固体颗粒层时将多余的浆料倒出，固化的坯体在石膏模具内继续干燥，待成型件因干燥收缩与石膏模分离时即可取出，如图 3-36 所示。空心注浆成型的制件外形取决于石膏模具的内表面，其厚度则取决于吸浆的时间，一般脱模时成型件的水分为 $15\%\sim20\%$。该方法适用于小型薄壁制件的生产。这种方法所用的泥浆的密度较小，否则空浆后坯体内表面有泥缕和不光滑。

② 实心注浆　实心注浆又叫双面注浆，所用的石膏模由外模和模芯两部分构成。成型时将浆料注入外模和模芯之间，石膏模从内外两个方向同时吸水，直至坯体固化后才进行脱模，如图 3-37 所示。实心注浆的制件其外部形状是由外模的工作面决定的，而内部形状则是由模芯决定的。这种方法适用于内外形状不

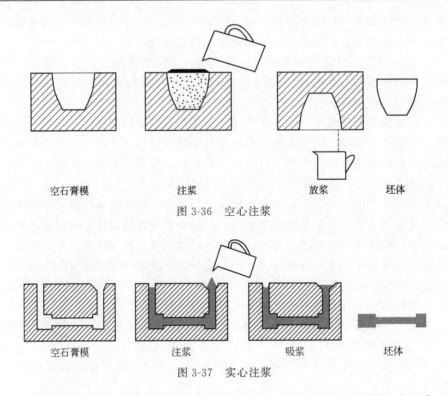

空石膏模　　　　注浆　　　　　放浆　　　坯体

图 3-36　空心注浆

空石膏模　　　　注浆　　　　　吸浆　　　　坯体

图 3-37　实心注浆

同的大型、厚壁制件。由于实心注浆时石膏模从两面进行吸水，其吸水速率比空心注浆快，往往靠近模壁处的坯体的致密度高，而中心部位比较疏松。因此，对实心注浆成型的泥浆的性能和注浆操作的要求较严。

（2）加速注浆方法

① 真空注浆　真空注浆是一种常用的加速注浆方法，其原理是形成注浆模具内外的压力差，以加速石膏模的吸水能力，从而提高注浆成型的效率和质量。常用的方法是在成型模具的外面抽真空或者将紧固的模具放在负压的真空环境中，形成注浆模具内外的压力差。真空注浆不仅能够加快成型速率，而且在坯体中的针眼、气孔等缺陷显著减少。

② 压力注浆　压力注浆也是形成注浆模具内外的压力差来增加注浆过程的推动力。它采用的方法是通过提高浆料的压力来加速水分的扩散。这不但可以减少注浆时间，而且还能够减少坯体的收缩和脱模后坯体的含水量。根据注浆压力的大小，压力注浆可以分为微压注浆、中压注浆和高压注浆。微压注浆的压力一般在 0.05MPa 以下，通过提高浆料桶的高度，利用浆料本身的高度所形成的压力就可以实现，也可以通过压缩空气来提高浆料的压力。微压注浆的效率比基本注浆的要高得多。由于微压注浆的压力较低，对成型模具的要求不高，用普通的β型石膏模具即可。中压注浆的压力一般为 0.15～0.4MPa，可以采用较高强度

的 α 型石膏模具。高压注浆的压力一般在 0.2MPa 以上，甚至可以高达几个兆帕。由于模具要承受的压力较高，因此必须采用高强度的树脂模具。

压力注浆可以提高生产效率，缩短成型时间，减少坯体的干燥收缩，而且能够减少坯体内的气泡，提高坯体的致密度，使制件的质量得到提高。在这三种压力注浆成型方法中，高压注浆成型方法的效果最好，但需要比较复杂的专用设备，而且对模具的要求也比较高，一次性投入较大。而微压注浆成型方法虽然压力较低，但设备简单、投资小，对模具也没有特殊要求，因此该方法的使用面比较广。

③ 离心注浆　离心注浆是在浆料注入模具的同时，模具做旋转运动。通过离心力的作用使浆料紧贴模壁脱水，从而形成坯体，如图 3-38 所示。由于浆料中的气泡质量较小，受到离心力作用时不容易被甩出，大多集中在浆料的中心部位，最终因为破碎而消失。离心注浆成型方法对浆料的性能要求比较宽松，因此得到的制件的厚度和致密度比较均匀、变形较小。但是，离心注浆成型方法的浆料中的颗粒分布要求较窄。如果浆料中的颗粒粗细不均匀，那么浆料在

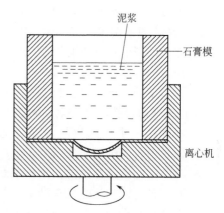

图 3-38　离心注浆成型示意图

离心时其中较粗的颗粒先被甩出，集中在坯体的外表面；而细颗粒则集中在坯体的内表面。这样在整个坯体的截面上就会形成一个梯度。这种不均匀性会造成干燥或烧结时坯体的内外收缩不均匀，对制件的质量非常不利。离心注浆成型方法的模具的转速与制件的大小有关，一般在 100r/min 以下，对于大型坯体而言，其转速应当适当地降低。

3.4.1.4　注浆成型的主要缺陷

由于泥浆的性能、石膏模的性质、操作步骤等因素都会对注浆成型方法制备的制件质量产生影响，因此注浆成型后的坯体可能产生以下缺陷：

(1) 开裂　产生原因主要是由于收缩不均匀所产生的应力而引起的。其具体产生原因如下：

① 石膏模各个部位的干湿程度不同，吸水量、吸水速率不同，导致生坯各部位的干湿程度不同、收缩不均匀，导致开裂。

② 制件各部位的厚度不一致，厚薄交接处变化最为突出，收缩不均，导致开裂。

③ 注浆时泥浆中断后再进行注浆容易形成含有空气的间层。

④ 泥浆的质量不好，陈放时间不够。

⑤ 石膏模过干或过湿。

⑥ 可塑黏土用量不足或过量。

⑦ 坯体在模具内存放时间过长。

（2）坯体生成不良或生成缓慢　其具体产生原因如下：

① 电解质不足或过量，或者是泥浆中有促使杂质凝聚。

② 泥浆含水量过高或石膏模的含水量过高并吸水过饱和。

③ 泥浆温度太低，通常泥浆的温度不低于 $10 \sim 20℃$。

④ 生产车间温度太低，一般来说生产车间最好保持在 $22℃$ 左右。

⑤ 模具内气孔分布不均匀或气孔率过低。

（3）坯体脱模困难　其产生原因如下：

① 在使用新的石膏模时没能很好地清除附着在其表面的油膜等。

② 泥浆的含水量过高或者是模具太湿所致。

③ 泥浆中的可塑性黏土含量过多或者是含有不适当的解胶。

（4）气泡与针孔　其产生原因如下：

① 石膏模具过干、过湿、过热或过旧。

② 泥浆内含有气泡，未排除。

③ 注浆时加入浆料过急，把空气封闭在泥浆中。

④ 石膏模型内的浮尘没有清除，烧成时浮尘挥发成气泡，形成针孔。

⑤ 石膏模型设计不当，妨碍气体的排出。

（5）泥缕　其产生原因如下：

① 泥浆的黏度过大、密度大，流动性不良。

② 注浆操作不当，浇注时间过长，放浆过快，缺乏一定的斜度或回浆不净。

③ 生产车间温度过高，泥浆在石膏模具内起一层皱皮，倒浆时没有去除。

④ 与制件的形状有关，坡度过大，曲折过多的模具影响浆料的流动。

（6）变形　该缺陷的产生主要是由于以下原因：

① 石膏模具所含水分不均匀，脱模过早。

② 泥浆的水分太多，使用电解质不恰当。

③ 制件、模具的设计不当，致使悬臂部分容易变形。

（7）塌落　该缺陷的产生主要是由于：

① 泥浆中的颗粒过细，水分过多，温度过高，电解质过多。

② 石膏模具过湿或者其内表面不净所致。

3.4.1.5　注浆成型的机械设备

（1）真空脱气设备　浆料在制备、运输和储存过程中难免有气体混入，这些空气会影响注件的致密度和制件的机械强度、电性能等性能。如果使用含有气体的浆料进行注浆成型，这将导致坯体的致密度降低、强度降低和表面不光滑等缺陷的产生。为了获得高质量、高性能的坯体，同时要改善浆料的流动性等浇注性能，则需要对浆料进行真空脱气处理。浆料的真空脱气设备如图 3-39 所示。该设备的运行过程如下：利用真空泵 5 对密封罐 2 抽真空，贮浆桶 1 内的浆料在大气压力的作用下沿着管道流到喷头 3 处，以细股形式喷流到真空罐内，浆料中的气体随着真空管道被真空泵吸走。待密封罐中的浆料液面达到一定的高度后，关闭真空泵，打开阀门 6 和密封罐下部的放浆阀，经过脱气处理后的浆料就可以送往注浆工序进行注浆。

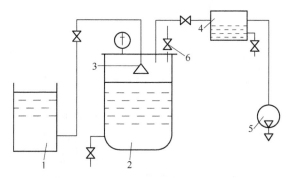

图 3-39　浆料真空脱气装置示意图

1—贮浆桶；2—密封罐；3—喷头；4—滤气器；5—真空泵；6—阀门

（2）真空搅拌设备　浆料的真空搅拌机的工作原理如图 3-40 所示。当左贮浆罐进入浆料时，阀门 a 和阀门 c 开启，同时，阀门 e 和 g 关闭，贮浆罐由真空泵抽成真空状态，浆料经过阀门 c 进浆管吸入到罐内。此时，浆料中的空气也不断被真空泵抽走。当罐内浆料的液面上升到触及液面计的高液面探极 3 时，液面计便会发出讯号，由自动控制装置或人工关闭阀门 a、c，开启阀门 e、g，这样便停止进浆，罐内的浆料液面与大气相通。经过真空脱气后的浆料可以经过阀门 g、输浆管等送往注浆机使用。随着浆料的送出，罐内的液面将逐渐下降。当液面降至低液面探极 1 时，液面计会再次发出讯号。于是关闭阀门 e、g，开启阀门 a、c，贮浆罐再次进入浆料。右贮浆罐的真空脱气过程与左贮浆罐完全相同，但是两者交替工作。

贮浆罐内装有搅拌机，用来搅拌浆料、帮助浆料中的气体迅速排出，并能够防止浆料沉淀。通常，使用双层桨叶搅拌机，其转速为 60r/min 左右。贮浆罐一般使用钢板制成，内衬为防腐衬里，使用前要进行加压试验来检查其密封性。贮浆罐的尺寸根据用浆量和真空脱气过程所需要的时间而定。图 3-41 为 TCEJ300 型浆料真空搅拌机的结构示意图。该真空搅拌机主要是由驱动部分、贮浆容器、搅拌部分和真空泵等组成。驱动电机经过减速后带动搅拌主轴进行旋转，该旋转带动三层搅拌桨叶，浆料在密闭的贮浆容器内产生强烈的湍流运动，真空泵则不断地将浆料中的空气抽除。当真空度上升到一定程度时将停止工作，这时通入压缩空气就可将浆料输出。

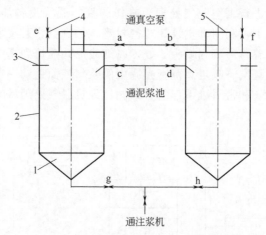

图 3-40　浆料真空搅拌机工作原理图

1—低液面探极；2—贮浆罐；3—高液面探极；4—截止阀门；5—搅拌机

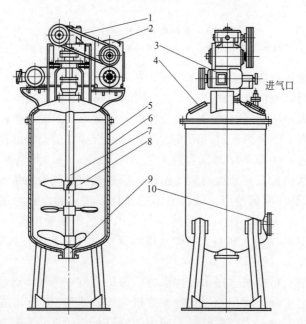

图 3-41　TCEJ300 型浆料真空搅拌机

1—蜗轮减速器；2—无级变速器；3—电动机；4—观察孔；5—罐体；6—橡胶内衬；
7—主轴；8—螺旋桨叶；9—出浆口；10—进浆口

(3) 自动注浆设备　目前，注浆成型已实现自动化，该生产线使用链条拽带的环形机械化注浆成型线。按注浆的生产过程，该成型设有自动注浆→吃浆→倒余浆→干燥→脱模→合模→模型干燥→注浆等阶段。整个传动采用机械系统或液压系统，使环链做间歇运动。在环形带的左端设有光电控制的浇注机构。如图3-42所示，当模型到达 1 位置时，光敏电阻的光束被隔断，浇注机械即开始注浆。而当浆料注满模型时浇浆口边的触针开始接触浆料，浇注机械则停止进浆。随后注满浆料的模型进入干燥室，使吸浆过程加速。到达位置 2 时，折浆机械将带浆模型反转 180°将剩余的浆料倒出后将其复位，再进入干燥室进行干燥。当模型到达位置 3 时开始进行人工脱模。空模干燥后返回到浇注位置 1 进行下一次注浆。

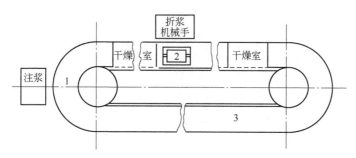

图 3-42　注浆成型生产线示意图

3.4.2　注凝成型法

在 20 世纪 80 年代后期，昂贵的生产成本使得陶瓷材料的生产和研究陷入了窘境。在这个时代背景下美国橡树岭国家重点实验室对陶瓷成型方法进行了深入的研究，并在 20 世纪 90 年代初期发明了一种新的陶瓷成型技术—注凝成型（gel-casting）。注凝成型工艺是一种新颖的胶态成型工艺，它很好地将传统陶瓷工艺和有机聚合物化学相结合，将高分子单体聚合的方法灵活地引入到陶瓷成型工艺中，通过制备低黏度、高固相含量、均匀性好的陶瓷坯体。

3.4.2.1　注凝成型的工艺原理

注凝成型工艺的基本原理是在低黏度、高固相含量的粉体-溶剂悬浮体系中加入少量的有机单体，然后利用催化剂和引发剂，使悬浮体中的有机单体聚合交联形成三维网状结构，使液态浆料原位固化成型，从而得到具有粉体与高分子物质复合结构的坯体。然后，将其进行脱模、干燥、去除有机物、烧结。最后获得所需的陶瓷部件。

3.4.2.2　注凝成型的工艺过程及应用

（1）注凝成型的工艺过程　注凝成型工艺的基本组分是陶瓷粉体、有机单体、聚合催化剂、分散剂和溶剂。注凝成型工艺根据使用溶剂的不同可以分为水基和非水基注凝成型工艺。如果溶剂是水，则成为水基注凝成型；如果溶剂是有机溶剂，则称为非水基注凝成型。非水基注凝成型中的有机溶剂在交联温度时的蒸汽压低且黏度相对较低。水基注凝成型与非水基注凝成型相比具有许多优点：其注凝过程更接近传统陶瓷成型过程；坯体易于干燥；降低了助溶剂凝胶的黏度；避免了由有机溶剂产生的环境污染问题。下面主要介绍水基注凝成型过程，图 3-43 为陶瓷水基注凝成型的工艺过程，在这些工艺步骤中，分散和干燥是成功应用注凝成型工艺最为重要的操作步骤。

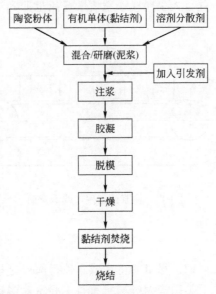

图 3-43　水基注凝成型工艺流程图

① 浆料的制备　低黏度的浆料既有利于混合又有利于注浆。因此，优化固相含量是保持浆料的流动性非常重要的。它可以通过低黏度的预混合溶液获得流动性好的浆料。选择合适的分散剂可以增加泥浆的流动性。随着有机单体浓度的减少，浆料的黏度增加，直至达到纯溶剂的黏度。注凝成型要求浆料的流动性好，可以填充任何形状的模具。但是为了减少收缩率，形成高密度的坯体，要求固相含量至少为 50%。因此陶瓷粉料在预混合的溶液中要充入充分的分散剂。为了达到良好的分散效果，需要加入适量的分散剂。选择合适的分散剂和控制浆料的 pH 值，保证浆料的流动性是注凝成型的先决条件。

② 凝胶化　由于凝胶反应是放热反应，所以混合液的开始聚合取决于溶液的温度。凝胶化过程由停留时间控制的。停留时间是指加入引发剂或催化剂到开始聚合的时间，即能注浆的时间。

③ 干燥　陶瓷材料的生产过程中为了减少坯体的变形，干燥是关键性步骤。通过对氧化铝的研究发现，为避免热变形和破裂，干燥要在室温、湿度高的条件下缓慢进行。但是，在实际生产中要求成型时间越短越好。对于薄的坯体主要变化的是湿度，室温干燥即可；不同于注浆成型和纯粹的胶凝，注凝成型坯体在干

燥时无恒定阶段；改变湿度和温度可以显著减少干燥时间。

④ 排胶　排胶过程既可在烧结时一同完成，也可在低温下烧结前单独完成。最终可得到近净尺寸的陶瓷部件。由于预混合溶液中含有部分有机黏结剂，干燥后生坯中黏结剂的含量（质量分数）约为 4%。常规的热重分析表明，丙烯酸胺黏结剂的开始氧化温度约为 220℃，高于此温度时必须小心控制升温速率，防止产生大量内应力。

(2) 注凝成型的应用　随着现代技术的不断进步，陶瓷制备工艺技术也得到了飞速的发展，尤其是新的成型方法的出现为高性能陶瓷的发展奠定了技术基础。注凝成型技术具有工艺简单、生产成本低、制得的坯体均匀性好、密度高、接近净成型等一系列优良特性，使得高性能陶瓷成型技术跨上了一个新的台阶。注凝成型工艺的应用也较其他成型工艺的应用范围更为广泛，该工艺主要应用于以下几个方面：

① 纳米陶瓷的制备　目前，陶瓷材料的研究热点之一就是用纳米级别的粉体制备高性能的陶瓷材料。但是，纳米粉体由于其特殊的性质，可以使其在较低的烧结温度下获得性能较好的陶瓷制件。然而，在制备纳米陶瓷材料的过程中很难得到高固相含量的浆料，这使得生坯中的水分含量过高，往往使其不宜进行干燥。另外，纳米粉体由于其表面能高，使其更容易产生团聚。如果分散不好会导致生坯的结构不均匀，从而降低了陶瓷制件的最终性能。

② 多元复相陶瓷的制备　采用注凝成型工艺技术制备复合材料最大的问题、难点就是如何制备出高固相体积分数、流动性好、分散均匀的浆料。这主要是由于不同粉料在同一分散体系中等电点一般不容易重合或接近，这样会导致浆料的不均匀，甚至出现分层等情况，这进一步导致陶瓷制件的性能。近几十年，通过不断的努力使得利用该成型工艺制备多元复相陶瓷制件成为了可能。Yongsheng Zhang 等人已成功地采用注凝成型工艺技术制备了纳米 Y-TZP/Al_2O_3 陶瓷制件，其抗弯强度达到 950MPa。

③ 在粉末冶金领域中的应用　注凝成型工艺技术最初是用于陶瓷材料的近净尺寸的成型技术，该成型技术适用于制备大尺寸、形状复杂的制件。近几十年来，注凝成型工艺技术正逐步应用于粉末冶金领域。Li 等人将非水系凝胶注模成型技术应用到硬质合金的生产领域。通过该技术制备的硬质合金与传统硬质合金生产工艺（如干压成型、注射成型等）所制备的制件相比，其性能相差不大。

④ 泡沫凝固法制备多孔梯度陶瓷　随着多孔陶瓷材料应用范围的不断扩大，多孔陶瓷材料的制备技术的研究也取得了很大的进展。Smith 将泡沫法同结构陶瓷制备中的注凝成型工艺相结合，从而提出了泡沫注凝成型法。该方法制备的多孔陶瓷制件的显著优点有：制作过程简单、易操作、固相反应均匀和烧结过程一步完成等。通过该方法制备的多孔陶瓷的生坯中含有适当的开气孔，这可以让氮气渗透，更好地控制烧结过程。生坯在气孔率高达 90% 时仍然保持了足够的

强度。

3.4.2.3　注凝成型的工艺特点

注凝成型工艺技术不仅兼具了其他成型方法的优点，而且还克服了其他成型方法的不足，其主要特点如下：

(1) 成型坯体的强度高，可以机械加工成复杂形状的部件。由于有机聚合物的作用，坯体的强度达 20～40MPa。具有该强度的制件可以进行各种机械加工，从而可以加工出形状更为复杂、尺寸更为精确、表面更光洁的制件，因此该工艺降低了制件的生产成本。

(2) 坯体整体均匀性好，可以降低烧结温度，大大提高了陶瓷制件的可靠性。由于成型过程中液固转化前后成分、体积不变，而且颗粒在原位固化。所以该成型工艺只要充型完全，那么成型坯体各个部位均具有相同的密度，可以成型大体积的制件，并使最终制件的均匀性得到了保障，提高了工程陶瓷的可靠性。

(3) 与注射成型工艺相比，有机物的含量较少，没有排塑困难。浆料中的有机物一般只占液相介质的 10%～20%，相当于陶瓷干料重的 3%～5%。因此，其排塑过程较容易，可与烧结过程同步完成，避免了注射成型工艺耗时耗能的排塑环节，节约能量且降低了成本。

(4) 可做到近净尺寸成型。由于浆料在液固转化过程中体积变化很小，固化后坯体尺寸基本取决于模型，并且由于浆料固相含量较高，成型出的坯体密度大，干燥收缩和烧成收缩小，变形小，可做到近净尺寸成型。

3.4.3　热压铸成型法

热压铸成型（hot injection moukling）又称热压注成型，从某种意义上讲也是一种注浆成型，但与前面所介绍的注浆工艺不同。热压铸成型在坯料中混入了石蜡，利用石蜡的热流性特点，使用金属模具在压力下进行成型的，冷凝后的坯体能够保持一定的形状，该成型方法在先进陶瓷的成型中被普遍采用。采用这种方法成型的制件尺寸精确、结构紧密、表面粗糙度低。广泛用于制造形状复杂、尺寸精确的工程陶瓷制件。

3.4.3.1　热压铸成型的工艺原理

对于注浆成型、可塑性成型和干压成型等都是按照原料粉碎、坯料制备、成型、干燥、烧结的工艺路线进行的。也就是说，这些成型方法都是先成型后烧成，其干燥烧成的收缩很大，烧成时要发生分解、氧化、晶型转变、气相产生、液相出现等一系列物理化学变化，这都将导致坯体产生变形、开裂等缺陷。而热压铸成型工艺则是把上述一系列物理化学变化在成型之前就已经进行完毕。把坯料烧结成瓷粉，进行粉碎，再加入工艺黏结剂加热化浆，并在一定的温度、压力下铸造成型，再脱蜡烧成。这样物化变化少、收缩少，造成缺陷的可能性极低。

热压铸成型方法的基本原理是利用石蜡受热溶化后的流动性，将无可塑性的陶瓷粉料与热蜡液均匀混合形成浆料，在一定的压力作用下注入金属模具中进行成型，等待冷却固化后再脱模取出成型好的坯体。坯体经过去除注口并适当地修整后埋放于吸附剂中一起加热进行脱脂处理，排除掉石蜡和其他可挥发的添加剂，再烧结成陶瓷制件。

3.4.3.2 热压铸成型的工艺过程及应用

(1) 热压铸成型的工艺过程 热压铸成型工艺流程如下：

陶瓷粉料与热蜡浆混合均匀→备用料浆蜡饼(板)→热压注成型→去除注口修坯

成品←烧结←清除吸附剂←坯体脱脂

由此可知，热压铸成型工艺主要包括制备蜡浆、坯体浇注及排蜡这三个主要的工序。

① 蜡浆的制备 蜡浆的制备是热压注成型工艺的第一道重要工序。此工序的目的是为了将准备好的坯料加入到以石蜡为主的黏结剂中制成蜡板以备成型用。陶瓷粉体为瘠性粉料，要使瘠性的陶瓷粉料和具有热流变性的石蜡形成成型很好的含料蜡浆，控制好两者的配比和性质，实现两者的均匀混合是非常关键的。

热压铸用蜡浆是由粉料、塑化剂和表面活性剂组成的。一般来说，将石蜡按配比称取一定量（一般为 12.5%～13.5%）后加热熔化成蜡液。同时将称好的粉料与石蜡完全浸润，黏度增大，难以成型。在加热时水分会形成小气泡分散在浆料之中，使烧结后的制品形成封闭气孔，性能变坏。因此制备蜡浆时应在粉料中加入少量的表面活性剂，一般为 0.4%～0.8%，可以减少石蜡的含量，从而改善其成型性能。具体混料方式有两种：一是将石蜡加热使之熔化，然后将粉料导入，一边加热一边搅拌；二是将粉料加热后倒入石蜡溶液，一边加一边搅拌。制备蜡浆可以在回转炉中进行，然后将料浆倒入容器中，待凝固后制成蜡板以备成型之用。

a. 粉料的制备 粉料在配浆前要经过预烧处理，其目的主要有：一是减少为保证浆料流动性而加入的塑化剂的用量；二是降低制件的烧成收缩，保证制件形状、尺寸精度。预烧的温度要根据原料的性质而定，如滑石的预烧一般在 1300℃左右，而工业用氧化铝的预烧一般在 1300～1400℃范围内。预烧后瓷粉的颗粒度及含水量对制件的质量和浆料的性能有直接的影响。瓷粉的颗粒度越细，配制浆料时所用的蜡量越高，生产上一般控制在万孔筛余 2%～3%左右。瓷粉需要经过烘干再配浆，要求含水量在 0.5%以下，水分会妨碍石蜡与瓷粉的均匀分布。如果瓷粉的含水量过多，在与熔化的石蜡混合时容易引起水分的蒸发，在蜡浆中形成气泡。

b. 塑化剂 热压铸的浆料中的塑化剂是一种热塑性材料，最为常用的是石蜡。它是饱和的烃类化合物 C_nH_{2n+2}。碳原子数一般为 23～36，熔点为 55～

60℃，其熔体的黏度小，密度为 $0.88\sim0.9g/cm^3$。石蜡在 150℃挥发，热压铸成型方法中石蜡的含量一般为 12%～16%。

c. 表面活性剂　陶瓷粉料颗粒表面常带有电荷，属于极性物质，具有亲水性。而石蜡属于烷烃类，具有亲油性、非极性，两者之间缺少亲和力，粉料颗粒不能被蜡液很好地润湿，从而影响到浆料的均匀混合。为此必须加入一类兼有亲水、亲油两性的表面活性剂来改善蜡液对粉料颗粒的润湿作用，增加混合的均匀程度，可以获得既提高蜡浆的热流动性和成型后坯体的强度，又能减少石蜡的用量和增加浆料的稳定性的效果，因此，表面活性剂又称为润湿剂。常用的表面活性剂有油酸、硬脂酸、蜂蜡等。

表面活性剂的用量很少，随粉料的粒度和比例不同而变，粉料越多、越细，表面活性剂的用量越多。油酸常用量为粉料质量的 0.4%～0.7%，而硬脂酸或蜂蜡的用量则约为石蜡用量的 5%。另外，为使表面活性剂充分地覆盖于粉料颗粒的表面，可在粉料球磨磨细至较细粒度时再加入油酸，继续干磨 3～4h，实践证明这样效果更好。

为了使固相颗粒能够均匀分散在热压铸浆料中以减少制件的变形，可将浆料进行超声波处理。经过处理后的浆料的黏度下降，只需要很小的压力就可以成型。但浆料的温度不能超过 100～120℃，超声波的振幅不能大于 $12\mu m$，否则会烧去塑化剂使其流变性变坏。如果振幅太小，小于 $0.01\sim1\mu m$，则超声波处理无效。热压铸浆料要求具有良好的稳定性和可注性。冷却时体积收缩不能太大以免造成坯体开裂。

② 热压铸成型的工艺参数　热压铸成型的工艺参数主要有蜡浆的温度、模具的温度、注模压力及保压时间。

a. 蜡浆温度　蜡浆的温度一方面影响蜡浆的黏度，黏度在石蜡熔点以上到90℃，随蜡浆温度的升高而减小；另一方面则影响到坯体冷却凝固后的体积收缩率。因此，蜡浆温度应取决于成型坯体的形状、尺寸。浆料温度越高，黏度越小，对浆料在模腔内的流动越有利。但同时冷后的体积收缩率也越大。坯体的形状复杂、尺寸大、薄壁或流料通道截面偏窄、流料距离偏长的，其模腔内散热面积大或流料阻力大，压铸时浆料的温度应该高一些。否则会造成模腔内部分顶端死角未将浆料充满。过高的浆料温度也不好，这容易造成冷后坯体的体积收缩过大，甚至使其表面出现凹坑。对于尺寸小、壁厚、形状简单的坯体，压铸时浆料的温度可以低些，从而减小体积收缩率。蜡浆的温度通常控制在 65～80℃范围内。

b. 模具温度　模具温度与浆料的温度之间的温差决定了坯体冷却固化的速率，同时也对浆料在模腔内的流变行为产生影响。因此，模具的温度也应取决于坯体的形状、尺寸。坯体的尺寸较小、壁较厚、形状较简单，其压铸时模具的温度可以低一些；而压铸尺寸较大、形状复杂、薄壁的坯体，模具的温度则高些。

另外，压铸时模具有较多的插入件（用于成型有较多小孔、螺孔、沟槽等的坯体）时，模具的温度也应该稍高些。模具的温度过高容易造成坯体内气孔增多及其致密度的降低，因此在连续工作时应采取适当的措施对模具冷却，一般模具的温度在 20～30℃ 范围内。

　　c. 注模压力和保压时间　浆料在压缩空气的压力推动下注入模腔，所以注模压力直接影响着进浆的速率，但由于浆料的黏度和在模腔内的流动性有关。对形状复杂、尺寸大、薄壁的坯体成型或浆料的黏度大时，注模压力应大一些；提高注模压力可以减少坯体冷却后的体积收缩率，减少缩孔并有利于颗粒排列紧密。通常，注模压力在 0.3～0.5MPa 范围内为宜。

　　足够的保压时间不仅能够保证浆料充满全部模腔，而且还可以为坯体在开始冷却收缩时补充适量的新浆料来减少内部缩孔和降低总的收缩率。保压时间仍然与坯体的形状、大小有关，一般形状简单、尺寸小的坯体在 0.3～0.4MPa 下保压 5～15s；大型或形状复杂的坯体在 0.4～0.5MPa 下保压约 1min。

　　③ 排蜡　热压铸成型的坯体中所含的有机塑化剂（石蜡）在高温煅烧时会软化而引起坯体的变形。一般先在低于坯体烧结温度下缓慢排蜡，然后再进行烧结。排蜡时应把坯体埋于吸附剂中。石蜡在 60℃ 以上开始熔融，120℃ 以上挥发。吸附剂包围着坯体不致变形。同时，吸附液体石蜡，然后再挥发。常用的吸附剂是煅烧过的 Al_2O_3 粉、MgO 粉、SiO_2 粉或滑石粉。在低温条件下石蜡熔化时体积膨胀，所以应该缓慢升温来防止气泡分层。排蜡温度一般为 900～1100℃，有些制件可以将烧成和排蜡一同进行，不必单独排蜡。但是，低温阶段的升温速率要尽量慢一些。

　　(2) 热压铸成型的应用　热压铸成型工艺由于其工艺特点，与其他一些成型方法相比有许多优点：

　　① 能够成型各种形状复杂的制件，特别是其他成型工艺方法不能成型的异型或轮廓精细的制件，用该方法成型的制件尺寸精度较高。热压铸成型时料浆充填模腔的方式与注浆成型方法相似，但热压铸成型所用的金属模要比注浆法的石膏模容易精确加工、强度高、不易磨损。此外，热压铸成型所用的金属模也比注浆法的石膏模在组合、拆分方面更为灵活。所以在形状的复杂性、精细性和尺寸的精确程度上，热压铸成型法远优于注浆成型法。

　　② 制品的合格率较高，而且后续的机械加工量很小甚至不需要机加。由于热压铸成型可一次性获得所需要的形状、尺寸、表面粗糙度小，另外，坯体的密度均匀、烧结后收缩也比较均匀，一般烧结收缩只有 6%～10%。如果模具设计适当，甚至不需要烧结后的机械加工就可以获得合格的制件。

　　③ 生产效率很高。热压铸成型的成型时间很短，某些小型制件仅需数秒就可完成。所以采用该成型方法生产制件的效率较高，是干压成型法和注浆成型法的几倍甚至是几十倍。尤其是近十几年连续自动热压铸机的出现，使得其生产效

率又得到进一步的提高。

④ 设备结构简单、价格便宜、占地面积小、操作简单等。而其他成型方法相对不容易掌握，有些成型工艺甚至需要技术熟练的工人才能成型出合格的制件。

⑤ 模具对用材和热处理的要求不高，容易加工、寿命长，模具的成本低，变更制件的规格较为方便。对于干压成型工艺而言，较为困难。

⑥ 对原料的适应面广。热压铸成型采用多种原料，如氧化物、氮化物、矿物原料等都能很好地成型，适用于各种瘠性的陶瓷原料。

基于以上优点，热压铸成型已经广泛用于各种结构陶瓷、功能陶瓷的生产中，特别适用于形状复杂、尺寸精确的中小型器件的大批量、小批量生产。但是热压铸成型也有自身存在的缺点：粉料需要煅烧；脱脂过程要求高；耗时长；坯体壁厚大时脱脂更为困难。此外，石蜡排出后会留下大量的孔隙，该孔隙不能完全在烧结中被排除，制件内的孔隙一般比干压成型的多，因此，制件的致密度和力学性能不如干压成型的制件，从而限制了热压成型工艺进一步应用。

3.4.3.3　热压铸成型的主要缺陷

热压铸成型工艺的缺陷主要有以下几种：

(1) 欠注　欠注是指模具内未注满蜡浆，压出的制件不完整。形成的欠注原因主要是：

① 蜡浆的黏度大流动性差。蜡浆的黏度和流动性与原料的含水量、石蜡及表面活性物质的加入量、原料的颗粒度、蜡浆的搅拌方式、搅拌时间和成型时蜡浆的温度等有关。

② 注浆口温度过高或过低。注浆口温度过高则坯体冷却后收缩过大，会造成欠注；注浆口温度过低则会使蜡浆的黏度增大，流动性变差，从而使浆料不能注满整个模具造成欠注。

③ 压力和注浆时间不够。压力大小决定了浆料在模具中的填充速率，也决定了浆料在模具中冷却收缩时的补偿能力。压力太小则浆料在模具中的填充速率慢，会造成注入模中的浆料不够而造成欠注；压力过大会造成浆料的填充过快，可能产生涡流，从而把空气带进注浆内，在坯体中出现气孔。加压持续的时间除了使浆料充满模型外还为了补充坯体冷凝时发生的体积收缩，并使坯体充分固化。如果注浆时间不够则可造成浆料未能充满整个模型或者坯体冷凝时发生的体积收缩未能得到完全补偿而出现欠注。

④ 模具中气体未能完全排除。模具中的气体没能完全排除会造成浆料不能注满整个模具而出现欠注现象。

(2) 凹坑　产生凹坑的主要原因有：

① 浆料和模具的温度过高，使坯体冷却时收缩增大，从而造成坯体表面出现凹坑。

② 脱模过早，在坯体还没有完全凝固时就脱模会造成坯体表面出现凹坑。

③ 模具进浆口太小或位置不合理，影响浆料注入，使坯体冷凝时体积收缩未能得到充分补偿而造成凹坑。

(3) 皱纹　浆料的性能不好，黏度大，流动性差或者浆料和模具的温度过低，从而影响浆料的流动性。这些都会使浆料不能充满模具，坯体冷却后表面出现皱纹。另外，成型时模具内空气未能排净也会引起皱纹。

(4) 气泡　产生原因主要有：拌蜡时搅拌不均匀或搅拌时间不够，浆料中的空气未能排净，使坯体中出现气泡；浆料流动性过大或压力过大，使浆料的填充过快而产生涡流，从而把空气带进浆料内，使坯体中出现气泡；模具设计不合理而影响模具内空气的排除也会出现气泡。

(5) 变形或开裂　模具温度过高或脱模过早，也就是说，在坯体还没有完全凝固时脱模都会产生变形。模具已冷、脱模过晚或模具注浆口无斜度都会造成开裂。此外，模具温度过低、坯体冷却速率过快则注模型芯会阻止坯体的收缩而产生开裂。

3.4.3.4　热压铸成型的机械设备

陶瓷热压铸成型需要在热压铸机上进行，目前生产上使用的热压铸机分为两种：手动式和自动式。这两种热压铸机的工作原理基本相同，图 3-44 为手动式热压铸机的结构示意图。热压铸机包括浆桶、注浆管、油浴箱、电加热装置、气动压紧模具装置、蜡浆自动控温装置、工作台、机架、压缩空气源、管路、气阀和模具等。

热压铸机的工作原理是先将料浆蜡饼放入热压铸机的浆桶内，浆桶可以锁紧密闭，桶外为油浴桶，靠电加热管通电对浆桶加热并可以控制温度。当浆桶内的蜡浆温度达到所需要求的温度时，由温度计和控温装置维持恒温。成型时，将金属模具的进浆口对准浆桶的出浆口，踩下脚踏板打开压缩空气阀，压缩空气推动热压铸机上部顶杆锁紧模具。与此同时，压缩空气进入浆桶使料浆沿供料管注入模腔。保压片刻后，通常为几秒到 1min，再松开踏板排除压缩空气，注浆停止，顶杆放松，移开模具，等冷却固化后再打开模具取出成型好的坯体。生产中为了缩短冷却时间或连续工作导致模具温度过高时，常将模具在冷水中停留数秒或放在冰上来降低模具的温度再打开模具取坯。

油浴的目的是使加热均匀，通常浆料温度在 $60 \sim 85℃$。压缩空气的压力为 $0.3 \sim 0.5MPa$，其压力与制件的大小、料浆的温度等因素有关。从理论上说，进入气缸的空气应优先于进入料桶的空气，以防模具尚未压紧就开始注浆，导致料浆飞溅出来。因此有些热压铸机设计了两个气阀，先踩通往气缸的气阀，等压头将模具压紧后再踩通往料桶的气阀进行注浆。实际上，由于压缩空气到气缸比到料桶的波折少，而且两者的横截面积相差很大，一般不会发生料浆的飞溅现象，因此只要使用一个气阀和一个三通接头即可。

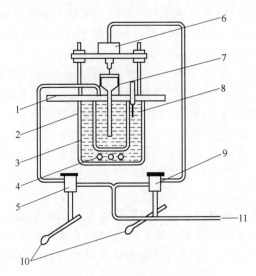

图 3-44　热压铸机的结构原理图

1—工作台；2—热油浴桶；3—蜡浆桶；4—电加热管；5,9—压缩空气阀门；

6—活塞；7—模具；8—温度计；10—脚控踏板；11—压缩空气进口

　　根据热压铸成型的特点，其模具可以做成可拆分式，打开方便而且不容易损伤已经固化的坯体。手工操作者可以用小刀削去注口并略加修整后即可完成成型工序。

3.4.4　流延成型法

　　流延成型（tape casting）也称为带式浇注成型（belt shaping）或者刮刀成型（doctor blading or knife coating）。1943～1945 年期间，美国麻省理工学院的 G. N. Howatt 等人首次对流延成型进行了研究，并于 1945 年将该工艺用于陶瓷成型并进行了公开报道。1947 年流延成型工艺正式应用于陶瓷电容器的工业生产。随着工艺技术的不断进步大量新产品的相继开发成功，流延成型方法的应用领域也日益扩大。目前，流延成型法是一种比较成熟并能获得高质量、超薄型制件的成型工艺方法，现已广泛应用在电容器、多层布线瓷、氧化锌低压压敏电阻等新型陶瓷的生产中。

3.4.4.1　流延成型的工艺原理

　　流延成型法所用的浆料是由粉料、塑化剂和溶剂组成。粉料要求必须超细粉碎，其大部分颗粒应该小于 $3\mu m$。各种添加剂的选择和用量要根据粉料的物化特性和颗粒状况而定。配好的浆料经充分混合后搅拌排除气泡，真空脱气，获得可以流动的黏稠浆料。浆料泵入流延机料斗前必须经过两层滤网来滤除个别团聚的大颗粒及未溶化的黏结剂。由此可见，在流延成型工艺中最关键的是浆料的制备和流延成型工艺。

流延成型首先把粉碎好的粉料与有机塑化剂溶液按照适当的配比混合后制成具有一定黏度的浆料，浆料从容器桶流下，被刮刀以一定的厚度刮压涂覆在专用的基带上，经过干燥、固化后从上剥下，制成生坯带的薄膜。然后，根据制件的形状、尺寸需要对生坯带进行冲切、层合等加工处理，最终制成待烧结的毛坯。

3.4.4.2　流延成型的工艺过程及应用

（1）流延成型的工艺过程　流延成型整个过程总体上可分为浆料的制备、成型及后处理这三个部分。其具体的工艺过程是将陶瓷粉末与有机黏结剂、增塑剂、分散剂、溶剂等添加剂在有机溶剂中进行混合，形成均匀而稳定的悬浮浆料。在成型时浆料从料斗下部流到基带上，通过基带与刮刀的相对运动形成坯膜，坯膜的厚度由刮刀进行控制。将坯膜连同基带一起送入烘干室，将溶剂蒸发而有机黏结剂在陶瓷颗粒之间形成网络结构，从而形成具有一定强度和柔韧性的坯片，将干燥的坯片连同基带一起卷起待用。在贮存过程中可以使残留的溶剂分布均匀，消除湿度梯度。最后，按照所需形状切割、冲片或打孔，待烧结制成成品。其工艺流程如图 3-45 所示。

图 3-45　流延成型工艺流程图

① 浆料的要求　由于流延成型法一般用于制备超薄型的制件，因此对坯料的细度、粒形要求比较高。通常，粉料的粒径要小于 $3\mu m$，颗粒形状最好为球形且有适当的颗粒级配来保证浆料具有良好的流动性，在厚度方向具有一定的颗粒数来保证薄坯具有较好的质量。此外，流延成型方法对粉体的比表面积也有一定的要求。对于比表面积大于 $20m^2/g$ 的粉体，其流延浆料的制备相对比较困难。此外，对于粉体颗粒的团聚现象对成型质量有很大的影响，如果存在团聚粉体将导致浆料的不均匀，会对后期烧结体的性能带来致命的危害。

② 添加剂的计入

a. 溶剂　溶剂在流延浆料中的作用主要是溶解黏结剂、增塑剂及其他添加剂，并能够有效地分散陶瓷颗粒，使浆料具有适当的黏度。通常，溶剂可分为水和有机溶剂两大类。在实际操作中溶剂的选择受到粉体和黏结剂的限制。首先，它必须在粉体所能接受的烧结气氛与温度下能够完全脱除，即使存在残留物，该残留物也不能影响烧结体的性能；其次，所选溶剂不能与粉末颗粒发生化学反应，要与粉体颗粒具有良好的润湿性且对黏结剂具有足够的溶解度；最后，所选溶剂应具有安全性，对人体和环境的危害应该控制在尽可能低的程度内。溶剂的挥发速率从根本上决定了生产过程中生坯的生产速率。目前，大多采用高挥发速率的有机溶剂，而且为保证溶剂对黏结剂的溶解度并控制适当的挥发速率，有机溶剂经常以二元或三元混合溶剂的形式使用。

b. 分散剂　陶瓷粉体在范德华力等因素的作用下会有团聚的趋势。如果分散在溶剂中的粉体与溶剂的润湿性不好，也容易形成团聚，从而降低体系的总能量。分散剂对流延浆料的作用主要是其可以包裹粉末颗粒表面使其分散，并能够使浆料具有合适的黏度，从而减小溶剂的用量，加快干燥并减小制件的尺寸收缩等。

c. 增塑剂　大部分在流延成型中使用的有机化合物黏结剂的玻璃化温度远高于室温，使得溶剂挥发后获得的生坯硬而脆，这种生坯不能满足后续加工需要。因此，流延成型中需要添加增塑剂来使生坯具有一定的柔软性。在流延成型工艺中增塑剂泛指一切可以增加生坯柔韧性和可塑性的物质。根据其机理可以分为两类：第一类增塑剂相当于一种挥发很慢的溶剂，能够长期停留在生坯内，使黏结剂仍具有一定程度的"溶解"而保持生坯的柔软性；第二类增塑剂相当于一种润滑剂，其可以防止交叉链接，从而减弱黏结剂分子间的相互作用从而使生坯软化。

(2) 流延成型工艺的特点　流延成型设备相对简单，而且工艺技术相对成熟、稳定，可以连续操作，生产效率高，自动化水平高。用该成型工艺制备的坯膜性能均匀一致且易于控制成型。但是，流延成型的坯料中的溶剂和黏结剂等含量相对较高。因此，坯体的密度较小，烧结收缩率较大，有时可达20%～21%。

(3) 流延成型工艺的应用　现代电子元器件的微型化、集成化、低噪声和多功能化的发展趋势进一步加速，导致许多新型封装技术的相继问世。它的主要特点是无引线（或短引线）、片式化、细节距和多引脚。新型封装技术与片式元件表面组装技术相结合，开创了新一代微组装技术，作为微组装所用的陶瓷基片产业也因此迅速发展起来。而流延法正是适应这一需要发展起来的现代陶瓷成型方法。除用于高集成度的集成电路封装和衬底材料的基片外，流延陶瓷产品还广泛应用于薄膜混合式集成电路（如程控电话交换机、手机、汽车点火器、传真机热敏打印头等）、可调电位器（如彩色电视机和显示器用聚焦电位器、玻璃釉电位器等）、片式电阻（如网络电阻、表面贴装片式电阻等）、玻璃覆铜板（主要用于大功率电子电力器件）、半导体制冷器及多种传感器的基片载体材料。

3.4.4.3　流延成型的主要缺陷

流延成型工艺由于其具有一定的特殊性，因此由于工艺参数控制不当将导致其成型坯体产生以下缺陷：

(1) 表面粗糙度过高　坯体表面的粗糙度主要是取决于流延刮刀，流延刮刀一般是用工具钢制成，其具有较好的耐磨性且使用寿命较长。为了获得较低表面粗糙度的坯体，需要进行日常保养：每次使用后必须将其清洗干净，防止硬物刮伤表面，使刮刀保持光滑平整。光滑平整的刮刀是获得厚度均匀、表面光滑的膜带的关键。

（2）厚度不均　流延厚度是由刮刀与基带之间的间隙、基带的运动速度、浆料的黏度及加料漏斗内浆面的高度决定的。刮刀与基带的间隙与实际烘干后的制件的厚度不会完全一致，这主要是由于在烘干过程中有溶剂、黏结剂、增塑剂等有机化合物的挥发所致。在浆料温度、流速、干燥温度一定的条件下，通常会有一个稳定的比例。

（3）痘疤或凹陷　流延成型所用的浆料必须充分分散均匀，当浆料中存在未分散好的硬块、团聚体且在后续过程中未能过滤掉时，膜带上就会产生痘疤状缺陷或由于干燥烧成收缩不同而产生凹陷。因此，必须重视浆料的制备，在使用前必须过筛除去硬块和团聚体。

（4）气泡或针孔　经过超细粉碎的坯粉和塑化剂在球磨机中进行混合时容易产生气泡。这些气泡的存在会使成型后坯膜上出现针孔，因此要将浆料中的气泡去除。避免措施主要是添加除泡剂（表面活性剂）或进行真空搅拌或超声波处理浆料。另外，干燥温度过高也会使薄膜产生气泡。

（5）卷曲变形或开裂　坯体的卷曲变形或开裂主要与薄膜的厚度不均及干燥条件有关。当薄膜厚度不均造成其各个部位的水分含量不同，在后续的干燥过程中产生卷曲变形，甚至开裂。另外，干燥条件也是导致其变形或开裂的原因，因此在后续干燥时应将干燥室逐渐升温，以防薄膜发生卷曲变形或开裂。

（6）起皮　起皮主要是由于浆料中加入的溶剂等有机化合物的挥发速率过快，使浆料表面会迅速生成一层干燥的膜层，该膜层阻挡了内部溶剂等有机化合物的进一步挥发，反而降低了薄膜的干燥速率并破坏了生坯，这一现象俗称"起皮"。因此，溶剂等有机化合物的选择尤为重要。

3.4.4.4　流延成型的机械设备

陶瓷浆料的流延成型需要在流延成型机上完成，其被认为是一种独特的成型方式。这主要是由于流延成型机涉及一系列特有的关键设备。流延成型机一般由进料槽、刮刀、基带三个主要部分组成，另外，还包括传动机构、过滤装置、真空除泡装置等辅助设备。根据流延成型机的工作方式不同又可将流延成型机分为连续式、间歇式和旋转式流延成型机这三种类型，如图 3-46 所示。

（1）连续式流延成型机　该流延成型机采用进料槽和刮刀固定，而基带运动的工作方式。在基带的运动过程中，浆料进入进料槽流向基带，经过刮刀后形成厚度均匀的薄膜层。在溶剂等有机化合物挥发后浆料固化，形成坯片。连续式流延成型机适合于连续化、大批量生产，工业上通常采用这一类型的流延成型机。

（2）间歇式流延成型机　该成型机采用基带固定，进料槽随刮刀在基带上运动的工作方式。在进料槽与刮刀的运动过程中浆料经过进料槽流向基带，由刮刀控制在基带上形成一定厚度的薄膜。在溶剂挥发后浆料固化并形成坯片。间歇式

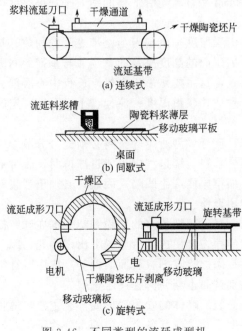

图 3-46　不同类型的流延成型机

流延成型机多用于实验室研究，不适于大批量的生产。

(3) 旋转式流延成型机　该成型机也是采用进料槽和刮刀固定，基带运动的工作方式。但是，与连续式流延成型机不同的是，旋转式流延成型机的基带不是作直线运动的而是作旋转运动。其主要作用如下：在基带上某一点经过进料槽和刮刀时会覆盖一层浆料，每旋转一周后再次经过进料槽和刮刀时又会覆盖一层浆料。旋转式流延成型机是一种新颖的工艺方法，其主要用于一些特殊要求的场合，尤其适合于叠层材料、复合材料的成型。

3.5　其他成型方法

3.5.1　压滤成型法

陶瓷材料成型工艺是陶瓷生产、加工的关键性技术。制备成型工艺技术的发展和成熟是高性能陶瓷大规模生产和应用的先决条件。特别是对于形状复杂、应用条件苛刻的制件，其成型方法的选择和成型工艺的成熟是材料应用的关键环节。由粉末原料制备陶瓷制件通常包括粉末的制备、粉料的处理、粉末的成型及烧结致密化等几个步骤，而每一步都有可能导致缺陷的产生。烧结以前各步骤中引入的缺陷有些将在下一步工艺过程中消除或转变成新的缺陷。有许多缺陷可以通过压滤成型工艺消除或减少。因此，压滤成型（pressure filtration）是提高陶瓷材料工程可靠性的有效工艺，特别是对于大型、形状复杂的陶瓷粉末制件，其更显示出无法比拟的优越性。

3.5.1.1 压滤成型的工艺原理

压滤成型技术是近几十年发展起来并受到关注的一种陶瓷成型技术。压滤成型是在注浆成型的基础上通过加压而发展起来的。水不再是通过毛细管作用力脱除，而是在压力的驱动下脱除的，这种方法脱水的速率更快，从而提高了生产效率。其主要原理是在外加压力作用下，使在一定条件下在液态介质中分散有固相陶瓷颗粒的浆料通过输浆管道进入模型腔内。并通过多孔滤层滤出部分液态介质，从而使陶瓷颗粒紧密地排列固化，成为具有一定形状的陶瓷坯体。其多孔模具材料可选用多孔不锈钢、多孔塑料和陶瓷灯材料。

3.5.1.2 压滤成型的工艺过程及应用

（1）压滤成型的工艺过程 从其工艺原理来看，压滤成型与压力注浆成型很相似，从广义来看其也可以看做是压力注浆成型。但是两者之间还是存在着一定的差别：首先，由于压滤成型采用很薄的多孔滤层，因此对浆料介质的含量要求不如压力注浆那样严格，这样就可以在很大范围内调节浆料的颗粒参数及浆料的流变性能，使其更易于成型高性能的制件；其次，从成型压力来看，压力成型可以在更大的压力范围内进行；另外，压滤成型可以通过调整成型制件不同部位的模型结构和渗透系数等形状复杂的部件的不同部位借助不同固化速率的模具材料来获得整体均匀的坯体结构，因此压滤成型更有利于成型形状复杂的制件。

图 3-47 为压滤成型工艺的流程图。在压滤过程中固相颗粒在流场中既受到所施加压力又受到摩擦阻力的作用。这些力的作用使原来的固相颗粒发生改变及单个颗粒或团聚体的变形是颗粒固化的主要机理，团聚体变小而使颗粒移动到开口空隙是坯层形成的主要非弹性机理。颗粒的变形取决于颗粒表面性能、固相性能和成型压力等。

成型阻力通过颗粒接触一层一层地积累，因而表面坯层由于有效作用可以忽略而保持很高的气孔率，而最靠近模型表面的一层的有效作用压力最大，因此颗粒排列的密度最大。

（2）压滤成型工艺的应用 压滤成型结合了干压成型和注浆成型工艺的特点，其最终的优点是无宏观大缺陷、可以获得较高的成型密度。因此，压滤成型特别适合于超细粉体的成型。压滤成型工艺只采用少量的有机添加剂，因而可以避免复杂的脱脂过程，由于有外加压力作用使它能够消除或减少成型时的密度梯度，使坯体较传统的注浆成型更趋于均匀。但是要获得理想的坯体，尤其是复杂形状的坯体，除有理想性能的料浆外，压滤模型的选材也至关重要。模型材料要

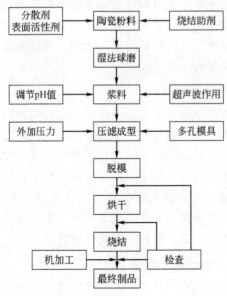

图 3-47　压滤成型的工艺流程

具有足够小的气孔，适度的气孔率和透过系数，足够的刚度和强度，同时要根据制件不同的部位，不同的形状来选择不同孔结构的材料以便通过不同的固化率来获得整体均匀的坯体结构。

　　Adcock 等人在总结前人研究工作的基础上，将 Kozeny 的过滤理论应用于注浆成型和泥饼压滤过程。Aksay 等将石膏模型的阻力考虑进来并改进了 Adcock 等人的模型。而 Tiller 等人将已成型的坯层的可压缩性也加以考虑，进一步改进了注浆模型。这些研究都为压滤成型理论的完善奠定了一定的实验和理论基础。Lange 等从如何保证材料的工程可靠性角度研究了多种成型方法的特点，并认为压滤成型工艺具有许多独特的优点。他们采用单向滤片进行压滤过程中固化动力学及机理的研究，并提出了一种等静态压滤成型的方法。他们在对含氧化锆的氧化铝体系进行压滤试验时，采用盐酸来调节 pH 值，在 pH 值为 2 时，达到最佳的分散效果，制备出固相含量为 55% 的浆料；在 pH 值为 8.5 值时，颗粒呈团聚状态，制备出 20%（体积分数）的浆料。利用这两种浆料进行压滤成型，结果表明：处于团聚状态的浆料在压力大于 1MPa 时成型可以获得类似于干压成型的坯体，可以保持其形状。而用分散好的浆料成型的坯体从模具上取下时有轻微的涨流性。

3.5.1.3　压滤成型的主要缺陷

　　压滤成型过程主要受以下因素的影响：坯体中的压力降；液体介质的黏度；坯体的表面积；坯体中孔隙的分布情况；压滤成型模具。压滤成型压力对成型坯体的均匀性影响较大：一方面，压力对可压缩性坯层中的颗粒产生作用，使其更加紧密地排列；另一方面，压力可以减小和消除由制件的几何形状和坯层的固化面推进方向所造成的密度梯度，从而提高制件的整体均匀性。

但是压力过大会使坯体中存在明显的残余应力，会导致随后干燥和烧结过程中的缺陷，如裂纹、开裂。理想的设计应该根据成型制品形状、尺寸在模具的不同部位采用不同渗透系数的多孔材料，并合理安排浆料入口，这样通过成型时不同部位不同的固化率来控制坯体的固化层形成过程和固化面的推进方向，获得整体均匀的坯体。压滤成型虽然能够提高制件的质量，但提高质量的同时所带来的效益不能补偿昂贵的投资，从而限制了压滤成型的进一步发展。

3.5.1.4 压滤成型的机械设备

按照传统的概念，注浆工艺是通过石膏模使泥浆脱水成坯的过程，这个过程中的水分迁移决定于石膏模的吸水能力，泥浆性能和成坯层对水迁移的阻力。而研究者给其赋予压力注浆新的概念，即将注浆过程转化为压滤过程，图 3-48 为压滤成型机。

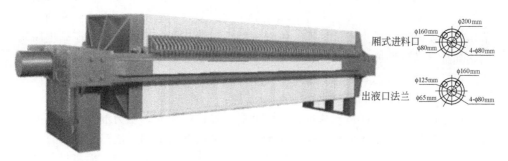

图 3-48 压滤成型机

压滤成型工艺中所用的压滤机主要是由压滤部分、滤板的压紧部分、支撑部分、控制部分和辅助部分组成。也就是说，压滤机大体上是由机架、压紧机构、过滤机构和辅助部分组成。压滤机在一个压滤周期内，先由压紧装置将多块滤板挤紧以形成多个密封空腔。搅拌池内的滤浆在泥浆泵的作用下进入密封空腔，滤浆中的滤液通过过滤介质和筛板沿着滤板上的流水通道排出机外。而固体颗粒被截留在过滤介质上以终压保压一定的时间后，逐渐形成了含水量较低且具有一定厚度的滤饼，然后停止进浆，松开滤板，将滤饼取出即可。

(1) 机架 机架是压滤机的基础部件，两端是止推板和压紧头，两侧的大梁将二者连接起来，大梁用以支撑滤板、滤框和压紧板。为了满足高级卫生需要，机架需要包上不锈钢。

① **止推板** 它与支座连接将压滤机的一端坐落在地基上，厢式压滤机的止推板中间是进料孔，四个角还有四个孔，上两角的孔是洗涤液或压榨气体进口，下两角为出口（暗流结构还是滤液出口）。

② 压紧板　用以压紧滤板滤框，两侧的滚轮用以支撑压紧板在大梁的轨道上滚动。

③ 大梁　是承重构件，根据使用环境防腐的要求，可选择硬质聚氯乙烯、聚丙烯、不锈钢包覆或新型防腐涂料等涂覆。

(2) 压紧机构　压紧机构分为三类：手动压紧、机械压紧、液压压紧。

① 手动压紧　是以螺旋式机械千斤顶推动压紧板将滤板压紧。

② 机械压紧　压紧机构由电动机（配置先进的过载保护器）减速器、齿轮付、丝杆和固定螺母组成。压紧时，电动机正转，带动减速器、齿轮付，使丝杆在固定丝母中转动，推动压紧板将滤板、滤框压紧。当压紧力越来越大时，电机负载电流增大，当大到保护器设定的电流值时，达到最大压紧力，电机切断电源，停止转动，由于丝杆和固定丝母有可靠的自锁螺旋角，能可靠地保证工作过程中的压紧状态，退回时，电机反转，当压紧板上的压块，触压到行程开关时退回停止。

③ 液压压紧　液压压紧机构的组成由液压站、油缸、活塞、活塞杆以及活塞杆与压紧板连接的哈夫兰卡片液压站的结构组成有：电机、油泵、溢流阀（调节压力）换向阀、压力表、油路、油箱。液压压紧机械压紧时，由液压站供高压油，油缸与活塞构成的元件腔充满油液，当压力大于压紧板运行的摩擦阻力时，压紧板缓慢地压紧滤板，当压紧力达到溢流阀设定的压力值（由压力表指针显示）时，滤板、滤框（板框式）或滤板（厢式）被压紧，溢流阀开始卸荷，这时，切断电机电源，压紧动作完成，退回时，换向阀换向，压力油进入油缸的油杆腔，当油压能克服压紧板的摩擦阻力时，压紧板开始退回。液压压紧为自动保压时，压紧力是由电接点压力表控制的，将压力表的上限指针和下限指针设定在工艺要求的数值，当压紧力达到压力表的上限时，电源切断，油泵停止供电，由于油路系统可能产生的内漏和外漏造成压紧力下降，当降到压力表下限指针时，电源接通，油泵开始供油，压力达到上限时，电源切断，油泵停止供油，这样循环以达到过滤物料的过程中保证压紧力的效果。

(3) 过滤机构　过滤机构由滤板、滤框、滤布、压榨隔膜组成，滤板两侧由滤布包覆，需配置压榨隔膜时，一组滤板由隔膜板和侧板组成。隔膜板的基板两侧包覆着橡胶隔膜，隔膜外边包覆着滤布，侧板即普通的滤板。物料从止推板上的料孔进入各滤室，固体颗粒因其粒径大于过滤介质（滤布）的孔径被截留在滤室里，滤液则从滤板下方的出液孔流出。滤饼需要榨干时，除用隔膜压榨外，还可用压缩空气或蒸气，从洗涤口通入，气流冲去滤饼中的水分，以降低滤饼的含水率。过滤方式按其滤液流出的方式分为明流过滤和暗流过滤。

(4) 超声波辅助部分　浆料法成型过程中存在着一些共同的问题：一方面在浆料制备的过程中需要采用静电稳定或空间位阻稳定来使颗粒分散，并获得足够的流动性。而通常陶瓷浆料中虽然有分散剂，但是颗粒仍然不易有效分散，常常伴有团聚体的存在，这极大地影响了坯体的均匀性和性能；另一方面，为了确保浆料具有足够的流动性，浆料中的液相介质含量较高，使得成型时间较长，也不易成型出均匀的坯体。对于陶瓷基复合材料，一般含有比重不同的非球形对称颗粒，浆料的混合与分散及稳定更为困难。采用超声波辅助的压滤成型工艺将超声波作用与压滤成型结合为一体，这有效地解决了许多问题：①在成型过程中浆料中的陶瓷颗粒由于超声波对液体的空化作用及对颗粒的分散作用使其得以均匀地动态分散，在动态分散的过程中直接成型可以使制件的结构均匀，性能优异；②由于超声波作用使具有足够的高的流动性的浆料含有更高的固相量，使其成型更加容易，生坯密度高且均匀。此技术适合于形状复杂、尺寸较大的陶瓷制件，如陶瓷涡轮。另外，其特别适合于复相陶瓷和陶瓷基短纤维、晶须、晶片复合材料的成型，其成型坯体各相均匀、密度一致。

3.5.2　直接凝固注模成型法

直接凝固注模成型（Direct Coagulation Casting）简称 DCC，该成型方法是瑞士苏黎世高校的 L. Gaucker 教授和 T. Graule 博士发明的一种净尺寸原位凝固胶态成型方法。这种成型方法利用了胶体化学的基本原理，利用生物酶催化反应控制陶瓷浆料的 pH 值和电解质浓度，使其在双电层排斥能最小时依靠范德华力而原位凝固。

3.5.2.1　直接凝固注模成型的工艺原理

对于分散在液体介质中的微细陶瓷颗粒，其所受的作用力主要有胶粒双电层斥力和范德华力，而重力、惯性力等影响较小。根据胶体化学（DLVO）的基本理论，胶体颗粒在介质中总势能取决于双电层的排斥能和范德华力所引起的吸引能，如图 3-49 所示。颗粒表面的电荷随介质的 pH 值的变化而变化。在远离等电点处，颗粒表面形成的双电层斥力起到主导作用，使胶粒呈分散状态，从而可以得到低黏度、高分散、好的流动性的悬浮液。此时，范德华引力占优势，系统总的势能显著下降，浆料体系将由高度分散状态变成凝聚状态。对于稀悬浮液，这种吸引能将使颗粒产生团聚，体系仍为液态。但是对于高固相体积分数的浓悬浮体，可以形成具有一定强度的网络而凝固成坯体，如图 3-50 所示。根据上述原理，在浓的悬浮液中引入生物酶，通过控制酶对底物的催化分解反应就可以改变料浆的 pH 值，或者通过增加表面电荷相反的离子的浓度压缩双电层，达到悬浮液原位凝固的目的。

3.5.2.2　直接凝固注模成型的工艺过程及应用

（1）工艺过程　直接凝固注模成型工艺与传统注浆成型有所不同，该成型工艺有两个主要步骤：一是通过加入分散剂制备高固相含量、低黏度的陶瓷料浆；二是引入生物酶来控制料浆的凝固过程，其工艺流程图如图 3-51 所示。

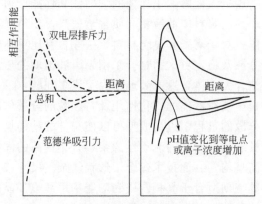

图 3-49　水溶性悬浮体中颗粒相互作用能

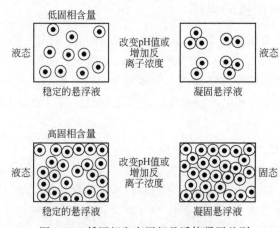

图 3-50　低固相和高固相悬浮体凝固差别

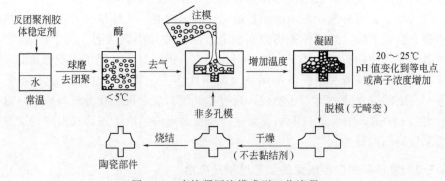

图 3-51　直接凝固注模成型工艺流程

　　DCC 工艺首先必须制备高固相含量、低黏度的陶瓷料浆。低黏度有利于料浆中气体的排除和复杂形状制件的浇注，高固相含量则有利于坯体密度和强度的提高。通常，只有当料浆中固相体积含量高于 55％时，凝固后的坯体才能具有足够的强度脱模。而料浆的黏度则应低于 1Pa·s。同时由于 DCC 成型原理是降低陶瓷颗粒表面的静电排斥力使浆料原位凝固。因此，制备高浓度料浆时必须采用静电稳定机理，而不能采用空间位阻机理。在通常湿法成型的料浆制备过程中常常加入表面活性剂来降低黏度和提高固相含量。但是在 DCC 成型过程中，有机表面活性剂会使酶催化剂失效，还会使陶瓷颗粒表面的电荷状态和等电点位置。所以不能加入有机表面活性剂。目前降低黏度的途径主要是通过调整 pH 值的方法来达到目的的，一般调节浆料的 pH 值使 ζ-电位达到最高时料浆的黏度最低。

DCC 成型工艺另一个重要步骤就是料浆的凝固过程。不同的陶瓷粉料可以选择不同的化学反应使料浆的 pH 值移至等电点或增加料浆中离子浓度使料浆凝固。用于 DCC 成型的化学反应应该满足下列要求：一是化学反应可以控制，在浆料浇注前不发生反应，浇注后可以控制反应的进程使料浆凝固；二是反应物不影响制件的性能；三是反应条件容易实现，最好在常温下进行。

(2) 应用　DCC 成型工艺的应用主要体现在以下几个方面：

① 氧化物陶瓷　DCC 成型技术已经成功地应用在氧化铝陶瓷部件的制备。实验采用平均粒径为 0.5μm，比表面积为 10m²/g 的高纯氧化铝，所用分散剂为盐酸，底物为尿素，催化剂为尿酶，每单位尿酶在 pH 值为 7，25℃下每分钟可以分解尿素产生 1.0×10^{-6} mol 的 NH_3。氧化铝的等电点对应的 pH 值为 9。当 pH 值小于 9、颗粒带正电，在 pH＝4 制备出固相体积分数为 57％的浓悬浮体，黏度很低（约为 100s⁻¹）时，表观黏度约为 260mPa·s。通过料浆中尿酶对底物尿素的催化分解反应使浆料的 pH 值移至等电点，并形成缓冲溶液。此时，范德华力的作用使料浆凝固成坯，凝固时间随尿酶浓度和料浆温度变化。脱模后的坯体可以在室温环境或 50℃烘箱内直接干燥而不开裂。在 1520℃无压烧结 2h，其相对密度达 99.7％。具有均匀致密的显微结构。但是，对于纯度低，甚至高纯的氧化铝粉料，当存在着可溶性的高价反离子时，不利于获得低黏度、高固相体积分数的氧化铝悬浮体。这主要是由于粉料中非常微量的高价反离子，随着悬浮体中固相含量的提高而增大，当达到临界聚沉离子浓度时，颗粒之间将产生团聚而使悬浮体的黏度增大。此时，浓悬浮体的制备技术显得尤为重要。

② 非氧化物陶瓷　碳化硅和氮化硅的直接凝固注模成型过程与氧化铝的有所不同。该凝固过程不是通过移动 pH 值到等电点，而是采用增加料浆中盐离子浓度压缩双电层来实现。这是由于碳化硅具有较低的等电点，不容易通过料浆的内部反应把 pH 值碱性降低到等电点。料浆中反离子浓度的增加仍可以通过尿酶催化尿素的分解反应来实现。但是，这种凝固过程所需要的酶的浓度比氧化铝移动 pH 值到等电点过程要高，成型坯体的密度可达 60％以上。与碳化硅相类似，

氮化硅的料浆的凝固成型也可以采用增加离子浓度的方法。

3.5.2.3 直接凝固注模成型的特点

DCC 成型工艺可以直接凝固成型各种复杂形状的陶瓷坯体，坯体的密度高，均匀性较好。成型用的有机物无毒且含量少（低于 1%），干燥的坯体可以直接烧结，不需要脱脂。另外，该成型方法所用模具材料的选择范围较广（如金属、橡胶、玻璃等），加工成本低。除此之外，该成型工艺也存在着不足之处：一是该成型所用陶瓷粉末有局限性，等电点 pH 值为 9 左右的氧化铝陶瓷粉最为合适，其他陶瓷粉末成型控制过程复杂；二是该成型的坯体强度较低，不能进行机械加工。

3.5.3 电泳沉积成型法

电泳沉积（electrophoretic deposition，简称 EPD 或 ED）是一种制备薄膜或涂层材料的方法。电泳沉积成型是电泳和沉积这两个过程的结合。电泳是悬浮液中的带电粒子在电场力的作用下做定向运动的过程；沉积是带电粒子在电极上得到或失去电荷，凝聚形成致密膜层的过程。电泳沉积的优点是成膜时间短，基底形状不受限制，沉积的薄膜较均匀，膜的厚度可以通过改变沉积时间和外加电压来控制。另外该成型方法设备简单，成本较低，适合于大面积薄膜的制备。

3.5.3.1 电泳沉积成型的工艺原理

电泳沉积的基本原理是：由于分散于悬浮液中的粒子是带电的，在电场作用下必须发生定向移动，根据 DLVO 理论，电解质浓度的增加可以诱发胶体体系的聚沉。在外加电场的作用下可使电极附近的电解质浓度增加，其结果相当于降低了电极附近的电位，从而使粒子在作为电极的试样表面发生絮凝。电沉积一般不能直接使涂层与基体产生牢固地结合，通常沉积后还需要进行后续热处理来强化涂层与基体的结合力。

3.5.3.2 电泳沉积成型的工艺过程及应用

(1) 电泳沉积成型的工艺过程 电泳沉积工艺包括制备稳定的悬浮液，悬浮液中颗粒之间的相互作用，颗粒在电场下的定向运动和在电极上的沉积过程。

① 制备稳定的悬浮液 制备含有原料粉体的稳定的悬浮液是电泳沉积的前提。电泳沉积料浆的悬浮和稳定原理与注浆成型料浆及原位凝固成型料浆的稳定原理是相同的。料浆的 ζ-电位越高则料浆的稳定性越好。

使原料粉体颗粒带电的方法主要有三种：一是颗粒表面分子团的离解或离子化，这一机制主要发生在表面吸附了羧酸基、氨基的颗粒和氧化物颗粒的表面，颗粒带电的多少和电荷的符号取决于料浆的 pH 值，氧化铝陶瓷粉体颗粒的带电情况随 pH 值的变化而变化；二是电位决定离子的再吸附；三是吸附表面活性剂离子。

②　电泳沉积过程　悬浮液中的固体颗粒之所以在电极上沉积，主要是由于在电极附近电解质浓度升高而发生颗粒絮凝，其结果使电极附近的 ζ-电位降低。荷电的固体颗粒在电极表面发生电化学氧化还原反应，变成电中性，从而沉积在电极上而静止。电沉积的速率对于沉积厚度的控制非常重要。Hamaker 提出了电泳沉积物质量与悬浮液的浓度、沉积时间、沉积电极表面积和沉积电场强度成正比。

(2)　电泳沉积成型的应用　电泳沉积成型技术可以用来制备层状复合材料、生物陶瓷、纤维/晶须增强陶瓷基复合材料、功能陶瓷等各类新材料，具有十分广阔的应用前景。与单一结构的陶瓷材料相比，层状复合陶瓷材料的强度和韧性都显著提高。层状复合陶瓷材料中，每一层的厚度越薄，其力学性能越好。B. Ferrari 等人对在水溶液中电泳沉积氧化铝/氧化锆复合材料进行了研究，通过调整溶液和工艺参数分别控制氧化铝和氧化锆的沉积厚度，制备出复合十一层厚度为 $150\mu m$ 的无翘曲陶瓷复合材料，同时减少了环境污染。Jianling Zhao 等人通过加入分散剂和控制 pH 值在水溶液中电泳沉积厚度为 $20\mu m$ 的均质 $BaTiO_3$ 膜，而且其制备成本较低。

3.5.3.3　电泳沉积成型的特点

(1) 使用的材料范围很广，几乎可以应用到所有的材料方面，如非金属、金属、半导体等材料的沉积。

(2) 易于控制沉积层的成分，对于混合型沉积层来说特别方便。

(3) 沉积速率极高，0.025mm 的沉积层电泳只要 10s。

(4) 沉积层厚度易于精确控制。

(5) 沉积层的厚度十分均匀，可以沉积形状复杂的制件。

(6) 沉积层致密、气孔少、结合牢固，而其密度和结合力能够从工艺上加以控制。

3.5.3.4　电泳沉积成型的主要缺陷

尽管电泳沉积成型操作简单、灵活、可靠性也较高且可应用于许多材料的制备，但是电泳沉积成型技术仍然存在如下许多缺点。

(1) 沉积层多数是颗粒堆积，需要进行补充处理，如压紧、退火、烧结等，因而受到基体材料性能的限制。

(2) 所用的介质多为有机材料，有的成本较高且配制过程也比较复杂。

(3) 工作电压较高。

3.5.4　离心沉积成型法

材料成型过程中引入离心技术的特点是在离心力的作用下进行成型。金属材料的离心铸造就是将熔融的金属浇入旋转的铸型中，使液体金属在离心力的作用下充填铸型且凝固形成一定形状、尺寸的铸造方法，离心技术在金属材料成型中有广泛的应用。但是，离心技术用于陶瓷材料成型还不如金属材料的离心铸造方法成熟。离心成型技术具有明显区别于其他成型工艺的特点：在离心力的作用下流体流动聚集而成型，因此引入离心技术要求成型过程中必须有流体存在，在流体中通过物质传输进行材料制备。陶瓷材料大多具有高熔点，很难像金属材料和高分子材料那样在熔融状态下利用流体的流动性直接成型。自从 20 世纪 80 年代末对陶瓷浆料流变性的深入研究和胶态成型的快速发展是离心技术在陶瓷制备中的应用成为了可能，并得到了长足的发展。目前，离心技术在陶瓷材料的制备工艺中的应用主要有离心沉积成型、离心注浆成型、离心-SHS 工艺等。其中，离心沉积成型技术可以通过沉积不同的材料并可以改善材料的韧性，而且沉积各层可以是电、磁、光性质的结合——具有多功能性。更重要的是，采用离心沉积成型技术可以制成各向异性的新型材料。这些都使得人们对该成型技术给予了极大的关注。

3.5.4.1   离心沉积成型的工艺原理及过程

离心沉积成型（centrifugal deposition casting）简称 CDC，是一种制备板状、层状纳米多层复合材料的方法。将离心成型技术最早应用到陶瓷材料的制备中的美国加州大学 Santa Barbara 分校的 Lange 小组。由于离心力的作用力均匀地作用于每个颗粒上，从而具有形成均匀结构的优势。因此，离心技术最早也是应用在均匀致密陶瓷材料的成型中。离心沉积成型的工艺原理（图 3-52）如下：在离心过程中由于浆料中颗粒尺寸及密度的不同会引起沉降速率的不同，这主要大颗粒和小颗粒由于范德华引力被吸引在一起，在离心力的作用下聚沉，从而使坯体的不同部位优先沉降不同性质的颗粒，进而形成较为均匀致密的陶瓷坯体。另外，当采用不同浆料制备层状材料时，不同的浆料依次在离心力的作用下一层层地均匀沉积成一个整体，也可以利用颗粒的大小或质量的不同沉积出各层不同性质的材料。

离心沉积成型技术的工艺过程：首先，将原料粉末与成型助剂、水等加入球磨机进行球磨，从而制备出合适黏度的浆料；其次，将制备好的浆料注入离心成型机内的模具中进行成型；然后，将成型好的陶瓷坯体进行脱模；最后，将生坯进行烧结，从而制备出具有一定尺寸的陶瓷材料。

3.5.4.2   离心沉积成型的应用

由于离心成型技术具有其他成型工艺所无法比拟的特点，因此该成型技术被广泛应用于梯度材料、多孔材料及层状材料的成型制备。P. Maatrten Biesheuvel 利用离心沉积成型技术制备了梯度多孔陶瓷材料，并研究了制备过程中浆料中粉末颗粒的粒度与沉积时间的变化关系。研究结果表明，随着沉积时间的增大，悬

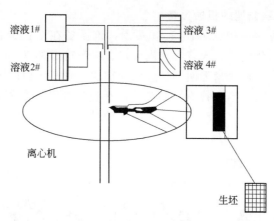

溶液1#　溶液 3#
溶液2#　溶液 4#
离心机
生坯

图 3-52　离心沉积成型多层复合材料示意图

浮液中的粉末颗粒的分布越来越窄，而且其峰值向小粒径方向偏移。这说明粉末颗粒首先沉积到基体上而较小粒度的颗粒后沉积到基体上，从而制备出梯度多孔材料。

层状陶瓷复合材料是模拟贝壳结构而设计出的一种仿生结构材料。该材料的特殊结构使陶瓷材料克服了单体时的脆性，此外，该材料结构在保持其高强度、好的抗氧化性能的同时可以大幅度地提高材料的韧性和可靠性。K. P. Trumble 教授利用多次离心工艺制备了层状陶瓷复合材料，研究结果表明，该材料与普通的陶瓷块体材料相比，其韧性提高了将近两倍。这种结构能够使裂纹扩展到层间界面时发生偏转和敦化，从而使其韧性得到了大幅度地提高。由于利用离心工艺可以通过控制原始浆料的分散状态来控制材料成型后的界面结合状态，因此，离心沉积成型工艺被认为是一种极具潜力的层状材料的制备工艺。

3.5.4.3　离心沉积成型的主要缺陷

离心沉积成型技术在材料制备中虽然具有其他成型方法无法比拟的作用，但是如果其成型工艺控制不当会给材料带来较大的缺陷。离心沉积成型制备材料过程中的关键问题在于配制合适黏度的悬浮溶液，如果悬浮溶液的黏度过大则在离心沉积的过程中就会造成悬浮液的结块，不利于形成均匀的材料；如果其黏度过低则在离心过程中粉末受到的重力作用很快就会沉积到模具的底部，这导致悬浮液中的粉末不能随液体均匀地分布在基体的表面。

另外，离心成型设备的离心速率也是关键的工艺参数。当离心速率过大时，悬浮液在较大的离心力的作用下只随基体的一部分做高速运动，不能够形成均匀完整的面；当离心速率较小时，悬浮液停留在基体的底部不能形成均匀层面或其强度较低，孔隙度较大，因此在其烧结过程中烧结收缩很大，不利于烧结成型。

3.5.4.4　离心沉积成型的机械设备

离心沉积成型的结构图如图 3-53 所示，该设备在结构上包括框架、底座、模具架、底盘、调节丝杆、入浆口、出浆口、浆料输送管道、电机、传动装置和浆室；浆室固定设置在底盘下面并通过滚动轴承与底座活动连接，浆室的底部设置一通孔，通孔与浆料输入管道活动连接，在连接处设置有密封圈和滚动轴承；传动装置由电机、皮带、传动轮和底盘传动轴组成；在调节丝杆与上框架的连接处设置有滚动轴承。

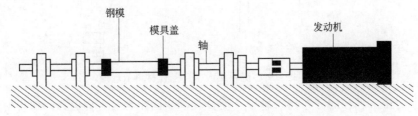

图 3-53　离心沉积成型机结构示意图

3.5.5　固体无模成型法

固体无模成型（solid freeform fabrication）简称 SFF，该成型工艺是 20 世纪 90 年代初 Texas 大学 Austin 分校的 H. Marcus 和 MIT 的 E. Sechs 等借助集成制造的概念，提出被统称为固体无模成型的陶瓷成型工艺新方法，该方法也被译为"固体自由成型制造"。

3.5.5.1　固体无模成型的工艺原理与过程

固体无模成型工艺的基本原理与过程是直接利用计算机的 CAD 设计结果，将复杂的三维立体构件经过计算机软件切片分割处理，形成计算机可以执行的像素单元文件。然后，通过类似计算机打印输出的外部设备，将要成型的陶瓷粉体快速形成实际的像素单元，一个一个单元叠加的结果就可以直接成型出所需要的三维立体构件。

3.5.5.2　固体无模成型的工艺特点

与传统成型方法相比，固体无模成型技术具有以下特点：

(1) 成型过程中无需任何模具或模型参与，使生产过程更加集成化。制造周期缩短，生产效率得到提高。

(2) 成型机的几何形状、尺寸可以通过计算机软件处理系统随时改变，不需要等待模具的设计与制造，这大大缩短了新产品的开发时间。

(3) 由于外部成型打印像素单元尺寸可以小到微米级，因此该成型方法可以制备出用于生命科学和小卫星的微型电子陶瓷器件。

(4) 与现代智能技术相结合，将进一步提高陶瓷制备工业水平，是该领域与其他工业制造领域的进步相匹配。

3.5.5.3　固体无模成型的主要类型

固体无模成型技术实际上是由两部分构成：一是计算机软件系统，主要用于外形及微区成分结构设计、图形处理和像素的输出；二是外围输出设备和技术，用于结构计算机输出指令，并将数字命令转换成实际的陶瓷成型像素单元，进行输出操作。后者是实现固体无模成型亟待解决的关键，针对不同的材料体系和不同的输出方法，从而形成了各具特色的固体无模成型工艺。

到目前为止，已经出现了 20 多种固体无模成型技术。其中一些固体无模成型技术在机械制造、高分子等行业已经形成了多种商业化应用。但是，在陶瓷领域的固体无模成型技术的研究开展相对较晚。比较典型的陶瓷固体无模成型工艺有：熔融沉淀成型技术、喷墨打印成型技术、三维打印成型技术、分层实体成型技术和立体光刻成型技术。

（1）熔融沉积成型技术（fused deposition of ceramics，缩写 FDC）　熔融沉积成型技术是由 FDM 技术发展而来的，FDM 技术是由 Stratasys 公司开发成功并实现商业化的。其工艺如图 3-54 所示。在 FDM 中，通过计算机控制将由高分子或石蜡制成的细丝送入熔化器，在稍高于其熔点的温度下熔化，再从喷嘴挤到成型平面上。通过控制喷嘴和工作台的移动可以实现三维零部件的成型。Rutgers 大学和 Argonne 国家实验室将 FDM 技术应用于陶瓷成型，并称其为 FDC。FDC 生产效率较高，但其表面精度降低。在 FDC 成型过程中通常将陶瓷粉末与特制的黏结剂混合并挤成细丝。该工艺对细丝的要求较为严格，需要合适的黏度、柔韧性、弯曲模量、强度等。该成型技术已经在氮化硅、氧化铝等结构陶瓷的成型中得到较多的研究与开发，并已制备出一些陶瓷零部件，但陶瓷材料的密度和均匀性有待于进一步提高。

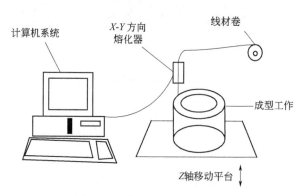

图 3-54　熔融沉积成型示意图

（2）喷墨打印成型技术（ink-jet printing，IJP）　喷墨打印成型技术是将待成型的陶瓷粉末与各种有机物配制成陶瓷墨水，通过打印机将陶瓷墨水打印到成型平面上进行成型。目前，喷墨打印成型技术可以采用连续式喷墨打印机和间歇式喷墨打印机。连续式喷墨打印技术具有较高的成型效率，而间歇式打印技术具有较高的墨水利用率，而且可以方便实现对陶瓷零部件成分的逐点控制。对于喷墨打印成型技术，陶瓷墨水的配制是关键。要求陶瓷粉末在墨水中具有良好的、均匀的分散程度，陶瓷墨水需要合适的黏度和表面张力，具有较快的干燥速率和尽可能高的固相含量。目前，该技术的主要问题是陶瓷墨水的固相含量较低。

图 3-55 为连续式喷墨打印成型示意图，该成型技术采用了压电式喷墨技术原理。压电式喷墨技术原理是在喷头上装有压电晶体，压电晶体受打印信号的控制产生变形挤压喷头中的墨水，从而控制墨水的喷射。这束墨水流在外加高频振荡的作用下被分解成一束连续墨水流。这些墨滴按其在字符中的不同位置充以不同的电荷，并在恒定电场中偏转，因此在纸上不同位置形成打印点。对于喷墨成型工艺技术来说，陶瓷墨水的配制是关键。这就要求陶瓷粉体在墨水中良好均匀的分散，而且陶瓷墨水需要合适的黏度和表面张力，具有较快的干燥速率和尽可能高的固相含量。目前，IJP 技术的主要问题是陶瓷墨水的固相含量较低。据报道，成功的打印成型实验其陶瓷墨水的固相体积含量已由最初的 3% 提高到 15%。

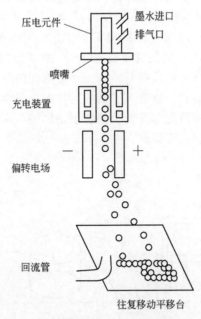

图 3-55　连续式喷墨打印成型示意图

（3）三维打印成型技术（3 dimensional printing，3DP） 三维打印成型技术主要是由美国的 Solugen 公司和 MIT 开发。三维打印的成型过程与选取激光烧结（SLS）相似。只是将 SLS 中的激光变为喷墨打印机喷射结合剂。该技术制造致密的陶瓷零部件具有较大的难度，但是在制造多孔陶瓷零部件方面具有较大的优越性。MIT 的 E. Sachs 等利用三维打印成型技术成型了三维陶瓷部件，所用成型粉体为氧化铝，黏结剂为胶状的硅酸。成型的部件共 50 层，每层厚 0.005in。Janson Grau 等利用该技术制备了用于注浆成型的氧化铝陶瓷模具。这种陶瓷模具具有传统石膏模所不具备的优点，如高的强度，可以承受更高的操作温度，从而缩短了干燥时间，可以方便地控制模具的微观、宏观结构。

（4）分层实体成型技术（larninated object manufacturing，LOM）　分层实体成型技术是美国的 Helisys 公司开发并实现商业化的，其成型工艺如图 3-56 所示。LOM 成型技术利用激光在 X-Y 方向的移动来切割每一层薄片材料，每完成一层的切割控制工作平台在 Z 方向的移动以叠加新一层的薄片材料。激光的移动由计算机控制，层与层之间的结合可以通过黏结剂或热压焊合。由于该方法只需要切割出轮廓线，因此其成型速度较快。而且，该成型技术非常适合制造层状复合材料。Helisys 和 Peak Engineering 等公司将其应用于陶瓷成型，用于叠加的陶瓷材料一般为流延薄材。Curtis Griffin 等采用 LOM 成型技术制成了氧化铝制件，结果表明其余采用传统干压成型工艺的性能相差不大。

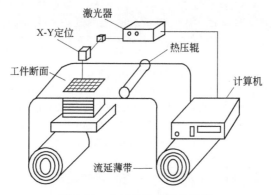

图 3-56　分层实体成型示意图

（5）立体光刻成型技术（stereolithography，SL）　此成型方法最早由 Charles Hull 于 1984 年申请专利，之后由 3D Systems 公司实现商业化。最初该成型技术主要应用于高分子的成型，将该方法用于陶瓷成型的研究还刚刚起步。该工艺过程首先将陶瓷粉末与可光固化的树脂混合制成陶瓷料浆，铺展在工作平台上，通过计算机控制紫外线选择性照射溶液的表面。含有陶瓷的溶液通过光聚合形成高分子聚合体结合的陶瓷坯体。通过控制工作台在 Z 方向的移动可以使新的一层溶液流向已固化部分的表面。如此反复，最终形成所需的陶瓷坯体。用于立体光刻成型的浆料与用于凝胶注模成型浆料的配制与要求有很多相似点：浆料必须有较高的固相含量；较低的密度；陶瓷颗粒应分散均匀。此外，立体光刻成型的浆料对光学性质也有一定的要求，如要求在特定的光波段辐射下固化，要求浆料有足够的紫外线透过能力等。

◯ 参考文献

［1］ 师昌绪，李恒德，周廉．材料科学与工程手册（下卷）［M］．北京：化学工业出版社，2004.

［2］ 江东亮，李龙土，欧阳世翕，施剑林．中国材料工程大典（第8卷无机非金属材料工程，上册）［M］．北京：化学工业出版社，2006.

［3］ 王至尧．中国材料工程大典（第25卷材料特种加工成形工程，下册）［M］．北京：化学工业出版社，2006.

［4］ 刘军，余正国．粉末冶金与陶瓷成型技术［M］．北京：化学工业出版社，2005.

［5］ 王周福．粉体工程［M］．湖北：武汉科技大学出版社，2006.

［6］ 李世普．特种陶瓷工艺学［M］．湖北：武汉工业大学出版社，1990.

［7］ 李家驹．日用陶瓷工艺学［M］．湖北：武汉工业大学出版社，1992.

［8］ 王超．陶瓷成型技术［M］．北京：北京轻工业出版社，2012.

［9］ 张锐，王海龙，许红亮．陶瓷工艺学［M］．北京：化学工业出版社，2013.

［10］ 刘康时．陶瓷工艺原理［M］．广州：华南理工大学出版社，1991.

［11］ 朱志斌，田雪冬．等静压技术的应用与发展［J］．现代技术陶瓷，2010，（1）：17-24.

［12］ 李保国．成型工艺对PTC陶瓷电性能的影响［J］．电子元件与材料，1988，7（2）：17-19.

［13］ 李世波，张宝生，葛勇．特种陶瓷的成型与坯体密度的关系［J］．哈尔滨建筑大学学报，1999，32（2）：67-70.

［14］ 蒲雪琴，朱军．陶瓷真空管壳生产的几种成型方法比较［J］．真空电子技术，2002，（3）：48-50.

［15］ 张本清．陶瓷干压工艺中坯体开裂与粉料粘模的原因分析［J］．江苏陶瓷，2002，35（4）：25-26.

［16］ 刘学建，黄莉萍，古宏晨等．陶瓷成型方法研究进展［J］．陶瓷学报，1999，20（4）：230-234.

［17］ 鲍小谷．干压成型工艺探讨［J］．江苏陶瓷，1998，31（2）：12-14.

［18］ 李国栋，吴伯麟，张辉．粉体表面改性对 α-Al_2O_3陶瓷干压成型性能及制品强度的影响［J］．硅酸盐学报，2000，28（6）：550-553.

［19］ 刘高兴，严泉才，孟德安等．塑性挤压成型90氧化铝陶瓷工艺研究［J］．现代技术陶瓷，2002，（2）：40-42.

［20］ 崔静涛，兰新哲，王碧侠等．陶瓷材料成型工艺研究新进展［J］．陶瓷研究与职业教育，2008，6（2）：45-49.

［21］ 李媛，高积强．陶瓷材料挤出成型工艺与理论研究进展［J］．耐火材料，2004，38（4）：277-280.

［22］ 陆浩宇．现代冷挤压成型技术分析与应用［J］．中国外资，2012，（275）：288.

［23］ 李国斌．注浆成型制备高性能氮化硅陶瓷技术研究［D］．南京理工大学工程硕士学位论文，2012.

［24］ 黄丽芳．注浆成型低温烧结氧化铝陶瓷［D］．合肥工业大学硕士学位论文，2007.

［25］ 张宗清，黄勇，管蓁清等．SiC（W）-TZP复合材料电泳沉积成型［J］．硅酸盐通报，1991，（6）：26-30.

［26］ 黄勇，张宗涛，张立明等．SiC（W）/TZP复合材料电泳沉积电极反应动力学研究［J］．硅酸盐学报，1995，23（2）：121-127.

［27］ 黄子轩，孙学义．电泳沉积技术的现状及其发展［J］．专题综述，1994：42-49.

［28］ 王树海，隋万美．结构陶瓷部件的压滤成型工艺［J］．现代技术陶瓷，1995，（4）：19-25.

［29］ 张金东，施剑林．氧化铝粉体的压滤成型工艺初探［J］．硅酸盐通报，1997，（6）：55-58.

［30］ 刘学建，黄莉萍，古宏晨等 . 氮化硅陶瓷直接凝固注模成型的凝固动力学［J］. 无机材料学报，
2000，15（5）：862-866.

［31］ 李理，侯耀永 . 多相复合陶瓷的直接凝固注模成型［J］. 成都理工学院学报，1998，25（2）：
342-348.

［32］ 李淑静，李楠 . 陶瓷粉体的直接凝固注模成型［J］. 材料导报，2004，18（12）：59-61.

［33］ 晏伯武，王秀章 . 陶瓷直接凝固成型工艺的研究［J］. 黄石理工学院学报，2007，23（2）：9-12.

［34］ 司文捷，苗赫濯，黄勇 . 陶瓷直接凝固注模（DCC）成型［J］. 现代技术陶瓷，1995，（4）：40-44.

［35］ 谢志鹏，杨金龙，黄勇等 . 陶瓷直接凝固注模成型（DCC）原理及应用［J］. 陶瓷学报，1997，18
（3）：167-171.

［36］ 石磊，朱跃峰，张婵等 . 氧化铝陶瓷直接凝固注模成型（DCC）工艺参数的研究［J］. 材料科学与
工艺，2008，16（5）：688-691.

［37］ 程勇，胡文斌，王建江等 . 结构陶瓷成型技术与发展［J］. 新技术新工艺，2009，（9）：123-127.

［38］ 谢志鹏，苗赫濯 . 精密陶瓷部件近净成型技术的发展［J］. 真空电子技术，2002，（3）：10-14.

［39］ 庄志强，王剑，刘勇 . 陶瓷成型新方法及其应用的研究［J］. 陶瓷研究与职业教育，2004，2
（1）：43-47.

［40］ 李安明，唐竹兴，王树海 . 陶瓷注凝成型工艺的新进展［J］. 现代技术陶瓷，1999，（2）：26-31.

［41］ 葛伟青 . 特种陶瓷材料的研究进展［J］. 中国陶瓷工业，2010，17（5）：71-74.

［42］ 姬文晋，黄慧民，温立哲等 . 特种陶瓷成型方法［J］. 材料导报，2007，21（9）：9-12.

［43］ 薛义丹，徐廷献，郭文利等 . 注凝成型（gelcasting）工艺及其新发展［J］，硅酸盐通报，2003，
（5）：69-73.

［44］ 杨保军 . 离心沉积技术制备梯度金属多孔材料的研究［D］. 西安建筑科技大学硕士学位论
文，2008.

［45］ 何汝杰 . 硼化锆-碳化硅陶瓷材料注凝成型及致密化工艺研究［D］. 哈尔滨工业大学博士学位论
文，2003.

［46］ 郭海伦 . 氧化锆增韧氧化铝陶瓷注凝成型技术的研究［D］. 中国海洋大学硕士学位论文，2003.

［47］ 黄勇，杨金龙，谢志鹏等 . 高性能陶瓷成型工艺进展［J］. 现代技术陶瓷，1995，（4）：4-11.

［48］ 廖钟明，敖静秋 . 国外精细陶瓷成型工艺的发展［J］. 中国陶瓷，1988，（98）：42-48.

［49］ 杨金龙，黄勇，谢志鹏等 . 精细陶瓷成型工艺现状及趋势［J］. 材料导报，1995，（3）：35-43.

［50］ 颜鲁婷，司文捷，黄赫濯 . 陶瓷成型技术的新进展［J］. 现代技术陶瓷，2002，（1）：42-47.

［51］ 周竹发，王淑梅，吴铭敏 . 陶瓷现代成型技术的研究进展［J］. 中国陶瓷，2007，43（12）：3-8.

［52］ 崔学民，欧阳世翕，余志勇等 . 先进陶瓷快速无模成型方法研究的进展［J］. 中国陶瓷，2001，
（4）：5-10.

［53］ 焦宝祥 . 注凝成型制备高性能氧化铝—氧化锆复相陶瓷［D］. 南京工业大学博士学位论文，2004.

先进陶瓷烧结机理及烧结方法

陶瓷的性能不仅与材料组成（化学组成和矿物组成）有关，而且还与材料的显微结构有密切关系。成型后的陶瓷需要进行烧结，烧结的目的是将成型后的坯体致密化，获得预期的显微结构，赋予材料各种性能。烧结过程就是将成型后的陶瓷坯体在特定的温度、压力、气氛下进行烧结，经过一系列物理、化学和物理化学变化，得到具有一定晶相组成和显微结构的烧结体的过程。烧结体是一种多晶材料，是由晶体、玻璃体、气孔及杂质组成。烧结过程直接影响晶粒尺寸和分布，气孔尺寸和分布，以及晶界的体积分数……。如果配方相同而晶粒尺寸不同的两个烧结体，由于晶粒在长度或宽度方向上某些参数的叠加，使晶界出现的频率不同，会引起材料性能产生差异。由材料的断裂强度（σ）与晶粒尺寸（G）有以下函数关系

$$\sigma = f(G^{-1/2})$$

可知，晶粒越细小，越有利于强度的提高。材料的电学和磁学参数也在很宽的范围内受晶粒尺寸的影响。为提高磁导率，希望晶粒择优取向，即要求晶粒大而定向。显微结构中的气孔常成为应力的集中点而影响材料的强度，气孔又是光散射中心而影响材料的透明度，气孔又对畴壁运动起阻碍作用而影响铁电性和磁性等；因此必须设法减小气孔。烧结过程可以通过控制晶界移动前抑制晶粒的异常生长或通过控制表面扩散、晶界扩散和晶格扩散而充填气孔，通过改变显微结构使材料性能改善。因此，当配方、原料粒度、成型等工序完成以后，烧结是使材料获得预期的显微结构，充分挖掘材料性能的关键工序。因此，了解粉末烧结过程的机理，掌握烧结动力学及影响烧结因素对控制和改进陶瓷材料的性能有着十分重要的实际意义。

4.1 烧结机理

4.1.1 烧结定义

粉料成型后形成了具有一定外形的坯体，此时坯体内包含大量气体（约

35%～60%），而颗粒之间处于点接触，如图 4-1 中 a 所示。在高温下会发生如下变化：颗粒间接触面积逐渐扩大，颗粒聚集，颗粒中心距减小，如图 4-1 中 b 所示；逐渐形成晶界，气孔形状发生变化，从连通的气孔变成各自孤立的气孔，体积逐渐缩小；最后大部分甚至全部气孔从坯体中排除，形成无气孔的多晶体，如图 4-1 中 c 所示，这就是烧结的主要物理过程。这些物理过程随烧结温度的升高而逐渐推进。同时，粉末压块的性质也随这些物理过程的进展而出现坯体收缩、气孔率下降、密度增大、电阻率下降、强度增加、晶粒尺寸增大等变化，如图 4-2 所示。

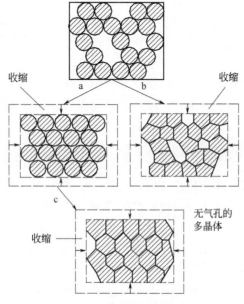

图 4-1　烧结现象示意图

a—颗粒聚焦；b—开口堆积中颗粒中心逼近；c—封闭堆

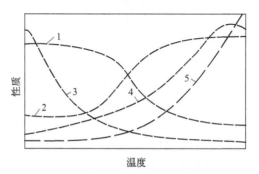

图 4-2　烧结温度对物理量的影响

1—气孔率；2—密度；3—电阻；4—强度；5—晶粒尺寸积体颗粒中心逼近

因此，可以认为烧结就是一种或多种固体（金属、氧化物、氮化物、黏土……）粉末经过成型，在加热到一定温度后开始收缩，在低于粉末熔点温度下变成致密、坚硬的烧结体的过程。

上述定义仅仅描述了坯体所出现的宏观变化，并没有很好的揭示烧结的本质。因此，一些学者提出，为了揭示烧结的本质，必须强调粉末颗粒表面的黏结和粉末内部物质的传递和迁移，因为只有物质的迁移才能使气孔充填和强度增加。在研究和分析了黏着和凝聚的烧结过程后认为：由于固态中分子（或原子）的相互吸引，通过加热，使粉末体产生颗粒黏结，经过物质迁移使粉末体产生强度并致密化和再结晶的过程称为烧结。

由于烧结体宏观上出现体积收缩、致密度提高和强度增加，因此烧结程度可以用坯体收缩率、气孔率、吸水率或烧结体密度与理论密度之比（相对密度）等指标来衡量。

按烧结时是否出现液相，可将烧结分为固相烧结和液相烧结。固相烧结是指没有液相参与，完全是由固态颗粒之间的高温固结过程。如高纯氧化物之间的烧结过程。液相烧结是指有液相参与的烧结。

4.1.2　与烧结有关的概念

(1) 烧成与烧结　烧成是将硅酸盐制品在一定条件下进行热处理，使之发生一系列物理化学变化，形成预期的矿物组成和显微结构，从而达到固定外形并获得所要求性能的工序。烧成是制造陶瓷最重要的工序之一，包括多种物理和化学变化，例如脱水、坯体内气体分解、多相反应和熔融、溶解、矿物组成的形成、致密化和显微结构的形成等过程。而烧结仅指粉料经加热而致密化的简单物理过程，没有化学反应。显然烧成的含义及包括的范围更宽，一般都发生在多相系统内，而烧结仅仅是烧成过程的一个重要部分。

(2) 熔融和烧结　熔融和烧结这两个过程都是由原子热振动引起的，但熔融时全部组元都转变为液相，而烧结时至少有一组元处于固态。

烧结是在远低于主要组分的熔融温度下进行的，泰曼发现烧结温度（T_B）和熔融温度（T_M）有如下关系：

$$金属粉末\ T_B \approx (0.3 \sim 0.4) T_M$$
$$盐\quad 类\ T_B \approx 0.57 T_M$$
$$硅酸盐\ T_B \approx 0.8 \sim 0.9 T_M$$

(3) 固相反应和烧结　这两个过程的相同之处是均在低于材料熔点或熔融温度之下进行，并且过程的始终都至少有一相是固态。不同之处是固相反应必须至少有两组元参加，如 A 和 B，并发生化学反应，最后生成化合物 AB，AB 结构与性能不同于 A 与 B；而烧结可以只有单组元或者两组元参加，但两组元并不发生化学反应，仅仅是在表面能驱动下，由粉体变成致密体。从结晶化学观点看，烧结体除宏观上的收缩外，微观晶相组成并未变化，而是晶相显微组织上排列致密和结晶程度更完善。当然随着粉末体变为致密体，物理性能也随之产生相应的变化。实际生产中往往不可能是纯物质的烧结，例如纯氧化铝烧结时，除了为促使烧结而人为地加入一些添加剂外，往往"纯"原料氧化铝中还或多或少地含有杂质。少量添加剂与杂质的存在出现了烧结的第三组元，甚至第四组元。因此，固态物质烧结时，就会同时伴随发生固相反应或局部熔融出现液相。实际陶瓷生产中，烧结、固相反应往往是同时穿插进行的。

4.1.3　烧结过程推动力

粉末状物料经压制成型后，颗粒之间仅仅是点接触，可以不通过化学反应而紧密结合成坚硬的物体，这一过程必然有一推动力在起作用。

粉料在粉碎与研磨过程中消耗的机械能以表面能形式贮存在粉体中，又由于粉碎引起晶格缺陷，使内能增加，据测定 MgO 通过振动研磨 120min 后，内能增加 10kJ/mol。一般粉末的表面积在 $1\sim10\text{m}^2/\text{g}$，由于表面积大而使粉体具有较高的活性，粉末体与烧结体相比处在能量不稳定状态。任何系统降低能量是一种自发趋势。根据近代烧结理论的研究认为：粉状物料的表面能大于多晶烧结体的晶界能，这就是烧结的推动力。粉体经烧结后，系统降低能量，晶界能取代了表面能，这是多晶材料稳定存在的原因。

粒度为 $1\mu\text{m}$ 的粉料烧结时所发生的自由能降低约 8.3J/g，而 α-石英转变为 β-石英时能量变化为 1.7kJ/mol，一般化学反应前后能量变化超过 200kJ/mol，因此烧结推动力与相变和化学反应的能量相比还是极小的。粉体烧结不能自发进行，必须施以高温，才能促使粉末体转变为烧结体。

目前材料烧结的难易程度常用 γ_{GB} 晶界能和 γ_{SV} 表面能的比值来衡量，某材料 γ_{GB}/γ_{SV} 比值越大越容易烧结，反之难烧结。为了促进烧结，必须使 $\gamma_{SV}>\gamma_{GB}$。一般 Al_2O_3 粉的表面能约为 $1\text{J}/\text{m}^2$，而晶界能为 $0.4\text{J}/\text{m}^2$，两者相差较大，比较易烧结。而一些共价键化合物如 Si_3N_4、SiC、AlN 等，它们的 γ_{GB}/γ_{SV} 比值较高，烧结推动力小，因而不易烧结。清洁的 Si_3N_4 粉末 γ_{SV} 为 $1.8\text{J}/\text{m}^2$，但它极易在空气中被氧污染而使 γ_{SV} 降低；同时由于共价键材料原子之间强烈的方向性而使 γ_{GB} 增高。对于固体表面能一般不等于表面张力，但当界面上原子排列是无序的，或在高温下烧结时，两者仍可当做数值相同来对待。

粉末体紧密堆积后，颗粒间仍有很多细小气孔，在这些气孔弯曲的表面上由于表面张力的作用而产生的压力差为

$$\Delta p = 2\gamma/r \tag{4-1}$$

式中，γ 为粉末体表面张力；r 为粉末球形半径。

若为非球形曲面，可用两个主曲率 r_1 和 r_2 表示

$$\Delta p = \gamma \left(\frac{1}{r_1} + \frac{1}{r_2} \right) \tag{4-2}$$

由以上两个公式看出，弯曲表面上的附加压力与球形颗粒（或曲面）曲率半径成反比，与粉料表面张力成正比。由此可见，粉料越细，由曲率而引起的烧结推动力越大。

若有 Cu 粉颗粒，其半径 $r = 10^{-4}$ cm，表面张力 $\gamma = 1.5$ N/m，由式（4-1）可得

$$\Delta p = 2\gamma/r = 3 \times 10^6 \, \text{J/m}$$

可引起体系每摩尔自由能变化为

$$\Delta G = V \Delta p = 7.1 \, \text{cm}^3/\text{mol} \times 3 \times 10^6 \, \text{J/m} = 21.3 \, \text{J/mol}$$

由此可见，烧结中由于表面能而引起的推动力还是很小的。

4.1.4　烧结过程中的物质传递

烧结过程除了要有推动力外，还必须有物质的传递过程，这样才能使气孔逐渐得到填充，使坯体由疏松变得致密。许多学者对烧结过程中物质传递方式和机理进行了研究，提出的观点有，①蒸发和凝聚传质；②扩散传质；③黏滞流动与塑性流动传质；④溶解和沉淀。实际上烧结过程中的物质传递现象很复杂，不可能是一种机理在起作用。实际在烧结过程中可能有几种传质机理在起作用，但在一定条件下某种机理会占主导地位，当条件改变了，起主导作用的机理也会随之改变。

4.1.4.1　蒸发-凝聚传质

在高温过程中，由于固体颗粒表面曲率不同，必然在系统的不同部位蒸气压也不同，于是通过气相有一种传质趋势，质点通过气相蒸发，再凝聚实现质点的传质而促进烧结。这种传质过程仅仅在高温下蒸气压较大的系统内进行，如氧化铅、氧化铍和氧化铁的烧结。这是烧结中定量计算最简单的一种传质方式，也是了解复杂烧结过程的基础。

蒸发-凝聚传质采用的模型如图 4-3 所示。在球形颗粒表面（凸面）有正曲率半径，而在两个颗粒连接处（凹面）有一个小的负曲率半径的颈部，凸面蒸汽压大于凹面，物质将从蒸气压高的凸形颗粒表面蒸发，通过气相传质而在蒸气压低的凹形颈部凝聚，从而使颈部逐渐被填充。

根据图 4-3 所示球形颗粒接触处曲率半径 ρ 和接触颈部半径 x 之间的开尔文关系式为

$$\ln p_1/p_0 = \frac{\gamma M}{dRT} \left(\frac{1}{\rho} + \frac{1}{x} \right) \tag{4-3}$$

式中，p_1 为曲率半径为 ρ 处的蒸气压；p_0 为球形颗粒表面蒸气压；γ 为表面张力；d 为密度；M 为分子量；x 为接触颈部半径；ρ 颈部表面曲率半径。

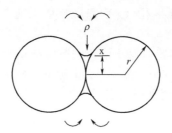

图 4-3 蒸发-凝聚传质模型

式（4-3）反映了蒸发-凝聚传质产生的原因（曲率半径差别）和条件（颗粒足够小时压差才显著），同时也反映了颗粒曲率半径与相对蒸气压差的定量关系。当颗粒半径在 $10\mu m$ 以下，蒸气压差就会较明显地表现出来，而颗粒半径约在 $5\mu m$ 以下时，由曲率半径差异而引起的压差已十分显著。因此一般适合烧结的粉末粒度至少为 $10\mu m$。

在式（4-3）中由于压力差 p_0-p_1 很小，由高等数学可知，当充分小时，$\ln(1+x)\approx X$。所以 $\ln p_1/p_0=\ln(1+\Delta p/p_0)\approx\Delta p/p_0$，又由于 $x\gg\rho$，所以式（4-3）又可写为

$$\Delta p=\frac{\gamma M p_0}{d\rho RT} \tag{4-4}$$

式中，Δp 为负曲率半径的颈部和接近于平面的颗粒表面上的饱和蒸气压之间的压差。

根据气体分子运动理论，推出物质在单位面积上凝聚速率正比于平衡气压和大气压差的朗格缪尔（Langmuir）公式

$$U_m=\alpha\Delta p\left(\frac{M}{2\pi RT}\right)^{1/2} \text{g}/(\text{cm}^2\cdot\text{s}) \tag{4-5}$$

式中，U_m 为凝聚速率，每秒每平方厘米上凝聚的克数；α 为调节系数，其值接近于 1；Δp 为凹面与平面之间蒸气压差。

当凝聚速率等于颈部体积增加时，有

$$U_m\cdot A/d=\mathrm{d}v/\mathrm{d}t\ \text{cm}^3/\text{s} \tag{4-6}$$

根据烧结模型公式（4-3），将颈部曲率半径 ρ、颈部表面积 A 和体积 V 代入（4-6）式，并将（4-5）式代入（4-6）得

$$\frac{\gamma M p_0}{d\rho RT}\left(\frac{M}{2\pi RT}\right)^{1/2}\cdot\frac{\pi^2\chi^3}{r}\cdot\frac{1}{d}=\frac{d\left(\frac{\pi\chi^4}{2r}\right)}{\mathrm{d}\chi}\cdot\frac{\mathrm{d}\chi}{\mathrm{d}t} \tag{4-7}$$

将（4-7）式移项并积分，可以得到球形颗粒接触面积颈部生长速率关系式

$$x/r=\left(\frac{3\sqrt{\pi r}M^{3/2}p_0}{\sqrt{2}R^{3/2}T^{3/2}d^2}\right)^{1/3}\cdot r^{-2/3}\cdot t^{1/3} \tag{4-8}$$

式（4-8）得出了颈部半径（x）和影响生长速率的其他变量（r，p_0，t）之间的关系。

肯格雷（Kingery）等曾以氯化钠球进行烧结试验，氯化钠在烧结温度下有颇高的蒸气压，实验证明了式（4-8）是正确的。实验结果采用直线坐标图 4-4（a）和对数坐标图 4-4（b）两种形式表示。

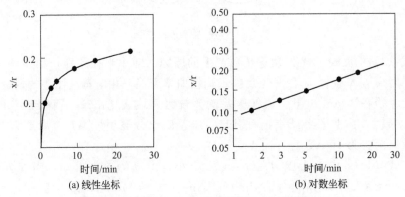

图 4-4   氯化钠在 750℃时球形颗粒之间颈部生长

从方程（4-8）中可见，接触颈部的生长 x/r 随时间 t 的 1/3 次方而变化。在烧结初期观察到的速率规律如图 4-4（b）所示。由图 4-4（a）可见颈部增长开始时比较显著，随着烧结的进行，颈部增长速率减小直至停止。因此对这类传质过程用延长烧结时间不能达到促进烧结的效果。从工艺控制考虑，应从原料起始粒度 r 和烧结温度 T 考虑。粉末的起始粒度越小，烧结速率越大。由于蒸气压 P_0 随温度升高而呈指数地增加，因而提高温度对烧结有利。

蒸发—凝聚传质的特点是烧结时颈部区域扩大，颗粒球形变为椭圆，气孔形状改变，但球与球之间的中心距不变，也就是在这种传质过程中坯体不发生收缩。气孔形状的变化对坯体的一些宏观性质有可观的影响，但不影响坯体密度。气相传质过程（凸面蒸发后凝聚在凹面）要求把物质加热到可以产生足够蒸气压的温度。对于几微米的粉末体，要求蒸气压最低为 10^{-1}Pa，才能看出传质的效果。而烧结氧化物材料达不到这样高的蒸气压，如 Al_2O_3 在 1200℃时蒸气压只有 10^{-41}Pa，因而，一般硅酸盐材料的烧结中这种传质方式并不多见。但近年来一些研究报导，ZnO 在 1100℃以上烧结和 TiO_2 在 1300～1350℃烧结时，符合方程（4-8）的烧结速率。

4.1.4.2   扩散传质

扩散传质是指质点（或空位）借助于浓度梯度推动而迁移的传质过程。

在多数固体材料中，由于高温下蒸气压低，传质更容易通过固态内质点扩散过程来进行。

烧结的推动力是如何促使质点在固态中发生迁移的呢？库津斯基

（Kuczynaki）1949 年提出颈部应力模型，他假定颈部区是各向同性的。图 4-5 表示两个球形颗粒的接触颈部，从其上取一个弯曲的曲颈基元 ABCD，ρ 和 x 为两个主曲率半径。假设指向接触面颈部中心表面的曲率半径 x 具有正号，沿颈部表面的曲率半径 ρ 为负号。又假设 x 与 x，ρ 与 ρ 之间的夹角均为 θ，作用在曲颈基元上的表面横向力 F_x 和竖向力 F_ρ 可以通过表面张力的定义来计算。由图可见

$$F_x = \gamma\,\overline{AD} = \gamma\,\overline{BC}$$

$$F_\rho = -\gamma\,\overline{AB} = -r\,\overline{DC}$$

$$\overline{AD} = \overline{BC} = 2(\rho\sin\frac{\theta}{2})$$

$$\overline{AB} = \overline{DC} = x\theta$$

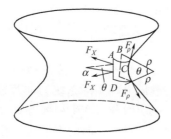

图 4-5　作用在"颈"部弯曲表面上的力

由于 θ 很小，所以 $\sin\theta\approx\theta$，因而得到

$$F_x = \gamma\rho\theta, F_\rho = -\gamma x\theta$$

垂直作用于曲面元 ABCD 上的力合力 F 为

$$F = 2[F_x\sin\frac{\theta}{2} + F_\rho\sin\frac{\theta}{2}]$$

将 F_x 和 F_ρ 代入上式，并考虑 $\sin\theta/2\approx\theta/2$，可得

$$F = \gamma\theta^2(\rho - x)$$

作用在 ABCD 面积元上的应力 σ 为

$$\sigma = F/A = \frac{\gamma\theta^2(\rho - x)}{x\rho\theta^2} = \gamma\left(\frac{1}{x} - \frac{1}{\rho}\right) \tag{4-9}$$

式中 $A = \overline{AB}\times\overline{CD} = \rho\theta\cdot x\theta = \rho x\theta^2$

因为 $x\gg\rho$，所以 $\sigma\approx-\gamma/\rho$。

式（4-9）表明作用在颈部的应力主要由和 F_ρ 产生，F_x 可以忽略不计。从图 4-5 与式（4-9）可见 σ_ρ 是张应力。两个相互接触的晶粒系统处于平衡，如果将两晶粒看做弹性球模型，根据应力分布可以预料，颈部的张应力 σ_ρ 由两个晶粒接触中心处的同样大小的压应力 σ_2 平衡，这种应力分布如图 4-6 所示。

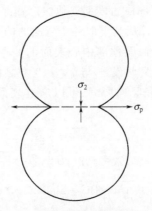

图 4-6 作用在颈表面的最大应力

若有两颗粒直径均为 $2\mu m$，接触颈部半径 x 为 $0.2\mu m$，此时颈部表面的曲率半径 ρ 约为 $0.01\sim0.001\mu m$。若表面张力为 $72J/cm^2$，由式（4-9）可计算得 $\sigma_\rho\approx10^7 N/m^2$。

若烧结前的粉末体是由等径颗粒堆积而成的理想紧密堆积，则颗粒接触点上最大压应力相当于外加一个静压力。实际系统为非等径颗粒，颈部形状不规则，堆积方式不相同，使接触点上应力分布产生局部剪应力。在剪应力作用下，晶粒间可能产生沿晶界的剪切滑移，滑移方向由不平衡的剪应力方向而定。在烧结初期，由这种局部剪应力和流体静压力的作用，颗粒间出现重新排列，结果使坯体堆积密度提高，气孔率降低，坯体出现收缩，但由于晶粒形状没有变化，颗粒重排不可能导致气孔完全消除。

在扩散传质中要实现颗粒中心距离缩短必须有物质向气孔迁移，气孔作为空位源，空位进行反向迁移。颗粒点接触处的应力促使扩散传质中物质的定向迁移。

下面通过晶粒内不同部位空位浓度的计算来说明晶粒中心靠近的机理。

在无应力的晶体内，空位浓度 C_0 是温度的函数，可写作

$$C_0 = \frac{n_0}{N} = \exp\left(-\frac{E_v}{kT}\right) \tag{4-10}$$

式中，N 为晶体内原子总数；n_0 为晶体内空位数；E_v 为空位生成能。

由于颗粒接触的颈部受到张应力，而颗粒接触中心处受到压应力。颗粒间不同部位所受的应力不同，不同部位形成空位所做的功也不同。

在颈部区域和颗粒接触区域由于有张应力和压应力的存在，而使空位形成所作的附加功如下：

$$E_t = -\gamma/\rho\Omega = \sigma\Omega$$
$$E_n = \gamma/\rho\Omega = \sigma\Omega \tag{4-11}$$

式中，E_t、E_n 分别为颈部受张应力和压应力时，形成体积为 Ω 空位所做的

附加功。

在颗粒内部未受应力区域形成空位所作功为 E_v，因此在颈部或接触点区域形成一个空位所作功 E_v' 为

$$E_v' = E_v \pm \sigma\Omega \tag{4-12}$$

在压应力区（接触点）

$$E_v' = E_v + \sigma\Omega$$

在张应力区（颈表面）

$$E_v' = E_v - \sigma\Omega$$

由式（4-12）可见，在不同部位形成一个空位所做的功的大小次序为：张应力区空位形成功＜无应力区＜压应力区，由于空位形成功不同，导致不同区域引起空位浓度差异。

若 $[C_n]$、$[C_0]$、$[C_t]$ 分别代表压力区、无应力区和张应力区的空位浓度，则

$$[C_n] = \exp\left(-\frac{E_v'}{kT}\right) = \exp\left[-\frac{E_v + \sigma\Omega}{kT}\right] = [C_0]\exp\left(-\frac{\sigma\Omega}{kT}\right)$$

若 $\dfrac{\sigma\Omega}{kT} \ll 1$，当 $x \to 0$，$e^{-x} = 1 - x + \dfrac{x^2}{2!} - \dfrac{x^3}{3!} + \dfrac{x^4}{4!} \cdots$

则

$$\exp\left(-\frac{\sigma\Omega}{kT}\right) = 1 - \frac{\sigma\Omega}{kT}$$

$$[C_n] = [C_0]\left(1 - \frac{\sigma\Omega}{kT}\right) \tag{4-13}$$

同理

$$[C_t] = [C_0]\left(1 + \frac{\sigma\Omega}{kT}\right) \tag{4-14}$$

由式（4-12）和（4-13）可得颈表面与接触中心处之间空位浓度的最大差值 $\Delta_1[C]$

$$\Delta_1[C] = [C_t] - [C_n] = 2[C_0]\frac{\sigma\Omega}{kT} \tag{4-15}$$

由式（4-14）和（4-10）可得颈表面与颗粒内部（没有应力区域）之间空位浓度差值 $\Delta_2[C]$

$$\Delta_2[C] = [C_t] - [C_n] = 2[C_0]\frac{\sigma\Omega}{kT} \tag{4-16}$$

由以上计算可得，$[C_t] > [C_0] > [C_n]$ 和 $[C] > \Delta_2[C]$。这表明颗粒不同部位应力不同，导致空位浓度不同，颈表面张应力区空位浓度大于晶粒内部，受压应力的颗粒接触中心空位浓度最低。空位浓度差是自颈到颗粒接触点大于颈至颗粒内部，产生的空位浓度差必然促使空位的扩散和迁移。空位扩散首先从空位浓度最大部位（颈表面）向空位浓度最低的部位（颗粒接触点）进行，其次是颈表面向颗粒内部扩散。空位扩散即原子或离子的反向扩散。原子或离子的

扩散，与空位扩散方向相反，由颗粒接触点向颈部迁移。这种物质迁移导致空隙被填充，致密度提高。与此同时，颗粒间的接触面增加，机械强度增加。

图 4-7 为扩散传质途径，可以看出扩散可以沿颗粒表面进行，也可以沿着两颗粒之间的界面进行或在晶粒内部进行，分别被称为表面扩散、界面扩散和体积扩散。不论扩散途径如何，扩散的终点都是颈部。因此随着烧结进行，颈部加粗，两颗粒之间的中心距逐渐缩短，坯体同时在收缩。当晶格内结构基元（原子或离子）移至颈部，原来结构基元所占位置成为新的空位，晶格内其他结构基元补充新出现的空位，就这样"以接力"方式物质向内部传递而空位向外部转移。空位在扩散传质中可以在以下三个部位消失：自由表面、内界面（晶界）和位错。随着烧结的进行，晶界上的原子（或离子）活动频繁，排列很不规则，因此晶格内空位一旦移动到晶界上，结构基元的排列只需稍加调整空位就容易消失。随着颈部填充和颗粒接触点处结构基元的迁移出现了气孔的缩小和颗粒中心逼近，表现在宏观上则是气孔率下降和坯体的收缩。

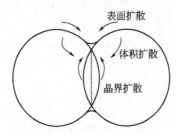

图 4-7　扩散传质可以进行的途径

4.1.4.3　流动传质

液相烧结的基本原理与固相烧结有类似之处，推动力都是表面能，烧结过程也是由颗粒重排、气孔填充晶粒生长等阶段组成。不同的是流动传质速率比扩散传质快，致密化速率高，液相烧结在比固相烧结温度低得多的情况下获得致密的烧结体。烧结过程与液相数量、液相性质（黏度和表面张力）、固相在液相中的溶解度、液固润湿性有密切关系。因此，液相烧结动力学研究比固相烧结更为复杂。

液相传质机理包括流动传质机理和溶解-沉淀传质机理。流动传质可以发生在有液相的烧结中，也可以发生在固相烧结中。流动传质包括两种传质机理：黏性流动和塑性流动。

（1）黏性流动传质　在液相烧结时，液相含量很高，由于高温下黏性液体出现牛顿型流动而产生的传质称为黏性流动传质。牛顿流体是指黏度不随剪切应力的变化而改变的流体，反之就是非牛顿流体。除有液相存在的烧结出现黏性流动外，在固相烧结时，高温下晶体颗粒也具有流动性质，它与非晶体在高温下的黏性流动机理是相同的。在高温下物质的黏性流动可分为两个阶段：第一阶段，物质在高温下形成黏性流体，相邻颗粒中心互相逼近，增加接触面积，接着发生颗粒间的黏合作用和形成一些封闭气孔；第二阶段，封闭气孔的黏性压紧，即小气孔被玻璃相包围压力作用下，由于黏性流动而密实化。

而决定烧结致密化速率主要有三个主要参数：颗粒起始粒径、黏度和表面张力。颗粒的起始粒度与液相黏度这两个参数是相互配合的，不是孤立地起作用，而是相互影响的。为了使液相和固相颗粒结合更好，液相黏度不能太高，如太高，可加入添加剂降低黏度及改善固-液相之间的润湿能力。液相黏度也不能太低，以免颗粒直径较大时，重力过大而产生重力流动变形。也就是说，颗粒应限制在某一适当范围内，使表面张力的作用大于重力的作用，在液相烧结中，必须采用细颗粒原料且原料粒度必须合理分布。

（2）塑性流动传质　当高温下坯体中液相含量减小，而固相含量增加时，这时烧结传质不能看成是牛顿型流体，而是属于塑性流动的流体，过程的推动力仍然是表面能。为了尽可能达到致密烧结，应选择尽可能小的颗粒、黏度及较大的表面能。

在固-液两相系统中，液相量占多数且液相黏度较低时，烧结传质以黏性流动为主，而当固相量占多数或黏度较高时则以塑性流动为主。实际上，烧结时除有不同固相液相外，还有气孔存在，因此实际情况要复杂得多。

固相烧结中也存在塑性流动传质过程，可以认为晶体在高温高压作用下产生流动是由于晶体晶面的滑移，即晶格间产生位错，而这种滑移只有超过某一应力值才开始。

4.1.4.4　溶解-沉淀传质

在有固、液两相的烧结中，固、液两相之间发生如下传质过程：细小颗粒（其溶解度较高）以及一般颗粒的表面凸起部分溶解进入液相，并通过液相转移到粗颗粒表面（这里溶解度较低）而沉淀下来。这种传质过程发生在具有足量的液相生成的物质中，而且液相能润湿固相，固相在液相中有显著的溶解度。

溶解-沉淀传质过程的推动力仍是颗粒的表面能，但由于液相润湿固相，每个颗粒之间的空间都组成一系列毛细管，使表面能（表面张力）以毛细管力的形式将颗粒拉紧。

溶解-沉淀传质过程是以下列方式进行的：首先，随着烧结温度升高，出现足够量液相。固相颗粒分散在液相中，在液相毛细管的作用下，颗粒相对移动，发生重新排列，颗粒堆积紧密，提高了坯体的密度。这一阶段的收缩量与总收缩的比取决于液相的数量。当液相的体积分数大于 35％时，这一阶段是完成坯体收缩的主要阶段，其收缩率相当于总收缩率的 60％左右。第二，由薄的液膜隔开的颗粒之间搭桥，在接触部位有高的局部应力导致塑性变形和蠕变，促进颗粒进一步重排。第三，由于较小颗粒和固体颗粒表面凸起部分的溶解，通过液相传质并在较大颗粒或颗粒的自由表面上沉积而出现颗粒生长和形状改变，使坯体进一步致密化。颗粒之间有液相存在时颗粒互相压紧，颗粒间有压力作用下又提高了固体物质在液相中的溶解度。

例如 Si_3N_4 是高度共价键结合的化合物，共价键程度约占 70%，体扩散系数（bulk diffusion coeffcient）不到 $10^{-7}\,cm^3/s$，因而纯 Si_3N_4 很难进行固相烧结，而必须加入添加剂，如 MgO，Y_2O_3，Al_2O_3 等，这样在高温时它们和 $\alpha\text{-}Si_3N_4$ 颗粒表面的 SiO_2 形成硅酸盐液相，并能润湿和溶解 $\alpha\text{-}Si_3N_4$，在烧结温度下析出 $\beta\text{-}Si_3N_4$。

4.2　烧结工艺

4.2.1　影响烧结的因素

4.2.1.1　原始粉料的粒度

无论在固态或液态的烧结中，细颗粒由于其表面能大，烧结推动力强，缩短了原子扩散的距离，提高了颗粒在液相中的溶解度，导致烧结过程加速。一般烧结速率与起始粒度的 1/3 次方成正比，从理论上计算，当起始粒度从 $2\mu m$ 缩小到 $0.5\mu m$，烧结速率增加 64 倍。这个结果相当于粒径小的粉料烧结温度降低 $150\sim300℃$。图 4-8 是刚玉坯体烧结程度与起始粒度的关系。

有资料报导 MgO 的起始粒度为 $20\mu m$ 以上时，即使在 1400℃烧结并保持很长时间，仅达 70%相对密度，而不能进一步致密化。若起始粒度在 $20\mu m$ 以下，

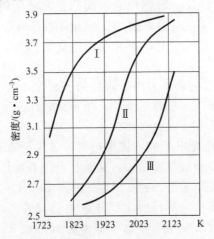

图 4-8　刚玉坯体烧结程度与起始粒度的关系

Ⅰ—粒度为 $1\mu m$；Ⅱ—粒度为 $2.4\mu m$；Ⅲ—粒度为 $5.6\mu m$

温度为 1400℃，或起始粒度在 $1\mu m$ 以下温度为 1000℃时，烧结速率很快。如果粒径在 $0.1\mu m$ 以下，其烧结速率与热压烧结相差无几。

起始粒径除了细，还需均匀，以防止二次再结晶。如果细颗粒内存在少量大颗粒，则很容易发生晶粒异常生长而不利烧结。一般氧化物材料最适宜的粉末粒度为 $0.05\sim0.5\mu m$。

原料粉末的粒度不同，烧结机理也可能会发生变化。例如 AlN 的烧结，当粒度为 $0.78\sim4.4\mu m$ 时，粗颗粒按体积扩散机理进行烧结，而细颗粒则按晶界扩散或表面扩散机理进行烧结。

4.2.1.2　外加剂的作用

在固相烧结中，少量外加剂（烧结助剂）可与主晶相形成固溶体促进缺陷增加；在液相烧结中，外加剂能改变液相的性质（如黏度、组成等），因而都能起促进烧结的作用。外加剂在烧结体中的作用如下：

(1) 外加剂与烧结主体形成固溶体　当外加剂与烧结主体的离子大小、晶格类型及电价数接近时，它们能互溶形成固溶体，致使主晶相晶格畸变，缺陷增加，便于结构基元移动而促进烧结。两者离子产生的晶格畸变程度越大，越有利于烧结。一般情况，它们之间形成有限置换型固溶体比形成连续固溶体更有助于促进烧结。外加剂离子的电价和半径与烧结主体离子的电价和半径相差越大，使晶格畸变程度增加，促进烧结的作用愈明显。例如 Al_2O_3 烧结时，若加入 3％ Cr_2O_3 可在 1860℃烧结，当加入（1％～2％）TiO_2 只需在 1600℃左右就能致密化。

(2) 外加剂与烧结主体形成液相　外加剂与烧结体的某些组分生成液相，由于液相中扩散传质阻力小、流动传质速率快，因而降低了烧结温度和提高了坯体的致密度。例如在制造 95％ Al_2O_3 材料时，加入 CaO、SiO_2，当 CaO∶$SiO_2=1$ 时，由于生成 $CaO\text{-}Al_2O_3\text{-}SiO_2$ 液相，而在 1540℃即可烧结。

(3) 外加剂与烧结主体形成化合物　在烧结透明的 Al_2O_3 制品时，为抑制二次再结晶，消除晶界上的气孔，一般加入 MgO 或 MgF_2。高温下形成镁铝尖晶石（$MgAl_3O_4$）包裹在 Al_2O_3 晶粒表面，抑制晶界移动速率，有利于充分排除晶界上的气孔，对促进坯体致密化有显著作用。

(4) 外加剂阻止多晶转变　ZrO_2 由于有多晶转变，体积变化较大而使烧结困难，当加入 5％CaO，Ca^{2+} 离子进入晶格置换 Zr^{4+} 离子，由于电价不等而生成阴离子缺位固溶体，抑制晶型转变，使致密化易于进行。

(5) 外加剂起扩大烧结范围的作用　加入适当外加剂能扩大烧结温度范围，给工艺控制带来方便。例如在锆钛酸铅材料中加入适量 La_2O_3 和 Nb_2O_5 以后，可使烧结范围由 20～40℃以扩大到 80℃。

需要说明的是，只有加入适量的外加剂才能促进烧结，如不恰当地选择外加剂或加入量过多，反而会起阻碍烧结的作用。因为过量的外加剂会妨碍烧结相颗粒的直接接触，影响传质过程的进行。表 4-1 是 Al_2O_3 烧结时外加剂种类和数量对烧结活化能的影响。从表中看出，加入 2% 氧化镁使 Al_2O_3 烧结活化能降低到 398kJ/mol，比纯 Al_2O_3 活化能 502kJ/mol 低，因而促进烧结过程。当加入 5% MgO 时，烧结活化能升高到 545kJ/mol，则起抑制烧结的作用。

表 4-1　外加剂种类和数量对 Al_2O_3 烧结活化能（E）的影响

添加剂	无	MgO		CO$_3$O$_4$		TiO$_2$		MnO$_2$	
		2%	5%	2%	5%	2%	5%	2%	5%
$E/(kJ \cdot mol^{-1})$	502	398	545	630	560	380	500	270	250

烧结时加入何种外加剂，加入量多少合适，目前尚不能完全从理论上解释或计算，还需根据材料性能要求通过试验来确定。

4.2.1.3　烧结温度和保温时间

在晶体中晶格能越大，离子结合越牢固，离子的扩散越困难，所需烧结温度就越高。各种晶体键合情况不同，因此烧结温度也相差很大，即使对同一种晶体烧结温度也不是一个恒定值。提高烧结温度有利于固相扩散或对溶解-沉淀等传质过程。但是单纯提高烧结温度不仅浪费燃料，很不经济，而且烧结温度过高，还导致二次再结晶而使制品性能恶化。在有液相的烧结中，温度过高使液相量增加，黏度下降，制品变形。因此，烧结温度必须适当控制，不同制品的烧结温度必须通过试验来确定。

由烧结机理可知，只有体积扩散才能导致坯体致密化，表面扩散只能改变气孔形状而不能引起颗粒中心距的逼近，因此不出现致密化过程，图 4-9 所示为表面扩散、体积扩散与温度的关系。在烧结高温阶段主要以体积扩散为主，而在烧结低温阶段以表面扩散为主。如果材料的烧结在低温时间较长，不仅不引起致密化反而会因表面扩散改变了气孔的形状，而给制品性能带来损害。因此从理论上分析应尽可能快地从低温升到高温为体积扩散创造条件。高温短时间烧结有利于制备致密陶瓷，但还要结合考虑材料的传热系数、二次再结晶温度、扩散系数等各种因素，合理地制定烧结温度。

4.2.1.4　盐类的选择及其煅烧条件

在通常条件下，原始配料均以盐类形式加入，经过加热后以氧化物形式发生烧结。盐类具有层状结构，当其分解时，这种结构往往不能完全破坏，原料盐类与生成物之间若保持结构上的关联性，那么盐类的种类、分解温度和时间将影响烧结氧化物的结构缺陷和内部应变，从而影响烧结速率与性能。

（1）煅烧条件　关于盐类的分解温度与生成氧化物性质之间的关系有大量研

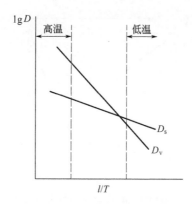

图 4-9 扩散系数与温度的系数

D_s—表面扩散系数；D_v—体积扩散系数

究报导。例如 $Mg(OH)_2$ 分解温度与生成的 MgO 的关系如图 4-10 和图 4-11 所示。由图 4-10 可见，低温下煅烧所得的 MgO，其晶格常数较大，结构缺陷较多，随着煅烧温度升高，结晶性变好，烧结温度相应提高。图 4-11 表明，随 $Mg(OH)_2$ 煅烧温度的变化，烧结表观活化能 E 及频率因子 A 的变化。实验结果显示在 900℃ 煅烧的 $Mg(OH)_2$ 所得的烧结活化能最小，烧结活性较高。因此说，煅烧温度愈高，烧结活性愈低的原因是由于 MgO 的结晶良好，烧结活化能增高所造成的。

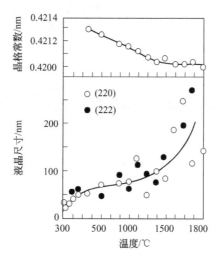

图 4-10 $Mg(OH)_2$ 的煅烧温度与生成 MgO 的
晶格常数级微晶尺寸的关系

(2) 盐类的选择 表 4-2 是用不同的镁化合物在一定条件下分解制取 MgO 的性能比较，可以看出，随着原料盐的种类不同，所制得的 MgO 烧结性能有明

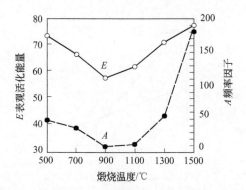

图 4-11   Mg(OH)$_2$的煅烧温度与所得的 MgO 形成
体相对于扩散烧结的表现活化能和频率因子之间的关系

显差别，由碱式碳酸镁、醋酸镁、草酸镁、氢氧化镁制得的 MgO，其烧结体可以分别达到理论密度的 $93\%\sim82\%$；而由氯化镁、销酸镁、硫酸镁等制得的 MgO，在同样条件下烧结，仅能达到理论密度的 $66\%\sim50\%$。如果对煅烧获得的 MgO 的性质进行比较，则可看出用能够生成粒度小、晶格常数较大、微晶较小、结构松弛的 MgO 的原料盐来获得活性 MgO，其烧结性良好；反之，用生成结晶性较高，粒度大的 MgO 的原料盐来制备 MgO，其烧结性较差。

表 4-2   镁化合物分解条件与 MgO 性能的关系

镁化合物	最佳温度 /℃	颗粒尺寸 /nm	所得 MgO/nm		1400℃/3h 烧结体	
			晶格常数 /nm	微晶尺寸 /nm	体积密度 /(g·cm^{-3})	理论值 /%
碱式碳酸镁	900	50～60	0.4212	50	3.33	93
醋酸镁	900	50～60	0.4212	60	3.09	87
草酸镁	700	20～30	0.4216	25	3.03	85
氢氧化镁	900	50～60	0.4213	60	2.92	82
氯化镁	900	200	0.4211	80	2.36	66
硝酸镁	700	600	0.4211	90	2.03	58
硫酸镁	1200～1500	106	0.4211	30	1.76	50

4.2.1.5   气氛的影响

烧结气氛一般分为氧化、还原和中性三种，在烧结过程中气氛的影响是很复杂的。

一般情况下，在由扩散控制的氧化物烧结中，气氛的影响与扩散控制因素、气孔内气体的扩散和溶解能力有关。例如 Al$_2$O$_3$ 材料是由阴离子（O^{2-}）扩散速率控制烧结过程，当它在还原气氛中烧结时，晶体中的氧从表面脱离，从而在晶格表面产生很多氧离子空位，使 O^{2-} 扩散系数增大导致烧结过程加速。表 4-3 给出了不同气氛下，α-Al_2O_3 中 O^{2-} 离子扩散系数和温度的关系。用透明氧化铝制造的钠光灯管必须在氢气炉内烧结，就是利用加速 O^{2-} 扩散，使气孔内气体在还原气氛下易于逸出的原理来使材料致密从而提高透光度。若氧化物的烧结是由阳离子扩散速率控制，则在氧化气氛中烧结，表面积聚了大量氧，使阳离子空位增加，则有利于阳离子扩散的加速而促进烧结。

表 4-3　不同气氛下 α-Al_2O_3 中 O^{2-} 离子扩散系数和温度的关系

气氛 ＼ 扩散系数 /cm²·s⁻¹ ＼ 温度/℃	1400	1450	1500	1550	1600
氢气	8.09×10^{-12}	2.36×10^{-11}	7.11×10^{-11}	2.51×10^{-10}	7.5×10^{-10}
空气	2.97×10^{-12}	2.7×10^{-11}	1.97×10^{-10}	4.9×10^{-10}

封闭气孔内气体的原子尺寸越小越易于扩散，气孔消除也越容易。如像氩或氮那样的大分子气体，在氧化物晶格内不易自由扩散最终残留在坯体中。但若像氢或氦那样的小分子气体，扩散性强，可以在晶格内自由扩散，因而烧结就与这些气体的存在无关。

如果制品中含有铅、锂、铋等易挥发物质时，控制烧结时的气氛更为重要。如锆钛酸铅材料烧结时，必须要控制一定分压的铅气氛，以抑制坯体中铅的大量逸出，保持坯体的化学组成不发生变化，否则将影响材料的性能。

由于烧结气氛的影响常会出现不同的结论，这与材料组成、烧结条件、外加剂种类和数量等因素有关，所以必须根据具体情况慎重选择。

4.2.1.6　成型压力的影响

粉料成型时必须加一定的压力，除了使其有一定形状和一定强度外，同时也给烧结创造了颗粒间紧密接触的条件，使其烧结时扩散阻力减小。一般情况，成型压力越大，颗粒间接触越紧密，对烧结越有利。但若压力过大超过粉料的塑性变形限度，就会发生脆性断裂。适当的成型压力可以提高生坯的密度，而生坯的密度与烧结体的致密化程度有正比关系。

影响烧结的因素除了以上六点外，还包括生坯内粉料的堆积程度、加热速率、保温时间、粉料的粒度分布等，因此影响烧结的因素很多，而且相互之间的关系也较复杂，在研究烧结时如果不充分考虑这些因素，并恰当地运用，就不能获得具有重复性和高致密度的制品，同时也会对烧结体的显微结构和机、电、光、热等性质产生显著的影响。表 4-4 给出了工艺条件对氧化铝瓷坯性能与结构的影响，可以说明上述影响因素。由表 4-4 看出，要获得一个好的烧结材料，必须对原料粉末的尺寸、形状、结构和其他物理性能有充分的了解，对工艺制度控制与材料显微结构形成之间的相互联系进行综合考察，才能真正理解烧结过程。

表 4-4　工艺条件对氧化铝瓷坯性能与结构的影响

	试样号	1	2	3	4	5	6	7	8	9	10
组成	α-Al_2O_3	细	细	细	粗	粗	粗	细	细	细	细
	外加剂	无	无	无	无	1%MgO					
	黏结剂	8%油酸									
烧结条件	烧结温度/℃	1910	1910	1910	1800	1800	1800	1600	1600	1600	1600
	保温时间/min	120	60	15	60	15	5	240	40	60	90
	烧结气氛	真空湿 H_2									
性能	体积密度/(g·cm^{-3})	3.88	3.87	3.87	3.82	3.92	3.93	3.94	3.91	3.92	3.92
	总气孔率/%	3.0	3.3	3.3	3.3	2.0	1.8	1.6	2.2	2.0	1.8
	常温抗折强度/MPa	75.2	140.3	208.8	208.8	431.1	483.6	484.8	552	579	581
结构	晶粒平均尺寸/μm	193.7	90.5	54.3	25.1	11.5	8.7	9.7	3.2	2.1	1.9

注："粗"指原料粉碎后小于 $1\mu m$ 的占 35.2%；"细"指粉碎后小于 $1\mu m$ 的占 90.2%。

4.2.2　烧结方法

正确地选择烧结方法是使先进陶瓷具有理想的结构及预定性能的关键。如在通常的大气条件下（无特殊气氛，常压下）烧结，无论怎样选择烧结条件，也很难获得无气孔或高强度陶瓷制品。在传统陶瓷生产中经常采用常压烧结（pressureless sintering）方法，这种方法比特殊烧结方法生产成本低，是最普通的烧结方法，这里就不作介绍。

4.2.2.1　低温烧结

在尽可能低的温度下制备陶瓷是可以降低能耗，使产品成本降低。

低温烧结方法主要有引入添加剂、压力烧结，使用易于烧结的粉料等方法。

(1) 引入添加剂　这种方法根据添加剂作用机理可分为如下两类：添加剂的引入使晶格空位增加，易于扩散，使烧结速率加快；添加剂的引入使液相在较低的温度下生成，出现液相后晶体能作黏性流动，促进了烧结。

当不存在液相时，陶瓷粉料通常是通过扩散传质而烧结的。实际上，理想晶体是不存在的，晶体总是存在一定数量的空位，颈部的空位浓度高，其他部分的空位浓度低，空位浓度梯度的存在，导致空位浓度高的部分（通常两颗粒的接触处-颈部）向空位浓度低的部分扩散，而质点（离子）向相反方向扩散，使物料烧结。引入的添加剂固溶于主晶相，空位就增加，促进了扩散，使物料易于烧结，如化 Al_2O_3 中添加 TiO_2、MgO、MnO 等后，就显著地促进了烧结。

当添加剂引入后可以在较低的温度下生成液相，出现液相后晶体能作黏性（以颗粒为单位的迁移）流动，促进了烧结。如 Si_3N_4 中添加 MgO、Y_2O_3、

Al_2O_3 等均可加快烧结速率。

总之，添加剂能使材料显示出新的功能，提高强度、抑制晶粒成长、促进烧结等。

(2) 使用易于烧结的粉料　易于烧结粉料的制备方法大致分为通用粉料制备工艺和特殊粉料制备方法，他们的区别主要是制备工艺过程的差异。这里所指的制备工艺过程是母盐的化学组成、母盐的制备条件、煅烧条件、粉碎条件等。由于这些工艺过程的变化，使制备的陶瓷粉料的烧结性发生微妙的变化。如用四异丙醇钛为原料制得的 TiO_2 粉体平均颗粒度为 $0.08\mu m$，烧结后材料密度达到理论密度的 99%。烧成体的晶粒大小约 $0.15\mu m$，烧结温度为 800℃，比用传统工艺制备的 TiO_2 粉料烧结温度降低 500～600℃（通常 TiO_2 的烧结温度为 1300～1400℃）；用四乙醇钛为原料，合成的 TiO_2 粉体的平均粒度为 $0.3\mu m$，烧结后材料密度为理论密度的 99%，烧成体的晶粒大小约 $1.2\mu m$，烧结温度为 1050℃。总之，随着粉末颗粒的微细化，粉体的显微结构和性能将会发生很大的变化，尤其是对亚微米-纳米级的粉体来说，它在内部压力、表面活性、熔点等方面都会有意想不到的性能。因此易于烧结的粉料在烧结过程中能加速动力学过程、降低烧结温度和缩短烧结时间。

4.2.2.2　热压烧结

热压烧结（hot pressing，简称为 HP）是在加热粉体的同时进行加压，此时烧结主要取决于塑性流动，而不是扩散。热压技术已有 70 年历史，最早用于碳化钨和钨粉致密件的制备，现在已广泛应用于在普通无压条件下难以密化的材料的制备及纳米陶瓷的制备，以及粉末冶金和复合材料的生产。

(1) 热压烧结的特点

① 热压时，由于粉料处于热塑性状态，形变阻力小，易于塑性流动和致密化，因此，所需的成型压力仅为冷压法的 1/10，可以成型大尺寸的 Al_2O_3、BeO、BN 和 TiO_2 等产品。

② 由于同时加温、加压，有助于粉末颗粒的接触、扩散、流动等传质过程，降低烧结温度和缩短烧结时间，因而抑制了晶粒的长大。

③ 热压法容易获得接近理论密度、气孔率接近于零的烧结体，容易得到细晶粒的组织，容易实现晶体的取向效应和控制含有高蒸气压成分的系统的组成变化，因而容易得到具有良好力学性能、电学性能的产品。

④ 能生产形状较复杂、尺寸较精确的产品。

热压法的缺点是加热、冷却时间长，而且必须进行后期加工，生产效率低，只能生产形状简单的制品。

(2) 热压装置和模具　热压装置和模具热压装置大部分都是电加热和机械加压，热压基本结构示于图 4-12 中。加压方式有：恒压法，整个升温过程中都施加预定的压力；高温加压法，高温阶段才加压力；分段加压法，低温时加低压、高温时加到预定的压力。此外还有真空热压烧结、气氛热压烧结、连续加压烧结等。图 4-13 示出热压 MgO 粉体的致密化过程。

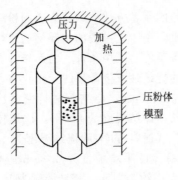

图 4-12　热压示意图

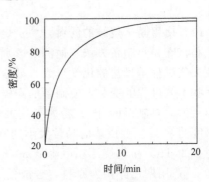

图 4-13　MgO 粉体热压致密
过程（1300℃，280MPa）

在热压中，模型材料的选择是最重要的。广泛使用的模型材料是石墨，但因目的不同，也有使用氧化铝和碳化硅的。石墨是在 1200℃ 或 1300℃ 以上（常常达到 2000℃ 左右）进行热压最合适的模具材料，根据石墨质量不同，其最高压力可限定在十几至几十兆帕，根据不同情况，模具的使用寿命可以从几次到几十次。为了提高模具的寿命，又利于脱模，可在模具内壁涂上一层六方 BN 粉末。但石墨模具不能在氧化气氛下使用。氧化铝模具可在氧化气氛下使用，氧化铝模可承受 200MPa 压力。最近还开发了纤维增强的石墨模型，这种模型壁薄可经受30～50MPa 的压力。表 4-5 列出单轴加压的热压模型材料。

表 4-5　单轴加压的热压模型材料

模型材料	最高使用温度/℃	最高使用压力/MPa	备注
石墨	2500	70	中性气氛
氧化铝	1200	210	机械加工困难,抗热冲击性弱,易产生蠕变
氧化锆	1180		
氧化铍	1000	105	
碳化硅	1500	280	机械加工困难,有反应性,价高
碳化钽	1200	56	
碳化钨、碳化钛	1400	70	
二硼化钛	1200	105	机械加工困难,价高,易氧化,易产生蠕变
钨	1500	245	
钼	1100	21	
耐腐蚀高温镍合金不锈钢	1100		易产生蠕变

加热方式几乎都采用高频感应加热方法，对于导电性能好的模型，可以采用低电压、大电流的直接加热方式。

将热压作为制造制品的手段而加以利用的实例有：氧化铝、铁氧体、碳化硼、氮化硼等工程陶瓷。就氧化铝烧结体而言，常压烧结制品的抗弯强度约为350MPa，热压烧结制品的抗弯强度可达700MPa左右。热压法在制备很难烧结的非氧化物陶瓷材料中，也获得广泛的应用。

现以氮化硅为例介绍热压法。在氮化硅粉末中，加入氧化镁等添加剂，在1700℃下，施以30MPa的压力，则可达到致密化。在这种情况下，因为氮化硅能与石墨模型发生反应，生成碳化硅，所以需在石墨模型内涂上一层氮化硼，以防止发生这种反应，并便于脱模。但是，由于 BN 中含有 Ba_2O_3，它具有吸湿性，如果在使用过程中急速加热就会把吸附水分放出，容易产生裂缝。因此使用这类脱模剂时，在热压时必须加以注意。另外模型材料与粉料的膨胀系数相差太大时，在冷却时会产生应力，这一点极为重要。

4.2.2.3　热等静压法

热等静压工艺（hot isostatic pressing，简写为 HIP）是将粉末压坯或装入包套的粉料装入高压容器中，使粉料经受高温和均衡压力的作用，被烧结成致密件。热等静压技术是 1955 年由美国 Battelle Columbus 实验室首先研制成功的。其基本原理是：以气体作为压力介质，通常所用的气体为氮气、氩气等惰性气体，使材料（粉料、坯体或烧结体）在加热过程中经受各向均衡的压力，借助高温和高压的共同作用促进材料的致密化。HIP 工艺最早应用于硬质合金的制备中，主要对铸件进行处理。经历了近 50 年的发展，其在工业化生产上的应用范围得到了不断地拓展。在过去 10 多年里，通过改进热等静压设备，使生产成本大幅度降低，拓宽了热等静压技术在工业化生产方面的应用范围，并且其应用范围的扩展仍有很大潜力。目前，热等静压技术的主要应用有：金属和陶瓷的固结，金刚石刀具的烧结，铸件质量的修复和改善，高性能磁性材料及靶材的致密化。

热等静压法与传统的无压烧结或热压烧结工艺相比，有许多突出的优点：

① 采用 HIP 烧结，可以在比无压烧结或热压烧结低得多的温度下完成陶瓷材料的致密化，可以有效地抑制材料在高温下发生很多不利的发应或变化，例如晶粒异常长大和高温分解等；使常压不能烧结的材料有可能烧结。就氧化铝陶瓷而言，常压下普通烧结必须烧至 1800℃ 以上的高温，热压（20MPa）烧结需要烧至 1500℃ 左右，而 HIP（400MPa）烧结，在 1000℃ 左右的较低温度下就已经致密化了；

② 采用 HIP 烧结工艺，能够在减少甚至无烧结添加剂的条件下，制备出微观结构均匀且几乎不含气孔的致密陶瓷烧结体，使材料的各种性能得到显著地改善；

③ 通过 HIP 后处理工艺，可以减少乃至消除烧结体中的剩余气孔，愈合表面裂纹，从而提高陶瓷材料的密度、强度；

④ HIP 工艺能够精确控制产品的尺寸与形状，避免使用费用高的金刚石切割加工，理想条件下产品无形状改变。

(1) 热等静压装置　热等静压装置主要由压力容器、气体增压设备、加热炉和控制系统等几部分组成。其中压力容器部分主要包括密封环、压力容器、顶盖和底盖等；气体增压设备主要有气体压缩机、过滤器、止回阀、排气阀和压力表等；加热炉主要包括发热体、隔热屏和热电偶等；控制系统由功率控制、温度控制和压力控制等组成。图 4-14 是热等静压装置的典型示意。目前的热等压装置主要逐渐向于大型化、高温化和使用气氛多样化方向发展，因此，加热炉的设计和发热体的选择显得尤为重要。目前，HIP 加热炉主要采用辐射加热、自然对流加热和强制对流加热等三种加热方式，其发热体材料主要是 Ni-Cr、Fe-Cr-Al、Pt、Mo 和 C 等。

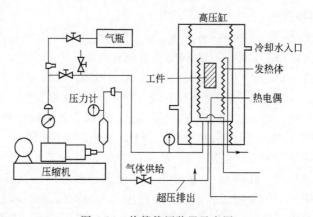

图 4-14　热等静压装置示意图

(2) 热等静压烧结工艺　热等静压工艺通常分为直接 HIP 和后 HIP 处理。

1) 直接 HIP 烧结　直接 HIP 工艺制备陶瓷的工艺流程如图 4-15 所示。一般需先制备好烧结粉末，然后选择合适的包套材料进行包套，之后进行脱气处理，再经历预烧处理，目的在于控制烧结过程中的晶型转变，根据陶瓷相的不同，此工艺阶段也可省略。最后控制升温、升压速率进行热压烧结。直接 HIP 工艺的技术关键有如下几点：

① 包套质量　包套质量对最终制品的性能影响较大，包套在热等静压过程中的收缩方式主要取决于包套内粉末的初始分布及密度。在包套中尽量提高粉末的装填密度，从而减少烧结过程中的体积收缩。

② 体均匀性以及陶瓷相配比　也是影响最终烧结制品性能的主要因素。由于陶瓷相自身不同特性决定了其在热等静压过程中的变形不同，因此，要想保证得到足够致密的制品，必须保证陶瓷相分布均匀。

③ 升温与升压速率　由于陶瓷相间化学性质的差异，使它们的性能随着温

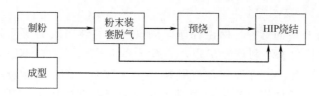

图 4-15　直接 HIP 工艺流程

度和压力的变化也不相同，因此选择合适的升温和升压速率是保证成功制成产品的又一个关键工艺参数。既要选择合适的升温速率和升压速率，又要考虑升温速率与升压速率的关系，这在实际生产过程中需要进行长期摸索，对于一些特殊制品，建议使用 HIP 图做参考。采用直接 HIP 工艺，也曾取得了许多优异的成果，如在 1180℃，100MPa，保温保压 3h 的 HIP 工艺条件下可以制备出 99％理论密度的 TiC 和铁合金的复合材料；H. V. Atkinson 也曾利用直接 HIP 工艺成功制备出了 15％（体积分数）SiC 增强 A357 铝合金复合材料，通过 HIP 可以显著减少该类制品的气孔率，同时其弯曲强度也得到提高。但采用直接 HIP 工艺制备金属陶瓷也存在一定制约性，如：对于高性能、净尺寸的制品受到限制；大比例陶瓷相的制品不容易制备等，因此采用直接 HIP 工艺制备陶瓷材料还需注意以下事项。

　　a. 制粉阶段保证原料配比　要想保证由于塑性相的变形而充分填充陶瓷颗粒间的间隙，LANG 曾根据分形理论计算出当复合材料的密度与增强颗粒的密度成线形关系的时，陶瓷相不会影响复合材料的凝固过程，否则金属相不能够完全填充颗粒空隙。

　　b. 对于容易发生界面反应的陶瓷复合材料，需要根据反应类型选择合适的压力制度，必要时需参照 HIP 相图来制定合适的 HIP 工艺路线。

　　2）后 HIP 处理（post HIP）后 HIP 的工艺流程一般见图 4-16，其技术关键有如下几点：

图 4-16　后 HIP 工艺流程图

　　① 温度的选择　温度原则上为金属基体熔点或合金基体固熔线绝对温度值的 0.6～0.9 倍。温度的高低对制品的质量起着关键作用。如果温度过低，则金属基不易产生蠕变流动而填充各种缺陷；如温度过高，又会使坯体局部熔化而损坏制品。

　　② 压力选择　压力既能使材料产生塑性流动，又能保证增强颗粒不被压碎。如 Q. F. Li 制备 Al_2O_3/Al 复合材料的 HIP 热处理压力选择为 200MPa。压力选择一般参照金属相的屈服强度和蠕变强度及陶瓷相的强度。一般选择 100～

200MPa。

③ 保温保压时间选择　保温保压时间既能使坯体内的蠕变充分进行，又不至于引起晶粒长大等不利现象出现，一般选择 1～2h。经过 HIP 工艺对铸件坯体进行热处理之后，铸件坯体的气孔率将大大减少。如 HIP 处理前后的 TiC/TiNi 复合材料显微结构会有明显差别，大部分气孔在经历了 HIP 过程后闭合，大大提高了复合材料的致密度及力学性能。Q. F. Li 制备 Al_2O_3/Al 复合材料，将预先铸造得到的 Al_2O_3/Al 铸件在 520℃，200MPa 压力下保温保压 1h，经过 HIP 处理后得到的成品的屈服强度 $\sigma_{0.2}$ 提高了 20%；我国的熊计等在制备超细 $TiC_{0.7}N_{0.3}$ 金属陶瓷中将样品经 HIP 处理后，材料的密度、硬度、横向断裂强度均有所提高，特别是经 1350℃，1.5h，70MPa 下经 HIP 处理后，制品的密度提高了 0.5%，硬度提高了 1.1%，而横向断裂强度则提高了将近 1 倍。

4.2.2.4　气氛烧结

对于在空气中很难烧结的制品（如透光体或非氧化物），为防止其氧化，可在炉膛内通入一定气体，形成所要求的气氛，在此气氛下进行烧结称为气氛烧结。此方法适用于：

(1) 制备透光性陶瓷　透光性陶瓷的烧结方法有气氛烧结和热压法两种，如前所述采用热压法只能得到形状比较简单的制品，而在常压下的气氛烧结则操作工序比较简单。

以高压钠蒸气灯用氧化铝透光灯管为例，为使烧结体具有优异的透光性，除了要使用高纯度原料，微量地加入抑制晶粒异常成长的添加剂外，还必须使烧结体中的气孔率尽量降低，只有在真空或氢气中进行特殊气氛烧结，气孔内的气体才能被置换而很快地进行扩散，而易被消除。但在空气中烧结时，很难消除烧结后期晶粒之间存在的孤立气孔。

除 Al_2O_3 透光体之外，MgO、Y_2O_3、BeO、ZrO_2 等透光体均采用气氛烧结。

(2) 防止非氧化物陶瓷的氧化　特种陶瓷中引人注目的 Si_3N_4、SiC 等非氧化物，由于在高温下易被氧化，也必须在氮及惰性气体中进行烧结。对于在常压下高温易于气化的材料，可使其在稍高压力下烧结。

(3) 对易挥发成分进行气氛控制　锆钛酸铅压电陶瓷等含有在高温下易挥发成分的材料，在密闭烧结时，为抑制低熔点物质的挥发，常在密闭容器内放入一定量的与瓷料组成相近的坯体即气氛片，也可使用与瓷料组成相近的粉料。其目的是形成较高易挥发成分的分压，以保证材料组成的稳定，达到预期的性能。

4.2.2.5　新型烧结方法

随着科学技术不断发展，一些新的先进陶瓷的烧结方法也不断地推出，如：

(1) 放电等离子体烧结　放电等离子体烧结（spark plasma sintering，简写为 SPS）又称等离子活化烧结、等离子辅助烧结或脉冲电流烧结，是近年来发展起来的一种新型的快速烧结技术。放电等离子烧结技术融等离子活化、热压、电阻加热为一体。该技术的主要特点是利用体加热和表面活化，实现材料的超快速致密化烧结。具有升温速率快、烧结时间短、冷却迅速、外加压力和烧结气氛可控、节能环保等特点。

放电等离子体烧结系统主要由以下几个部分组成：轴向加压装置；水冷冲头电极；真空腔体；气氛控制系统（真空、氩气）；直流脉冲电源及冷却水、位移测量、温度测量和安全等控制单元。其基本结构如图 4-17 所示。

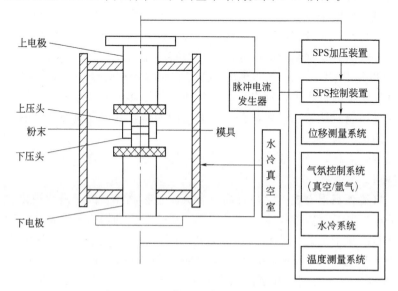

图 4-17　放电等离子体烧结系统结构图

工艺的特点：

SPS 主要是利用外加脉冲强电流形成的电场清洁粉末颗粒表面氧化物和吸附的气体，净化材料，活化粉末表面，提高粉末表面的扩散能力，再在较低机械压力下利用强电流短时加热粉体进行烧结致密。其消耗的电能仅为传统烧结工艺（无压烧结 PLS、热压烧结 HP、热等静压 HIP）的 1/5～1/3。因此，SPS 技术具有热压、热等静压技术无法比拟的优点：①烧结温度低（比 HP 和 HIP 低 200～300℃）、烧结时间短（只需 3～10min，而 HP 和 HIP 需要 120～300min）、单件能耗低；②烧结机理特殊，赋予材料新的结构与性能；③烧结体密度高，晶粒细小，是一种近净成形技术；④操作简单，不像热等静压那样需要十分熟练的操作人员和特别的模套技术。

可广泛用于磁性材料、梯度功能材料、纳米陶瓷、纤维增强陶瓷和金属间复合材料等一系列新型材料的烧结，并在纳米材料、复合材料等的制备中显示了极大的优越性，是一项有重要使用价值和广泛前景的烧结新技术。

（2）爆炸烧结　爆炸粉末烧结是利用炸药爆轰产生的能量，以冲击波的形式作用于金属或非金属粉末，在瞬态、高温、高压下发生烧结的一种材料加工或合成的新技术。

爆炸粉末烧结的优点如下：

① 具备高压性，因此可以烧结出近乎密实的材料。

② 具备快熔快冷性，有利于保持粉末的优异特性。由于激波加载的瞬时性，爆炸烧结时颗粒从常温升至熔点温度所需的时间仅为微秒量级，这使温升仅限于颗粒表面，颗粒内部仍保持低温，形成"烧结"后将对界面起冷却"淬火"作用，这种机制可以避免常规烧结方法由于长时间的高温造成晶粒粗化而使得亚稳合金的优异特性（如较高的强度、硬度、磁学性能和抗腐蚀性）降低。因此，爆炸烧结迄今被认为是烧结微晶、非晶材料最有希望的途径之一。

③ 可以使 Si_3N_4、SiC 等非热熔性陶瓷在无需添加烧结助剂的情况下发生烧结。在爆炸烧结的过程中，冲击波的活化作用使粉体尺寸减小并产生许多晶格缺陷，造成晶格畸变能增加，粉体获得了额外的能量，这些能量在烧结的过程中将变为烧结的推动力。

除上述特点外，与一般爆炸加工技术一样，爆炸粉末烧结还具备经济、设备简单的特点。

（3）自蔓延高温合成　自蔓延高温合成，也称燃烧合成，是利用化学反应自身放热的原理制备材料的技术。一经点燃，燃烧反应即可自我维持，一般不再需要补充能量。整个工艺过程极为简单，能耗低，生产率高，且产品纯度高。同时，由于燃烧过程中高的温度梯度及快的冷却速率，易于获得亚稳物相。自1967 年 Merzhanov 发明自蔓延高温合成方法以来，已用该方法合成了 500 多种材料，如氮化物、碳化物、硅化物和等硼化物难熔材料、耐磨材料、复合材料、功能材料、发热元件及固体润滑剂等。自蔓延高温合成工艺流程为：

原料混合物 → 预处理 → 煅烧合成 → 后处理 → 自蔓延高温合成产物

自蔓延高温合成的基本要素是：

① 利用化学反应自身放热，完全（或部分）不需要外部热源；

② 通过快速自动波燃烧的自维持反应得到所需成分和结构的产物；

③ 通过改变热的释放和传输速率来控制过程的速率、温度、转化率和产物的成分和结构。

（4）微波烧结　微波烧结（microwave sintering）是利用微波具有的特殊波段与材料的基本细微结构耦合而产生热量，材料在电磁场中的介质损耗使材料整体加热至烧结温度而实现致密化的方法。微波是一种高频电磁波，其频率范围为$0.3\sim300GHz$，但在微波烧结技术中使用的频率主要为 $915MHz$ 和 $2.45GHz$ 两种波段。微波烧结是自 20 世纪 60 年代发展起来的一种新的陶瓷研究方法，微波烧结和常规烧结根本的区别在于：常规烧结是利用样品周围的发热体加热，而微波烧结则是利用样品自身吸收微波而发热。根据微波烧结的基本理论，热能是由于物质内部的介质损耗而引起的，所以是一种体积加热效应，同常规烧结相比具有：烧结时间短、烧成温度低、降低固相反应活化能、使其晶粒细化、结构均匀、提高烧结样品的力学性能等特点，同时降低高温环境污染。然而，微波烧结的详细机理以及微波烧结工艺的重复性问题还是该新技术进一步发展的关键。目前，微波烧结技术已经被广泛用于多种陶瓷复合材料的试验研究。

微波烧结的技术特点：

① 微波与材料直接耦合导致整体加热。由于微波的体积加热效应，能够实现材料中大区域的零梯度均匀加热，使材料内部热应力减小，从而减小开裂和变形倾向。同时由于微波能被材料直接吸收而转化为热能，所以能量利用率极高，比常规烧结节能 80% 以上。

② 微波烧结升温速率快，烧结时间短。某些材料在温度高于临界温度后，其损耗因子迅速增大，导致升温极快。另外，微波的存在降低了活化能，加快了材料的烧结进程，缩短了烧结时间。短时间烧结使晶粒不易长大，易得到均匀的细晶粒显微结构，内部孔隙很少，孔隙形状也比传统烧结的要圆，因而具有更好的延展性和韧性。同时烧结温度也有不同程度的降低。

③ 安全无污染。微波烧结的快速烧结特点使得在烧结过程中作为烧结气氛的气体的使用量大大降低，这不仅降低了成本，也使烧结过程中废气、废热的排放量得到降低。

④ 能实现空间选择性烧结。对于多相混合材料，由于不同材料的介电损耗不同，产生的耗散功率不同，热效应也不同，可以利用这点来对复合材料进行选择性烧结，研究新的材料产品和获得更好的材料性能。

（5）电场烧结　电场烧结是陶瓷坯体在直流电场作用下的烧结的方法。某些高居里点的铁电陶瓷，如铌酸锂陶瓷在其烧结温度下对坯体的两端施加直流电场，待冷却至居里点（1210℃）以下撤去电场，即可得到有压电性的陶瓷制品。

（6）激光烧结　陶瓷的烧结温度很高，很难用激光直接烧结。普通陶瓷粉末的选择性激光烧结是在陶瓷粉末中加入黏结剂，激光熔化黏结剂以烧结各个层，从而制出陶瓷生坯，通过去除黏结剂及烧结后处理过程就得到最终的陶瓷件。常用的陶瓷材料有 SiC 和 Al_2O_3。黏结剂的种类很多，有金属黏结剂和有机黏结剂，也可以使用无机黏结剂。激光烧结陶瓷技术，相比于传统陶瓷制备技术有如下优点：烧结时间短，无污染，易于保证化学组分配比；可控性强，可在制备过程中及时调整激光工艺参数以改变烧结条件，易得到晶粒取向生长的结构化陶瓷。

（7）活化烧结　活化烧结是在烧结前或者在烧结过程中，采用某些物理的或化学的方法，使反应物的原子或分子处于高能状态，利用这种高能状态的不稳定性，容易释放出能量而变成低能态，作为强化烧结的新工艺，所以又称为反应烧结（reactive sintering）或强化烧结（intensified sintering）。所采用的物理方法有：电场烧结、磁场烧结、超声波或辐射等作用下的烧结等。所采用的化学方法有：以氧化还原反应，氧化物、卤化物和氢氧化物的离解为基础的化学反应以及气氛烧结等。活化烧结具有降低烧结温度、缩短烧结时间、改善烧结效果等优点。对某些陶瓷材料，它又是一种有效的织构技术。也有利用物质在相变、脱水和其他分解过程中，原子或离子间结合被破坏，使其处于不稳定的活性状态。如使其比表面积提高、表面缺陷增多；加入可在烧结过程中生成新生态分子的物质；加入可促使烧结物料形成固溶体、增加晶格缺陷的物质，皆属活化烧结。另外，加入微量可形成活性液相的物质促进物料玻璃化，适当降低液相黏度，润湿固相，促进固相溶解和重结晶等，也均属活化烧结。

（8）活化热压烧结 活化热压烧结是在活化烧结的基础上发展起来的新工艺，即利用反应物在分解反应或相变时具有较高能量的活化状态进行热压处理，可以在较低温度、较小压力、较短时间内获得高密度陶瓷材料，是一种高效率的热压技术。例如，利用氢氧化物和氧化物的分解反应进行热压制成钕酸钡、锆钛酸铅、铁氧体等电子陶瓷；利用碳酸盐分解反应热压制成高密度的氧化铍、氧化钍和氧化铀陶瓷；利用某些材料相变时热压，制成高密度的氧化铝陶瓷等。

参考文献

［1］毕见强，赵萍等. 特种陶瓷工艺与性能［M］. 哈尔滨：哈尔滨工业大学出版社，2008.

［2］李世普. 特种陶瓷工艺学［M］. 武汉：武汉理工大学出版社，2007.

［3］刘维良. 先进陶瓷工艺学［M］. 武汉：武汉理工大学出版社，2004.

第5章

先进陶瓷的切削加工技术

先进陶瓷在应用前必须根据用户要求进行加工后才能成为工程构件使用。这是由于先进陶瓷经过成型、烧结后虽然具有一定的形状和尺寸，但由于工艺过程中有较大的收缩，使烧结体尺寸偏差在毫米数量级甚至更大，远远达不到装配的精度，因而需要精加工；而且在成型和烧结过程中，由于受各种因素的影响，制品表面不同程度会有黏附、微裂纹，甚至表面被其他化合物所包裹，所以必须对制品进行表面加工处理。

先进陶瓷的加工大多是除去加工，即把工件不必要的部分除去，而创造新生面的加工方法，其机理是对材料的破坏。但由于先进陶瓷材料是典型的硬脆难加工材料，对这些材料破坏的控制是非常困难的，其可加工性比金属差很多。本章开始介绍一些先进陶瓷的加工技术，包括切削加工、磨削加工、光整加工、特种加工等方法。

陶瓷的切削加工通常在以下 3 种情况下进行：陶瓷材料的精密和超精密切削、预烧结陶瓷或可切削陶瓷的切削以及陶瓷材料的特种切削。除了上述 3 种情况，在普通切削条件下很难实现陶瓷的大余量材料去除。

对于不同种类的陶瓷材料，对应的刀具材料也不同。陶瓷切削加工中常用的刀具材料有硬质合金、金刚石、陶瓷以及 CBN 等。目前，硬质合金刀具主要用于预烧结陶瓷和可切削陶瓷的切削加工，金刚石刀具最适合陶瓷材料的加工，单晶金刚石和聚晶金刚石是目前比较常见的两类金刚石刀具，陶瓷刀具更适于陶瓷生坯的切削加工以及可切削陶瓷材料的加工，CBN 刀具具有极高的热稳定性，在 $1000 \sim 1500 ℃$ 时仍能保持其硬度，因此 CBN 刀具主要用于陶瓷材料的加热辅助切削过程；也用于玻璃陶瓷的切削以及氧化铝陶瓷的切削。在氧化铝陶瓷的切削加工中，为了减少 CBN 刀具的磨损，在保证切削刃强度的基础上，选用负前角以改善刀具内应力状态，避免崩刃。尽量选用较大的后角，以减少刀具与加工表面的磨损。选用负刃倾角，有利于加强刀刃强度，改善刀尖处的散热条件。

5.1　先进陶瓷材料的切削特性

陶瓷材料的切削特性与金属材料相比有明显的不同，在金属材料的切削过程中，三个切削分力中，主切削力 F_c 最大，而在陶瓷材料的切削过程中，背向力 F_P 最大，这主要是由于陶瓷材料本身的材料特性，使得陶瓷材料的加工难度增加。并且陶瓷材料在切削过程中都存在严重的磨损现象，其切削力、切削表面及切削温度等也有不同的表现。这里主要就 Al_2O_3 陶瓷、Si_3N_4 陶瓷、ZrO_2 陶瓷、SiC 陶瓷以及 AlN 陶瓷等，从陶瓷材料切削过程中的刀具磨损、切削力、切削温度及切削参数等方面论述陶瓷材料的切削特性。

5.1.1　刀具磨损

在陶瓷的切削过程中，刀具磨损是最明显的特征。由于陶瓷材料在切削过程中很少产生塑性变形，所以刀具主要以后刀面的磨损为主、前刀面磨损量很少，同时刀具的磨损状态受刀具材料、刀具形状、切削用量、冷却液以及陶瓷材料本身性能等因素影响。

(1) Al_2O_3 陶瓷　Al_2O_3 陶瓷的离子键与共价键之比约为 6∶4，位错分布密度小，很难产生塑性变形。在切削 Al_2O_3 陶瓷材料时，刀具的刀尖圆弧半径 r_ε 影响刀具的磨损，适当加大 r_ε 可以减小刀具的磨损，同时能增强刀尖的强度和散热性能。另外，不同的刀具、是否使用冷却液以及切削刃研磨与否对刀具的磨损情况也有所影响。通过采用聚晶金刚石 SNG433［刀具刃口分别采用研磨（0.05mm×−30°）和不研磨］，切削用量采用切削速度 $v_c=20\text{m/min}$，切削深度 $a_p=0.1\text{mm}$，进给量 $f=0.0125\text{mm/r}$，同时考虑冷却液的情况对刀具磨损情况的影响。研究结果表明：切削刃研磨与否影响刀具的初期磨损，经过研磨后的切削刃可以增加刀具的使用寿命，而使用冷却液效果非常明显，在刀具磨损量相同时，切削时间可以增加将近 10 倍。这主要是由于在干切削时，切削温度高会使得聚晶金刚石刀具石墨化，加速刀具的磨损。而切削用量也会影响刀具的磨损，在提高切削速度，增加切削深度，以及加大进给量时，都会增大刀具的磨损量。

(2) Si_3N_4 陶瓷　Si_3N_4 陶瓷的离子键与共价键之比约为 3∶7，因各向异性强，原子滑移面少，滑移方向非限定，变形困难，即使在高温下也不易产生变形。采用聚晶金刚石刀具对 Si_3N_4 陶瓷进行车削，发现无论在干切还是湿切条件下，刀具的主要磨损形态为边界磨损，并且切削 Si_3N_4 陶瓷时强度较高的聚晶金刚石 DA100 的磨损值比强度不足的金刚石的磨损值要小得多。

(3) ZrO_2 陶瓷　ZrO_2 陶瓷的离子键与共价键之比约为 7∶3，比较容易产生剪切滑移变形，韧性较高。因 ZrO_2 陶瓷的硬度比 Al_2O_3 和 Si_3N_4 陶瓷低，故其切削时刀具磨损较小。在同样的切削条件下，切削 ZrO_2 陶瓷材料时刀具的后刀面磨损量大约为切削 Al_2O_3 陶瓷材料时的 $1/2$，是切削 Si_3N_4 陶瓷材料的 $1/10$。

（4）SiC 陶瓷　SiC 陶瓷的离子键与共价键之比约为 $1:9$，因各向异性强，高温条件下原子都不易滑移，故切削加工更困难。采用黑色聚晶金刚石刀具 DA100 对 SiC 陶瓷材料车削。发现刀具磨损量在湿切时比干切时大，并且随切削速度的增大而增大，其原因在于 DA100 强度较高，不易产生剥落，也未引起化学磨损和热磨损。

5.1.2　切削力

通常情况下，与切削金属过程产生的连续切削情况不同，陶瓷材料切削过程中主要是以脆性崩除方式为主，通过切削 Al_2O_3、Si_3N_4、ZrO_2 和 SiC 等陶瓷材料，发现在三个切削分力中，主切削力 F_c 并不是最大，背向力 F_p 是最大的，这也是切削硬脆性材料的共同特点，原因在于切削硬脆性材料时，材料硬度高，刀具切削刃很难切入。同时，这也与陶瓷材料的磨削加工过程中的法向磨削分力远大于切向磨削分力类似。

Al_2O_3 陶瓷的离子键与共价键比值比较接近 ZrO_2 陶瓷的离子键与共价键比值，故在切削 Al_2O_3 陶瓷和 ZrO_2 陶瓷时，两者之间较为相似，其切削特性也与淬硬钢类似。在三个切削分力中，由于陶瓷材料的硬脆特性，断裂韧性小的特点，背向力 F_p 最大。在切削 Al_2O_3 陶瓷材料时，切削速度对背向力 F_p 的影响比较明显，而对主切削力 F_c 和进给力 F_f 的影响并不显著，这主要是由于加工裂纹在脆性材料内部的扩展速度很快，陶瓷材料的切削过程主要在于刀具的切入，然后伴随着裂纹的扩展、崩除而成切屑。故切削速度对主切削力 F_c 的影响不显著。

Si_3N_4 陶瓷的离子键与共价键比值与 SiC 陶瓷的离子键与共价键比值也比较接近，切削这两种陶瓷材料具有类似特点，同样是背向力 F_p 最大，且湿切时切削力要比干切时大，与前面论述的刀具磨损情况相对应。

5.1.3　切削温度

目前，对陶瓷材料切削温度的研究相对较少。有学者研究了金刚石刀具切削堇青石陶瓷材料的切削温度，发现随着切削速度的增加，堇青石陶瓷材料的切削温度呈上升趋势。当切削速度秒为 $80m/min$ 时，堇青石陶瓷材料干切时的温度大约为 $700℃$，明显高于有冷却条件下的切削温度。显然低速切削和增加冷却液的条件下，可以降低堇青石陶瓷材料的切削温度，从而有效减少金刚石刀具的磨损。

5.1.4　切削参数

大多数陶瓷材料以脆性断裂方式去除为主，所以陶瓷材料加工表面会有加工裂纹的残留，大大降低陶瓷零件的强度。如切削 Al_2O_3 陶瓷时，在切削用量较小时，切削呈粉末状，随着切削用量的增大，切屑从粉末状逐渐向块状转变，并会在已加工表面形成明显的凹坑。从而增大 Al_2O_3 陶瓷表面的表面粗糙度。在不同切削速度下，选择相同的加工条件，测试 Al_2O_3 陶瓷切削表面的表面粗糙度表明：随着陶瓷材料断裂韧度的增加，材料的去除方式逐渐由脆性断裂方式向塑性流动方式转变，相应地，切削后陶瓷的表面质量也逐渐提高，并且同样的加工条件下，Al_2O_3 陶瓷的表面粗糙度值要小于 ZrO_2 陶瓷的表面粗糙度值。

在切削陶瓷材料时，切削用量（切削速度，切削深度和进给量）对加工表面粗糙度的影响也因陶瓷材料的不同而不同。切削 Al_2O_3 陶瓷后的加工表面状态与切削 Si_3N_4 陶瓷后的加工表面状态类似，而表面粗糙度 R_a 随着切削速度、切削深度，和进给量的增加而增大。然而在切削 ZrO_2 陶瓷材料时，切削深度和进给量的增加对表面粗糙度有影响，但是不明显。

从扫描电镜 SEM 图像可以看到其切削后具有的切削条纹与切削金属材料类似。

采用硬质合金刀具切削可加工玻璃陶瓷材料，并对切削加工表面粗糙度进行建模，其理论公式：

$$R_a = 17.75 v_c^{-0.03028} f^{0.94372} a_p^{0.1135} \tag{5-1}$$

其中：R_a 为加工表面粗糙度，μm；v_c 为切削速度，m/min；f 为进给量，mm/r；a_p 为背吃刀量，mm。

从式（5-1）可以看出，三个切削加工参数中，进给量对表面粗糙度影响最大，其次是背吃刀量和切削速度。

5.2 可切削陶瓷材料的切削特性

在实际生产中，玻璃陶瓷材料由于可以像金属一样进行切削加工，是目前工程中应用领域最多、应用前景最广的可切削陶瓷材料。玻璃陶瓷因为可以制造出具有复杂结构的精密零部件，广阔应用于国防、航空航天、核能、生物医疗等领域；玻璃陶瓷具有较低的膨胀系数，有利于零件的尺寸稳定性及抗热震性，并被广泛用于制作高温作业观察窗、大型天文望远镜和激光反射镜的支撑件、激光元器件以及航天飞机上尺寸稳定性要求高的重要零部件。与骨组织产生骨性结合的可切削生物活性玻璃陶瓷，正逐步应用于口腔外科和骨外科临床。

5.2.1 刀具磨损

(1) 刀具材料 可切削陶瓷材料尽管可以用金属切削刀具来切削加工，但仍存在严重的刀具磨损现象。图 5-1 示出氟金云母玻璃陶瓷车削加工过程中的刀具磨损曲线，分别选用 W18Cr4V 高速钢、YW 硬质合金和 Si_3N_4 陶瓷三种刀具材料，进行端面切削试验。其中车床主轴转速 $n = 150r/min$. 背吃刀量 $a_p =$

0.3mm，进给量 $f=1.5$mm/min，刀具角度一致，不使用冷却液。

高速钢刀具磨损最大，持续加工的时间最短，为 37min，只相当于陶瓷刀具的 1/7，并且随着加工的进行，高速钢刀具磨损相当严重，切削深度不断减小，被加工表面形成了明显的锥体。硬质合金和陶瓷刀具磨损曲线的总体趋势是磨损随加工的进行而趋于稳定。初期磨损阶段刀具磨损率较高，下降较快，加工持续的时间较短，后期磨损阶段刀具磨损率较低，下降较慢，加工持续的时间较长，是切削作用的主要阶段。从曲线的趋势来看，硬质合金刀具比陶瓷刀具的磨损率还低，但其加工持续的时间较短，仅相当于陶瓷刀具的 1/2，而陶瓷刀具还没有达到磨钝标准，仍然具备继续加工的能力。

在氟金云母陶瓷车削加工过程中，刀具材料是影响刀具磨损的关键因素，高速钢刀具无法满足氟金云母陶瓷加工的需要。硬质合金刀具由于加工持续的时间较短，切削效率较低，也不是理想的刀具。与金属材料相比，氟金云母陶瓷虽然可以加工，但属于硬脆难加工材料，加工过程中的刀具磨损保持在较高的水平。

(2) 磨损形式　端面车削氟金云母陶瓷时，刀具磨损主要发生在后刀面和刀尖处。硬质合金刀具端面车削过程中主切削刃主要参与工作，因此在主后刀面形成了明显的磨损带。一般的，后刀面磨损从靠近刀尖的主切削刃开始，沿主切削刃逐渐扩展。

氟金云母玻璃陶瓷车削过程中，刀具磨损最常见的形式是磨料磨损。刀具后刀面磨损面显示出明显的犁耕状痕迹，是硬度较高的云母晶粒与刀具表面摩擦接触所形成的划痕，属于典型的磨料磨损。氟金云母材料硬度较高，与 YW 型硬质合金刀具的硬度相当，加工过程中，在两者摩擦面间，被加工材料对刀具形成了反切削作用，因而刀具磨损表面形成了沟纹。

同样，在高速钢刀具表面也可以观察到明显的磨料磨损现象，尽管 Si_3N_4 陶瓷刀具材料具有较高的硬度，高于氟金云母陶瓷，但仍然可以观察到表面的划痕。上述结果表明，在加工氟金云母陶瓷时，磨料磨损是普遍存在的现象。其主要原因是氟金云母陶瓷材料的硬度较高，材料中分布的高硬度晶粒对刀具的反切削作用所形成的。

(3) 冷却　在氟金云母玻璃陶瓷车削加工过程中，冷却条件是影响刀具磨损的重要因素之一。图 5-2 示出了刀具磨损在无冷却和自来水冷却祭件下的试验结果，其中选用 Si_3N_4 陶瓷刀具材料，切削参数同图 5-1，切削时间 50min，无冷却条件下，刀具磨损量为 0.96mm，而水冷却时的刀具磨损量为 0.05mm，是无冷却时的 1/19，说明切削温度明显影响切削过程。由于加工过程中，刀具的工作条件较差，长时间干摩擦产生了大量切削热，氟金云母陶瓷的热导率很低，致使刀具的温度不断升高，刀具强度不断降低，抗磨损能力减弱，造成较高磨损。冷却液带走了部分切削热，抑制了刀具温度的过度升高，使得刀具强度得到保持，抗磨损能力增强，因而降低了刀具磨损。

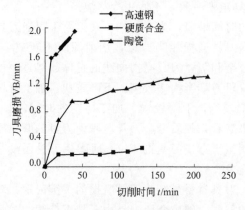
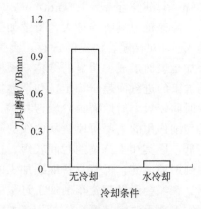

图 5-1　不同材料刀具磨损曲线　　　　图 5-2　冷却条件与刀具磨损的关系

5.2.2　切削力

对于可切削玻璃陶瓷材料的切削过程，三个切削分力中最大的是背向力。图 5-3 为同样切削条件下金属材料 45 号钢和氟金云母切削力的对比，条件 $v_c = 22.8 \text{m/min}$，$a_p = 0.05\text{mm}$，$f = 0.1\text{mm/r}$，刀具的材料选用的是 YG6X 硬质合金，不使用切削液。可以看出，45 号钢的切削中，最主要的切削力是主切削力，轴向力和径向力仅为主切削力的 30% 左右。

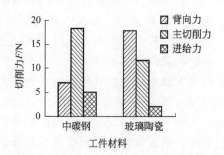

图 5-3　中碳钢与玻璃陶瓷的切削力对比

5.2.3　切削表面

对于可切削陶瓷材料，因为弱界面的显微结构设计提高了材料的可加工性，相比较而言，可加工陶瓷材料的加工损伤较小。氟金云母玻璃陶瓷的车削加工分别选用 W18Cr4V 高速钢、YW 硬质合金和 Si_3N_4 陶瓷三种刀具材料，进行端面切削试验。其中车床主轴转速 $n = 150\text{r/min}$，$a_p = 0.3\text{mm}$，$f = 1.5\text{mm/min}$，刀具角度一致，不使用冷却液。在 W18Cr4V 高速钢刀具和 Si_3N_4 陶瓷刀具的加工表面上，可以观察到清楚的切削纹理，而用硬质合金刀具加工的玻璃陶瓷表面切削痕迹相对不显著。用高速钢刀具车削玻璃陶瓷的表面轮廓起伏频率高，粗糙度曲线高度差较大，表面粗糙度 R_a 为 $1.06\mu m$；对于硬质合金刀具，玻璃陶瓷的表面轮廓起伏频率低，曲线高度差平稳且相差不大，其表面粗糙度 $R_a=0.59\mu m$；对于 Si_3N_4 陶瓷刀具，加工表面表面轮廓起伏频率高，曲线高度差相差不大，其表面粗糙度 $R_a=0.56\mu m$。硬质合金刀具和 Si_3N_4 陶瓷加工过的表面加工质量相对较好，可作为车削刀具对氟金云母陶瓷进行精密加工。可以得出结论，用高速钢刀具加工的陶瓷表面质量最差，硬质合金刀具最好，Si_3N_4 陶瓷刀具的表面加工质量介于两者之间。

5.3 可切削陶瓷材料的车削加工

5.3.1 刀具材料和角度

用普通刀具加工陶瓷时刀具磨损快，导致零件尺寸一致性差，加工表面锥度大，零件易崩裂，因此，合理选择刀具材料变得尤为重要。一般地，因为高速钢刀具在切削过程中容易产生刀尖的快速磨损，对于玻璃陶瓷材料的车削加工，应优先选择硬度高、耐磨性强的硬质合金刀具，同时硬质合金刀具可以应用较高的切削速度，一般的硬质合金刀具允许的切削速度可以达高速钢刀具的 3 倍。

在氟金云母陶瓷车削加工过程中，刀具材料性能是影响材料去除的关键因素。图 5-4 示出无冷却条件下 W18Cr4V 高速钢刀具、YW 硬质合金刀具、Si_3N_4 陶瓷刀具切削过程中的材料去除量变化曲线。其中车床主轴转速 $n=150r/min$，$a_p=0.3mm$，$f=1.5mm/min$，刀具角度一致，不使用冷却液。可以看出，高速钢刀具的刀具磨损量最大，材料去除量 y 最小，加工持续时间很短，主后刀面的磨料磨损非常严重，并且拌有塑性变形的发生。硬质合金刀具的加工效率最高，但刀具耐磨性也不高。Si_3N_4 陶瓷刀具的加工效率介于两者之间，刀具耐磨性较强，加工持续的时间较长。

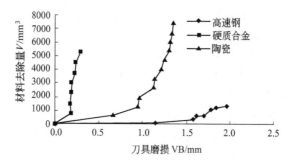

图 5-4 不同刀具材料与材料去除量的关系

可加工陶瓷材料的正交切削试验结果表明，优先选用的刀具参数如下：粗车外圆时，刀具前角取值 $-3°\sim0°$；精车外圆时，刀具前角取微小正值，取值略微增大为 $0°\sim2°$。此外，刀具后角约取 $5°$，提供所需空隙。取以上参数值加工可加工陶瓷时，刀具耐磨损，加工质量稳定，零件不易崩裂，但是精车时刀具的使用寿命会比粗车时短。

5.3.2 切削参数

选取合理的加工工艺参数是十分重要的，它可以延长刀具使用寿命，提高零件的加工质量和效率。为避免过高的切削热和工件表面产生宏观裂纹及崩边现象，切削可加工玻璃陶瓷时，应避免使用过高的切削速度，通常为铸铁切削速度的 1/2，并采用水基冷却液，降低零件及刀具的温度，避免产生明显的表面裂纹，允许最大切削速度一般为 45.72m/min。在可加工陶瓷材料的正交试验中，优先选取的参数如下：粗车外圆时，切削速度为 15m/min；精车外圆时，切削速度降低为 10m/min。取这些参数值加工时，加工质量稳定，且刀具相对耐用。

切削深度对加工质量及刀具耐用度影响相对较小，切削可加工玻璃陶瓷的切削深度最大值可达 6.35mm。正交试验中，优先选取参数为：粗车外圆时应选较大切削深度 $1.5\sim4$mm；精车外圆时，切削深度取值降低为 0.02mm，建议取值范围为 $0.02\sim0.1$mm。

进给量过大同样会造成零件加工表面质量下降，因此进给量应取较小值。如切削可加工陶瓷材料时，若进给量大于 0.2286mm/r，如工表面会出现严重破裂。在可加工陶瓷材料的正交试验中，优先选用的参数为：粗车外圆时，进给量为 0.15mm/r；精车外圆时，加工精度要求高，进给量较小，取值为 0.06mm/r。

综上所述，在刀具材料相同的前提下，切削速度、进给量和切削深度的取值不是由单个因素决定的，应综合考虑加工方式、加工工艺要求和零件材料等因素综合选择。

5.3.3 冷却

对于不同的可加工陶瓷材料，选择合理的切削用量、刀具角度、冷却等加工参数对获得合格的加工质量至关重要。由于可加工陶瓷的热导率很低，在切削过程中会产生大量的切削热，易使零件崩裂、破碎的同时，也会使刀具的温度迅速升高，导致刀具磨损，切削能力下降。例如钻削 $ZrO_2/CePO_4$ 陶瓷时，通过使用水冷却与不使用水冷却的情况进行比较，二者的硬质合金刀具磨损量相差 10 倍，因此必须使用冷却液，利用冷却液的冲刷带走部分切削热，利于提高刀具的耐磨性和零件的加工质量。用硬质合金刀具切削可加工玻璃陶瓷材料时，使用冷却液可以提高切削速度，同时降低刀具磨损量，通过图 5-2 可以明显地看出冷却液对刀具磨损的影响。

5.4　可切削陶瓷材料的铣削加工

5.4.1　概述

平面加工是机械零件制造过程中最常用的加工方法，如果陶瓷零件能采用常规的铣削方法加工，一定会显著提高生产效率和降低成本。已发表的一些研究成果表明，在陶瓷加工的某些领域，陶瓷材料铣削加工已取得一定的进展。现举例说明如下：

(1) 图 5-5 是铣削加工氧化铝耐火砖的加工结果　选用的氧化铝耐火砖的尺寸为 230mm×110mm×15mm。压缩强度为 705MPa，抗弯强度为 176MPa，相对密度 1.53；铣削加工的条件为：主轴转速 $n = 430 \text{r/min}$，铣削速度 $v_c = 3.6 \text{m/s}$，背吃刀量 $a_p = 0.5 \text{mm}$，端铣刀直径 160mm。一共进行了三次铣削，分别选取每齿进给量 0.05mm，0.07mm 和 0.12mm，图中可以看出使用烧结金刚石 DA100 和烧结金刚石 FC 两种刀具三次铣削的实验结果。烧结金刚石 DA100 型刀具是由粗粒金刚石烧结体，细粒金刚石烧结体和含有细粒金刚石的结合剂组成的优质烧结金刚石刀具，其耐磨性及韧性好，在给定的条件下，能顺利地对氧化铝耐火砖进行铣削加工，刀具后刀面的磨损极小，刀具寿命较长。烧结金刚石 FC 刀具（粒度 5～10um）在刀尖处出现了金刚石粒子的剥落损伤，在前刀面上的结合剂和金刚石颗粒均有磨损，这是由于进行高速铣削时，氧化铝耐火砖的材料中硬质颗粒对刀具表面产生刻画和侵蚀作用的结果，刀具的寿命比较短。

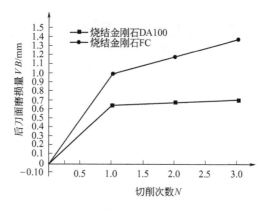

图 5-5　不同种类烧结金刚石刀具后刀面的磨损

(2) 由纯二氧化硅材料按各种形状和尺寸制成的绝热瓦 L1900（体积约 0.01m³、重约 8kg），用于覆盖航天飞机 70% 以上的外壳。这种陶瓷材料采用直径为 25.4mm，由 80～100 目金刚石颗粒制成的镀层端铣刀进行铣削加工，采用主轴转数为 14000r/min、背吃刀量为 127mm 和每分钟 3048mm 的进给速度铣削绝热瓦的各个表面。试验结果表明，铣刀的寿命比硬质合金工具显著延长，实现了陶瓷材料的高速铣削。

(3) 氧化锆陶瓷试件铣削　选用的氧化锆陶瓷试件的尺寸为 100mm×35mm×15mm。维氏硬度 1200～1300HV，试件密度 6.03g/cm³，铣削加工的条件为：主轴转速 $n=430r/min$，铣削速度 $v_c=3.6m/s$，背吃刀量 $a_p=0.1mm$，端铣刀直径 160mm。每齿进给量 0.05mm。同样使用烧结金刚石 DA100 和烧结烧结金刚石 FC 两种刀具进行单行程湿式铣削，烧结金刚石 DA100 刀具由于韧性好、耐磨能力强，刀尖很少出现剥落式的磨损，加工过程平稳，可以顺利地对氧化锆陶瓷试件进行湿式铣削。当选取合适的切削速度和较小的进给量和背吃刀量时，铣削质量将进一步提高。而烧结金刚石 FC 刀具进行单行程湿式铣削后，刀尖和前刀面上均出现金刚石粒子的剥落和损伤，铣削质量也很差。

5.4.2　金刚石多齿镀层端铣刀的高效率铣削

采用金刚石多齿镀层端铣刀，在普通立式铣床上对氧化锆 ZrO_2 和氧化铝 Al_2O_3 $[w(Al_2O_3)=99\%]$ 陶瓷材料进行平面铣削。当主轴转速 710～1400r/min、背吃刀量为 0.5～2mm、进给量为 28～112mm/min 时，采用湿式铣削均能得到满意的结果，已加工表面粗糙度约为 1～2μm，加工效率是普通磨削的 3～8 倍，刀具寿命极长。

5.4.2.1　金刚石多齿镀层端铣刀的研制

(1) 按照试验使用的 X53T 立式铣床主轴连接尺寸进行镀层端铣刀的结构设计，金刚石多齿镀层端铣刀的结构如图 5-6 所示。

采用电镀性能优良的 45 钢为铣刀的基体，内孔和端面定位，并优选刀具几何参数：刀具前角为 $-60°～-45°$；八个刀齿（包括为数众多的微刃）；后角为 0°、主偏角为 45°及圆弧半径为 2mm。

(2) 磨粒及浓度的选择　优选粒度 120～240 目的 3 型金刚石磨粒；金刚石磨粒的浓度为 100%。

(3) 电镀工艺与电镀液　①刀具浸入浓度 25% 的硫酸溶液中，电流密度为 20A，实现除油；②刀齿浸入硫酸镍、硫酸钴、硼酸等配制的溶液中，硫酸镍占 30%～40%，电流密度为 0.2A，预镀镍层厚度为 0.02～0.04mm；③将镀层端铣刀的刀齿埋入装有金刚石磨粒的镀池中镀金刚石磨粒；④在电流密度为 0.6～0.8A 的条件下，对已镀有金刚石磨粒的切削部位再次镀镍；⑤清洗并检测。

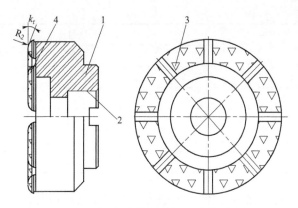

图 5-6　多齿镀层端铣刀结构图

1—刀体；2—定位面；3—金刚石颗粒；4—金刚石镀层

5.4.2.2　陶瓷及硬脆材料铣削试验

（1）铣削力的试验研究

试验条件：X53T 立式铣床（带冷却防护装置）；金刚石多齿镀层端铣刀；切削液采用乳化液；QB-9 型通用测力仪（708 所生产）、YD-15 型动态电阻应变仪及 XY 函数记录仪；被铣削材料：PSZ 部分稳定氧化锆，断裂强度 500MPa，断裂韧度 $8MPa \cdot m^{1/2}$，弹性模量 205GPa、硬度 1500HV，密度 $5.2g/cm^3$；Al_2O_3 陶瓷，断裂强度 300MPa，断裂韧度 $4MPa \cdot m^{1/2}$，弹性模量 390GPa、硬度 1100HV，密度 $3.9g/cm^3$ 试验结果如表 5-1 所列。

表 5-1　铣削分力与铣削用量的关系

$n \times v_f \times a_p$ /(r·min^{-1})×(m·s^{-1})×mm	铣削分力					
	ZrO_2			Al_2O_3		
	X	Y	Z	X	Y	Z
560×20×0.2	49	107	310	18	58	182
710×20×0.2	37	98	260	13	48	136
900×20×0.2	33	86	230	9	37	110
1120×20×0.2	30	86	203	8	34	98
1400×20×0.2	27	81	180	8	31	92
1120×20×0.2	30	86	230	8	34	98
1120×28×0.2	40	100	270	9	42	114
1120×40×0.2	60	138	340	17	63	190
1120×56×0.2	76	142	370	19	80	196
1120×80×0.2	100	160	400	24	102	260
1120×20×0.1	18	51	144	7	25	65

$n \times v_f \times a_p$ /(r·min^{-1})×(m·s^{-1})×mm	铣削分力					
	ZrO$_2$			Al$_2$O$_3$		
	X	Y	Z	X	Y	Z
1120×20×0.2	30	86	203	8	34	98
1120×20×0.3	38	104	270	11	42	104
1120×20×0.4	57	133	330	12	57	142
1120×20×0.5	65	164	370	14	64	150

　　试验数据表明：①镀层端铣刀铣削时，近似于连续切削，在刚性好的立式铣床铣削陶瓷材料，切入/切出没有冲击、加工过程平稳、加工效率高、质量好。②铣削力随主轴转速的升高而降低，当主轴转数 n 低于 900r/min 时，铣削力随主轴转速的升高而显著降低，当主轴转数 n 高于 900r/min 时，则平缓下降。铣削力随进给速度及背吃刀量的增加而增加，其中进给速度影响较大，背吃刀量较小。③铣削用量对铣削力影响较大，影响大小的顺序是进给速度、背吃刀量和主轴转数，其中较重要的是每转进给量的选取。选取铣削用量的原则是，先选较高的主轴转数和较大的背吃刀量，再选较小而适宜的进给速度。④陶瓷材料不同，铣削力也显著不同 ZrO$_2$ 陶瓷的抗弯强度和断裂韧度明显高于 Al$_2$O$_3$ 陶瓷，ZrO$_2$ 陶瓷的铣削力约为 Al$_2$O$_3$ 陶瓷的 1～2 倍。

　　(2) 陶瓷试件表面粗糙度的试验研究　试验条件与上述铣削力试验相同，试件的表面粗糙度及铣刀镀层损伤分别用 Taylorsurf-6 轮廓仪和工具显微镜测量，试验结果如表 5-2 所示。

　　试验数据表明：①铣削用量对表面粗糙度有影响，随主轴转速的升高，表面粗糙度下降；随背吃刀量的增加，表面粗糙度增大，然而 a_p=0.2mm 时，表面粗糙度最低。进给量对表面粗糙度的影响较大，表面粗糙度随进给速度的增加而增加。②采用热等静压工艺烧结的 ZrO$_2$（Si$_3$N$_4$、SiC）等陶瓷材料的铣削加工，表面粗糙度均优于气氛烧结 Al$_2$O$_3$ [w(Al$_2$O$_3$)=75%、w(Al$_2$O$_3$)=95%] 陶瓷材料。

　　(3) 铁氧体（Fe$_3$O$_4$）磁性材料的高效铣削　核磁共振成相系统（MIR）是先进的大型医疗设备，为了解决核磁共振成相仪国产化过程中大量不同类型铁氧体（Fe$_3$O$_4$）磁性材料块体加工的难题，采用金刚石多齿镀层端铣刀进行铣削加工，取得了良好效果。其中对尺寸为 60mm（长度）×40mm（宽度）×30mm（高度）的 ZrO$_2$ 陶瓷、Al$_2$O$_3$ [w（Al$_2$O$_3$）=95%] 陶瓷和铁氧体（Fe$_3$O$_4$）磁性材料试件进行了铣削性能对比试验研究，采用优化的切削参数，得到了试验结果，见表 5-3 所列。

表 5-2　表面粗糙度与铣削用量的关系

$n \times v_f \times a_p$ /(r·min^{-1})×(m·s^{-1})×mm	表面粗糙度		铣刀的每转进给量 /mm·r^{-1}
	ZrO_2	Al_2O_3	
560×10×0.2	0.88	1.25	0.0179
710×10×0.2	0.86	1.16	0.0141
900×10×0.2	0.77	1.05	0.0111
560×14×0.2	1.41	2.10	0.0250
710×14×0.2	0.98	1.21	0.0192
900×14×0.2	0.91	1.05	0.0155
710×20×0.2	0.97	1.21	0.0282
900×20×0.2	0.93	1.10	0.0222
1120×20×0.2	0.63	0.95	0.0178
710×28×0.2	1.03	1.37	0.0394
900×28×0.2	0.98	1.27	0.0311
1120×28×0.2	0.80	1.05	0.0250
1120×20×0.1	0.60	1.05	0.0178
1120×20×0.2	0.53	0.95	0.0178
1120×20×0.3	0.89	1.20	0.0178
1120×20×0.4	0.95	1.44	0.0178

表 5-3　铁氧体铣削表面的表面粗糙度与铣削效率的关系

试验材料与铣削用量			表面粗糙度 /μm	材料去除率 /mm^3·min^{-1}
ZrO_2	$n=1120\sim1400$ r·min^{-1}	$v_f=28$mm·min^{-1} — $a_p=0.2$mm	0.8~0.9	224
		$a_p=0.4$mm	0.9~1.0	448
Al_2O_3	同上	$v_f=56$mm·min^{-1} — $a_p=0.5$mm	1.0~1.4	1120
		$a_p=1.0$mm	1.3~1.6	2240
铁氧体	同上	$v_f=110$mm·min^{-1} — $a_p=1.5$mm	1.0~1.3	6600
		$a_p=3.0$mm	1.3~1.6	13200
		$v_f=160$mm·min^{-1} — $a_p=1.5$mm	1.0~1.4	9600
		$a_p=3.0$mm	1.4~1.6	19200

铁氧体材料通常采用平面磨床进行加工，背吃刀量小，加工效率低，不能满足生产要求。上述研究表明，采用金刚石多齿镀层端铣刀的铣削工艺，可实现铁氧体材料的优质高效率加工，生产效率可提高 10 倍以上。

这种端铣刀的主要磨损形式为金刚石颗粒的机械磨损、镀层磨损、镀层剥落和金刚石颗粒的脱落。当冷却条件不充分时，也会出现氧化磨损，并显著降低使用性能。这种端铣刀只是在镀层磨损严重，金刚石颗粒大量剥落时，才失去可加工性。

5.5 可切削陶瓷材料的钻削加工

5.5.1 刀具材料

刀具材料、冷却条件、主轴转速及刀具角度等钻削工艺参数对玻璃陶瓷材料去除率产生一定的影响。图 5-7 示出无冷却条件下，用硬质合金钻头加工的玻璃陶瓷材料去除量变化曲线，其中主轴转速 5800r/min，固定钻床所施加的载荷，轴向钻削力为 22.87N；钻头直径 1.5mm，刀具前角 22°；钻头顶角 $2\Phi = 121°$。随着加工时间的增加，材料的去除量增加，与加工时间呈线性关系，材料去除率基本稳定。加工后期，由于切削刃过度磨损，切削能力下降，材料去除量较小，曲线呈水平状态。

在氟金云母玻璃陶瓷钻削加工过程中，刀具材料是影响材料去除的至关重要因素，图 5-7 为 YG6X 刀具切削过程中，材料去除量 y 的变化曲线。但是，在无冷却的情况下，用 W18Cr4V 高速钢钻头加工 5s 时，就发生了严重的刀刃卷曲，主后刀面的磨料磨损非常严重。为避免失效，在水冷却的情况下，同时采用 3000r/min 的较低转速，高速钢钻头只能持续加工 20s，其磨损形态为正常的磨料磨损，换用直径 6mm 的高速钢钻头，仍然不能正常加工。因此，高速钢刀具无法满足氟金云母玻璃陶瓷加工的需要。以下试验均采用 YG6X 型硬质合金钻

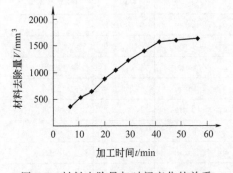

图 5-7 材料去除量与时间变化的关系

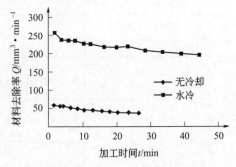

图 5-8 冷却条件对材料去除率的影响

头加工氟金云母玻璃陶瓷。

5.5.2　冷却条件

图 5-8 示出冷却条件对材料去除率的影响曲线，其中主轴转速为 5800r/min、钻头顶角为 130°。与无冷却情况相比较，采用水冷却时，材料去除率 Q 提高了近 4 倍。在刀具磨损量相同时，有冷却情况下，加工持续时间提高了近 0.5 倍。说明冷却条件是影响钻削效率的主要因素，切削温度主要影响材料加工去除过程。

5.5.3　主轴转速

图 5-9 示出材料去除率 Q 与主轴转速 n 之间的关系曲线，其中钻头顶角 125°，无冷却。随着主轴转速的增加，玻璃陶瓷的材料去除率基本上呈上升趋势。主轴转速超过 3000r/min 后，刀具的磨损也随之加快，从而影响材料去除率的快速增长。随着主轴转速的进一步提高，刀具的钻削时间越来越短，刀具磨损也随之加剧，并导致机床振动加剧、加工质量降低，块状切屑现象随之出现。如当主轴转速为 $n=3000$r/min 时，钻头的加工持续时间为 11min，材料去除体积为 1308mm³，刀具磨损量为 43μm，此时刀具仍然可以继续加工。当 $n=6300$r/min 时，加工持续时间仅为 8min，材料去除体积为 1112mm³，刀具磨损量达到 123μm，钻削加工已无法进行。上述研究结果说明，过高的切削速度不利于玻璃陶瓷的钻削加工。

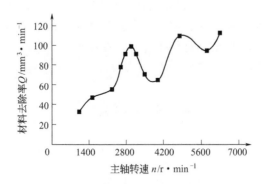

图 5-9　主轴转速与材料去除率的关系

5.5.4　钻头顶角

图 5-10 示出材料去除率 Q 与钻头顶角 2ϕ 之间的关系曲线，其中主轴转速为 3000r/min，无冷却。材料去除量曲线呈抛物线形状，当顶角为 $2\phi=100°$ 时是

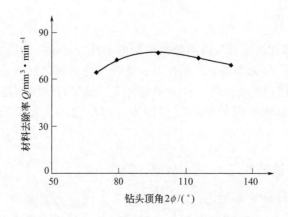

图 5-10　钻头顶角对材料去除率的影响

抛物线的顶点。过大和过小的钻头顶角将会导致切削刃的变短，刀具的磨损加剧。钻头顶角较大时，主后刀面磨损从靠近刀尖的主切削刃开始，沿主切削刃逐渐向横刃扩展，导致主后刀面与横刃的磨损。当刀具顶角较小时，刀具磨损从靠近横刃端点的主切削刃开始，逐渐向外递进，磨损后期横刃完全消失。当钻头顶角 2ϕ 在 $80°\sim115°$ 时，材料去除率数值接近，最大值与最小值仅相差 $5.6mm^3/min$，说明该阶段是玻璃陶瓷材料加工比较适合的顶角范围。

　　刀具材料、冷却条件、主轴转速及刀具角度等钻削工艺参数对玻璃陶瓷材料去除率产生一定的影响，其中刀具材料、冷却条件的影响较为显著。在有冷却的条件下，可以显著提高材料去除率。氟金云母玻璃陶瓷钻削加工过程中．选择适当的钻削工艺参数，可以增加材料去除率，提高加工效率。

参考文献

［1］于思远，林彬．工程陶瓷材料的加工技术及其应用［M］．北京：机械工业出版社，2008．

［2］田欣利，徐西鹏等．工程陶瓷先进加工与质量控制技术［M］．北京：国防工业出版社，2014．

［3］白雪清，于爱兵，贾大为等．可加工陶瓷材料机械加工技术的研究进展［J］．硅酸盐通报，2006，25（4）；130-136．

［4］于爱兵，马廉洁，于思远．钻削工艺参数对氟金云母玻璃陶瓷材料去除率的影响［J］．硅酸盐通报，2006，25（2）：57-59．

［5］于爱兵，马廉洁，谭业发．氟金云母玻璃陶瓷钻削过程中的刀具磨损特性［J］．摩擦学学报，2006，26（1）：79-83．

［6］原昭夫，中井哲男，矢津修示．新型陶瓷材料的加工技术［J］．工业材料，2005，31（12）：55-61．

［7］Robert L Vaughn, CMfgE, PE. Skinmilling for the space shuttle［J］. Manufacturing Engineering：1980，84（3）：83-85.

［8］ 于思远 . 切削工程陶瓷材料用的多齿镀层端铣刀：中国，88204507. 5［P］. 1989-06-28.

［9］ 于思远 . 工程陶瓷高效率加工新工艺及其加工机理研究报告［R］. 天津：天津大学机械学
　　 院，1996.

［10］ 马廉洁，于爱兵，韩廷水等 . 氟金云母陶瓷车削参数对刀具磨损的影响［J］. 兵器材料科学与工
　　 程，2007，30（1）：1-4.

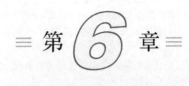

第6章 先进陶瓷的磨削加工技术

6.1 先进陶瓷材料的磨削特性

Al_2O_3陶瓷、Si_3N_4陶瓷、SiC陶瓷、ZrO_2陶瓷是常用的优异的高温结构材料，其力学方面的特性见表 6-1。先进陶瓷磨削加工是最常见的陶瓷加工方式，因此，国内外学者对各种先进陶瓷的磨削特性进行了深入广泛的研究，以促进先进陶瓷材料的广泛应用。在先进陶瓷磨削特性研究方面，目前主要涉及的有磨削力、磨削比能、磨削温度、磨削表面形貌、表面粗糙度、比磨削刚度和磨削比等方面。

表 6-1   部分先进陶瓷的力学性能

项目	Al_2O_3	Si_3N_4	SiC	ZrO_2
维氏硬度 HV	16	13	25	25
抗弯强度 σ_b/MPa	304	980	490	304
弹性模量 E/GPa	344	206	392	294
密度 ρ/(g·cm^{-3})	3.8	5.9	3.1	3.2
泊松比 μ	0.25	0.31	0.16	0.28

6.1.1 磨削力

磨削力起源于工件与砂轮接触后引起的弹性变形、塑性变形、切屑形成以及磨粒和结合剂与工件表面之间的摩擦作用。磨削力几乎与所有的磨削有关，是研究磨削过程和磨床设计的基础，是评价材料磨削特性的一个重要指标。砂轮磨削工件的过程可以看成是大量磨粒不断切削工件并与工件和切屑相互摩擦的过程。单颗磨粒最大切削厚度 h_{max}（也称最大未变形切削厚度）是研究加工过程中一个非常重要的物理量，它能直接反映单颗磨粒的受力情况，且与单颗磨粒所承受的法向力和切向力都具有较好的线性关系。

单颗磨粒的最大切削深度 h_{max} 模型如图 6-1 所示，在国内外的研究中通常用以下的表达式为

$$h_{max} = \sqrt{\frac{3}{C_a \cdot \tan\theta} \cdot \left(\frac{v_w}{v_s}\right) \cdot \sqrt{\frac{a_p}{d_e}}} \tag{6-1}$$

式中：C_a 为砂轮圆周表面单位面积实际参与切削的有效磨粒数；θ 为切削底部的夹角的 $1/2$，一般取 $60°$；v_s 为砂轮的线速度；v_w 为工作台进给速度；a_p 为磨削深度；d_e 为砂轮直径。

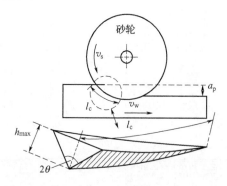

图 6-1　单颗磨粒未变形切屑及最大切削厚度示意图

通过式（6-1）可以看出，磨削过程中，磨削力随磨削深度 a_p 以及工件进给速度 v_w 的增大而增大。提高工件速度有利于形成粉状磨屑，可使得残留于已加工表面上的裂纹减小，因此在相同材料去除率（$Q_w = a_p v_w$）下，选择较大的进给速度比增加磨削深度有利，同时也利于磨屑从磨削弧区内排除弧区外。采用平面磨床 CHL-B306-4 和砂轮 ASD170R100B56-3，砂轮外径 300mm，宽度 15mm，砂轮线速度为 $v_s = 22\text{m/s}$，进给速度 $v_w = 8\text{m/min}$。对 Al_2O_3 陶瓷、Si_3N_4 陶瓷、SiC 陶瓷和 ZrO_2 陶瓷材料进行磨削，发现 Al_2O_3 陶瓷的磨削力最小，而 Si_3N_4 陶瓷、SiC 陶瓷和 ZrO_2 陶瓷材料的磨削力比较接近。这可能是因为 Al_2O_3 陶瓷的脆性比较大，在磨削过程中主要是以脆性崩裂方式去除为主，而其他几种陶瓷材料的韧性相对较大，使得磨削过程中塑性流动所占的比重较大。

由图 6-2 可以看出，三种先进陶瓷的磨削力均随着砂轮线速度的提高而减小，当砂轮线速度达到 150m/s 时磨削力最小。从图中还可以看出，不论是高速磨削还是普通磨削，在三种陶瓷材料中，氮化硅和氧化锆陶瓷的磨削力相近，而且磨削力要明显大于氧化铝的磨削力。这是由于磨削力与陶瓷材料显微结构及性能有关。在三种陶瓷中氧化铝的硬度最高，强度和断裂韧度最低，氧化锆和氮化硅陶瓷的强度和断裂韧度均要大于氧化铝陶瓷。因此，氧化铝陶瓷的磨削力最小。

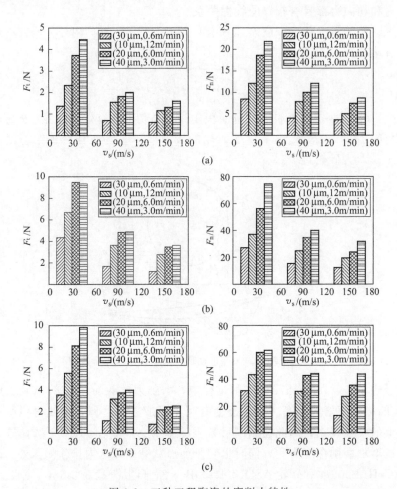

图 6-2　三种工程陶瓷的磨削力特性

（a）Al_2O_3陶瓷的磨削力特性；（b）ZrO_2陶瓷的磨削力特性；（c）Si_3N_4陶瓷的磨削力特性

　　另外值得一提的是，陶瓷磨削与金属磨削有着明显的区别，那就是磨削力比具有较大不同，磨削力比为磨削时磨削法向力 F_n 与磨削切向力 F_t 之比，磨削力比与被磨材料的力学性能以及砂轮的锋利程度有关，磨削力比不但可以反映出砂轮在磨削过程的磨损情况，还可以反映出材料的磨削难易程度。图 6-3 为钎焊金刚石砂轮在高速磨削条件下（包含普通磨削）对 Al_2O_3、Si_3N_4 和 ZrO_2 三种先进陶瓷材料进行磨削时的磨削力比随砂轮线速度的变化情况。从图 6-3 中可以看出，磨削力比基本上随着砂轮线速度的提高而增大。在三种陶瓷中氧化铝的磨削力比最小，大部分的比值为 5.0～8.0；氧化锆的磨削力比最大，比值为 7.0～13.0；氮化硅陶瓷的磨削力比略小于氧化锆陶瓷的力比，其值为6.0～14.0。磨削力比可以反映三种先进陶瓷的加工难易程度，力比值越大，说明砂轮上磨粒越难切入工件，即越难进行加工。

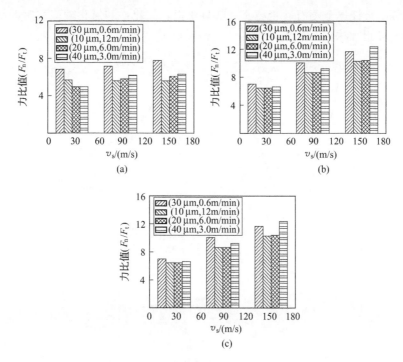

图 6-3　三种先进陶瓷的磨削力比特性

（a）Al_2O_3陶瓷的磨削力比特性；（b）ZrO_2陶瓷的磨削力比特性；（c）Si_3N_4陶瓷的磨削力比特性

将磨削力比求倒数即 F_t/F_n，这样三种先进陶瓷磨削过程中的切向力和法向力的关系可以拟合成一条直线，该拟合直线的斜率实际上反映了金刚石磨粒与先进陶瓷间的摩擦系数的大小。换算可得：氧化铝陶瓷与金刚石磨粒间的摩擦系数最大，分别为 0.19 和 0.21 氧化锆陶瓷与金刚石磨粒间的摩擦系数同氮化硅陶瓷与金刚石磨粒间的摩擦系数几乎一样，大约为 0.16。

6.1.2　磨削比能

磨削比能 μ 是指去除工件上单位体积材料所消耗的能量，或者是去除单位体积材料所消耗的功率，和磨削力一样，磨削比能也是磨削加工过程中一个重要的物理量。它将直接关系到砂轮的磨损、磨削温度和加工表面的完整性。它是磨削过程中磨粒与工件间的相互作用机理、磨削参数选用是否合理、金刚石砂轮性能及表面状况等情况的综合反映。磨削比能的表达式如下：

$$\mu = \frac{F_t v_s}{a_p v_w b} \tag{6-2}$$

式中：b 为砂轮宽度；F_t 为切向磨削力；v_s 为砂轮线速度；v_w 为工件进给

速度。

　　图 6-4 为钎焊金刚石砂轮高速磨削氧化铝、氧化锆和氮化硅陶瓷时磨削比能与单颗磨粒最大未变形切削厚度的变化情况。

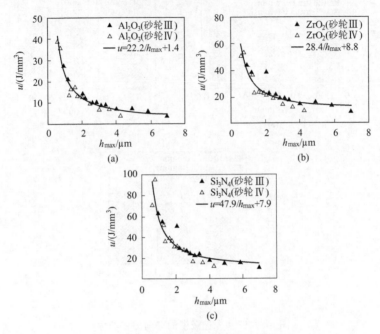

图 6-4　三种先进陶瓷的比磨削能特性

（a）Al_2O_3 陶瓷；（b）ZrO_2 陶瓷；（c）Si_3N_4 陶瓷

　　从图 6-4 可以看出，三种陶瓷的磨削比能均随着 h_{max} 的增大先迅速下降，然后缓慢下降并逐渐趋向平稳。三种陶瓷磨削中，氮化硅陶瓷的磨削比能最大，氧化硝陶瓷的磨削比能最小，氧化锆陶瓷的磨削比能居中。

6.1.3　磨削温度

　　在工件速度 $v_w = 6 \sim 12 \text{m/min}$、砂轮速度 $v_s = 37.68 \text{m/s}$、磨削深度 $a_p = 5 \sim 20 \mu \text{m}$ 时，磨削 Al_2O_3、Si_3N_4 和 SiC 陶瓷，测得的磨削温度见图 6-5 和图 6-6。由图可知：磨削温度随磨削深度和工件速度的增加而增加，并且 Si_3N_4 陶瓷和 SiC 陶瓷的磨削温度彼此接近，在较高的材料去除率的情况下，磨削 Si_3N_4 陶瓷的温度大于磨削 SiC 陶瓷的温度。Si_3N_4 陶瓷和 SiC 陶瓷在不同磨削条件下的磨削温度变化范围分别为 $290 \sim 1335 ℃$ 和 $400 \sim 1120 ℃$；而 Al_2O_3 陶瓷的磨削温度变化范围为 $120 \sim 575 ℃$，远远小于磨削 Si_3N_4 陶瓷和 SiC 陶瓷的磨削温度。

　　图 6-5 为高速磨削 Al_2O_3 陶瓷时磨削温度的变化情况。从图中可以看出：在高速磨削条件下，磨削 Al_2O_3 陶瓷时的磨削温度随磨削深度和工件速度的增加而

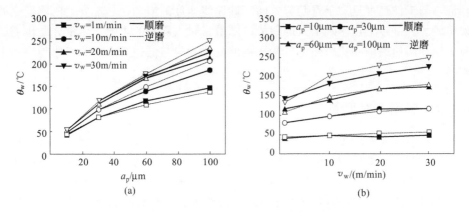

图 6-5　磨削 Al_2O_3 陶瓷时的磨削温度

（a）磨削温度与磨削深度关系（$v_s = 120m/s$）；（b）磨削温度与进给速度关系（$v_s = 120m/s$）

增加。

图 6-6 为在高速磨削条件下磨削 Al_2O_3 陶瓷时热量分配比例与磨削深度和进给速度的关系。从图中可知，高速磨削陶瓷时热量分配比例与磨削深度呈现下降

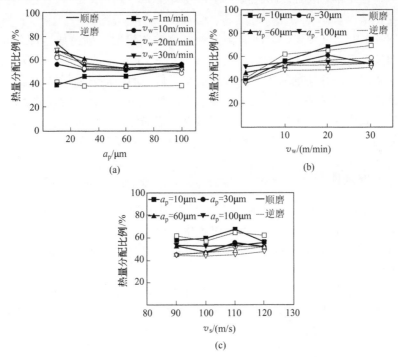

图 6-6　磨削 Al_2O_3 陶瓷时热量分配比例的变化特性

（a）热量分配比例与磨削深度关系（$v_s = 120m/s$）；（b）热量分配比例与进给速度关系（$v_s = 120m/s$）；

（c）热量分配比例与砂轮速度的关系（$v_w = 10m/min$）

趋势，与工件速度呈现上升趋势，随着砂轮线速度的增加，热量分配比例变化波动比较大，基本上也呈现上升的趋势。随着材料去除率的增大，热量分配比例趋向平稳。高速磨削陶瓷时热量分配比例的变化趋势与低速磨削时的变化趋势基本相同。

6.1.4　磨削表面形貌

在普通及高速磨削条件下对 Al_2O_3、Si_3N_4 和 ZrO_2 先进工程陶瓷材料进行磨削，探讨磨削表面形貌的变化特征。由试验结果可知高速磨削可以实现先进陶瓷去除方式发生转变，增加材料的塑性去除比例，有利于提高加工表面质量。

Al_2O_3、Si_3N_4 和 ZrO_2 三种先进陶瓷的磨削表面形貌有明显差异，材料的去除方式也不同；提高砂轮线速度对 Al_2O_3 和 ZrO_2 陶瓷磨削表面和去除方式的影响不大，而对氮化硅陶瓷的磨削表面和材料的去除方式有明显改变。

6.1.5　表面粗糙度

图 6-7 为钎焊金刚石砂轮磨削三种先进陶瓷时，磨削表面粗糙度值随砂轮线速度的变化情况。

从图 6-7 中可以看到，磨削氧化铝和氧化锆陶瓷时，砂轮线速度为 150m/s 的表面粗糙度值要略小于砂轮线速度为 30m/s 和 90m/s 的表面粗糙度值。磨削氮化硅陶瓷时，高速磨削的表面粗糙度值小于低速磨削的表面粗糙度值，这是由于高速磨削时，单颗磨粒的最大未变形切削厚度减小，氮化硅陶瓷的去除方式变成以塑性方式去除材料为主，所以表面粗糙度值降低。总体上来说，氧化铝陶瓷的表面粗糙度值要明显大于氧化铝和氮化硅陶瓷的表面粗糙值。

6.1.6　比磨削刚度

比磨削刚度 K_c 为比法向磨削力与实际磨削深度的比值，它可以定量描述法向磨削力对加工误差的影响。在磨削过程中，由于法向磨削力较大，这在垂直工件表面方向的加工弹性变形也会比较大，从而会引起表面加工质量恶化。故对比磨削刚度的研究具有重要的意义。

在磨削过程中，由于磨削力具有非线性特征，因此，当磨削深度变化范围较宽时，比磨削刚度为非定值，由于磨削过程的随机性，该值也具有非线性特征。在磨削过程中，实际的磨削深度 a_p 可以由下式给出：

$$\frac{a_p}{a_{pn}} = \frac{1}{1 + b_s K_c / K_m} \tag{6-3}$$

式中：a_{pn} 为名义磨削深度（背吃刀量）；b_s 为磨削宽度；K_m 为机械系统静刚度。

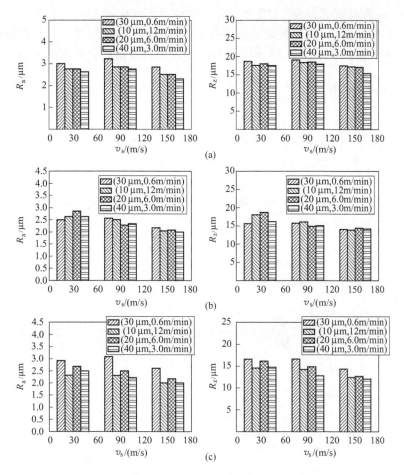

图 6-7　三种先进陶瓷磨削表面粗糙度与磨削速度的关系

（a）磨削 Al_2O_3 陶瓷；（b）磨削 Si_3N_4 陶瓷；（c）磨削 ZrO_2 陶瓷

由式（6-3）可以看出，比磨削刚度越大，则实际磨削深度越小，即引起的加工误差越大。这时为了保证质量而需要静刚度更高的磨床。

此外，对 Al_2O_3 陶瓷、Si_3N_4 陶瓷、SiC 陶瓷和 ZrO_2 陶瓷材料进行磨削试验，得出陶瓷材料的比磨削刚度随工件速度的增大而增大，因此，在磨削过程中，应适当降低工件速度。通过比较四种陶瓷材料的磨削过程发现：磨削 Si_3N_4 陶瓷时的比磨削刚度最大，其次是 ZrO_2 陶瓷，最小的是 SiC 陶瓷和 Al_2O_3 陶瓷。

6.1.7　磨削比

磨削比是磨削特性评价指标之一，以工件材料去除量和砂轮磨损量之比来表示。有学者试验，分别采用缓进给磨削和摆动磨削，发现缓进给磨削的磨削比相对较小。一般情况下，SiC 陶瓷和 Al$_2$O$_3$陶瓷的磨削比较大。

磨削比与工件材料和砂轮的特征有关。对于不同特征的砂轮，相同的陶瓷材料的磨削比也是有变化的，磨削比会随着金刚石砂轮浓度及粒度的减小而减小。

6.1.8　磨削强度

陶瓷加工表面存在加工痕迹和沿加工纹理方向分布的微裂纹，成为材料磨削表面的初始裂纹。这些微裂纹在外载荷作用下有可能扩展，从而导致加工后材料强度的降低。强度降低的大小与表面损伤深度密切相关。此外，陶瓷磨削后的强度与砂轮粒度、磨削方向等诸因素有直接关系。图 6-8 表示加工条件对陶瓷零件强度影响的试验结果。对于同一种陶瓷材料，由于磨削方向和砂轮粒度不同，强度也可能会产生很大差异。

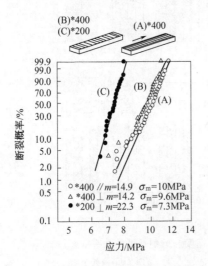

图 6-8　磨削条件对陶瓷材料强度的影响

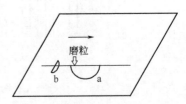

图 6-9　两类磨削裂纹示意图

磨削过程中的应力分析表明：在磨粒前下方的陶瓷工件内部的第二主应力极值大于第一主应力极值，如图 6-9 所示，与垂直磨削方向的加工裂纹 b 相比较，沿磨削方向的加工裂纹 a 更长、更深，沿磨削方向的加工裂纹对加工后陶瓷工件的强度影响更大。在图 6-9 中，经过相同粒度金刚石磨粒加工的陶瓷试件，相对于（A）试件，（B）试件更容易断裂，也表明了沿磨削方向的裂纹对陶瓷材料的强度影响更加显著。

加工后的陶瓷工件强度受到磨削方向的影响，根据这一特性，可以通过改变加工工艺，达到提高材料去除率和减少加工损伤程度的效果。例如，对于平面磨削过程，若能够定时实现工作台的 90°旋转，便可以增加陶瓷工件加工表面较深加工裂纹的交叉概率，从而增加材料成屑去除的概率。这一加工方案，在陶瓷材料粗加工过程，对于提高材料去除率是有益的。再如，对于普通的外圆纵磨，砂轮的轴心线与工件的轴心线相互平行，工件表面的主要加工裂纹沿着工件的周向方向。如果将砂轮沿垂直方向旋转 90°，则砂轮的轴心线与工件的轴心线垂直，工件表面的主要加工裂纹沿着工件的轴向方向，如图 6-10 所示。因此，对于承受弯曲应力的轴类零件而言，经图 6-10(b) 方式加工的陶瓷工件的强度损失较小。用粒度为 140/170 的金刚石树脂砂轮对熔融石英棒进行外圆磨削加工，两种磨削方式加工后的工件断裂概率如图 6-11 所示。

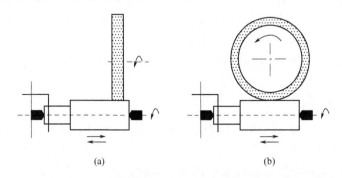

图 6-10　外圆磨削方式对陶瓷工件加工强度的影响
(a) 普通纵磨；(b) 新型纵磨

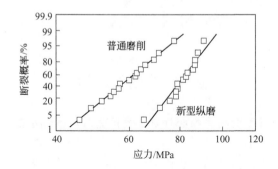

图 6-11　两种磨削方式的熔融石英断裂概率

　　如果对磨削加工后的陶瓷材料进行适当的热处理，则可以愈合陶瓷材料的机加工裂纹，提高材料的力学性能。例如，对于热压 Mullite/ZrO_2/SiC_p 复合陶瓷材料，采用粗粒度金刚石砂轮磨削，然后在氮气气氛条件下进行 4h 的热处理。对于 Mullite/ZrO_2/SiC_p 陶瓷试样，烧结后的弯曲强度为 (501±36)MPa，断裂韧性为 (6.21±0.19)MPa·$m^{1/2}$；磨削后的弯曲强度为 (435±35)MPa，残余应力为 −561MPa；经 1100℃ 热处理后的弯曲强度为 (470±36)MPa，断裂韧性为 (7.45±0.50)MPa·$m^{1/2}$，残余应力为 −124MPa。Mullite 中含有的玻璃相一般分布晶界上，热处理时，晶界处的玻璃相软化，玻璃相有效地愈合了材料表面的裂纹，提高了陶瓷材料的力学性能。另外，裂纹尖端处的 SiC 颗粒在高温下氧化成 SiO_2，沉积在裂纹尖端，使裂纹尖端的半径增大，缓解了裂纹尖端的应力集中，增加了裂纹扩展的阻力，也起到提高陶瓷材料力学性能的效果。

6.1.9　表面相变

部分稳定氧化锆通过添加 MgO、CaO 等稳定剂，使部分四方相氧化锆稳定在室温下。部分稳定氧化锆陶瓷在受到磨削应力时，会产生应力诱导相变，四方相转变为单斜相氧化锆。这种马氏体相变，伴随着体积膨胀，在相变区产生压应力场，会提高陶瓷材料的韧性。Mg-PSZ 陶瓷的磨削加工就存在这种现象，Sialon 陶瓷在磨削中也存在由 α-Si_3N_4 向 β-Si_3N_4 转变的相变现象。

6.1.10　残余应力

磨削作用会在陶瓷表面产生磨削残余应力。陶瓷材料加工表面不仅存在磨削方向的残余应力，而且在垂直磨削方向也有与之大小相近的残余应力。用树脂结合剂金刚石砂轮光磨加工后的氧化锆陶瓷表面，用 X 射线衍射法测得两个方向的残余应力各为 $\sigma_x = -721MPa$，$\sigma_y = -735MPa$。表面残余压应力有助于提高材料的抗弯强度，对材料的使用是有利的。形成陶瓷磨削残余应力的主要因素是：磨削温度引起的不均匀热膨胀形成的热塑性变形和显微塑变的冷挤压作用。前者产生热残余拉应力，后者产生残余压应力。

6.2　金刚石砂轮

金刚石磨料具有硬度高、耐磨性好、磨削力和磨削热小的特性，非常适合于陶瓷材料的高效磨削加工。金刚石砂轮在磨削中具有与普通砂轮明显不同的效果：生产效率高、加工精度高、表面粗糙度值低、砂轮磨耗小、使用寿命长和改善劳动条件，能解决很多难加工材料的磨削问题。

金刚石砂轮一般由磨料层、过渡层和基体三部分组成。目前的大部分研究工作集中在磨料层的制备，而金刚石砂轮的基体材料和形状也会影响到陶瓷材料的磨削过程，基体的设计也应作为金刚石砂轮的重要组成部分之一。基体材料影响金刚石砂轮的动态特性，进一步影响到砂轮和工件之间接触区域的动态特性，从而影响陶瓷的磨削表面质量、磨削力和砂轮磨损。

6.2.1　金刚石磨料

金刚石砂轮的选择和设计通常需要考虑到磨料类型和粒度、结合剂、浓度以及砂轮形状和尺寸等一系列因素。用于金刚石砂轮的磨料可以分为天然金刚石和人造金刚石两种。

　　金刚石磨料的粒度直接影响陶瓷工件的表面质量和加工效率，磨料粒度的选择应根据工艺条件、加工要求和最优尺寸范围考虑。通常情况下，粗粒度金刚石可提高砂轮的寿命和材料去除率，而细粒度金刚石可得到较好的表面质量。图6-12 为金刚石砂轮磨粒尺寸与单晶硅加工表面亚表面裂纹深度之间的关系，加工裂纹深度随着金刚石磨粒尺寸的增大而增加。

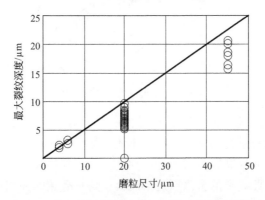

图 6-12　硅片加工损伤深度与金刚石砂轮粒度关系

　　对于氧化物陶瓷材料的磨削，可以选择天然磨粒的电镀金刚石砂轮，天然金刚石具有锋利的切削刃，不含金属杂质，抗冲击性好。磨削氧化物陶瓷材料的烧结金属结合剂金刚石砂轮常选用具有良好完整晶形的人造金刚石磨粒，晶粒强度高，切削刃锋利，可以获得较长的砂轮寿命和切削特性。晶形完整的粗粒度金刚石单晶在树脂结合剂砂轮中不易破碎，将会导致金刚石砂轮的切削能力降低，砂轮变钝，引起磨削效率下降、磨削热增加和树脂结合剂的快速磨损，而结合剂的磨损会引起金刚石的过早脱落。因此，粗粒度金刚石磨粒最适于制造电镀、金属和陶瓷结合剂的金刚石砂轮。采用人造金刚石磨料的树脂结合剂砂轮更适于加工非氧化物陶瓷材料，人造金刚石磨料具有不规则晶粒形状和大量晶内解理面，通过磨料的微破碎持续获得新的切削刃。易破碎的金刚石磨脱最适于制造树脂结合剂金刚石砂轮，树脂的弹性和磨损特性使金刚石刃口外露和锐化较为理想。随着磨削过程中结合剂的磨损，金刚石产生破裂，砂轮工作表面不断地再生和锐化。

　　通过结合剂将金刚石磨粒聚合在一起，形成一个金刚石磨粒聚集体，制造聚集体的结合剂可以是树脂、陶瓷以及金属。与砂轮的制造方法类似，应用结合剂将众多的金刚石聚集体制成金刚石砂轮，如图 6-13 所示。这种由聚集体制成的金刚石砂轮具有较高的磨削比和材料去除率。

　　在金刚石表面均匀包覆一层金属、金属化合物或合金薄膜，可以实现金刚石

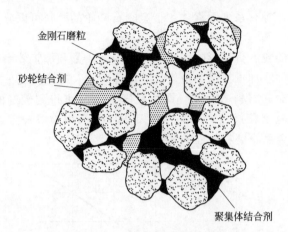

图 6-13   金刚石磨粒的聚合体

的表面金属化，镀膜是目前金刚石金属化的常用方法。通过金刚石的表面金属化，可以修补金刚石的初始缺陷，提高金刚石强度，改善金刚石磨粒和工具结合剂的结合状态，从而提高金刚石砂轮的性能。金属膜层还有散热作用，减少结合剂的热烧损以及由此导致的金刚石过早脱落，延长砂轮的使用寿命。镀膜金刚石可以提高砂轮寿命和磨削效率，常用的金刚石镀膜金属有镍、铜、钛、钨、铬等。镀镍、镀铜的磨料适于树脂结合剂金刚石砂轮，镀钛、镀钨以及镀铬的磨料常用于陶瓷和金属结合剂的金刚石砂轮。镀铜的金刚石磨粒，能有效消耗切削区的磨削热，常用于陶瓷、硬质合金的干磨。镀镍的金刚石磨粒适于制造冷却工作条件下的树脂结合剂砂轮。

对于细粒度的金刚石磨粒，尽管磨粒的涂层可以改善结合剂与金刚石的结合状态，树脂结合剂与金刚石磨粒的结合强度依然较弱，磨粒容易从树脂结合剂中脱落。为了解决细粒度金刚石磨粒的脱落，研究人员发明了涂层金刚石磨粒聚集体，具有金属涂层的金刚石磨粒被另外的金属结合剂聚合在一起，形成一个涂层金刚石磨粒聚集体，再应用树脂结合剂制成涂层金刚石磨粒聚集体的金刚石砂轮，通过这种方法制造的树脂金刚石砂轮，增强了树脂结合剂对磨粒的把持力度。

除了金属涂层，在金刚石磨粒表面也采用刚玉或碳化硅作为涂层。刚玉涂层凸凹不平，呈"刺状"，与金刚石磨粒牢固结合。刚玉涂层的金刚石磨料，在具有镀镍、镀铜磨粒优点的同时，还增加了树脂基体对金刚石磨粒的把持力，使金刚石磨料与树脂基体牢固结合，增加了砂轮使用寿命。另外，脆性的刚玉涂覆层不阻碍磨削过程，提高了砂轮的使用寿命和锋利度，刚玉涂覆处理后的金刚石砂轮保留了良好的自锐性，可以使树脂结合剂金刚石砂轮的使用寿命和加工效率分别提高 35％。

6.2.2　结合剂

金刚石砂轮的结合剂可以分为树脂结合剂、陶瓷结合剂和金属结合剂，其中的广义金属结合剂又包含青铜或铸铁结合剂、电镀结合剂以及钎焊结合剂等。不同结合剂对磨料的结合强度不同，每种结合剂对应有各自的金刚石磨料浓度范围，金刚石砂轮的浓度影响陶瓷材料的磨削效率和加工成本。树脂结合剂金刚石砂轮的浓度范同为 50％～75％，陶瓷结合剂的浓度范围为 75％～100％，青铜结合剂为 100％～150％，电镀金刚石砂轮的浓度为 150％～200％。

图 6-14 为各种结合剂金刚石砂轮加工陶瓷材料的表面粗糙度示意图，可以观察到金刚石砂轮结合剂以及磨粒粒度对陶瓷磨削表面粗糙度的影响规律。

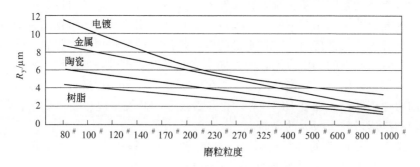

图 6-14　磨粒粒度以及结合剂对陶瓷
磨削表面粗糙度的影响规律

树脂结合剂金刚石砂轮容易修整、自锐性好、切削锋利适中、不易堵塞和加工效率高。树脂结合剂的弹性好，具有抛光作用。磨削时温度低，表面粗糙度值低。鉴于上述优良特性，树脂结合剂金刚石砂轮目前在生产中的应用最为广泛。但是，树脂结合剂耐热性差、强度低和磨损快，在高温下结合剂与金刚石的结合强度低，不能发挥超硬磨料的高效切削性能。

陶瓷结合剂金刚石砂轮的性能介于树脂磨具与青铜磨具之间，比树脂磨具耐用，比青铜磨具锋利。陶瓷结合剂金刚石砂轮易修整、自锐性好、切削锋利、磨削精度高、呈现良好的切削性能。陶瓷结合剂耐酸碱、耐热性好、耐油性、适于较广的冷却液条件，油冷却效果较佳。其弹性模量约为树脂结合剂弹性模量的 4倍，且具有一定的刚性，减少了磨粒在工件表面的划擦时间。砂轮中有较多的气孔，有利于冷却和排屑，磨削时不易堵塞，工件不易烧伤。陶瓷结合剂金刚石砂轮适于陶瓷材料的粗磨、半精密和精密磨削，可用于缓进给、深磨以及成形磨削工艺。然而，陶瓷结合剂金刚石砂轮的制作较难，限制了其广泛应用。目前在各类金刚石砂轮中，陶瓷结合剂金刚石砂轮的用量较少。陶瓷结合剂的烧成温度通常较高，而金刚石的耐热性较差，一般在大气中温度 700℃ 以上时，便开始氧化和石墨化，金刚石的表面结构开始变化，强度降低。陶瓷结合剂金刚石砂轮一般采用低温陶瓷结合剂，结合剂的熔化温度一般应低于烧结温度100℃以下，以保证熔化的结合剂能够包容大部分金刚石磨粒。

金属结合剂具有高的强度、刚度、硬度和导热性，而且与磨料结合力强，砂轮形状保持能力好。金属结合剂金刚石砂轮具有耐磨性好、寿命长、能承受大负荷磨削的特点，在高性能硬脆材料的粗磨、半精磨、精密、超精密磨削和成形磨削中得到广泛的应用。但是，金属结合剂金刚石砂轮的整形和修锐较难。早期的人造金刚石砂轮主要以青铜结合剂为主，随着树脂结合剂的开发和普遍应用，青铜结合剂磨具不再占据金刚石磨具中的统治地位。青铜结合剂金刚石砂轮的结合力强、耐磨损，可承受大负荷，工作面几何形状保持性好，使用寿命长。但青铜结合剂金刚石砂轮的修整较难，自锐性差，容易堵塞。进入20世纪80年代，开发了多种配方的金属结合剂砂轮，如铸铁结合剂金刚石砂轮。铸铁结合剂对金刚石磨粒具有很大的把持力，磨粒不易脱落，提高了砂轮耐用度和材料去除率。并且铸铁中游离石墨的润滑作用，使被加工表面可以获得较好的表面粗糙度。铸铁结合剂金刚石砂轮具有较高的刚度、强度和磨削比，是一种适合工程陶瓷材料高效磨削的理想砂轮。随着ELID等砂轮修整技术的开发与应用，铸铁结合剂金刚石砂轮的应用得到了极大的提高。

电镀金刚石砂轮的磨料出刃高、磨削锋利、磨料浓度高、无需修整、磨削效率高。容易制成具有特殊形状的金刚石磨具，适用于复杂形状特殊型面工件的磨削加工。电镀金刚石砂轮的单层结构决定了它可以达到很高的工作速度，应用于陶瓷材料的高速、超高速磨削。但是电镀金刚石砂轮的镀层与基体、镀层与磨料之间没有形成牢固的化学冶金结合，金刚石磨粒仅仅被机械镶嵌在镀层金属中，镀层对金刚石的把持力小，在负荷较重的高效磨削中金刚石磨粒易脱落。

高温钎焊单层金刚石砂轮克服了电镀砂轮的缺点，可以实现金刚石、结合剂与金属基体之间界面上的化学冶金结合。钎焊金刚石砂轮采用金属钎焊料将金刚石磨粒黏结在砂轮基体上，充分利用和发挥了金刚石磨料的高硬度和高耐磨性性能，具有较高的结合强度，磨粒的裸露高度可达70%～80%，因而钎焊砂轮锋利、磨料可控排布、容屑空间大、不易堵塞、磨料的利用更加充分。高温钎焊单层金刚石砂轮的磨削力和磨削温度低，更适于陶瓷材料的高速和超高速磨削加工。例如，在转速为2500r/min的条件下，进行电镀金刚石钻头与钎焊钻头的Al_2O_3对比钻削试验，图6-15为钻削轴向力随进给率的变化曲线。钎焊钻头的轴向力小于电镀钻头的轴向力，特别是在进给率较大的情况下。增大进给率，钻头的每转进给量增加。电镀金刚石钻头的磨粒突出高度和容屑空间相对较小，再加上电镀金刚石磨粒的脱落现象，金刚石磨粒利用率不够充分，导致了较高的轴向力。

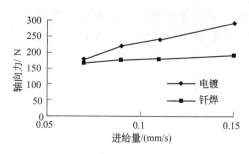

图 6-15　氧化铝陶瓷钻削轴向力与进给率的关系

　　在电镀和钎焊等金属结合剂金刚石砂轮的基础上，研究人员开发出磨粒设计型金刚石砂轮，如图 6-16 所示。磨粒设计型金刚石砂轮采用金属结合剂，磨料层采用单层的粗粒度金刚石磨粒。与普通的金刚石砂轮不同，这种砂轮表面的金刚石磨粒在制造过程中经过了特定的设计，使金刚石磨粒具有高强度、热稳定性和耐磨性，呈现有序的磨粒排列和分布形式、均匀的磨粒凸出高度、相近的平钝型切削刃以及一致的磨粒切削刃取向。磨粒设计型金刚石砂轮克服了普通砂轮的一些不足，通过对金刚石表面磨粒的宏观和微观形貌的精确设计，将"磨粒—工件"之间的随机磨削过程转变为一种可确定的加工过程。还可以改善冷却效果和容屑空间，特别适合于大去除量的硬脆材料磨削。此外，磨粒设计型金刚石砂轮还可以实现硬脆材料的无损伤精密加工，适于精密加工的批量生产过程。

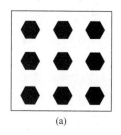

(a)　　　　　　　　　　(b)

图 6-16　金刚石磨粒对比示意图

（a）磨粒设计型砂轮；（b）普通砂轮

6.2.3　金刚石的回收及再制造

　　通常情况下金刚石砂轮的磨料层不能完全消耗，当磨料层变薄或金刚石磨损后，残留有昂贵金刚石的砂轮便失去切削能力而报废。面对每年大量的金刚石消耗量，在发展低碳经济的需求下，回收和再制造金刚石砂轮，是提高金刚石利用率、节约制造成本的有效手段之一。

　　对于树脂结合剂金刚石砂轮，通常将废砂轮煅烧至 $500 \sim 600 ℃$，树脂由于不耐热而被完全烧尽，煅烧粉末经过酸煮，然后通过清洗筛分，便可以得到金刚石磨粒。这种方法的缺点是容易造成砂轮基体的变形和金刚石的热损伤。

目前，金刚石锯片的回收方法有两大类：化学法和电化学法。化学法有两个环节，第一步进行酸液腐蚀工具，实现对金属结合剂的溶解，得到金刚石颗粒。对浸出的金刚石颗粒依次进行清洗、分选后可直接用于再生产。第二步是对酸性溶解液进行化学提取，溶液中的金属离子，经过沉淀、煅烧等工艺可得到金属单质和金属化合物，如钴、铜、镍、氧化铜、氧化钴、硫酸钴等。化学法存在着明显的不足：对工具基体有腐蚀，回收过程中产生有害气体，既污染环境，又有害人体健康。电化学法以回收的工具作为阳极，通电后在电解液中镀层金属镍或钴发生电化学溶解反应，得到金刚石颗粒。相比化学法速度明显提高，但对工具基体的过腐蚀仍然存在。

对于陶瓷结合剂金刚石砂轮，由于陶瓷结合剂材料的特殊性质，传统的化学和燃烧方法均无法实现对金刚石的分离回收。将金刚石陶瓷磨具破碎成颗粒状，制成由金刚石与碳化硅组合而成的磨料聚合体，再利用这种组合磨料聚合体制成树脂结合剂金刚石砂轮。

与金刚石锯片的回收过程类似，广泛采用化学法和电化学法回收电镀金刚石工具。尽管化学法和电化学法在实际工程中得到应用，但不符合绿色再制造的原则。采用"热震法"则可以实现磨料层与基体的绿色分离[9]：将待回收的电镀金刚石工具放置在电炉中加热，保温，取出迅速放入冷水中，重复上述过程，电镀金刚石工具经过几次反复的冷热冲击，磨料层与工具基体之间便产生了开裂和脱落现象。电镀金刚石钻头经过二次热震过程，有成片磨料层脱落，再对磨料层进行轻轻剥离，则磨料层就完全脱离了基体。

镍的线膨胀系数为 $13.3 \times 10^{-6}/℃$，碳钢的线膨胀系数为 $10.6 \times 10^{-6}/℃$，在反复冷热冲击过程中，因线膨胀系数的差异，磨料层与基体间的结合界面就会产化应力突变，从而引起界面的开裂。上述"热震法"的效率高，如果选定合理的加热温度，则对基体、金刚石和结合剂的二次使用性能均无影响，而且分离过程无环境污染，符合绿色环保要求，从而保证金刚石、基体和结合剂的有效回收和再利用。

图 6-17 为电镀金刚石工具再制造的主要流程，其中，金刚石磨料层与工具基体的高效、绿色分离是实现金刚石工具再制造的难点和技术关键，也是实施金刚石工具再制造的重要环节。因为只有首先将金刚石磨料层与工具基体进行分离，才能实现金刚石、工具基体和结合剂的全面回收和再利用，也不会存在化学法或电化学法回收过程中对工具基体的腐蚀现象了。再制造过程中的其他环节，如粒度筛分、磨料层的电解、清洗处理等内容，金刚石工具生产厂家目前已形成成熟的技术。

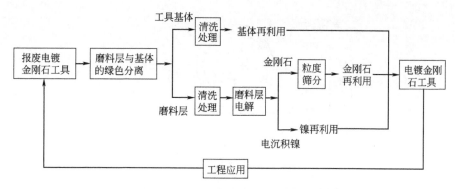

图 6-17　电镀金刚石工具再制造的主要流程

6.3　金刚石砂轮的修整

金刚石砂轮的磨削性能在很大程度上取决于砂轮的表面特性。金刚石砂轮的整形方法主要有滚压整形法、磨削整形法、软钢磨削整形法和金刚石笔整形法等。常用的金刚石砂轮修锐方法主要有油石修锐法、刚玉块切入修锐法、磨削修锐法等。

树脂结合剂金刚石砂轮的修整比较容易，一般采用绿色 SiC 整形砂轮，应用滚压整形法即可完成金刚石砂轮的整形。即将 SiC 或 Al_2O_3 油石固定在平面磨床工作台上，被修整的金刚石砂轮以一定的磨削用量磨削油石，油石上的磨料切除砂轮表面的树脂结合剂，使金刚石磨粒突出。

金属基金刚石砂轮在高性能硬脆材料的成形磨削和精密、超精密磨削中应用广泛，然而金属结合剂金刚石砂轮的向锐性差、容易堵塞，影响磨削过程的稳定性和磨削表面质量，限制了其在高性能硬脆材料的精密加工中的正常使用。金属结合剂金刚石砂轮存在修整时间长、修整难度大、修整效率低等缺点。传统的磨料研磨法、普通砂轮磨削法和磨削软钢法存在着修整效率低、修整次数频繁和操作环境恶劣等缺点，各国学者竞相开发金属基金刚石砂轮的修整新技术，有关金属结合剂金刚石砂轮修整技术的研究工作主要包括以下几方面。

6.3.1　电火花修整法

如图 6-18 所示，电火花修整过程中，砂轮高速旋转，金刚石砂轮接脉冲电源的正极，工具电极接脉冲电源的负极，以磨削乳化液为工作液，工作液由磨床的冷却液喷嘴直接注入金刚石砂轮和工具电极之间，然后利用金刚石砂轮和工具电极之间产生脉冲火花放电的电腐蚀现象来蚀除金属结合剂，使金刚石磨粒有效暴露出来，从而达到整形和修锐的目的。电火花修整法可进行在位、在线修整，

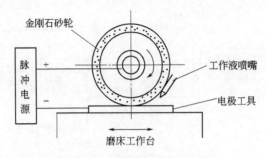

图 6-18　电火花修整示意图

易于保证砂轮的磨削精度；修整后的砂轮磨削力小；可以方便地实现对成形砂轮的快速、高精度修整。

6.3.2　杯形修整法

用杯形碳化硅砂轮研磨修整金刚石砂轮，通过杯形砂轮上脱落下来磨粒的游离研磨作用，去除金刚石磨粒周围的金属结合剂，磨粒突出高度逐渐增加。杯形砂轮修整法修整效率高，整形效果好，被修砂轮的偏心量基本为零。修整后的砂轮磨削性能好，磨削力小，磨削效率高，且修整时既可整形又可修锐。

6.3.3　软弹性修整法

如图 6-19 所示，砂带卷在砂带轮上，修整时金刚石砂轮以较高的速度旋转而卷带轮则缓慢地转动，带动砂带缓慢移动，利用砂轮的高速旋转而使砂带弹性变形不能完全恢复来实现去除砂轮高点的目的。软弹性修整法的优点是被修整的金刚石砂轮与砂带之间能自动选择合适的挤压力，并能保持修整过程稳定；砂带低速进给，砂带上与砂轮表面接触的磨粒基本上没有磨损，因而可获得较强的修

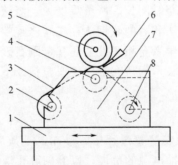

图 6-19　软弹性修整示意图

1—工作台；2—砂带轮；3—砂带；4—接触轮；5—砂轮主轴；
6—磨削液喷嘴；7—修整器本体；8—卷带轮

整能力；因为砂带是弹性的，因而它能去除金刚石砂轮表面磨粒间的结合剂，同时不损害金刚石磨粒的切削刃。

6.3.4　激光修整法

激光修整法利用光学系统把激光束聚焦成极小的光斑作用于砂轮表面，在极短的时间内使砂轮局部表面的金属结合剂材料以蒸发汽化和熔融溅射的形式被去除，通过控制激光加工参数，可选择性地去除结合剂材料，而不损伤超硬磨粒，使磨粒突出，在砂轮表面形成容屑空间，从而达到修整的目的。激光修整为非接触加工，无机械作用力，无修整工具的消耗，且热作用区域小，能得到较大的容屑空间和合适的磨粒突出高度，修整效率高且易实现自动化。

6.3.5　电解修整法

如图 6-20 所示，电解修整是以电化学作用为主、机械作用为辅进行的。砂轮接直流电源阳极，根据砂轮形状制造一个导电性良好的修整块接阴极，调整砂轮与修整块两极间隙，以构成必要的电解间隙，电解砂轮磨削液经喷嘴喷入间隙中，形成通路。砂轮表面的金属结合剂在电流和电解液作用下，发生阳极溶解而去除。

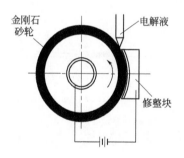

图 6-20　电解修整示意图

应用电解修整法可以实现金属结合剂成形金刚石砂轮的整形与修锐，保证砂轮廓形与工件廓形的一致，并可以实现磨削加工中的在线电解修整。由于电解成形规律受阴极工具和砂轮之间的电场、流场、电极反应动力过程等因素的影响，因而其修整间隙并非处处相等，而是依某种规律呈不均匀分布。特别是当被加工零件的廓形具有较大曲率或具有复杂不规则的几何外形时，如采用仿形阴极工具，即阴极工具形状与砂轮廓形相同，则修整后的砂轮轮廓形状不能符合加工要求。对于成形金刚石砂轮的电解修整而言，修整阴极工具与砂轮的形状并非完全相同。在成形砂轮电解修整电场模型的基础上，应用有限元法求解电场中拉普拉斯方程几何反问题。假定初始阴极形状，施加阳极边界条件，从砂轮阳极表面开始逐层计算电位分布，求得修整间隙区域的等电位线，从而可以得到修整阴极工具曲线族。

假设成形砂轮的廓形呈对称形状，取砂轮和阴极廓形的一半，对比设计阴极与成形砂轮廓形之间的差别。图 6-21 为设计阴极与砂轮廓形在 y 方向的坐标偏差，可以看出，设计阴极形状与成形砂轮的廓形并不一致。相对于成形砂轮外形轮廓而言，设计阴极形状的曲率增大。x 坐标越接近砂轮的两个侧面，设计阴极与砂轮廓形的偏差随之增大。抛物线成形砂轮的设计阴极与其廓形的偏差最大，圆弧成形砂轮的设计阴极与其外形轮廓形状的偏差最小。成形砂轮的廓形曲率越大，则设计的阴极形状与砂轮外形轮廓的偏差越大。

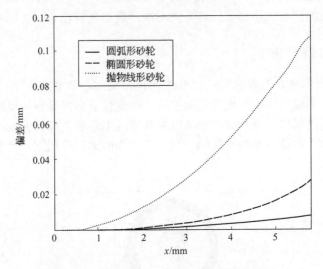

图 6-21   设计阴极与成形砂轮轮廓形状对比

6.3.6   ELID 法

ELID（Electrolytic In-process Dressing）可以认为是在砂轮电解修整技术的进一步应用，在电解修整过程中，根据阳极反应，整形后的砂轮表面铁离子电离，金刚石磨料露出，同时在砂轮表面形成一层有绝缘作用的氧化膜，氧化膜可以减缓和阻止砂轮结合剂的进一步电解，降低砂轮表面结合剂的电解速度，以免砂轮的过快损耗。随着磨削过程的进行，砂轮表面磨料磨损，磨粒出刃高度降低。此时的氧化膜会明显受到工件材料表面以及磨屑的刮擦作用，砂轮表面的氧化膜变薄，砂轮表面的导电性逐渐恢复，于是，又开始 ELID 循环过程。绝缘层生成的厚度和非线性电解的修整作用处于一种动态平衡，既保持了金刚石砂轮表面的最佳切削状态，又限制了金属结合剂的过度电解。ELID 方法磨削力小、磨削热小，大大减小了硬脆材料加工表面的微观裂纹。

此外，还发展了高温高压整形法、游离磨料喷射修整法、超声波振动修整法以及电火花—电解在线复合修整等修整方法。金属基金刚石砂轮的修整是实现硬脆材料的精密和超精密磨削、高速高效磨削、成形磨削、磨削自动化的关键因素之一。因而实际应用中需综合考虑加工条件、工件材料等各方面因素，选择最优修整方案，以达到最佳的修整效果。金属基金刚石砂轮的修整方法各种各样，各具特色，但金属基金刚石砂轮的修整技术仍需发展完善。开发低成本、高效率、适应性广、工业化应用程度高的修整技术将是金属基金刚石砂轮修整技术的主要研究方向。

6.4 陶瓷磨削机床

随着陶瓷材料在工业领域应用的增加，有必要开发和研制适于陶瓷材料加工的专用机床。国内外一些研究部门，相继开发出一些适于陶瓷材料加工的磨床，主要是对现有的金属磨床进行适当的改进。主要包括机床结构、砂轮修整系统、冷却装置、密封与防护系统、装夹配件等。一般的，陶瓷材料加工用磨床应满足以下功能要求：

(1) 磨床的结构刚度要高。机床床身和砂轮主轴的刚度要高，主轴静刚度一般为普通磨床的3~5倍。

(2) 砂轮主轴驱动电机功率要大。

(3) 机床具有防尘设施，特别是导轨、丝杠等运动部件要注意防护。

(4) 具有工作液供给、过滤及分离磨屑的循环系统。

(5) 磨床采用金刚石砂轮作为磨具，并配有相应的金刚石砂轮修整装置。

陶瓷磨床的刚度一直是人们关注的重点。引起机床结构变形的主要因素包括热变形、静载荷、动载荷以及残余应力等。其中，热变形是机床变形的主要因素，因为机床结构的热变形将会引起工件相对砂轮位置的改变。为了减少温度场对机床结构的影响，可以采用各种措施，包括主动措施和被动措施，如表6-2所列。

表6-2 机床热变形防治措施

热变形防治措施	主动措施	冷却
		加热
		控制
	被动措施	热源移位
		热对称设计
		辅加补偿单元

静载荷是引起机床结构变形的另一因素。陶瓷磨削过程中，法向力与切向力之比可以达到 10 : 1，较高的法向力容易引起主轴变形。因此，用于陶瓷磨削机床的静刚度设计非常重要。机床结构的静刚度取决于结构材料和部件在结构上设计。静载荷不仅影响加工精度，还与机床的生产率有关。较高的法向磨削力，使砂轮偏离其名义位置。因法向力引起刀具在位置上的偏差，常常需要在多次光磨行程中得到恢复。光磨时间取决于法向力和系统刚度，机床刚度越大，光磨所需时间越短。

机床的动态特性也影响陶瓷材料的加工过程。一般由于机床闭环刚度（一般指砂轮与工件之间的刚度）不足以及砂轮磨损等原因，常引起磨削振动。此外，机床刚度的增加还导致已加工工件强度的降低，这主要受到磨削力中动态磨削分力的影响。

为了提高机床的稳定性，可以采用尺寸稳定性好的材料制造机床床身，例如，花岗岩、合金铸铁等，另外，一些部件经过去应力工艺处理，保证这些部件具有较高的尺寸稳定性。

陶瓷磨屑呈微细粉末状，是硬度较高的硬质点。如果进入机床的轴承、导轨以及其他配合表面，将会加剧机床的磨损。因此，关键零部件的防护和冷却清洁装置的设计是陶瓷磨床设计过程中的关键技术之一。电磁式冷却液除屑方法不适于陶瓷磨屑，陶瓷加工中，通常采用浮选、冲积过滤和离心过滤等方法，清洁冷却液。

表 6-3 列出陶瓷材料的几种装夹方式。陶瓷工件在装夹过程中要保证工件的夹紧力均匀一致，避免产生应力突变点，从而引起因装夹而产生的工件损伤。特别是对于薄壁类工件，更需要设计专用的夹具，以保证工件的磨削加工。因为陶瓷工件不导电，不能直接应用在电磁吸盘工作台，需要借助台钳夹持工件。对于批量磨削平面零件，就需要设计专用的夹具，以提高加工效率。

表 6-3　陶瓷零件的装夹方式

要求	方案	举例
避免载荷峰值	成形封闭夹紧装置	陶瓷环的导向套
应用高夹紧力	真空吸附夹具	六爪精密夹盘
高精度	间接夹具	轴向自动定心夹盘
易操作、自动化	柔性过渡机构	无心外圆磨削
柔性好	工件内部形成内应力	塑料涂层芯轴

对于陶瓷磨床而言，加装高效的金刚石砂轮修整装置是进行陶瓷材料磨削加工的基础，金刚石砂轮的修整装置，要根据砂轮的结合剂类型和磨削精度要求，进行合理地选择和设计。

俄罗斯金属切削机床科学研究院开发的加工陶瓷工件的平面磨床配有 1200mm×630mm 的工作台，工作台结构可使机床刚度达 400~500N/μm。砂轮主轴、工作台和十字托板均采用空气静压支承，机床采取专门措施以获得高热稳性，机床安装时利用减振垫放置在地面上。机床工作台或托板在行程上可以实现 10~100nm 的微进给量，从而保证陶瓷材料的精密加工。加工陶瓷零件时，600mm 长度上的平直度误差≤0.05μm，型面精度误差为±2.0μm，表面粗糙度 R_a≤0.04μm。

6.5　先进陶瓷材料的大背吃刀量缓进给磨削

在平面普通磨削中，砂轮速度常在 30~50m·s^{-1} 之间，磨除率为 1~50mm^3·s^{-1}，磨削虽然可以达到较高的精度和较好的表面质量，然而其效率却很低。在 20 世纪 50 年代，国外开始研究如何提高磨削效率，他们把砂轮线速度提高到 50m·s^{-1}，工作台的往复速度提高到 40m·min^{-1}，每往复一次的砂轮进给量提高到 0.05mm，这样磨削效率明显提高，因此形成了高速磨削。20 世纪 50 年代末，在平面磨削中又探索出一条新的途径，即砂轮的线速度保持常规磨削的速度范围，加大背吃刀量，降低工作台速度，使砂轮像铣削那样工作，可获得磨削的精度和表面粗糙度，这样逐步发展成了现在的大背吃刀量、缓进给速度的大背吃刀量缓进给磨削工艺。它是西德 ELB 磨床公司于 1958 年首创的一种高效磨削加工方法，背吃刀量一般在 2.5~6.35mm 之间，但有时背吃刀量也可能高达 7.5mm。砂轮圆周速度一般是 30m·s^{-1}左右，进给速度很低，有时只有 25~375mm·min^{-1}。由于背吃刀量很大，所以缓进给磨削在相同的时间内切除的材料比常规磨削要多得多。缓进给磨削的效率比普通磨削高 3~5 倍，加工精度可达 2~5μm，表面粗糙度 R_a 为 0.2~0.4μm，是一种能够快速磨去大量材料，并加工出精密工件的高精度、高效率的加工方法。

6.5.1　大背吃刀量缓进给磨削工艺的特点

大背吃刀量缓进给磨削以其大背吃刀量和缓进给速度为显著特征，它与常规磨削的比较见图 6-22。其特点为：

(1) 背吃刀量大，砂轮与工件接触弧长，材料去除率高，工件往复行程次数少，节省了工作台换向时间及空磨时间，可以充分发挥机床和砂轮的潜力，提高生产率。

(2) 砂轮磨损小。由于进给速度低，磨屑厚度薄，单颗磨粒所承受的磨削力小，磨粒脱落和破碎减少；工作台往复行程次数少，砂轮与工件撞击次数少，加上进给缓慢，减轻了砂轮与工件边缘的冲击，使砂轮能在较长时间内保持原有

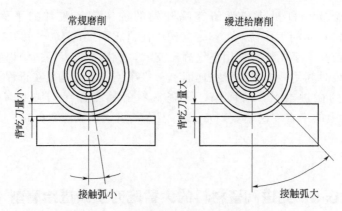

图 6-22 常规磨削与缓进给磨削比较

精度。

(3) 由于单颗磨粒承受的磨削力小，所以磨削工件精度高，表面粗糙度低。砂轮廓形保持性好，加工精度比较稳定。此外，接触弧长可使磨削振动衰减，使工件表面波纹度及表面应力小，不易产生磨削裂纹。

(4) 接触面大使磨削热增大，而接触弧长使切削液难以进入磨削区，工件容易烧伤。

(5) 由于接触面积大，参加磨削的磨粒较多，总磨削力大，因此需要增大磨床功率，对磨床设计要求较高。

6.5.2 大背吃刀量缓进给磨削的分类

(1) 常规缓进给磨削 该方法的加工成本最低，加工周期较长，为了防止砂轮出现严重磨损导致工件烧伤，砂轮需要修整。

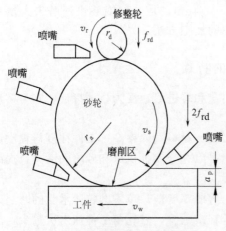

图 6-23 连续修整缓进给磨削原理

陶瓷材料的缓进给磨削通常采用常规缓进给磨削方式。

(2) 连续修整缓进给磨削 连续修整缓进给磨削的砂轮只能用金刚石滚轮进行连续修整，使砂轮一直处于最佳状态。另外，在许多情况下，工件的装卸必须采用自动或半自动方式，再加上金刚石修整轮的使用，通常其成本略高于常规缓进给磨削法。其工作原理如图 6-23 所示。

(3) 高速缓进给磨削 该方法常用于大批量生产中对相似形状的工件

或由若干形状相似件组成的一批工件进行批量加工。砂轮速度高达 $45\sim150\mathrm{m}\cdot\mathrm{s}^{-1}$ 以上，超高速时可达 $150\mathrm{m}\cdot\mathrm{s}^{-1}$ 以上。为避免砂轮不平衡产生巨大的离心力，砂轮必须进行精确的平衡。

6.5.3　大背吃刀量缓进给磨削工艺

6.5.3.1　砂轮的选择

(1) 磨料　适用于陶瓷材料缓进给磨削的磨料为金刚石，金刚石磨粒主要有天然金刚石（D）、合成金刚石（SD）和电镀金刚石（SDC）三种。

(2) 结合剂　金刚石砂轮常用的结合剂有金属、树脂和陶瓷结合剂三种。缓进给磨削用砂轮一般采用陶瓷结合剂，因为其结合强度高，形状保持性好，并能形成气孔；同时还具有良好的耐热、耐水和耐腐蚀的性能，适于各种磨削液的使用[12]。

(3) 粒度　通常较粗的金刚石粒度可提高砂轮的寿命和材料切除率；而较细的金刚石粒度可得到较低的表面粗糙度。另外，金刚石粒度与磨削效率也有一定的关系，一般说来，粒度粗，磨削效率高，磨削热小；粒度细，磨削功率增大，磨削热大。

(4) 硬度　缓进给磨削要求砂轮有很好的自锐性能，如果砂轮硬度比较高，自锐性差，很容易使零件表面烧伤。因此，缓进给磨削选用的砂轮，比常规磨削所用砂轮硬度要软。难加工材料要选用超软级，易磨材料选用软级。

(5) 组织　由于缓进给磨削产生大量粉末状、粒状磨屑，在砂轮接触弧长内将存储较多的磨屑，经过磨削液的冲洗才能排出，因此缓进给磨削用砂轮要有一定的孔隙以起容屑槽的作用，即选用结构较为疏松，气孔较多的松砂轮。

6.5.3.2　砂轮的修整

砂轮的修整通常分为整形和修锐两个工序。通过整形可以获得所需的砂轮几何形状精度，修锐则可以去除磨粒间的结合剂，使金刚石磨粒充分露出，并形成容屑空间。

金刚石砂轮的常见修整方法有砂轮对滚法、电解修整法、弹性超声修整法、电火花修整法、在线放电——电解复合修整法和激光修整法等。

6.5.3.3　磨削液

(1) 磨削液的冷却作用机理　磨削液的主要功能是冷却与润滑，磨削液的冷却作用机理包括：

① 良好的润滑作用，使产生的磨削热最小。

② 充分的冷却作用，应最大限度地疏导已产生的磨削热。

如果从润滑性考虑，磨削液选择纯油最好，油基磨削液次之，水基磨削液最差。当然在油基或水基磨削液中添加硫系或氯系极压添加剂，也可以减少磨削热的产生和改善表面完整性，但效果远不如纯油明显。

如果从冷却机理考虑，弧区换热机理由于涉及沸腾与汽液两相流动过程而显得极为复杂。在磨削热流密度接近但不超过临界热流密度，磨削液处于核沸腾时，磨削液可以直接从工件表面吸收大量汽化潜热，不仅换热效率高，而且工件表面温度亦可稳定维持在磨削液发生成膜沸腾的临界温度约 120～130℃以下（水基磨削液）。但磨削热流密度是随着砂轮钝化增长的，因而上述理想换热状态无法稳定维持，只要磨削热流密度增长到超过临界值，弧区磨削液发生成膜沸腾后，磨削液就会因汽膜层阻挡而无法再与工件接触。由磨削液汽化带走的磨削热便被迫改道进入工件，导致工件表层急剧温升并很快发生烧伤。

(2) 磨削液的加注方法　根据磨削液加注原理，缓进给磨削液加注方法可分为：

① 普通切向供液法，即磨削液输送到喷嘴，沿砂轮切向加注到接触弧区。此方法简便易行，但往往由于磨削液流速低，压力小，很难冲破砂轮高速回转所形成的气流障碍，注入磨削弧区，冷却效果较差，如图 6-24 所示。

② 高压喷注法，提高供液压力，把磨削液高速喷出，使其能冲破气流屏障进入弧区，将磨削热迅速带走。一般使用压力为几兆帕。

③ 气流挡板辅助加注法，砂轮外周面及侧面设置可调节的气流挡板，阻挡空气向弧区快速流动。挡板与砂轮表面间隙应尽量小，并且可随砂轮直径减小而适当调整。采用这种气流挡板喷嘴，既可使磨削液流紧贴在砂轮表面较顺利地进入弧区，又能防止磨削液向两旁飞溅。普通喷嘴喷出的磨削液压力会急剧下降，而用气流挡板喷嘴喷液压力与砂轮速度无关，能保持恒定的压力。

④ 综合供液法，以上各种磨削液加注方法往往综合使用，效果更佳。图6-25为气流挡板和高、低压供液同时采用，高压用来冲破气流障碍，低压用来供液。

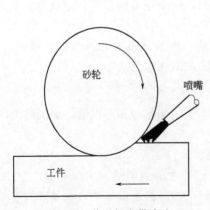

图 6-24　普通切向供液法

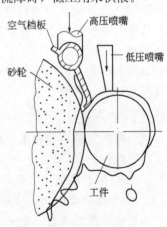

图 6-25　综合供液法

(3) 磨削液的种类　理想的缓进给磨削液必须满足下列条件：

它必须能润滑；冷却；防止工件和机床产生腐蚀；在机床和工件上存留一层油性的、液体的、可再溶解的薄膜；不含杂质；清洁；安全；并希望对机床操作工人产生好闻的气味。它还应不产生泡沫，泡沫中含有空气，会降低磨削液的浓度，因而在磨削区域中减小冷却和润滑作用。此外，磨削液还应具有较长的寿命，能够循环使用，并且在必须废弃时易于处理。

早期，缓进给磨削时均使用纯油。由于对操作工人的健康有害、容易燃烧以及冷却性能不佳，在大多数缓进给磨削过程中不适用。因此，逐渐转向采用水溶性液体。水溶性磨削液能满足上述要求，它有四种基本类型：化学纯溶液；化学表面活性液；合成磨削液和乳化液。

化学纯溶液是由有机和无机防腐蚀剂组成的水溶液。它的冷却作用好，但由于不含皂类物质、润湿剂、乳化剂或极压添加剂，故不能起润滑作用；化学表面活性液的基本成分与化学纯溶液基本相同，由于含有上述添加剂，能提供优良的润滑、润湿和渗透性能，但在缓进给磨削时会产生严重的泡沫；合成磨削液是由化学表面活性液和乳化剂组成的，然而这些物质的化学性质是互相对抗的，必须加入几种添加剂才能稳定，但也会产生过多的泡沫；乳化液主要是由油及类似油的物质组成的，它会在机床和工件的表面留有油性残留物，因此，乳化液是所有水溶性液体中对机床最合适的磨削液。此外，因为油是乳化在水中的，不是溶解在水中的，所以乳化液废液的处理和过滤比较简单。在最不好的情况下，乳化液会产生中等程度的泡沫，如果油浓度保持在 4% 以上，根本不会产生泡沫。因此，乳化液是缓进给磨削最适宜采用的水溶性磨削液。

不同磨削液对磨削功率的影响如图 6-26 所示。在图中，磨削液使用切换阀，可保证在磨削过程中不中断磨削液从乳化液转换到化学纯溶液。由图可以看出，使用化学纯溶液磨削液时，磨削功率明显增大。可以认为是由于乳化液的润滑作用，使得金刚石砂轮的摩擦磨损降低所致。

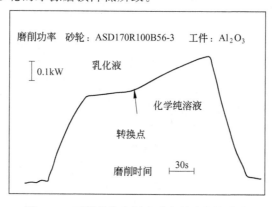

图 6-26　不同种类磨削液对磨削功率的影响

图 6-27 分别表明了使用乳化液、化学纯溶液和合成液时所产生的磨削比。显然，使用乳化液时的磨削比值明显大于使用化学纯溶液和合成液时的值，而使用化学纯溶液和合成液时磨削比相差不大。

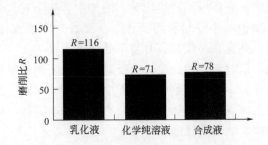

图 6-27　不同种类磨削液对磨削比的影响

砂轮：ASD170 R100B56-3；工件：Si_3N_4

$v_w = 24m/s$；$v_s = 20mm/min$；$a_p = 1mm$

图 6-28 表明了几种不同的磨削液对比磨削力的影响。可以看出，使用乳化

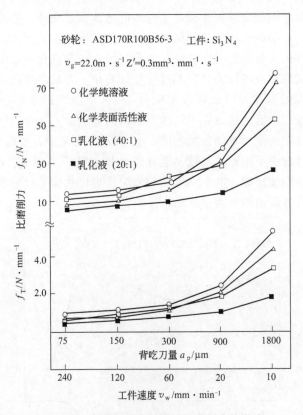

图 6-28　不同种类磨削液对比磨削力的影响

液时产生的比磨削力较小。

图 6-29 表明了几种不同的磨削液对表面粗糙度的影响。可以看出，使用水溶性的磨削液产生的垂直表面粗糙度值明显大于使用乳化液时的表面粗糙度值。不同类型的磨削液对平行表面粗糙度值影响差别不大，但仍是使用乳化液时，表面粗糙度值最小。

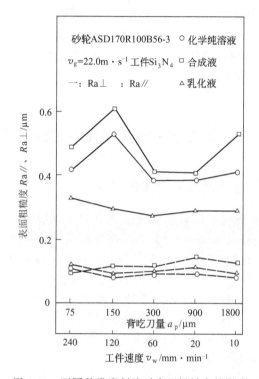

图 6-29　不同种类磨削液对表面粗糙度的影响

通过对比研究不同种类磨削液在磨削力、表面粗糙度和磨削比等方面的磨削性能表明，在陶瓷缓进给磨削加工中，表面乳化液型磨削液的性能与其他磨削液相比是最优秀的。

6.5.4　大背吃刀量缓进给工艺对磨床的要求

基于大背吃刀量缓进给磨削的特点，在进行缓进给磨床设计中，应当考虑以下主要技术问题：

① 大背吃刀量缓进给磨削会产生很大的磨削力，因此要求机床必须具有足够大的刚度和主轴传动功率，主轴一般采用液体静压轴承。

② 缓进给机构采用机械传动，工作台纵向进给速度为 $20\sim300\mathrm{mm}\cdot\mathrm{min}^{-1}$，要求平稳无爬行现象。

③ 机床的静、动刚度要好，热变形小。工艺系统的刚度是引起工件加工误差的原因之一。缓进给磨床在磨削时，磨削力大，应考虑合理的床身断面形状，床身与立柱的刚度。导轨应有利于降低临界速度，防止爬行，使工作平稳。

④ 大背吃刀量缓进给磨削时，对冷却、冲洗和过滤装置有特殊要求。大背吃刀量缓进给磨削的磨屑碎而细，易黏附于砂轮表面使砂轮堵塞，砂轮与工件的接触弧长，磨削液难于进入磨削区，易使工件表面烧伤，为有效抑制温升，确保磨削区的磨削液充分供给，应采用合理的供液方式和冷却装置。

⑤ 采用先进的 CNC 控制系统，具有快速数据处理能力和高功能化特性，能实现高速插补和程序段处理，以及有效的超前处理能力。

6.6 高速磨削加工技术及其在先进陶瓷加工中的应用

6.6.1 高速/超高速磨削加工技术的发展

磨削加工按砂轮线速度的高低可将磨削分为普通磨削（$v_s < 45\text{m/s}$）、高速磨削（$45\text{m} \cdot \text{s}^{-1} \leqslant v_s < 150\text{m} \cdot \text{s}^{-1}$）和超高速磨削（$v_s \geqslant 150\text{m} \cdot \text{s}^{-1}$），欧洲和美国将后两者统称为高速磨削。随着 CBN（立方氮化硼）磨具的大量应用和磨削理论研究的不断深入及磨床制造水平的提高，高速磨削加工技术受到世界各国的广泛关注，德、美、日、瑞士等工业发达固家已经实现了 $150 \sim 250\text{m} \cdot \text{s}^{-1}$ 的工业实用化磨削速度；试验室内磨削速度到达 $500\text{m} \cdot \text{s}^{-1}$，从而进入超高速磨削技术的崭新阶段。在高速/超高速磨削加工技术领域，德国及欧洲起步较早，而日本和美国发展比较迅速。

德国 Guehring Automation（格林自动化）公司于 1983 年生产的世界上第一台高效深磨（High Efficiency Deep Grinding，HEDG）磨床的应用，使人们真正认识到了 HEDG 技术的巨大威力。Guehring Automation、Kapp、Sehaudt、Studer、Song Machinery、Blohm 等公司，日本的三菱重工、丰田工机、冈本工作机械工作所、东京技阪，美国的 Edgetek Machine Corp. 公司均推出了自己的超高速磨床。

我国 50m/s 高速磨削研究开始于 1958 年，但发展较为缓慢，虽然国内已有一些高校和科研院所开展了超高速磨削技术的研究，但是总体看，国内目前工业应用的磨削速度一般只在 $45 \sim 80\text{m} \cdot \text{s}^{-1}$ 范围内，试验室磨削速度达到了 $250\text{m} \cdot \text{s}^{-1}$，但距工业应用还有较长距离。

超高速磨削技术是优质与高效的完美结合，是磨削加工工艺的革命性变革。德国著名磨削专家 T. Tawakoli 博士将其誉为"现代磨削技术的最高峰"。日本先端技术研究学会把超高速加工列为五大现代制造技术之一。国际生产工程学会

（CIRP）将超高速磨削技术确定为面向 21 世纪的中心研究方向之一。

6.6.2　高速/超高速磨削加工技术的特点

砂轮转速提高后，在磨除率一定时，单位时间内作用的磨粒数大大增加，当进给速度一定时，则单颗磨粒的磨削厚度变薄，负荷减轻。超高速砂轮磨削材料的去除是一种极高应变率下绝热冲击成屑过程。因此，高速/超高速磨削主要有以下特点：

（1）磨削效率高　单位时间内作用的磨粒数大大增加，使材料去除率成倍增加。有试验表明，$200m \cdot s^{-1}$ 超高速磨削的材料磨除率在磨削力不变的情况下比 $80m \cdot s^{-1}$ 磨削时提高 150%，而 $340m \cdot s^{-1}$ 时比 $180m \cdot s^{-1}$ 时提高 200%。采用 CBN 砂轮进行超高速磨削，砂轮线速度由 $80m \cdot s^{-1}$ 提高至 $300m \cdot s^{-1}$ 时，比材料磨除率由 $50mm^3 \cdot mm^{-1} \cdot s^{-1}$ 提高至 $1000mm^3 \cdot mm^{-1} \cdot s^{-1}$，最高可达 $2000mm^3 \cdot mm^{-1} \cdot s^{-1}$。

（2）磨削力小，砂轮磨损小，使用寿命长，加工精度高。 在其他参数不变的情况下，随着砂轮转速的提高，单位时间内参与磨削的磨粒数增加，每个磨粒磨下的磨屑厚度变小，承受的法向磨削力 F_N 相应变小，可减小磨削过程中的变形和提高砂轮的使用寿命。由于砂轮转速的提高，磨粒两侧材料的隆起量明显降低，能显著降低磨削表面粗糙度值。试验表明，在相同背吃刀量时，磨削速度 $250m \cdot s^{-1}$ 磨削时的磨削力比磨削速度 $180m \cdot s^{-1}$ 时的磨削力减小了一半。$200m \cdot s^{-1}$ 磨削砂轮的寿命则是 $80m \cdot s^{-1}$ 磨削的 7.8 倍，有利于加工精度的提高，也有助于实现磨削加工的自动化和无人化。

（3）磨削温度低　超高速磨削中磨削热传入工件的比率减小，使工件表面磨削温度降低，能越过容易发生热损伤的区域，受力受热变质层减薄，具有良好的表面完整性。试验数据表明，使用 CBN（立方氮化硼）砂轮 $200m \cdot s^{-1}$ 超高速磨削的表面残余应力层深度不足 $10\mu m$，极大地扩展了磨削工艺参数应用范围。

（4） 可以充分利用和发挥超硬磨料的高硬度和高耐磨性的优异性能，实现难加工材料的高性能磨削加工。尤其使用电镀和高温钎焊金属结合剂砂轮，磨削力及温度更低，可避免烧伤和裂纹。超高速磨削不仅可对硬脆材料实行延性域磨削，而且对高塑性材料也可获得良好的磨削效果。

6.6.3　高速/超高速磨削工艺的典型形式

高速/超高速磨削加工技术是指采用超硬磨料砂轮和能可靠地实现高速运动的高精度、高自动化、高柔性的机床设备，在磨削过程中以极高的磨削速度来达到提高材料磨除率、加工精度和质量的现代制造加工技术。其显著标志是使被加工材料在磨除过样中的剪切滑移速度达到或超过某一阈值，开始趋向最佳磨削磨除条件，使得磨除材料所消耗的能量、磨削力、工件表面温度、磨具磨损、加工表面质量和加工效率等明显优于传统磨削速度下的指标。

超高速磨削机理最早可追溯到 1931 年德国磨削物理学家萨洛蒙（Carl-Salomon）提出的著名的超高速磨削理论。萨洛蒙认为，与普通磨削速度范围内磨削温度随磨削速度的增大而升高不同，当磨削速度增大至与工件材料的种类有关的某一速度后，随着磨削速度的增大，磨削温度反而降低。

6.6.3.1　高速磨削

现在高速磨削（High Speed Grinding，HSG）中砂轮速度 v_s 可达 $60\sim250\mathrm{m}\cdot\mathrm{s}^{-1}$，工件速度 v_w 为 $1000\sim10000\mathrm{m}\cdot\mathrm{min}^{-1}$。使用普通砂轮，$v_s$ 为 $60\sim120\mathrm{m}\cdot\mathrm{s}^{-1}$ 范围内，比磨除率可达 $500\sim1000\mathrm{mm}^3\cdot\mathrm{mm}^{-1}$；采用 CBN 砂轮，$v_s$ 在 $120\sim250\mathrm{m}\cdot\mathrm{s}^{-1}$，比磨除率可达 $2000\mathrm{mm}^3\cdot\mathrm{mm}^{-1}$。当 v_s 在 $120\sim250\mathrm{m}\cdot\mathrm{s}^{-1}$ 时，常被称为超高速磨削。这种加工工艺为陶瓷、单晶硅及人工晶体等硬脆难加工材料的高效高质量加工提供了新的方法。在普通磨削条件下，单个磨粒的磨削厚度较大，磨屑主要以脆性断裂形式完成；而在超高速磨削条件下，磨削磨粒数大大增加，单个磨粒的磨削厚度薄，容易实现硬脆材料的延性磨削，从而大大提高磨削表面质量和效率。采用金刚石砂轮 $160\mathrm{m}\cdot\mathrm{s}^{-1}$ 磨削 Si_3N_4 陶瓷，磨削效率比 $80\mathrm{m}\cdot\mathrm{s}^{-1}$ 时提高 1 倍，砂轮寿命为 $80\mathrm{m}\cdot\mathrm{s}^{-1}$ 时的 1.56 倍、$30\mathrm{m}\cdot\mathrm{s}^{-1}$ 时的 7 倍，并可获得良好的表面质量。

6.6.3.2　高效深切磨削

高效深切磨削（HEDG）是在超高砂轮转速下，集快进给和大背吃刀量于一体、集中超高速磨削与缓进给磨削技术优点的高速、高效率磨削技术。这种技术是德国据林公司在 20 世纪 80 年代初期研制开发成功的，被认为是现代磨削技术的高峰。最初是用于以树脂结合剂氧化铝砂轮为工具的速度为 $80\sim100\mathrm{m}\cdot\mathrm{s}^{-1}$ 的高速钻头沟槽磨床，后来在 CBN 砂轮研制成功的基础上逐步开发出 $200\sim300\mathrm{m}\cdot\mathrm{s}^{-1}$ 的超高速深切磨床。

HEDG 以背吃刀量为 $0.1\sim30\mathrm{mm}$，工件速度为 $0.5\sim10\mathrm{m}\cdot\mathrm{min}^{-1}$，砂轮速度为 $80\sim200\mathrm{m}\cdot\mathrm{s}^{-1}$ 的条件下进行磨削，能获得高的材料去除率和表面质量，工件的表面粗糙度与普通磨削相当，而去除率比普通磨削高出 $100\sim1000$ 倍。因此在许多场合都可以代替铣削、车削等加工技术。普通磨削、缓进给磨削、高效深切磨削方法工艺参数的对比见表 6-4。

德国据林公司生产的 FD613 超高速平面磨床，$150\mathrm{m}\cdot\mathrm{s}^{-1}$ CBN 磨削宽度 $1\sim10\mathrm{mm}$、深 $30\mathrm{mm}$ 的转子槽时，工作台进给速度达到 $3000\mathrm{mm}\cdot\mathrm{min}^{-1}$。高效成形磨削作为高效深切磨削的一种也得到广泛应用，可以借助 CNC 系统完成复杂型面的加工。美国生产的采用电镀 CBN 砂轮及油性磨削液的 HEDG 磨床磨削 Icone1718（铟康镍基合金），$v_s=160\mathrm{m}\cdot\mathrm{s}^{-1}$，比磨削率可达 $75\mathrm{mm}^3\cdot\mathrm{mm}^{-1}\cdot\mathrm{s}^{-1}$，

表 6-4　HEDG 与普通磨削、缓进深磨的比较

调节参数	普通磨削	缓进深磨磨削	HEDG
背吃刀量 a_p/mm	0.001～0.005	0.1～30	0.1～30
工件速度 v_w/m·min^{-1}	0～30	0.05～0.5	0.5～10
砂轮速度 v_s/m·s^{-1}	20～60	20～60	80～250
比材料去除率 Q'/mm^3·mm^{-1}·s^{-1}	0.1～10	2～20	50～1000

砂轮不需修整，寿命长，R_a 平均值为 1～2μm，可达到的尺寸公差为 ±13μm。

由于高效深切磨削加工时间短（一般为 0.1～10s），磨削力大，磨削速度高，主轴功率比缓进给磨削大 3～6 倍，因此对机床主轴、砂轮、供给系统都有很高的要求，如机床要有高的平衡性，高的刚度，砂轮能够自动修整，充分的磨削液供给等。

6.6.3.3　高速强力磨削

高速强力磨削是以高速磨削与强力磨削配合使用的一种磨削工艺，可用于磨削外圆及平面，主要是用切入式磨削法磨削圆柱形零件外圆型面、沟槽、多直径台阶。高速强力外圆磨削则是高速外圆磨削与强力磨削配合使用的，主要采用逆磨方式，磨削速度等于砂轮速度与工件速度之和。强力磨削要求高刚性工艺系统，而高速磨削使磨削力下降，因此高速外圆磨削往往和强力磨削配合使用。高速强力外圆磨削通常分两个阶段完成，先使用大径向进给量高效率切除大部分余量，然后减小径向进给量进行普通高速精密磨削。

在高速外圆强力磨削中，一般采用宽调速直流伺服电动机来直接驱动滚珠丝杠进给机构，外配感应同步器检测的闭环系统装置；由于磨屑数量增多，冷却过滤沉淀方式已不能满足要求，应选用磁性分离器等高效分屑处理。

高速强力磨削作为一项新兴的加工工艺，发展历史还很短暂，涉及的相关技术难题还很多，但随着高速及强力磨削高效率的机械加工工艺的日益完善，必将广泛地应用于生产实践中。

6.6.3.4　快速点磨削（Quick-point Grinding）

快速点磨削工艺是集 CNC 数控技术、超硬磨料、超高速磨削三大先进技术于一身的高效率、高柔性、大批量生产、高质量及稳定性好的先进加工工艺，主要用于轴类零件的加工。它采用超薄的 CBN 或人造金刚石砂轮，砂轮速度达 90～160m·s^{-1}。该工艺既有数控车床的通用性和高柔性，又有更高的效率和加工精度。砂轮寿命长，质量稳定，是新一代数控车削和高速/超高速磨削的极佳结合，也是目前高速/超高速磨削的先进技术形式之一。

德国 Junker 公司于 1994 年由 Erwin Junker 开发并取得专利，并独家技术垄断。该项技术在汽车工业、工具制造业中应用较多，尤其是用在汽车零件加工领

域，我国也有个别汽车制造企业引入了这一工艺设备用于汽车发动机轴类零件的加工，但针对单一零件的加工，全套工艺和设备都依赖于进口，没有掌握核心技术和工艺理论，应用范围有限。

(1) 快速点磨削的加工原理

快速点磨削的加工过程与一般意义上的高速磨削不同。快速点磨削加工原理的主要特征为：

① 在点磨削加工中，砂轮与工件轴线并不是始终处于平行状态的，而是在水平和垂直两个方向旋转一定角度，即存在点磨削变量角度，以使砂轮和工件接触面减小，实现"点磨削"，Junker公司的快速点磨削机床加工圆柱表面时，根据工作台进给方向，在垂直方向砂轮轴线与工件轴线的点磨变量角为 $0.5°\sim6°$，在水平方向砂轮轴线与工件轴线的点磨变量角则根据工件母线特征在 $0°\sim30°$ 范围内变化，以最大限度减小砂轮与工件接触面积和避免砂轮端面与工件台肩发生干涉。点磨削以单向磨削为主，通过数控系统来控制这两个方向的角度数值（点磨变量角），以及在X、Y的轨迹来实现对不同形状表面的点磨加工。

② 快速点磨削一般采用金属结合剂超硬磨料（CBN或人造金刚石）超薄砂轮，厚度为 $4\sim6mm$，安装采用Junker公司专利技术"三点定位安装系统"快速完成，重复定位精度高，并可在机床上自动完成砂轮的动平衡，径向跳动精度在 $0.002mm$ 内，以保证高的磨削质量。

③ 在点磨削情况下，砂轮速度可达 $90\sim160m\cdot s^{-1}$，为不使砂轮产生过大离心力而发生破坏，工件也高速旋转，与砂轮转向一致，转速通常在 $1000r\cdot min^{-1}$，最高可达 $12000r\cdot min^{-1}$。接触点的实际磨削速度应是砂轮和工件两者线速度的叠加，可达 $200m\cdot s^{-1}$，以实现高应变率下材料的去除。

④ 快速点磨削必须在封闭环境中进行加工，并配以吸排风系统和高效率磨屑分离与油气分离单元，采用高速低黏度磨削油喷注进行冷却，供液压力一般为 $0.5\sim2MPa$。

(2) 高速点磨削的应用特点

① 磨削力极小，比磨削能降低。磨削发热量低，冷却散热性能好，磨削温度大大降低，磨料及能源消耗量少，甚至可以实现少、无磨削液加工，不仅能够达到高精度磨削的表面质量和加工精度，而且还减少了由于磨削液带来的环境污染。表6-5为几种磨削方法磨削液供给及磨削比的对比情况。

② 在快速点磨削中，磨削力极小，工件变形小，夹紧方便，甚至无须工件夹头，降低了换工装时间，被称做"顶尖磨削"或"削皮磨削"。砂轮具有相当长的寿命，最长可达1年，Junker公司生产的点磨削机床磨削比最高为60000，砂轮修整率极低，生产效率是普通磨削的6倍，能有效节省加工时间和能源动力的消耗，大幅度降低了超硬磨料资源的消耗。

③ 由于采用CNC两坐标联动实现复杂回转体零件表面磨削，简化加工工序，

表 6-5　几种磨削方法磨削液供给及磨削比的对比情况

参数	普通外圆磨削 $v_s \leqslant 35\text{m} \cdot \text{s}^{-1}$ 刚玉砂轮	高速外圆磨削 $v_s = 50 \sim 80\text{m} \cdot \text{s}^{-1}$ 刚玉砂轮	快速点磨削 $v_s = 90 \sim 160\text{m} \cdot \text{s}^{-1}$ CBN 砂轮
供液压力/MPa	$0.1 \sim 1$	$1 \sim 5$	少、无磨削液
供液流量/L·min^{-1}	$5 \sim 30$	$30 \sim 90$	
磨削比	$2 \sim 100$	$20 \sim 100$	$16000 \sim 60000$

减少了人力、物力及能源和资源的消耗，减少了加工成本，有更大的柔性，进一步提高了加工效率和零件位置精度。

④ 砂轮磨损主要在侧边，周边磨损极其微小，因此砂轮的形状精度长时间保持性极好，保证了大批量生产中极高的质量稳定性。

6.6.4　高速/超高速磨削的关键技术

6.6.4.1　高速/超高速磨床主轴及其轴承技术

高速/超高速主轴单元的性能很大程度上取决于它所能达到的最高磨削速度极限。高速主轴单元更多地采用主电动机和机床主轴一体化的结构形式，形成独立的内装式电动机主轴功能部件，其主要组件有：

(1) 超高速磨床主轴　在高速/超高速磨削中，砂轮转速很高，容易引起主轴的震颤，影响加工质量，因此砂轮主轴的平衡就显得十分重要。由于砂轮的直径比铣刀的直径大得多，加上制造和调整装夹等误差，导致更换或修整砂轮，甚至停车重新启动后，砂轮主轴都要进行动态平衡，所以超高速磨削主轴必须具有连续自动平衡系统，从而使游动不平衡引起的振动降低到最低程度，以保证获得低的磨削表面粗糙度。砂轮主轴的动平衡调整速度对砂轮主轴的震颤幅度影响很大，进而影响磨削表面加工质量。图 6-30 反映了砂轮在不同的磨削速度达到动态平衡时，随着磨削速度的提高而引起的砂轮主轴的震颤的情况。当砂轮在 $40\text{m} \cdot \text{s}^{-1}$ 达到平衡时，磨削速度为 $40\text{m} \cdot \text{s}^{-1}$，震颤幅值最小，随着砂轮磨削速度的提高，在磨削速度为 $80\text{m} \cdot \text{s}^{-1}$ 时的震颤幅值为 $40\text{m} \cdot \text{s}^{-1}$ 时的 3 倍，而在 $160\text{m} \cdot \text{s}^{-1}$ 时则将达到 10 倍以上。随着平衡速度的提高，砂轮震颤幅值有所减小，从而使磨削表面的表面粗糙度得到改善。

超高速磨床要求大功率超高速主轴系统具有高动态精度、高阻尼、高抗震性和热稳定性，机床有较高的进给速度和运动加速度，能实现高度自动化和可靠的磨削过程。自动平衡装置主要分机械平衡和液体平衡两大类。机械平衡装置的结构比液体平衡装置复杂，但其平衡精度稳定，当停车或重新启动时，平衡精度仍能继续保持。

超高速磨削中的主轴的功率损失是值得注意的，主轴的无功功率损失随着转

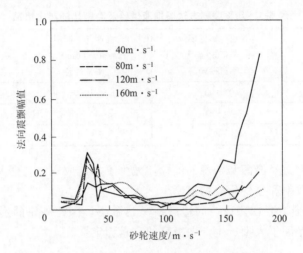

图 6-30   不同砂轮速度对砂轮震颤幅值的影响

速的增大呈现非线性增长。如将磨削速度由 $80m \cdot s^{-1}$ 增大到 $180m \cdot s^{-1}$ 时，主轴的无功功率会由不足 20% 升高至 90% 以上。由于高速范围内的电动机是以恒功率方式工作的，主轴转速增大时，其输出转矩减小，无功功率的升高将导致磨削转矩减小。因此，为保证主轴有足够的转矩用于磨削，必须考虑减小无功功率损失。磨削用电主轴的无功功率还与砂轮直径有关。例如在 $v_s = 400m \cdot s^{-1}$、砂轮直径为 350mm 的条件下，无功功率为 17kW；若砂轮直径减小为 275mm，则无功功率仅为 13.5kW。因此，在超高速磨削时，可以考虑减小砂轮直径以降低砂轮主轴的无功功率损失。

（2）超高速磨床的轴承技术　　超高速磨床主轴系统的核心是超高速精密轴承，它必须满足高转速、高的回转精度和刚度的要求，以保证砂轮圆周上的磨粒能均匀地参加磨削，并能抵御超高速回转时不平衡质量造成的振动。超高速磨削的砂轮主轴转速一般在 $15000r \cdot min^{-1}$ 以上，所传递的磨削功率通常为几十千瓦，因此要求主轴轴承的转速特征值一般都在 2×10^6 以上。

目前超高速磨床主轴轴承主要有陶瓷球滚动轴承、液体动静压轴承、磁浮轴承及空气静压轴承等。陶瓷球滚动轴承的滚动体采用性能优越的 Si_3N_4 陶瓷球，套圈为钢圈，润滑多用油气润滑法，标准化程度高，对机床结构的改动小，便于维护。用其组装的超高速主轴能兼得速度高、刚度高、功率大、寿命长等优点，其缺点是制造难度大，成本高，对拉伸应力和缺陷应力较敏感，主要用于低速重载主轴系统。

液体动静压轴承采用流体静力和流体动力相结合的方法，使主轴在油膜支撑中旋转，具有磨损小、使用寿命长、动态特性好、在全转速范围内承载能力和刚度高等突出优点，但由于在超高速、高负载条件下工作时需使用低黏度流体和高供液压力，必须考虑其紊流、流体惯性和压缩性、温度黏度变化以及空穴等复杂现象，而且空载功率损耗大，维修困难，目前多用于超高速外圆磨床。

磁浮轴承的高速性能好、精度高、容易实现诊断和在线控制，其转速可达 $45000r \cdot min^{-1}$，但由于电磁测控系统十分复杂且价格昂贵，至今未能得到广泛应用。

空气静压轴承具有回转精度高，没有振动，摩擦阻力小，经久耐用，可以高速回转等特点，主要用于高速轻载和超精密的主轴系统中。

6.6.4.2　超高速超硬磨料砂轮及其修整技术

(1) 超高速超硬磨料砂轮技术　超高速磨削时，砂轮主轴高速回转产生的巨大离心力会导致普通砂轮迅速破碎，因此必须采用基体本身的机械强度、基体和磨粒之间的结合强度均极高的砂轮。高速砂轮的强度和安全性可用安全系数 K 来表述，即

$$K = \frac{v_b}{v_s} \tag{6-4}$$

式中　　v_b——高速砂轮破裂时的速度，$m \cdot s^{-1}$；

v_s——高速砂轮工作时的速度，$m \cdot s^{-1}$。

砂轮按斜率分布的应力平均值达到其强度极限时破裂，即 v_b 可按下式计算：

$$v_b = \sqrt{\frac{3g\sigma_b}{2\rho(1+2\lambda)}} \tag{6-5}$$

式中　　σ_b——砂轮的单向抗拉垠度；

g——重力加速度；

ρ——砂轮的密度；

λ——砂轮的孔径与外径之比。

从使用角度出发，安全系数 K 越高越安全；但 K 值越高，v_b 也须越大，砂轮的制造要求就越高。一般 v_s 为 $50 \sim 60m \cdot s^{-1}$ 的高速砂轮，K 值取 2.0，v_s 为 $80m \cdot s^{-1}$ 时，取 $K \geqslant 1.8$。为了保证使用中的安全，每片砂轮在出厂前都必须经过旋转试验。试验时速度不宜过大，以免降低砂轮的强度，一般取工作速度的 1.6 倍进行试验，在该速度下维持 $1min$。

超高速磨削时，砂轮应具有良好的耐磨性、动平衡精度、抗裂性、阻尼特性、刚性和导电性等。磨粒的耐磨耗能力要高，磨粒突出高度要大，以便能容纳大量的磨屑；超高速回转时，砂轮不会因周围强力气流的扰动而发生振动，在巨大离心力和气流摩擦温升作用下变形小等。提高砂轮的强度就要增大 v_b，而增大 v_b 的途径主要有提高砂轮的抗拉强度 σ_b 和改变砂轮结构，可采用以下措施来提高砂轮强度：

① 通过提高结合剂强度来提高砂轮强度。提高结合剂强度的有效方法是结合剂玻璃化和改变配比。如在陶瓷结合剂中加入硼玻璃或固体水玻璃等；对于磨

削精度要求不高时，砂轮可采用比陶瓷结合剂强度更高的树脂结合剂。

② 减小砂轮孔径，优化砂轮基体结构。超高速磨削砂轮基体的常用材料是合金钢或铝合金。为了保证基体的强度要求，其轮廓设计必须考虑超高速回转时巨大离心力的作用，一般采用有限元方法进行分析和优化。

③ 改变砂轮的特性。不同特性的砂轮，强度一般也不相同，如磨料粒度越细，砂轮硬度就越高，其强度也越高。目前，超高速砂轮的磨粒主要有 CBN 和人造金刚石，正在发展的有单层高温钎焊金刚石和钎焊 CBN 砂轮。

(2) 超硬磨料砂轮修整技术　超硬磨料砂轮具有优良的磨削性能，抗磨损能力强，但不易修整。对于要求保证形状精度的成形磨削砂轮修整就更加困难。砂轮修整的目的是为了保证砂轮正确的几何形状和磨粒的有效突出高度。超硬磨料砂轮可采用车削法、滚压法、磨削法、GC 杯法、ELID 法、电火花法、激光法等进行修整。

6.6.4.3　磨削液及供给系统

高速超高速磨削加工由于砂轮线速度很高，砂轮高速旋转形成的气流屏障阻碍了磨削液有效地进入磨削区，使磨削弧区高温得不到有效的抑制，使工件特别是难加工材料出现烧伤，严重影响了零件加工的表面完整性和机械物理性能。因此，选择恰当的磨削液供给系统，对提高和改善工件质量、减少砂轮磨损至关重要。

超高速磨削液通常采用水溶性透明乳化液或水溶性透明乳化油的稀释液。其中乳化液的乳滴粒径小，浸润效果好，使用效果也较好。超高速磨削常用的磨削液注入方法有：高压喷射法、空气挡板辅助截断气流法、径向射流冲击强化换热法等。高压喷射法是将磨削液高压高速喷出，冲破环绕砂轮表面的气流屏障，冷却磨削区，同时消除砂轮表面的磨屑。一般供液压力为几至十几兆帕。采用直角或靴状喷嘴，在很宽的速度范围内基本上消除了气流屏障的影响。空气挡板辅助截断气流法是在砂轮外周面及侧面设置可调节的空气挡板，阻碍空气向弧区快速流动。挡板与砂轮表面间隙应尽量小，随砂轮直径的减小能连续地调整。采用空气挡板，砂轮表面可以更好地被润湿，还可以防止磨削液向两旁飞溅。

6.6.4.4　磨削加工中的其他技术要求

(1) 砂轮、工件安装定位及安全防护技术　高速及超高速磨削砂轮动能很大，与其速度的平方成正比，必须设置高强度半封闭或封闭的砂轮防护罩，罩内最好敷设缓冲材料，以减少砂轮碎块的二次弹射。

(2) 磨削状态检测及数控技术　砂轮的磨损及破损的监控技术；工件尺寸精度、形状精度、位置精度和加工表面的在线监控技术；高精度、高可靠性和实用性强的测试技术。

● 参考文献

［1］　陈建毅. 钎焊金刚石砂轮高速磨削工程陶瓷的基础研究［D］. 厦门：华侨大学，2009.

［2］　田欣利，徐西鹏等. 工程陶瓷先进加工与质量控制技术［M］. 北京：国防工业出版社，2014.

［3］　Koshy P, Zhou Y, Guo C, Chand R. Novel kinematics for cylindrical grinding of brittle materials ［J］. CIRP Annals-Manufacturing Technology, 2005, 54（1）：289-292.

［4］　Liu J H, Pei Z J, Fisher G R. Grinding wheels for manufacturing of silicon wafers: A literature review［J］. International Journal of Machine Tools & Manufacture, 2007, 47: 1-13.

［5］　Webster J, Tricard M. Innovations in abrasive products for precisions grinding［J］. CIRP Annals-Manufacturing Technology, 2004, 53（2）：597-617.

［6］　赵玉成，臧建兵，王明智. 刚玉涂覆的金刚石树脂砂轮的制造及其应用［J］. 金刚石与磨料磨具工程，2001，（6）：12-13.

［7］　李泽印，陈建毅，黄辉等. 钎焊金刚石薄壁钻加工工程陶瓷的试验研究［J］. 工具技术，2006，40（9）：10-12.

［8］　Heinzel C, Rickens K. Engineered wheels for grinding of optical glass［J］. CIRP Annals-Manufacturing Technology, 2009, 58（1）：315-318.

［9］　吴磊，于爱兵，高冰媛. 电镀金刚石工具磨料层与基体分离的研究［J］. 工具技术，2012，46（10）：24-26.

［10］　Ma M X, Ying B, Wang X K. Soft-elastic dressing of fine grain diamond wheels［J］. Journal of Materials Processing Technology, 2000, 103: 194-199.

［11］　于爱兵，邹峰，王长昌. 成形金刚石砂轮的电解修整阴极设计［J］. 金刚石与磨料磨具工程，2003（5）：61-63.

［12］　金小波. 缓进磨削工艺［M］. 北京：国防工业出版社，1984.

［13］　武志斌. 高效磨削的瓶颈与对策［D］. 南京. 南京航空航天大学，2001.

［14］　邱言龙，郑毅，于小燕. 磨工技师手册［M］. 北京：机械工业出版社，2002.

［15］　陈艳. 缓进给强力磨削及其应用［J］. 航空精密制造技术，2003，39（5）：44-46.

［16］　Huang H, Yin L, Zhou L B. High speed grinding of silicon nitride with resin bond Diamond wheels［J］. Journal of Materials Processing Technology, 2003, 141: 329-336.

［17］　薛俊镜. 在缓进给磨削中改善冷却和修整方法对提高生产率的影响［J］. 磨床与磨削，1991，4：59-64.

［18］　尚玉林. 叶片榫齿缓进给磨削工艺参数的优化［J］. 机车车辆工艺，1997，4：15-22.

［19］　孙方宏，傅玉灿，徐鸿钧. 缓进给磨削磨削液的加注方式［J］. 制造技术，1999（11）：23-24.

［20］　缓进给磨削用的冷却液［J］. 汪星桥译. 世界制造技术与装备市场，1995，4：68-69.

［21］　Jung Y, Inasaki I, Matsui S. Creep-feed Grinding of Advanced Ceramics［D］. 日本机械学会，1987，53（491）：1571-1576.

［22］　穆苍莉. 高速强力磨削在机械加工中的发展与应用［M］. 工业技术，2006，1.

［23］　陆名彰，熊万里，黄红武等. 超高速磨削技术的发展及其主要相关技术［J］. 湖南大学学报，2002，10，29（5）：44-50.

［24］　冯宝富，蔡光起. 超高速磨削的发展及其关键技术［J］. 机械工程师，2002，（1）：1-2.

［25］　Huang H, Liu Y C. Emperimental Investigations of Machining Characteristics and Removal Mechanisms of Advanced Ceramics in High Speed Deep Grinding［J］. International Journal of

Machine To ols and Manufacture, 2003, 43（8）: 811-823.

［26］ 修世超. 快速点磨削机理及其相关技术的基础研究［D］. 沈阳：东北大学，2006.

［27］ 李长河，修世超，蔡光起. 高速超高速磨削工艺及其实现技术［J］. 金刚石与磨料磨具工程，2004，142（4）: 16-20.

［28］ 王德泉，陈艳. 砂轮特性与磨削加工［M］. 北京：中国标准出版社，2001.

［29］ 李伯民，赵波. 现代磨削技术［M］. 北京：机械工业出版社，2003.

［30］ Warnecke G, Barth C. Optimization of the dynamic behavior of grinding wheels for grinding of hard and brittle materials using the finite element method［J］. CIRP Ann Manuf Technol, 1999, 48: 261-264.

［31］ Marinescu I D, Tonshoff H K, Inasaki I. Handbook of Ceramic Grinding and Polishing ［D］. New Jersey: Noyes Publications, 2000.

［32］ 于思远，林彬. 工程陶瓷材料的加工技术及其应用［M］. 北京：机械工业出版社，2008.

第7章

先进陶瓷材料的光整加工

光整加工是指被加工对象表面质量得到大幅度提高的同时，实现精度的稳定甚至可提高加工精度等级的一种加工技术，是绝大多数零件的最后一道工序。其主要功能有：减小零件表面粗糙度，去除划痕、微观裂纹等表面缺陷，提高和改善零件表面质量；提高零件表面物理力学性能，改善零件表面应力分布状态，提高零件使用性能和寿命；改善零件表面的光泽度和光亮程度，提高零件表面清洁程度；去除毛刺、倒圆、倒角等，保证表面之间光滑过渡，提高零件的装配工艺性。

光整加工技术按照历史的沿革和所采用加工机理的不同，可以被划分为以下两大类。一类是以切削加工原理为主的单纯机械作用光整加工方法，被统称为传统光整加工技术，其内容主要包括镜面磨削、珩磨、超精研、研磨以及抛光等。另一类是以化学或电化学溶解加工、高能加工以及多种加工原理复合的光整加工方法，称为非传统光整加工技术，其内容主要包括化学抛光、电化学抛光、脉冲电化学光整加工、电化学机械光整加工以及超声波加工等。本章主要介绍研磨、珩磨和抛光加工等光整加工方法。

7.1 先进陶瓷的研磨与抛光加工技术

7.1.1 先进陶瓷的研磨加工技术

研磨加工通常是指利用硬度比被加工材料更高的微米级磨粒，在硬质研磨盘作用下产生的微切削和滚轧作用实现被加工表面的微量材料去除，使工件的形状、尺寸精度达到要求值，并降低表面粗糙度，减小加工变质层的加工方法。

7.1.1.1　研磨加工机理

先进陶瓷材料为硬脆难加工材料，在这类材料的研磨过程中，被加工材料的去除是依靠磨粒的滚轧作用或微切削作用。磨粒作用的模型如图 7-1 所示。磨粒作用在有凸凹和微裂纹的表面上，随着研磨加工的进行，一部分磨粒由于研磨压力的作用，压入研磨盘中，用露出的磨粒尖端刻划工件表面进行微切削加工。另一部分磨粒则在工件与研磨盘之间滚动，产生滚轧效果。由于硬脆材料的抗拉强度比抗压强度小，在磨粒作用下，硬脆材料加工表面的拉伸应力最大部位产生微裂纹，当纵横交错的裂纹扩展并互相交叉时，受裂纹包围的部分就会发生脆性破裂并崩离出小碎块来形成切屑，从而达到表面去除的目的。这就是硬脆材料研磨时切屑生成和表面形成机理的基本过程，可见滚轧作用是由工件和研磨盘之间的游离磨粒产生，微切削作用是由嵌入研磨盘表面的固着磨粒产生，所以硬脆材料研磨过程实际上是游离磨粒与固着磨粒共同作用的结果。研磨过程中，磨粒的状态取决于研磨盘材料和加工载荷。

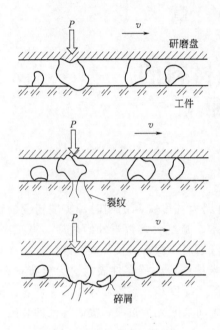

图 7-1　磨粒的研磨作用

如把包含裂纹区域的最小半径定义为裂纹的长度，并且认为表面及内部的裂纹长度是大体相等的，则载荷越大，在水平方向扩展的裂纹长度越长。

研磨硬脆材料时，重要的是控制产生裂纹的大小和均匀程度。一方面，要保证加工时表面不发生大的损伤；另一方面，为提高加工效率又必须促进微小的破碎。通过选择磨粒的粒度及控制粒度的均匀性，可避免产生特别大的加工缺陷。

7.1.1.2　研磨加工的特点

(1) 微量切削　由于工件与研具之间有众多磨粒分布，单个磨粒所受载荷很小，控制适当的加工载荷范围，就可得到小于 $1\mu m$ 的背吃刀量，实现工件材料的微量切削。

(2) 按进化原理成型　当研具与工件接触时，在非强制性研磨压力作用下，能自动地选择局部凸处进行加工，故仅切除两者凸出处的材料，从而使研具与工件相互修整并逐步提高精度。超精密研磨的加工精度与构成相对运动的机床运动精度几乎是无关的，主要是由工件与研具间的接触性质和压力特性，以及相对运动轨迹的形态等因素决定的。在合适条件下，加工精度就能超过机床本身的精度，所以称这种加工为进化加工。为了获得理想的加工表面，要求：

① 研具与工件能相互修整；

② 尽量使被加工表面上各点与研磨盘的相对运动轨迹不重复，以减小研具表面的几何形状误差对工件表面形状所引起的"复印"现象，同时减小划痕深度，降低表面粗糙度；

③ 在保证研具具有理想几何形状的前提下，采用浮动的研磨盘，可以保证表面加工精度。

（3）多刃多向切削　在研磨加工中，由于每颗磨粒形状不完全一致，以及分布的随机性，磨粒在工件上做滑动和滚动时，可实现多方向切削，并且全体磨粒的切削机会和切刃破碎率均等，可实现自动修锐。通过提高工件与磨粒的接触面积、接触压力及相对移动距离，减小磨粒圆锥半顶角，可提高加工效率；通过减少磨粒粒径、工件与磨粒的接触压力和磨粒体积率，以及增大工件的屈服点、磨粒圆锥半顶角和磨粒率，可降低表面粗糙度。

7.1.2　先进陶瓷材料的抛光加工技术

抛光加工通常是指利用微细磨粒的机械作用和化学作用，在软质抛光工具或化学加工液、电/磁场等辅助作用下，为获得光滑或超光滑表面，减小或完全消除加工变质层，从而获得高表面质量的加工方法。

抛光在磨料和研具材料的选择上与研磨不同。抛光通常使用的是 $1\mu m$ 以下的微细磨粒，抛光盘用沥青、石蜡、合成树脂和人造革、锡等软质非金属或金属材料制成，可根据接触状态自动调整磨粒的背吃刀量，减缓较大磨粒对加工表面引起的划痕损伤，提高表面质量。目前，磨粒加工的去除单位已在纳米甚至是亚纳米数量级，在这种加工尺度内，抛光过程中伴随着化学反应现象，加工氛围的化学作用变得不可忽视。在加工中如能有效地利用工件与磨粒、工件与加工液及工件与研具之间的各种化学作用，既可提高加工效率，又可获得无损伤加工表面。

对硬脆材料的研磨，当磨粒小到一定的粒度，并且采用软质材料研磨盘时，由于磨料与研磨盘的特性的不同而引起研磨与抛光的差异，工件材料的去除机理及表面形成机理就发生变化。应该指出的是，在某些情况下，研磨与抛光难以区分，两个术语有时混用。

7.1.2.1　抛光机理

由于抛光过程的复杂性和不可视性，往往是通过特定的试验条件下获得的试验结果来说明抛光的机理。对于脆性材料的抛光机理，归纳起来主要有如下解释：

抛光是以磨粒的微小塑性切削生成切屑为主体而进行的。在材料切除过程中会由于局部高温、高压而使工件与磨粒、加工液及抛光盘之间存在着直接的化学作用，并在工件表面产生反应生成物，由于这些作用的重叠，以及抛光液、磨粒及抛光盘的力学作用，使工件表面的生成物不断被除去而使表面平滑化。

采用工件、磨粒、抛光盘和加工液等的不同组合，可实现不同的抛光效果。工件与抛光液、磨料及抛光盘间的化学反应有助于抛光加工。

7.1.2.2　微小机械去除与化学作用

抛光加工面的表面粗糙度是机械、化学等作用产生切屑而形成的痕迹，而存在于加工变质层中的弹塑性变形及微小裂纹，可认为是所供给生成切屑的机械能的一部分产生的。因此，为保证加工质量，在抛光加工中，应采用使表面粗糙度低和加工变质层小的切屑生成条件。

设想材料去除的最小单位是一层原子，最基本的材料去除是将表面的一层原子与内部的原子切开。事实上，完全除去材料一层原子的加工是极困难的。机械加工必然残留有加工变质层，并且随着工件材料性质及加工条件的不同，加工变质层的深度也不同。由于抛光加工中还伴随着化学反应等复杂现象，材料去除层的厚度为从一层原子到数层原子乃至数十层原子几种状态的复合。

目前，抛光加工中材料的去除单位已在纳米甚至是亚纳米级，在这种加工尺度内，加工氛围的化学作用就成为抛光加工不可忽视的一部分。图 7-2 是物理作用与化学作用复合的加工方法。表 7-1 是利用加工中的化学现象的化学机械抛光应用实例。例如，光学玻璃的抛光中，氧化物磨粒的机械作用产生软质变质层，使得材料的去除率高；硅片的化学机械抛光中，加工液在硅片表面生成水合膜，可以使加工变质层的发生减少。因此，在加工过程中的化学反应结果对材料的去除及减少加工变质层是有利的。蓝宝石的干式化学机械抛光时采用石英玻璃抛光盘，及干燥状态下的 $0.01\mu m$ 直径的 SiO_2 磨粒来抛光蓝宝石，磨粒与蓝宝石之间发生界面固相反应，生成富铝红柱石（Mullite），然后通过玻璃抛光盘的摩擦力将其从蓝宝石表面剥离，实现抛光加工。

表 7-1　化学机械抛光实例

加工对象	抛光盘材质	研磨剂及加工氛围
蓝宝石基片	石英玻璃	SiO_2 粉，干式
	杉木	过热水蒸气中($250\sim300℃$)
蓝宝石凹球面	工具钢	SiO_2 粉，干式
金刚石薄膜	铸铁	氢气($730℃$以上)
水晶基片	锡、铜等	Fe_3O_4、CeO_2、SiO_2 粉，干式
Si 基片	人造革等	$BaCO_3$、SiO_2、KOH 水溶液
单晶、多晶碳化硅	含有 Cr_2O_3 粉的树脂	干式或湿式

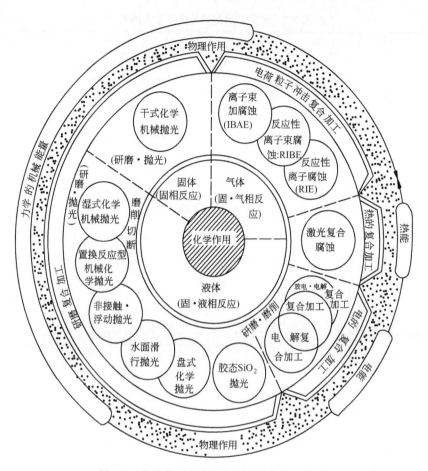

图 7-2　化学作用与物理作用复合的加工方法

7.1.3　研磨与抛光的主要工艺因素

7.1.3.1　工艺因素及其选择原则

　　精密研磨与抛光加工的主要工艺因素包括加工设备、研具、磨粒、加工液、工艺参数和加工环境等，见表 7-2。这些因素决定了最终加工精度和表面质量。在保证加工环境的前提下，各工艺因素的选择原则如图 7-3 所示。

7.1.3.2　研磨与抛光设备

　　常用平面研磨与抛光设备见表 7-3。其中典型的单面研磨/抛光设备为图 7-4 所示的修整环型加工设备。加工时将被加工面以一定的负载压于旋转的圆形研具上，工件本身跟着旋转，运动轨迹的随机性使加工表面的去除量均匀；同时，工件对研具的反作用，也使研具表面磨损，为避免加工精度恶化，在工件外侧配置旋转的修整环，使研具表面的磨损得以均匀修整。应用最普遍的一种双面研磨/抛

表 7-2　精密研磨抛光的主要工艺因素

工艺因素		实例
加工设备	加工方式	单面研磨、双面研磨
	运动方式	旋转、往复摆动
	驱动方式	手动、机械驱动、强制驱动、从动
研具	材料	硬质、软质（弹性、黏弹性）
	形状	平面、球面、非球面、圆柱面
	表面状态	石槽、有孔、无槽
磨粒	种类	金属氧化物、金属碳化物、氮化物、硼化物
	材质、形状	硬度、韧性、形状
	粒径	几十分之微米至几十微米
加工液	水性	酸性～碱性、表面活性剂
	油性	表面活性剂
加工参数	工件、研具相对速度	$1\sim100m\cdot min^{-1}$
	加工压力	$0.1\sim300kPa$
	加工时间	约10h
加工环境	温度	室温变化$\pm0.1℃$
	尘埃	利用洁净室、净化工作台

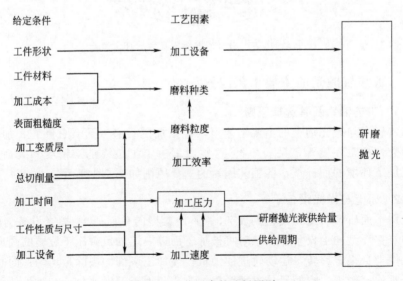

图 7-3　工艺因素的选择原则

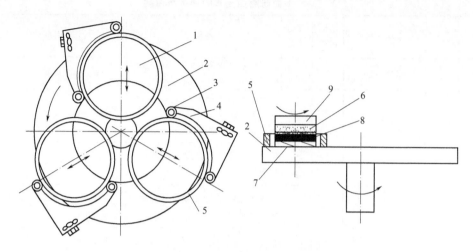

图 7-4　修整环型抛光机原理示意图

1—载物孔；2—研具；3—滚动轴承；4—修整环保持架；5—修整环；

6—基盘；7—工件；8—胶结剂；9—砝码载荷

光没备如图 7-5 所示。可利用这种设备加工高精度平行平面、圆柱面和球面。加工时工件放在齿轮状薄形保持架的载物孔内，上下均有工具盘。为在工件上得到均匀不重复的加工轨迹，工件保持架齿面与设备的内齿圈和太阳轮同时啮合，工件既有自转又有公转，做行星运动。上研磨盘将载荷传递给工件，且具有一定的浮动，以避免两工具盘不平行造成工件上下两加工面不平行。

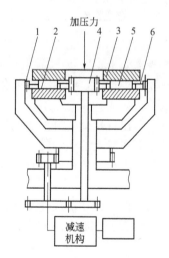

图 7-5　双面研磨/抛光设备简图

1—内齿轮；2—下研磨盘；3—上研磨；4—太阳齿轮；

5—工件；6—保持架

表 7-3 平面研磨抛光机的种类与用途

单面/双面	运动方式		电动机数	驱动轴数	特征	主要用途
单面加工机	修整环型		1	1	工件在保持架内自转,研磨盘旋转抛光单一平面	晶体、金属、陶瓷
	行星运动型		2	2	将工件放入太阳齿轮与内齿轮之间的环状保持架内,保持架带动工件做行星运动	晶体、金属、陶瓷
			2	2		
双面加工机	2 方向型		1	2	上下研磨盘不动、太阳齿轮与内齿轮转动	晶体、金属、陶瓷
			2	2		
	3 方向型	固定型	2	3	内齿轮固定,上下研磨盘与太阳齿轮转动	晶体、金属、陶瓷、铝、玻璃、硅、化合物
			3	3		
		上平板固定型	2	3	固定上研磨盘,下研磨盘与太阳齿轮、内齿轮转动	晶体、金属、陶瓷、铝、玻璃、硅、化合物
			3	3		
	4 方向型		2	4	传动上、下研磨盘、太阳齿轮、内齿轮等 4 个轴、4 个电动机独立传动,工件上下面的研磨长度可以完全一致	晶体、金属、陶瓷、铝、玻璃、硅、化合物
			3	4		
			4	4		
	摇摆动型		3	3/4/5	上、下平板任一为摆动型,则载体就有摆动型,就可以做出与行星运动不同的轨迹	晶体、金属、陶瓷、铝、玻璃、硅、化合物
			4	4/5		
			4	4		
球面加工机	摆动型		1~4	1~4	多用于球面、非球面镜片研磨、玻璃研磨	镜片、玻璃

不论是单面还是双面研磨抛光加工,工件与研具的相对运动轨迹对工件面形精度有重要影响,对其基本要求如下:

(1) 工件相对研具做平面平行运动,能使工件上各点具有相同或相近的研磨行程。

(2) 工件上任一点,尽量不出现运动轨迹的周期性重复。

(3) 研磨运动平稳,避免曲率过大的运动转角。

(4) 保证工件走遍整个研具表面,使研磨盘得到均匀磨损,进而保证工件表面的平面度。

(5) 及时变换工件的运动方向,使研磨纹路复杂多变,有利于降低表面粗糙度,并保证表面均匀一致。常用的运动轨迹有:次摆线、外摆线和内摆线轨迹等。

虽然复杂运动轨迹的重复性较小,但运动轨迹的重复仍是不可避免的。这样,研具表面形状就会在一定程度上"复印"到工件表面上。为消除抛光运动轨迹重复对试件平面精度的影响,除要求所采用的工件-研具相对运动方式具有较少的轨迹重复次数外，还应证保证研具具有较高的面形精度。为此，研磨/抛光机上通常专门配备有研具的高精度平面修整装置。

研磨抛光还大量应用于曲面的最后精加工，各种光学透镜和反射镜最后的精加工，一般都使用研磨抛光，以使能加工出 $R_a = 0.002 \sim 0.01\mu m$ 镜面。手工研磨抛光效率很低，且不易保证曲面的几何精度，故国外已发展了多种精密曲面抛光机床。这类精密曲面抛光机床，都有精密在线测量系统，在机床上检测加工工件的几何精度，根据测出的误差继续进行抛光加工。加工出的曲面镜，不仅表面是优质的镜面，同时具有很高的几何精度。美国为加工大型光学反射镜，专门研制了大型精密 6 轴数控抛光机。图 7-6 所示是日本 Canon 公司研制的一台大型数控精密抛光机。该抛光机的工作台可做 X 和 Y 方向运动，并可旋转，光头可自动控制向下的加工量。工件在机床前部进行抛光加工后，可以移到机床后面，该处有精密测头，可以测量工件的几何形状精度。测头的 Z 向垂直运动有空气导轨和光学测量系统，可保证其测量运动精度。机架和机座用低膨胀铸铁制造，整台机床用空气隔振垫支承，以防止振动。

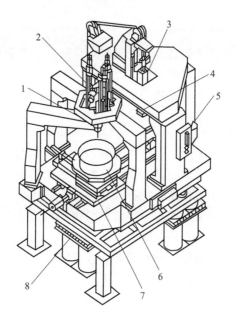

图 7-6　精密曲面抛光机（Canon 公司）

1—抛光头；2—抛光头升降机构；3—Z 向空气导轨；4—测量头；5—Z 向光学测量；
6—工作台面；7—X、Y、θ 工作台；8—空气隔振垫

7.1.3.3　研磨盘与抛光盘

常用的研磨盘、抛光盘材料及部分使用实例见表 7-4。常用的研磨盘材料有铸铁、玻璃、陶瓷等。研磨盘是用于涂敷或嵌入磨料的载体，使磨粒发挥切削作

用，同时又是研磨表面的成形工具。研磨盘本身在研磨过程中与工件是相互修整的，研磨盘本身的几何精度按一定程度"复印"到工件上，故要求研磨盘的加工面有高的几何精度。对研具的要求主要有：

表 7-4 研磨盘、抛光盘材料及部分使用实例

分类		对象材料	部分使用实例
硬质金属	金属	铸铁、碳钢、工具钢	一般材料研磨、金刚石抛光
	非金属	玻璃、陶瓷	化合物半导体材料研磨
	软质金属	Sn、Pb、In、Cu 焊料	陶瓷抛光
软质材料	天然树脂	松脂、焦油、蜜蜡、树脂	光学玻璃抛光、光学结晶抛光
	合成树脂	硬质发泡聚氨酯、PMMA、聚四氟乙烯、聚碳酸酯、聚氨酯橡胶	光学玻璃抛光、一般材料抛光
	天然皮革	麂皮	金属抛光
	人工皮革	软质发泡聚氨酯、氟碳树脂发泡体	硅晶体抛光、化合物半导体材料抛光
	纤维	非织布(毛毡)、织布(尼龙、棉)纸	金属材料抛光、一般材料抛光
	木材	桐、杉、柳	金属模抛光

(1) 材料硬度一般比工件材料低，组织均匀致密、无杂质、异物、裂纹和缺陷，并有一定的磨料嵌入性和浸含性。

(2) 结构合理，有良好的刚性、精度保持性和耐磨性。其工作表面应具有较高的几何精度。

(3) 排屑性和散热性好。

为了获得良好的研磨表面，有时需在研具表面上开槽。槽的形状有放射状、网格状、同心圆状和螺旋状等。槽的形状、宽度、深度和间距等要根据工件材料质量、形状及研磨面的加工精度来选择。在研具表面开槽有如下的效果：

(1) 可在槽内存储多余的磨粒，防止磨料堆积而损伤工件表面。

(2) 在加工中作为向工件供给磨粒的通道。

(3) 作为及时排屑的通道，防止研磨表面被划伤。

近年来，兴起了一种固着磨料研磨技术，其研磨盘是将金刚石或立方氮化硼磨料与铸铁粉末混合后，烧结成小薄块，或用电铸法将磨粒固着在金属薄片上，再用环氧树脂将这些小薄块粘贴在基盘上而制成。固着磨料研磨盘适用于精密研磨陶瓷、硅片、水晶等脆性材料，研磨盘表面精度保持性好，研磨效率高。

除金刚石等抛光采用硬质抛光盘外，其他材料的抛光均采用软质抛光盘。抛光盘面形精度及其精度保持性是高精度抛光的保障。虽然软质抛光盘抛光表面的加工变质层和表面粗糙度都很小，但抛光盘易磨损，面形精度保持性较差，会使试件产生"塌边"现象。所以，在要求高的平面度或棱角等形状精度时，可以使用铜或锡等软质金属作抛光盘。当要求较低的表面粗糙度时，常采用聚氨酯或毡等黏弹性抛光布。为确保抛光加工等的高精度，可以采取以下措施：

（1） 尽可能用耐磨损变形的抛光盘。

（2） 废弃已磨损变形的抛光盘。

（3） 修正磨损变形。可利用在设备上的修整机构来修整抛光盘的形状，也可以利用标准平板与抛光盘对研修整。

7.1.3.4　磨粒

磨粒按硬度可分为硬磨粒和软磨粒两类。研磨、抛光常用的磨粒见表 7-5。研磨用磨粒需具有下列性能：

表 7-5　研磨、抛光使用的磨粒

名称	化学式	结晶系	颜色	莫氏硬度	相对密度	熔点/℃	适用
氧化铝（α 晶）	$\alpha\text{-}Al_2O_3$	六方	白～褐	9.2～9.6	3.94	2040	研磨、抛光
氧化铝（γ 晶）	$\gamma\text{-}Al_2O_3$	等轴	白	8	3.4	2040	抛光
碳化硅	SiC	六方	绿、黑	9.5～9.75	2.7	(2000)	研磨
碳化硼	B_4C	六方	黑	9 以上	2.5～2.7	2350	研磨
金刚石	C	等轴	白	10	3.4～3.5	(3600)	研磨、抛光
三氧化二铁	Fe_2O_3	六方等轴	赤褐	6	5.2	1550	抛光
氧化铬	Cr_2O_3	六方	绿	6～7	5.2	1990	抛光
氧化铈	CeO_2	等轴	淡黄	6	7.3	1950	抛光
氧化锆	ZrO_2	单斜	白	6～6.5	5.7	2700	抛光
二氧化钛	TiO_2	正方	白	5.5～6	3.8	1855	抛光
氧化硅	SiO_2	六方	白	7	2.64	1610	抛光
氧化镁	MgO	等轴	白	6.5	3.2～3.7	2800	抛光

（1） 磨粒形状、尺寸均匀一致。

（2） 磨粒能适当地破碎，使切刃锋利。

（3） 磨粒熔点要比工件熔点高。

（4） 磨粒在加工液中容易分散。

对抛光用磨粒，还要考虑与工件材料作用的化学活性。加工对象不同选用的磨粒也不同，如果磨粒硬度过大，会在加工表面产生较深的划痕或裂纹；相反，如果磨粒硬度过小，则磨粒较容易崩碎，加工状态不稳定。通常研磨加工使用磨粒的硬度为工件材质的 2 倍左右。有时使用两种以上磨粒的混合物，可以获得最佳的加工效果。氧化铈是玻璃抛光中常用的磨粒，具有高加工效率。但氧化铈磨粒的粒度很难做到像氧化铝磨粒那样微细。石英玻璃、硅片的抛光通常使 SiO_2 胶体。抛光陶瓷材料时，多选用金刚石磨粒，特别是硬度为 1000HV 以上的陶瓷。金刚石磨粒价格昂贵，为提高利用率，多用油状或水溶性糊状物刷在抛光盘上，并使之均匀分布。钢系列金属材料的抛光多选用氧化铝（Al_2O_3）、碳化硅（SiC）、氧化铬（Cr_2O_3）等磨粒。

7.1.3.5 加工液

研磨抛光加工液通常由基液（水性或油性）、磨粒、添加剂三部分组成，作用是供给磨粒、排屑、冷却和润滑。对加工液有以下要求：

(1) 能有效地散热，以避免研具和工件表面热变形。

(2) 黏性低，以提高磨料的流动性。

(3) 不会污染工件。

(4) 化学物理性能稳定，不因放置或温升而分解变质。

(5) 能较好地分散磨粒。

研磨和抛光时，伴随有发热，除了工件和研具因温度上升而发生变形，难以进行高精度研磨外，在局部的磨粒作用点上也会产生相当高的温度，使加工变质层深度增加。适当地供给加工液，可以保证研具有良好的耐磨性和工件的形状精度及较小的工件加工变质层。添加剂的作用是防止或延缓磨料沉淀，并对工件发挥化学作用以提高研磨抛光加工效率和质量。

7.1.3.6 工艺参数

加工速度、加工压力、加工时间以及研磨液和抛光液的浓度是研磨与抛光加工的主要工艺参数。在研磨抛光设备、研具和磨料选定的条件下，这些工艺参数的合理选择是保证加工质量和加工效率的关键。

加工速度是指工件与研具的相对速度。加工速度增大使加工效率提高，但当速度过高时，由于离心力作用，使加工液甩出工作区，加工平稳性降低，研具磨损加快，从而影响研磨抛光加工精度。一般粗加工多用较低速、较高压力；精加工多用低速、较低压力。将研具单位面积上的研磨痕数量与留存的磨料粒子数量之比称为磨料作用率。磨料作用率与加工压力之间的关系如图 7-7 所示。由图可见，随着加工压力的增加，磨料作用率增加。亦即，单颗磨粒作用在工件表面上的力增加，使得在工件表面上产生的裂纹长度增加，进而引起工件的表面去除率增加。在一定范围内，增加加工压力可提高研磨抛光效率。但当压力大到一定值时，由于磨粒破碎及工件与研具的接触面积增加，实际接触点的接触压力不成正比增加，研磨抛光效率提高并不明显。

加工压力的计算公式如下：

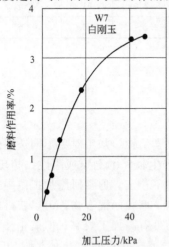

图 7-7　磨料作用率与加工压力间的关系

$$P_0 = \frac{P}{NA} \tag{7-1}$$

式中　P_0——工件被加工表面所承受的压强，Pa；

　　　P——工件被加工表面所承受的总压力，N；

　　　N——每次研磨抛光的工件总数，无量纲；

　　　A——单个工件实际接触面积，mm^2。

即使采用同样的磨粒，减少加工压力将降低表面粗糙度。在功能陶瓷材料最终抛光阶段，如采用仅靠工件自重进行悬浮抛光，可获得极好的表面质量。

研磨抛光液的浓度也对加工质量和加工效率有重要影响。当浓度增加时，参与研磨抛光加工的有效磨粒数增加，材料去除率增加；但当浓度过高时，磨粒的堆积和阻塞会引起加工效率的降低，同时也会引起加工质量的恶化。

7.1.4　先进陶瓷的珩磨加工技术

珩磨是一种以固结磨粒压力进给进行切削的光整加工方法，它不仅可以降低加工表面的表面粗糙度，而且在一定的条件下还可以提高工件的尺寸及形状精度。珩磨加工主要用于内孔表面，但也可以对外圆、平面、球面或齿形表面进行加工。

7.1.4.1　珩磨加工原理及其工艺特点

(1) 珩磨加工原理　珩磨加工的工作原理如图 7-8(a) 所示。珩磨加工时，工件固定不动，珩磨头与机床主轴浮动连接，在一定压力下通过珩磨头与工件表面的相对运动，从加工表面上切除一层极薄的材料。珩磨加工时，珩磨头有三个运动，即旋转运动、往复运动和垂直于加工表面的径向加压运动。前两种运动是珩磨的主运动，它们的合成使珩磨油石上的磨粒在孔表面上的切削轨迹呈交叉而不重复的网纹，如图 7-8(b) 所示，因而易获得低表面粗糙度的表面。径向加压

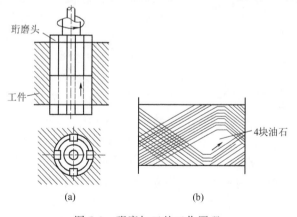

图 7-8　珩磨加工的工作原理

运动是油石的进给运动，加的压力越大，进给量就越大。

（2）珩磨加工的工艺特点　珩磨加工是一种使工件加工表面达到高精度、高表面质量、高寿命的高效加工方法。在孔珩磨加工中，是以原加工孔中心来进行导向。珩磨加工孔径最小可达 5mm，最大可达 1200mm 以上，而加工孔长可达 $L/D=10$（L 为珩磨孔长，D 为珩磨孔径）或更高。采用珩磨加工技术加工陶瓷零件，具有如下特点：

① 加工精度高、表面质量好。加工小孔时，其圆度误差可达 0.5μm，直线度误差可达 1μm；加工中等尺寸孔（$\varphi50\sim\varphi200$mm）时，圆度误差可达 5μm 以下，尺寸误差可达 $2\sim3$μm。

② 加工效率高。珩磨加工是面接触，多个磨粒同时起切削作用，油石与工件接触面积比磨削大 150 倍以上。

③ 磨削速度低。油石与孔呈面接触，每一磨粒的平均磨削压力很小，仅为磨削加工压力的 1/500～1/100。对于陶瓷材料，在较小磨削压力作用下，不易产生较深的加工纹，工件的发热量小，加工中每一磨粒切削刃在单位时间内产生的切削热仅是磨削的 1/3000～1/1500。通常，切削区工作温度在 50～150℃范围内。

④ 珩磨头呈回转与往复运动。珩磨头在每一冲程往复运动过程中，作用在磨粒上的切削力方向不断变化，磨粒破碎机会大大增加，沿各个解里面破碎的可能性大，因而磨粒的自锐性好。

⑤ 珩磨加工表面具有交叉网纹。由于珩磨头同时进行直线往复和回转运动，因此，工件表面上会留有一定角度的规则交叉网纹（Crosshatch Pattern），珩磨后工件表面网纹与活塞的运动方向成某一角度，有利于润滑油的储存及油膜的保持，故机械耐磨性好。

⑥ 加工表面具有平顶特性。平顶珩磨加工法可以获得。

⑦ 具有平顶凸峰与较深沟槽相间的加工表面。平顶珩磨孔的支承表面比通常珩磨表面大 4 倍左右，零件寿命提高 3～8 倍，其表面形状在跑合中变化很小，可以减小孔表面的磨损，缩短跑合时间。

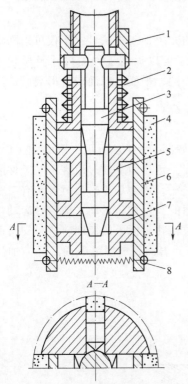

图 7-9　利用螺旋调节压力
的珩磨头结构

1—螺母；2—弹簧；3—调整锥；
4—油石；5—本体；6—油石座；
7—顶块；8—弹簧箍

图 7-9 是一种利用螺旋调节压力的较简单的珩磨头结构。珩磨头本体用浮动装置与机床主轴相连接，油石黏结剂（或用机械方法）与油石座固接在一起装在本体的槽中，油石座两端由弹簧箍住，使油石保持向内收缩的趋势。珩磨头尺寸的调整是通过旋转螺母，推动调整锥向下移动，通过顶块使油石在圆周上均匀张开，当油石与孔表面接触后，再继续旋动螺母，即可获得工作压力。这种珩磨头结构比较简单，制造方便，经济实用，但工作压力的调整频繁、复杂，且珩磨过程中随油石磨损或孔径增大而不稳定。

7.1.4.2　先进陶瓷的珩磨加工

随着先进陶瓷材料在许多精密配合孔类零件中的广泛应用，对高性能陶瓷材料的珩磨加工将占有很大比重。陶瓷发动机气缸（ZrO_2）、陶瓷泥沙泵缸体（ZTM、Al_2O_3）和陶瓷轴承套（Si_3N_4）等孔类零件是珩磨技术在陶瓷加工领域中应用的主要加工产品。

(1) 陶瓷珩磨材料去除分析

① 珩磨附加拉应力对加工过程的影响。陶瓷材料拉伸时的弹性模量一般小于压缩状态下的弹性模量。脆性材料的抗压/抗拉强度比值都大于 1，而且脆性越大，比值越高。$95Al_2O_3$ 材料，其抗拉强度不及 45 钢的 1/5。

珩磨加工中油石因受到扩张工作压力而涨开。如图 7-10 所示，油石与工件表面的法向相互作用压力为 P_n，油石数目为 5，工件厚度为 t，油石宽度为 B。工件内部的珩磨附加拉应力 σ_a 即为环向应力，据弹性理论可以求得

$$\sigma_a = (P_n B/t)\cos(\pi/5) \tag{7-2}$$

金刚石油石表面磨粒在陶瓷工件表面划过后，沿磨削方向产生表面裂纹。如图 7-10 所示，磨粒运动轨迹网纹交叉角为 2θ，当磨粒作用在磨削裂纹前端时，引起裂纹进一步开裂的总驱动力由三部分组成：珩磨附加拉应力 σ_n、磨削应力 σ 和残余应力 σ_γ。为便于计算，只考虑 I 型裂纹前端的应力强度因子。珩磨附加拉应力对裂纹应力场的影响计算如下：如图 7-10 所示，椭圆长轴为 $2a$，短轴为 $2c$，裂纹长度为 c。半椭圆形表面裂纹在应力 σ_a 作用下的裂纹尖端应力强度因子可表示为

$$K_{Ia} = \frac{M\sqrt{\pi c}}{\phi}\sigma_a\sin\theta \tag{7-3}$$

式中　ϕ——第二类完全椭圆积分，该值可以通过查表取得；

　　　M——修正因子。

磨削应力对裂纹应力场的影响计算如下：磨削表面裂纹较浅，通常在一个晶粒尺寸左右，一般为 $10\sim100\mu m$。如图 7-10 所示，当磨粒运动到裂纹前端，表面裂纹受到磨削应力 σ 的作用。这时裂纹受力状态可认为承受单向均布拉应力，运用应力强度因子的叠加原理，可以计算出磨削应力作用下裂纹尖端的应力强度因子：

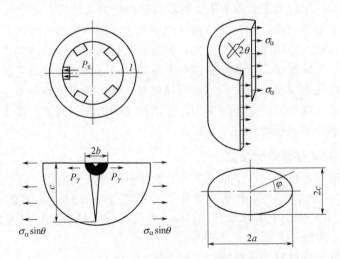

图 7-10　珩磨附加拉应力与裂纹应力分析

$$K_{I\sigma} = K_n = \frac{1}{2} K_{IZ} \tag{7-4}$$

于是，可以得到磨削应力项的应力强度因子表达式：

$$K_{I\sigma} = K_n = \frac{1}{2} \times \frac{M \sqrt{\pi c}}{\phi} \sigma \tag{7-5}$$

磨削残余应力对裂纹应力场的影响计算如下：如 7-10 所示，塑性区特征尺寸为 b，弹塑性边界上的残余应力为 σ_γ。磨削加工裂纹深度可达到背吃刀量的数倍，当 $c \gg b$ 时，塑性区可以看作是一个点，P_γ 可以看作由此点出发导致压痕裂纹开裂的驱动力，则单位长度上的残余载荷 P_γ 为

$$P_\gamma = \int_0^{\frac{\pi}{2}} \sigma_\gamma b \sin\varphi d\varphi = \sigma_\gamma b \tag{7-6}$$

其应力强度因子为

$$K_{I\gamma} = \frac{M P_\gamma}{(\pi c)^{\frac{3}{2}}} = \frac{M \sigma_\gamma b}{(\pi c)^{\frac{3}{2}}} \tag{7-7}$$

根据叠加原理，图 7-10 中裂纹尖端应力强度因子为

$$K_I = K_{I\alpha} + K_{I\sigma} + K_{I\gamma} \tag{7-8}$$

如果没有珩磨附加拉应力项，则 $K_{I\alpha} = 0$，上式变为

$$K_I = K_{I\sigma} + K_{I\gamma} \tag{7-9}$$

对比式(7-8)和式(7-9)，珩磨附加拉应力 σ_a 的引入，增大了裂纹尖端的应力强度因子，更易满足断裂判据 $K_I \geqslant K_{IC}$，即当裂纹前端应力强度因子 K_I 大于或等于材料断裂韧度 KIC 时，磨削裂纹将失稳扩展。从这一点看，因为珩磨附加拉应力项的存在，使珩磨加工中的陶瓷材料更容易去除。

将式(7-3)、式(7-5) 和式(7-7) 代入式(7-8)，便得到式(7-10) 中磨削裂纹尖端的应力强度因子表达式：

$$K_I = \frac{M}{\phi}\sigma_\alpha (\pi c)^{\frac{1}{2}} \sin\theta + \frac{M}{\phi}\frac{\sigma}{2}(\pi c)^{\frac{1}{2}} + M\sigma_\gamma b (\pi c)^{-\frac{3}{2}} \qquad (7\text{-}10)$$

据式 (7-10)，平衡条件下，磨削应力 σ 是裂纹长度 c 的函数，即

$$\sigma = \frac{2\phi K_{IC}}{M\sqrt{\pi}}\frac{1}{\sqrt{c}} - \frac{2\phi\sigma_\gamma b}{\pi^2} \times \frac{1}{c^2} - 2\sigma_\alpha \sin\theta \qquad (7\text{-}11)$$

式(7-11) 中，珩磨附加拉应力 σ_α 的作用效果是减小磨削加工中的磨削应力 σ，这样裂纹扩展时的磨削应力可以在较低的应力值下完成，从而有利于陶瓷材料的去除。珩磨加工中的附加拉应力有助于加工中材料的去除，对提高珩磨加工效率是有意义的。强力珩磨加工中，增大油石工作压力，可以显著提高加工效率。一般地，陶瓷材料的脆性越大，其断裂韧度越低，临界磨削应力越小，珩磨附加拉应力的效果就会越显著。因而，脆性越大的陶瓷材料，如 Al_2O_3、SiC 等会获得较高的珩磨加工效率，其珩磨加工性会优于磨削加工性。

陶瓷材料珩磨加工中，增大油石与工件之间的压力，工件内部的环向拉应力随之增大。设定珩磨圆周速度为 $30m \cdot min^{-1}$ 和油石往复速度为 $10m \cdot min^{-1}$，选取几种珩磨油石工作压力 P_n，对 95Al_2O_3 陶瓷材料进行珩磨加工去除率比较试验。金刚石油石材料分别选择铸铁结合剂和青铜结合剂两种材料，试验结果如图7-11所示。油石工作压力 P_n 存在临界值 P_n^*，在此临界值以下，陶瓷材料的去除率较小，变化幅度不大；而油石工作压力超过某一临界值后，陶瓷材料的去除率迅速增加，这与上述分析结论是相对应的。可以看出，珩磨是先进陶瓷材料的一种高效加工手段。根据计算结果，珩磨过程中，油石工作压力越高，磨粒的作用载荷越大，磨削应力场中的主应力值越大，裂纹产生的概率越高，材料便越易于去除。若要进行陶瓷材料的高效珩磨加工，提高油石的珩磨工作压力是非常必要的。反之，精加工中，为避免裂纹的产生和扩展，必须减小珩磨油石的工作压力。

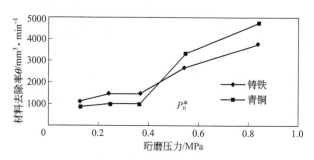

图 7-11　陶瓷材料去除率与油石珩磨压力曲线

② 珩磨网纹交叉点的材料去除。陶瓷材料珩磨过程中，油石的往复运动方

向不断改变，珩磨轨迹相互搭接和重复，磨粒一次次冲击和作用在交叉点上。陶瓷材料表面的裂纹便会向材料内部扩展，最终形成材料的脆性"崩除"。同时，网纹交叉点会受到来自不同方向磨粒的磨削作用，加速了网纹交叉点材料的去除过程。

（2）珩磨参数对 Al_2O_3 工程陶瓷材料去除率的影响

① 珩磨压力　增大珩磨压力，作用在单个磨粒上的载荷加大，试件内部的珩磨附加拉应力加大，陶瓷材料表面产生加工裂纹，材料以脆性断裂方式去除。但对于生产中常用的树脂结合剂油石，过高的珩磨压力会导致油石的剧烈磨损。因此，树脂结合剂金刚石油石的工作压力不宜过大，下述试验均设置珩磨压力为 0.24MPa。

② 圆周速度　选用金刚石油石 SFH72×6×6×2RVD170/200B50，分别变化珩磨圆周速度 v_f 和往复速度 v_r，测试结果如图 7-12 和图 7-13 所示。珩磨效率与珩磨合成速度和网纹交叉角 2θ 有关。其中，合成速度由式 $(v_r^2+v_f^2)^{1/2}$ 计算，网纹交叉角计算式为 $\tan\theta = v_f/v_r$。提高圆周速度和往复速度均会增加珩磨合成速度，从而提高珩磨效率。但增大圆周速度会减小珩磨网纹交叉角，降低陶瓷材料珩磨轨迹交叉点处的材料"崩除"效果，影响珩磨效率的进一步提高。

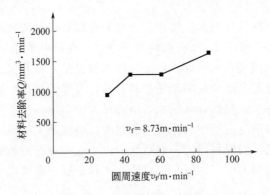

图 7-12　陶瓷材料去除率与珩磨圆周速度的关系

③ 往复速度　提高珩磨往复速度，单位时间内油石的往复行程次数增多，珩磨面积增大，同时材料加工表面交叉切削点数增多，且珩磨网纹交叉角度增大，陶瓷材料更容易以大块"崩除"形式去除。另外，往复速度增大，磨粒易于脱落，油石自锐性提高，也会增加珩磨效率。但油石往复速度超过一定值后珩磨效率的增加趋于缓慢，如图 7-13 所示。

④ 油石磨料　选择金刚石油石和普通 SiC 油石（SFH100×8×8GC270/325ZV）珩磨经磨削加工后的陶瓷试件，结果如图 7-14 所示。树脂结合剂金刚石油石有良好的自锐性，加工中磨粒容易暴露出来。可以预测随着加工时间的延长，材料的去除量相应增加。

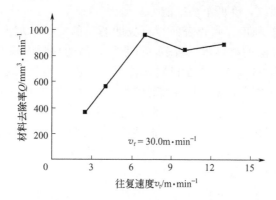

图 7-13　陶瓷材料去除率与珩磨往复速度的关系

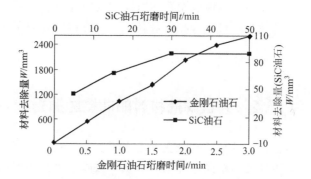

图 7-14　陶瓷材料去除量与珩磨时间的关系

⑤ 金刚石油石浓度　分别选用 3 种浓度、3 种粒度和 4 种结合剂的金刚石油石进行对比研究。测试结果如图 7-15 所示。3 种浓度金刚石油石选用树脂结合剂，磨粒粒度号为 230/270。当浓度为 50％时，陶瓷材料的去除率最低。金刚石油石浓度在 75％时的陶瓷材料去除率最大。随着金刚石油石浓度的继续增加（100％），陶瓷材料的去除率有所下降。高浓度金刚石油石表面与陶瓷材料接触的磨粒数目多，在珩磨压力恒定条件下，作用在单个磨粒上的载荷减小，陶瓷材

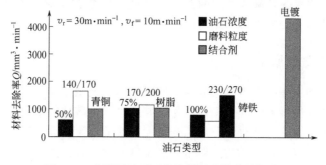

图 7-15　金刚石油石对陶瓷材料去除率的影响

料不易产生加工裂纹，降低了切削能力。

⑥ 金刚石磨料粒度　陶瓷表面与粗粒度磨粒的接触区域大，易产生加工裂纹，使单个磨粒去除的材料体积增多，可获得较高的材料去除率。3 种粒度树脂结合剂油石浓度为 75%。在浓度相同条件下，细粒度磨料油石表面金刚石磨粒的数目较多，作用在单个磨粒上的载荷较小，同时，细粒度磨粒的粒径小，陶瓷材料表面不易产生较大的加工裂纹，但是材料去除率降低。

⑦ 金刚石油石结合剂　4 种结合剂油石的浓度为 75%，粒度为 230/270。青铜结合剂金刚石油石的自锐性不好，油石钝化后磨粒不易露出，降低了切削能力，陶瓷材料的去除率低；树脂结合剂金刚石油石具备良好的弹性和自锐性，实际生产中常用作陶瓷材料的珩磨工具。铸铁结合剂对金刚石磨粒的把持力较树脂结合剂高，同时，铸铁材料受到陶瓷表面轮廓尖峰的修整作用，可使磨粒露出，油石具有较高的切削能力。电镀金刚石油石磨粒暴露充分、固结磨料的颗粒数目多，具有很高的切削能力，材料去除率最高，达到青铜结合剂金刚石油石的 4 倍以上。

7.2　先进陶瓷材料的非接触抛光

非接触抛光是指使工件与抛光盘在抛光中不发生接触，仅用抛光剂冲击工件表面，以获得加工表面完美结晶性和精确形状，去除量为几个到几十个原子级的抛光方法。

非接触抛光既可用于功能晶体材料抛光（注重结晶完整性和物理性能），也可用于光学零件的抛光（注重表面粗糙度及形状精度）。

非接触抛光技术是利用微细粒子在材料表面上的冲击来去除材料的加工。是以弹性发射加工（EEM，Elastic Emission Machining）理论为基础的，微细粒子以接近水平的角度与材料碰撞，在接近材料表面处产生最大的剪断应力，既不使基体内的位错、缺陷等发生移动（塑性变形），又能产生微量的弹性破坏来进行去除加工。这种弹性破坏加工的首要条件就是使微粒子对加工表面进行冲击。给予粒子运动的能量越大，加工速度越快。

7.2.1　弹性发射加工

弹性发射加工是指加工时研具与工件不接触，使微细粒子在研具与工件表面之间自由流动，使微粒子冲击工件表面，并产生弹性破坏物质的原子结合，以原子级的加工单位去除工件材料，从而获得无损伤的加工表面。其原理是利用水流加速微细磨粒，以尽可能小的入射角冲击工件表面，在接触点处产生瞬时高温高压而发生固相反应，造成工件表层原子晶格的空位及工件原子和磨粒原子互相扩散，形成与工件表层其他原子结合力较弱的杂质点缺陷，当磨粒再次撞击这些缺陷时，就会将杂质点原子与相邻的几个原子一起移去，工件表层凸出的原子也因受到很大的剪切力而被切除。其加工方法是使用聚氨酯球作加工头，在微细粒子悬浮液中，使加工球头边回转边向工件表面接近，使悬浮液中的微细粒子在工件表面的微小而积（$\phi 1 \sim \phi 2mm$）内产生作用来进行加工（图 7-16）。如果对聚氨酯球的加工头和工作台采用数控装置，则能进行曲面加工。基于同样加工原理的还有振动式 EEM 法和送风循环式 EEM 法。EEM 加工时，工件表层无塑性变形，不产生晶格转位等缺陷，对加工功能晶体材料极为有效。

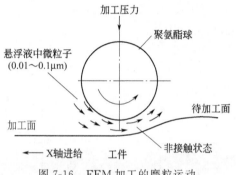

图 7-16　EEM 加工的磨粒运动

图 7-17 所示为 EEM 的数控加工装置。由于聚氨酯球的旋转，微粒悬浮液流

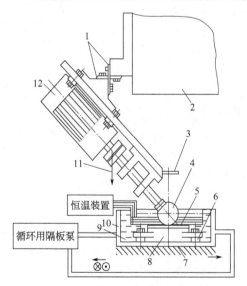

图 7-17　EEM 数控装置示意图

1—十字弹簧；2—数控主轴箱；3—载荷支承杆；4—聚氨酯球；5—工件；

6—橡胶垫；7—数控工作台；8—工作台；9—悬浮液；

10—容器；11—重心；12—无级变速电动机

体使球体受力抬起，形成一定的浮起间隙液膜。该流体运动系统属黏性流体运动方程式的二维流动，可由弹性流体润滑理论来计算流体膜厚。当球径为 28mm，单位长度压力为 3N·mm^{-1}，线速度为 3m·s^{-1} 时，得到的最小膜厚为 0.7μm。通过间隙的流量是一定的，故单位时间作用的磨粒数也是一定的。该装置为一个三坐标数控系统，聚氨酯球装在数控主轴上，由变速电动机带动其旋转，其载荷为 2N。加工硅片表面时，用含直径为 0.1μmZrO$_2$ 微粉的流体以 100m·s^{-1} 的速度和水平面成 20° 的入射角，向工件表面发射，其加工精度为 ±0.1μm，表面粗糙度为 0.5nm 以下。

图 7-18 表示球的振动次数与加工量的良好线性关系。可见，EEM 数控加工是一种高精度的超精密加工方法。

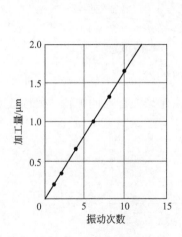

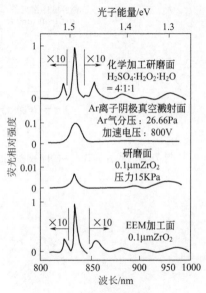

图 7-18　EEM 振动次数与加工量的关系
加工条件：工作 Si（111），磨粒 ZrO$_2$（平均粒径 6μm），载荷 3N，聚氨酯球径 28mm，旋转速度 3.2m·s^{-1}，进给速度 6mm·min^{-1}

图 7-19　GaAs 的各种加工面光致发光相对强度

对于不同的磨料和工件材质，若给磨粒施加相同的运动能量和形态，加工特性也不同。故采用 EEM 时，需考虑磨粒与工件材料原子间化学结合及工件原子间分离的难易程度。聚氨酯球振动次数越多，加工量越大，EEM 数控振动加工克服了普通抛光加工时作用磨粒数少和形态不稳定、抛光盘磨损等缺点。并且只要预知被加工面前的形状，便可设定被加工面加工后的形状。

图 7-19 是用光致发光（Photolumines）的相对强度来测定 GaAs 各种加工面的结果。普通抛光面的光强度为 Ar* 真空溅射表面的 1/10，不到化学抛光表面

的 1/100，其极表层结晶构造紊乱，有大量气孔。但是 EEM 加工面的荧光强度却没有降低，这表明 EEM 加工面结晶结构完整无损。

7.2.2　动压浮离抛光

动压浮离抛光（Hydrodynamic-type Polishing）也是一种非接触抛光。图 7-20 为平面非接触抛光装置。图 7-20(a) 为抛光盘结构，图 7-20(b) 为抛光盘的浮力分布计算。该技术运用了下列流体力学现象和粉末作用：当沿圆周方向包含有若干个倾斜平面的圆盘在液体中转动时，通过液体楔产生液体动压（也称为动压推力轴承工作原理），使保持环中的工件浮离圆盘表面，通过浮动间隙中的粉末颗粒对工件进行抛光。因为没有摩擦热和工具磨损，标准平面不会变化，因此，可重复获得精密的工件表面。用于超精密抛光半导体基片和各种功能陶瓷材料及光学玻璃平晶，可进行多片加工。用这种方法加工 3in 直径硅片可获得 $0.3\mu m$ 的平面度和 1nm 的表面粗糙度。其工作原理如图 7-20a 所示。

图 7-20b 为抛光盘的浮力 F 分布情况，F 可按下式计算：

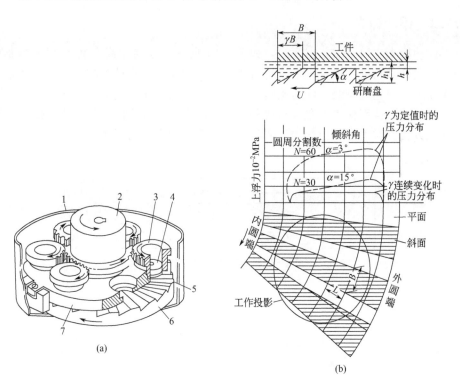

图 7-20　动压浮离抛光

1—抛光液容器；2—驱动齿轮；3—保持环；4—工件夹具；
5—工件；6—抛光盘；7—载环盘

$$F = \frac{6\eta ULB^2}{h^2}K^2 \tag{7-12}$$

式中 U——相对速度，m·s^{-1}；

  η——流体黏度，Pa·s；

  L——抛光盘半径方向的分割长度，m；

  B——抛光盘面圆周的分割宽度，m；

  h——最小间隙，m；

  K——形状系数，为 γ，α，B，h 的函数。

抛光盘从内圆端到外圆端斜面和平面分割宽度之比为 γ，由于 γ 是定值，而在不同半径处的相对速度 U 不同，故浮力分布的情况是：外圆端 F 大，加工量大，内圆端 F 小，加工量小，因此工件得不到理想的平面度。为此，可通过调整形状系数 K 来调整压力分布，即调整倾斜角 α 及比率 γ，使 α 与 γ 从内圆向外圆连续变化。例如，使比率 γ 从内圆端到外圆端做 $0.3 \sim 0.6$ 连续变化，可获得均一的压力分布。

7.2.3 浮动抛光

浮动抛光（Float Polishing），如图 7-21 所示，是使用高平面度平面并带有同心圆或螺旋沟槽的锡抛光盘、高回转精度的抛光机，将抛光液覆盖在整个抛光盘表面上，使抛光盘及工件高速回转，在二者之间抛光液呈动压流体状态，并形成一层液膜，从而使工件在浮起状态下进行抛光的一种平面度极高的非接触超精密抛光方法。实现浮动抛光加工的关键是超精密抛光盘的制作。

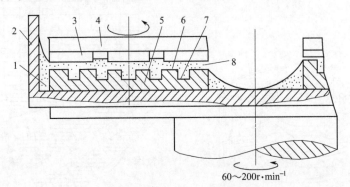

图 7-21 浮动抛光装置示意图

1—抛光液；2—抛光液槽；3—工件；4—工件夹具；5—抛光盘；

6—金刚石刀具的切削面；7—沟槽；8—液膜

7.2.3.1 浮动抛光机理

如图 7-22(a) 所示，结晶材料在表面上存在很多晶格缺陷，因此，去除表面原子所需能量比破坏材料原子结合所需的能量小得多，在表面凸出部分更易受冲击而被去除。当两物质相互摩擦时，如图 7-22（b）所示，两物质表面的结合能分布出现重叠，因此，强度高的物质表面原子有可能被强度低的物质表面原子冲击而去除，即实现用软质粒子来加工硬质材料，并且工件材料也不会发生塑性变形错位。如 7-22（c）所示，工件最外层表面原子和磨粒最外层表面原子，在接触点的局部高温高压下发生相互扩散，降低了工件最外层表面原子的结合能，然后被后继的磨粒冲击而去除。这种加工方法的加工效率与磨粒的冲击频率、冲击速度、工件与磨粒的表面原子结合能分布和相互扩散的难易程度、不纯物原子侵入时工件最表层原子的结合能的降低比例有关。例如可用极软的石墨和溶于水的 LiF 来抛光很硬的蓝宝石。为了提高加工效率，可使用能与工件起固相反应的软质磨料作抛光剂。

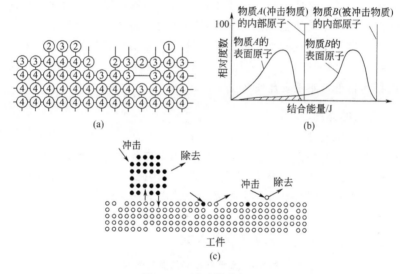

图 7-22　浮动抛光机理

传统方法以硬质磨粒来抛光软质工件，难以避免工件表面的损伤。但若选直径极小的硬质粒子冲击工件表面时，并控制好冲击能量，只去除最外层表面原子，也不会使工件材料表层发生错位。例如使用粒径为 7nm 的 SiO_2 微粒子抛光软质 Mn-Zn 铁氧体和 $LiNbO_3$ 等单晶工件，不会产生错位和增殖，但加工中要避免大的粒子混入。

7.2.3.2　浮动抛光方法

超精密平面浮动抛光机采用液体静压轴承，并在台面上装有超精密金刚石立式抛光盘修整器。抛光机要放置在有空调的洁净室内的超洁净工作台上，在 100 级洁净度下进行抛光。

采用纯水或蒸馏水作加工液，使用公称直径 7nm 的 SiO_2 超微细粒子作抛光

剂 [$\omega(SiO_2)$ 为 2%~3%]。抛光时，将抛光盘表面浸没在抛光液内。将表面粗糙度 R_Z 为 1.0μm 以下，平面度为数微米的工件放在抛光盘上，并使抛光盘和工件高速回转，借助两者之间抛光液的动压流体润滑状态，使工件悬浮在抛光盘上进行抛光。

浮动抛光时，由于工件上浮量只有数微米，所以，当预加工工件的表面粗糙度 R_Z 为数微米时，在工件与抛光盘间建立不起液膜，并且会损坏抛光盘，不能进行悬浮抛光。浮动抛光还要求工件有良好的平面度。抛光机无轴向振动。为了防止工件与锡抛光盘接触，还需往抛光液中添加增黏剂。

因此，工件不能由粗加工或半精加工直接移至最终浮动抛光加工。浮动抛光要求工件在前道工序进行精抛光，且加工表面粗糙度不大于 35nm。

因锡抛光盘刚性高，并且加工中的抛光压力较高，所以工件与抛光盘间几微米厚度的抛光液膜的刚性也高。由于工件不直接与锡盘接触，因此，锡盘在抛光过程中磨损极少，比其他抛光法更易保持平面度。另外，由于动压液体状态的均化作用，工件表面比锡盘的平面度更高。即使锡盘表面有微量不平，也不会直接"复印"到工件表面。在加工中要保持工件平稳回转，使用的抛光压力仅是工件和工件夹具的自重，不需要施加外力。

7.2.3.3　浮动抛光速率

浮动抛光的抛光速率与以下因素有关：工件材质及晶向，抛光剂的种类、粒径、浓度，抛光液的酸碱度、黏度，抛光压力、抛光盘表面形状、转速，工件转速和安放位置，抛光液温度等。抛光蓝宝石时，抛光速率与诸因素的关系如图 7-23 及表 7-6 所示。图 7-23(a) 为抛光速率与抛光压力的关系，图 7-23(b) 为抛光速率与质量分数的关系，图 7-23(c) 为抛光速率与 SiO_2 粒径的关系，图 7-23(d) 为抛光速率与抛光液氢离子浓度的关系。

表 7-6　蓝宝石单晶的抛光速率

结晶面	抛光速率/nm·s^{-1}	结晶面	抛光速率/nm·s^{-1}
{0001}	1.84	{2110}	0.405
{1010}	1.56	{1012}	0.348
{1110}	1.15	{1104}	0.619
{2113}	0.961		

抛光压力（2×10^5Pa）比用传统的光学抛光法和化学机械抛光法抛光硅片时的压力高。抛光盘的转速为 60~200r·min^{-1} 或更高（根据抛光盘的直径而定）。当 $\omega(SiO_2)$（粒径 7nm）为 5% 时，抛光速率达到最大，超过此浓度，由于黏度过高，抛光速率反而下降。

不同结晶面的抛光速率不同。这是造成多晶体晶界差和单晶体材料形状精度

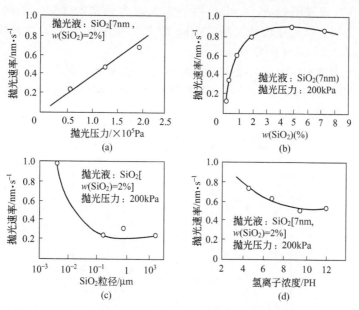

图 7-23　蓝宝石 {1012} 面浮动抛光速率与其他工艺因素的关系

下降的原因。

表 7-7 为蓝宝石单晶浮动抛光速率与磨粒种类和质量分数的关系。

表 7-7　蓝宝石单晶浮动抛光速率与磨粒种类和质量分数的关系

磨粒种类(7nm)	磨粒质量分数/%	抛光速率/×0.1nm·s^{-1}
SiO$_2$	2.0	8.16
CeO$_2$	2.0	0.30
CeO$_2$	20.0	5.41
ZrO$_2$	10.0	1.66
Cr$_2$O$_3$	20.0	0.78
Fe$_2$O$_3$	20.0	0.47
MgO	10.0	0.31
LiF	10.0	0.19
石墨	10.0	0.46
Al$_2$O$_3$(0.02μm)	2.0	0.16

7.2.3.4　浮动抛光形状精度

为了减小粘贴应力及热应力影响，在直径 100mm 工件夹具上用双面胶带粘贴直径 100mm、厚度 30mm 的 BK-7 玻璃光学平晶工件，在控制室温、抛光液温及静压油温条件下抛光 60min。抛前加工面为光学抛光面，平面度为 $1\lambda=0.63\mu m$，内凹。经过浮动抛光后，Zapp 的 P-V 平面度为 $\lambda/34$，相位角的 P-V 平面度为 $\lambda/20$，rms 平面度均为 $\lambda/167$。

图 7-24 为用不同浓度的抛光液抛光 Mn-Zn 铁氧体单晶时，端面塌边圆角半径的测量结果，塌边半径小于 $0.01\mu m$。用传统的方法抛光时，为防止塌边需要使用夹具。采用浮动抛光时，则不需要使用夹具。

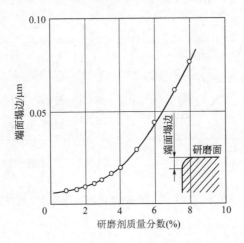

图 7-24　Mn-Zn 铁氧体单晶端面塌边与抛光
剂质量分数的关系（抛光剂 MgO）

7.2.3.5　浮动抛光表面粗糙度

表面粗糙度对光的反射率、散射、吸收，以及激光照射对光学元件的损伤程度和材料破坏强度均有影响。表面粗糙度通常是使用触针式粗糙度仪测量，而在特殊的光学领域是采用非接触的光学测量方法。

用 Talystep 测量仪（垂直放大倍数 200 万倍）检测经浮动抛光的直径 9mm 人造水晶抛光面的表面粗糙度 R_y 为 1nm 以下。利用浮动抛光法加工蓝宝石 {0001} 面，其表面粗糙度 R_z 为 0.08nm。

7.2.3.6　浮动抛光表面特性

(1) 表面结晶性　晶体的功能依赖于结晶结构，结构遭到破坏会引起功能下降。因此，在加工单晶时，最重要的质量指标是不破坏表面的结晶性。用各种方法抛光蓝宝石单 {1012} 面的试验结果表明，用 $8\mu mSiC$ 抛光的表面和用 $3\mu m$ 金刚石抛光的表面，其表面的结晶特性已遭破坏，而浮动抛光面和化学抛光面均获得明显的菊池线，这就表明加工表面的结晶基本保持良好。腐蚀只有内在的变形缩孔而加工不产生变形缩孔，说明单晶材料的浮动抛光不产生塑性变形。抛光 Mn-Zn 铁氧体单晶也得到同样的效果。

（2）表面磁特性　磁性材料的磁特性不仅对组织结构敏感，对应力也很敏感。一旦加工表面有残余应力，磁特性就会发生变化。Mn-Zn 铁氧体环形工件的两个平面用各种方法进行加工后，发现浮动抛光面显示出有与化学腐蚀加工面同样的磁特性，这说明其表面没有残余应力。用 Cr_2O_3 抛光的表面下 $0.5\mu m$ 深度有压缩的残余应力，导致常温下的起始磁导率降低到母材的 60% 左右。

（3）表面化学特性　在抛光过程中，抛光剂粒子元素侵入到工件最表层后，形成缺陷点。由于异质元素的侵入，其周围的结合力变弱。用不同种类的抛光剂进行蓝宝石单晶的抛光时，用 IMA 分析仪进行表面元素分析得知，在抛光面下 1nm 以内，含有抛光剂的构成元素，这显然不是简单的物理吸附现象。

用加工的方法不能去除这样微小的缺陷。因侵入的元素种类与使用的抛光剂材质有关，如果抛光剂的材料和纯度选择适宜，也不会发生异质元素的侵入。例如，用 SiO_2 抛光 SOS 用的蓝宝石基片，或用 ZnO 抛光用于光波导管的蓝宝石基片。在抛光人造水晶或光学玻璃时，为彻底避免抛光中的污染，应使用高纯度 SiO_2 微粒作为抛光剂。

化学腐蚀是一种无畸变的加工，但腐蚀加工后工件表面元素的浓度与基体内部的浓度是不同的。浮动抛光与化学腐蚀的表面元素浓度分布是类似的。因此，认为浮动抛光也是与化学腐蚀一样的无畸变加工法。

7.2.3.7　浮动抛光应用

浮动抛光技术是为实现电子功能材料无畸变加工而开发的，最初用于高密度 VTR 磁头的磁隙面的加工。目前，计算机磁头的磁隙面的加工也采用浮动抛光方法。通过选择适宜的研磨剂和化学添加剂等，可以防止出现晶界差，能获得表面粗糙度 R_z 为 2nm 的表面。也能用浮动抛光法进行计算机磁头滑动面的平面及曲面加工。

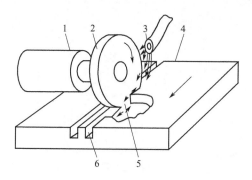

图 7-25　端面非接触镜面抛光装置示意图
1—空气主轴；2—工具；3—加工液；4—工件；
5—微粒子；6—抛光出的镜面

还可以采用浮动抛光加工光学零件，并且表面粗糙度低、加工变质层少和无污染。另外，利用浮动抛光法加工大功率激光、激光陀螺及受激准分子激光器用的光学零件，能防止激光散射。由于浮动抛光法容易获得高精度平面形状，可用于光学平晶、铌酸锂、水晶、钽酸锂等功能陶瓷材料基片的批量加工。

7.2.4 切断、开槽及端面抛光

采用传统抛光方法难以对沟槽的壁面、垂直柱状轴断面进行镜面加工。图7-25为端面非接触镜面抛光装置示意图。工具与工件不接触，工具高速旋转驱动微粒子冲击工件形成沟槽或切断，然后再用同一种工具，并向同一位置供给微粒子进行数次抛光，即可实现断面的镜面抛光。加工表面粗糙度低于3nm，而且没有热氧的层叠缺陷。完全没有一般加工或切断的缺陷。可用于0.1mm左右的光导纤维线路零件端面镜面抛光以及精密元件的切断。

7.2.5 非接触化学抛光

传统的盘式化学抛光，是对树脂抛光盘面供给化学抛光液，使其与被加工面做相互滑动，用抛光盘面来去除被加工件面上产生的化学反应生成物。这种以化学腐蚀作用为主，机械作用为辅的加工又称为化学机械抛光。之后发展起来的水面滑行抛光（Hydroplan Polishing），是借助流体压力使工件基片从抛光盘面上浮起，利用具有侵蚀作用的液体作加工液的抛光方法。水面滑行抛光时，工件与抛光盘之间不接触，而且也不使用磨料，是一种化学抛光方法。图7-26所示为水面滑行非接触化学抛光装置。水面滑行抛光法是为抛光GaAs和InP基片而开发的。将被加工的基片吸附在作为工件夹具的直径100mm的水晶光学平晶的底面。水晶平晶的边缘呈锥状，并与抛光装置的带轮相连。利用调节螺母调节基片

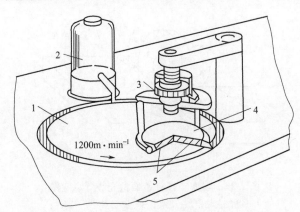

图 7-26　水面滑行非接触化学抛光装置

1—抛光盘；2—腐蚀液；3—调节螺母；4—水晶平板；5—GaAs 工件

高度（调节范围在 125μm 以内）。抛光盘以 1200r·min^{-1}转速回转，将腐蚀液注到抛光盘中心附近，通过液体摩擦力，使水晶平晶以 1800r·min^{-1}转速回转，同时由于动压力使水晶平晶上浮，抛光盘使工件表面以非接触方式进行化学抛光。加工液为甲醇、甘醇和溴的混合液。甲醇和溴对 GaAS 和 InP 是有效的腐蚀液，甘醇具有调整液体黏度的作用。水面滑行加工的侵蚀率如图 7-27 所示。在水蒸气中及 600℃高温下热腐蚀 15min，以 10μm·min^{-1}的去除率进行 GaAs、InP 基片表面无损伤抛光。直径 25mm 的基片，其平面度在 0.3μm 以内。

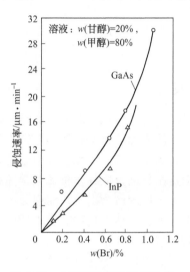

图 7-27　水面滑行加工的侵蚀率

7.3　先进陶瓷材料的界面反应抛光

过去，硬脆电子功能陶瓷材料的加工基本上是利用硬质磨粒的机械压入、刻划作用为主的研磨和抛光，通常在工件表面留有加工变质层。为了消除加工变质层，一般采用化学抛光和电解抛光加工，但又会造成形状精度降低。为了克服上述缺点，必须开发新的抛光法，以实现功能陶瓷的高精度高质量抛光加工。

如果存在于两物体界面的磨损现象，以除去表面物质的形式进行，那么就可以把这个磨损现象看成加工现象。如能巧妙地控制这个界面反应，把反应生成物限制在表层极微小的深度，并在不伤害母体的基础上将其从表面去除，就有可能得到目前抛光加工所达不到的超精密表面。

在工件与磨料的摩擦界面上的机械能一部分转化为热能，使界面真实接触部位处于高温高压状态，处于这种状态的界面是不稳定的，各物质之间很容易互相渗透，化合物很容易产生和分解。这种界面反应一般称为机械化学反应。如果将反应生成物控制在工件表层极小的深度内，因其加工单位很小，就可以在不伤及母材情况下使其脱落，可以获得一般机械加工绝对达不到的超精密表面。这就是一边反应生成易于去除的局部软质异物，一边进行加工的界面反应抛光方法。

可用于抛光加工的界面反应现象有机械化学固相反应和水合反应现象，相应的抛光方法称为机械化学抛光和水合抛光。界面反应抛光是目前功能陶瓷元器件基片精密加工的主要方法。迄今为止，对蓝宝石、水晶、硅等都表明了使用这种新方法的可能性。

这些新方法与传统的抛光法相比，在加工机理上是完全不同的。由于不必使用黏弹性抛光盘而使加工的平面度得以提高；由于利用了化学反应，所形成的加工变质层极小。

7.3.1　机械化学固相反应

若在两物体的摩擦界面，或者机加工时的刀具与工件的界面施加机械能，其能量的主要部分转换成热，给界面的真实接触部位带来高压状态。这种状态的界面，由于各种原因，容易引起不平衡及由相位移引起的物质变化，以及化合物的生成、分解等。一般，把这个界面反应称作机械化学固相反应。这种反应以不能预测的速率进行。这个现象可以理解为由于热而引起的化学活性化和由于应力产生的表面缺陷及应变而引起的化学活性化两者相乘的效果。

在接触界面，即使名义接触载荷很低，但认为在少数真实接触点有超过材料屈服点的高压作用着，其压力可以看作是基本等在这个温度下的软质材料的维氏硬度，以这个高压为主促进界面反应。下面列举在 Al_2O_3 和 SiO_2 反应系中粉末的高压反应实例。

蓝宝石（α-Al_2O_3）与石英玻璃（SiO_2）的接触界面上的真实接触点产生的压力取决于石英玻璃的邵氏硬度，1070K 时为 3.8GPa，1207K 时为 2.4GPa。这两者在大气压下的反应中生成富铝红柱石（$3\alpha \cdot Al_2O_3 \cdot 2SiO_2$），在高压下生成蓝晶石（$Al_2O_3 \cdot SiO_2$）。3.6GPa 压力下，由 $\alpha \cdot Al_2O_3$ 与 SiO_2 粉末反应的蓝晶石生成率与反应时间的关系表明：温度越高反应率越高，温度达到 1500K 后，即使是立即冷却，其生成率仍可达 0.3～0.5 这样的高值。如果与同样的混合粉末在大气压下、1670K 加热 5h 以上几乎没有反应的现象相比，则反应速率是极其大的。

以下从粉体反应的观点来求反应层的深度与反应速率。在半径为 r_B 的球状粒子 B 中，过剩成分 A 扩散，产生构成反应层厚度 δ 的 AB 层时的反应量为 α，可以得到下式：

$$(\delta/r_B)^2 = [1-(1-\alpha)^{1/3}]^2 = \frac{K't}{r_B} = Kt \tag{7-13}$$

式中　δ——反应层厚度，nm；

r_B——球状粒子半径，μm；

$\quad t$——反应时间，s；

$\quad K$——反应速率常数，m·s^{-1}；

$\quad K'$——反应系数，m^2·s^{-1}。

如设 α-Al$_2$O$_3$ 粉末粒子的半径 $r_B=2\mu$m，求生成 $\delta=5$nm 的蓝晶石所需要的时间。在反应压力 3.6GPa 下，反应温度为 1100K 时，所需时间为 0.1s 以内，1500K 时为 1×10^{-3}s。再进一步将反应模型考虑得更实际一点，从粉末的局部来考虑有选择地进行反应，这是求生成 5nm 反应层的时间，那么 1100K 时为 1×10^{-2}s，1300K 时为 5.7×10^{-4}s，1500K 时为 6.4×10^{-4}s。由此可以知道，在以高速接触擦过的界面真实接触点，即使是极短的时间（$10^{-5}\sim10^{-3}$s），也有可能生成十几纳米的反应层。

另外，可以从这个反应中计算出物质的除去量，当接触点压力为 3.6GPa 时，接触点温度为 1270K，在 1×10^{-3}s 的接触时间内，反复进行 5nm 反应层的生成脱落时，摩擦速率为 24m·min^{-1}，接触载荷为 5N，取 Al$_2$O$_3$ 的密度为 4g·cm^{-3}，则除去量为 0.07mg·km^{-1}。

7.3.2　水合反应

溶质或分散粒子与水分子结合及相互作用的现象称作水合反应。在离子性溶质中，以水合为主，根据水的双极子与离子间的静电结合，可以认为离子周围的电场强度为 104V·m^{-1}，拥有双极子的水分子成放射状分布在离子周围。对于水合来说，一般离子性溶质比非离子性溶质大。在离子性溶质中，随着离子电荷增加，其半径的增大量减小，因此多价阳离子的水合热和水合数比阴离子大，结果水合反应也大。水合物的水分子量是不稳定的，如 Al$_2$O$_3$ 水合物的代表是 Al(OH)$_3$，但一般用 Al$_2$O$_3$·xH$_2$O 来表示。

水合抛光法的开发背景是基于磨削过程中在砂轮与工件界面上生成的化学反应。在用 Al$_2$O$_3$ 砂轮磨削软钢和石英玻璃时，在磨削后的磨粒作用面上生成有 Al$_2$O$_3$ 水合物和其他化合物，由于界面生成水合化学反应，磨粒的磨损也随着增加。Al$_2$O$_3$ 磨粒作用面的 X 射线衍射结果表明，用 Al$_2$O$_3$ 砂轮磨削时，在喷射水蒸气的环境条件下形成有各种 Al$_2$O$_3$ 水合物，在 Al$_2$O$_3$ 磨粒的化学磨损与被磨削材料发生固相反应的同时，其反应氛围，特别是水蒸气分子的作用对切削刃磨损有很大的影响。Al$_2$O$_3$ 的水合界面反应，能置换成抛光的工件材料。在抛光中的工件接触点上，可产生局部的高温高压。水分子或水蒸气分子的作用，有可能在工件表面上生成水合物。

在 1 个大气压下约 0.2nm 的水蒸气分子有助于反应形成水合物层。Al$_2$O$_3$ 的水合化反应初期、近似于离子与分子结合，其水合物的硬度只有 Al$_2$O$_3$ 的 1/3。

这时只要借助抛光盘的摩擦力，就能从结晶表面上去除这些 Al_2O_3 水合物层，在一个真实接触点，两物体擦过时的接触时间只有 $10^{-5} \sim 10^{-3}$ s 左右的极短时间，如前面所述，在这个时刻内产生的水合反应层深度为十几纳米左右。因此，界面的突出部位每接触一次，高度减少十几纳米左右，表面就逐渐趋向平滑。因此，这种方法可成为无加工变质层和无晶格畸变的镜面加工法。

虽然 α-Al_2O_3 在常温常压下非常稳定，但是抛光加工时有可能呈现仅在高温高压下才有的水合反应现象。利用水合反应可进行 Al_2O_3、MgO、Fe_2O_3 等的氧化物陶瓷的加工。

7.3.3　界面反应抛光原理

无论是固相反应还是水合反应，可利用摩擦力产生的机械能除去由于两物体的接触摩擦产生的界面局部反应生成物来进行力学加工。

由于界面反应不会对刀具的材料硬度形成任何威胁，因此，这种形式的加工，可使用比工件软的材料作为加工介质，这样就有可能实现无损伤表面加工。

利用界面反应进行加工时，加工介质可以是反应性粉末、反应性固体表面，或者像水一样的液体都可以。用机械能很容易将反应生成物从工件表面去除。每彻底去除一次，工件表面相应地后退约 5nm（反应层深度约为 5nm），在工件表面反复进行这个步骤，工件表面的凸出部位就逐渐趋向平滑，从加工单位来看，最终可以加工出表面粗糙度为十几纳米以下的超精密表面，这样的加工，称之为界面反应抛光。

在利用固相反应的机械化学抛光中，加工介质通常使用适当的反应性粉末。这主要是想要通过粉末所具有的高活性度及对工件表面的高接触率来进行界面反应。因此，机械化学抛光装置与常规抛光装置是相同的。

在水合抛光中，作为加工介质的水，用的是纯净水，这样可避免由加工介质所引起的加工面污染。因此，这种加工也称为清洁加工。

7.3.4　机械化学抛光

机械化学抛光是利用固相反应抛光原理的加工方法之一。软质磨粒与适当的抛光液一起，在工件与磨粒接触点上，由于摩擦而产生高温高压，在极短的接触时间里产生固相反应，并由摩擦力除去反应物，实现 nm 级微小单位的去除抛光。机械化学抛光的基本要素为使用能与工件进行固相反应的软质微细磨粒。图 7-28 为机械化学抛光的接触点模型。

7.3.4.1　加工特性

用基于机械化学固相反应的各种粒子加工蓝宝石时的结果表明，用软质的 SiO_2、α-Fe_3O_4 及 TiO_2 粒子的加工速率比用 α-Al_2O_3、$FeAl_2O_4$ 粒子及金刚石微

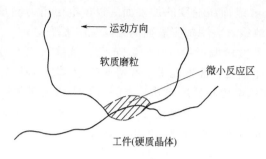

图 7-28　机械化学抛光模型

粉的加工速率大。这表明，使用反应性大的粒子，其加工效率比纯机械抛光要高，并且金刚石微粉抛光时易在工件表面上产生损伤。各种粒子对蓝宝石单晶的抛光效率如图 7-29 所示。

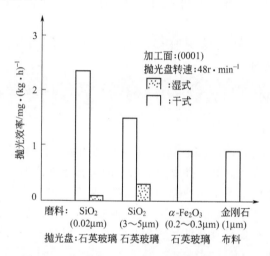

图 7-29　各种粒子对蓝宝石单晶的抛光效率

如果加工以改善表面粗糙度，减少加工变质层为目标，就应该使用超细的微粉，并减小加工压力。加工效率随着抛光盘转速的上升而提高，加工压力在60～180kPa 的范围内不会对表面粗糙度产生不良影响。

工件材质确定后，把能和工件反应的物质从化学相图中选出，根据其硬度及其他物理性质来确定粉末。不要选择熔点太高的粉末。选择抛光盘的材质时，应避免粉末与抛光盘表面产生复杂的反应，原则上希望抛光盘与粉末是同一种材质的，只要不破坏反应，加工氛围干式或湿式均可。

7.3.4.2　加工面性质

在功能晶体材料机械化学抛光中，要重视在加工变质层中残留的反应生成物[5]。如果使用 SiO_2 微粒（粒径 20nm），用锡抛光盘进行蓝宝石的湿式浮动抛光，能得到接近 1nm 表面粗糙度的加工面。根据电子衍射测量的加工面变质层图像出现明显的菊池线，表明加工表面的结晶基本无畸变。

由表面的离子显微检偏振镜（IMA）分析和俄歇（二次分光）电子分光分析的结果可知，在蓝宝石表面上几乎不残留 SiO_2 及其反应生成物。

对 Mn-Zn 铁氧体电磁特性的影响：金刚石微粉抛光存在较深的加工变质层，因此初始磁导率很低。机械化学抛光可以得到与化学腐蚀相同程度的表面性质，由于几乎没有加工变质层，能得到高的电磁特性。

7.3.4.3　机械化学抛光应用

上面列举的实例都是以蓝宝石为对象的机械化学抛光。机械化学抛光也能加工其他晶体材料，例如水晶、硅单晶和 Mn-Zn 铁氧体等材料的机械化学抛光。但是对使用的粉末有如下要求：粉末与工件相比必须是软质的，必须能与工件产生固相反应。因此，对每种加工材料必须选择适宜的粉末和适宜的加工条件。

机械化学抛光也适用于金属加工。例如，在加工不锈钢时，在水和 H_2O_2 中加入胶态 SiO_2 作为加工液。

7.3.5　水合抛光

7.3.5.1　抛光机理

水合抛光（Hydration Polishing）是一种利用在工件界面上产生水合反应现象，用抛光盘的摩擦力去除工件表面上形成的水合层进行加工的高效、超精密抛光方法。其主要特点是不使用磨粒和加工液，加工装置与普通抛光机相同。所不同的是在水蒸气环境中进行加工。选用的抛光盘材料必须不与工件产生固相反应。水合抛光的去除量只有几纳米～十几纳米，所以可获得无划痕、平滑、晶格无畸变的洁净表面。

在抛光过程中，工件与抛光盘产生相对摩擦，在局部真实接触点产生高温高压，使工件表面上的原子或分子呈活性化，同时利用过热水蒸气分子和水作用其表面，使之在界面上形成水合层，利用抛光盘的摩擦力去除工件表面的水合层，从而实现镜面加工。

可以蓝宝石单晶（α-Al_2O_3）为例来说明水合物的生成机理。α-Al_2O_3 表面的氧原子是极化的，容易吸附 H_2O 和分解吸附的 H_2O，使 H^+ 与 Al_2O_3 表面的氧结合形成羟基（OH）$^-$。表面吸附水分子的速率与所吸附的分子的脱离速率呈平衡状态时，就由物理吸附转变为化学吸附，并以固体与气体间的扩散方式进行。水合反应层的厚度 δ 可由下式推导：

$$\delta = [N_f/N_t \cdot a^2 \cdot V \cdot \exp(\Delta S \cdot T - Q)R \cdot T \cdot t]^{1/2} \tag{7-14}$$

式中　N_f/N_t——初期水蒸气分子的浓度与吸附结合点的浓度之比；

δ——水合反应层的厚度，nm；

a——晶体原子间的距离，nm；

V——氢离子的扩散系数，$1012 \cdot s^{-1}$；

Q——水合化能量，$kcal \cdot mol^{-1}$；

S——熵，$J \cdot K^{-1}$；

R——扩散速率常数，$cm^2 \cdot s^{-1}$；

t——反应时间，s；

T——温度，K。

计算 $\alpha\text{-}Al_2O_3$ 表面上形成的水合层厚度：$a = 0.189nm$，$Q = 10kcal \cdot mol^{-1}$，水蒸气温度 200℃时，根据高压反应下的时间 $t = 1 \times 10^{-3}\,s$，扩散速率常数则为 $3.6 \times 10^{-8}\,cm^2 \cdot s^{-1}$，当结合点的吸收率 $N_f/N_t = 0.1$ 时，其水合层的厚度 δ 相当于 1nm。另一方面，在 ZnSe 表面喷射 100℃的水蒸气时，由于 $t = 10^{-8} \sim 10^{-4}\,s$，形成的水合层厚度 δ 为 $0.01 \sim 0.9nm$。利用各种水合抛光法加工蓝宝石、水晶和 ZnSe 晶体等，可以获得无划痕、无畸变面和无残留水合层平滑洁净表面。

7.3.5.2　加工特性

蓝宝石水合抛光时，接触点的压力越高越能促进反应。接触擦过速率（滑动速率）对于产生高温是有效的，但真实接触点的接触时间随着高速化而减少，反应时间减少有时反而带来副作用。Si_3N_4 互磨的水中抛光例子表明，每单位加工距离除去的体积与互磨速率没有关系，基本上是一恒值。界面反应生成物与反应时间成比例，反应时间是一真实接触点的接触时间的累积，若加工距离一定，加工速率越高，加工时间越短，则加工量就越少。

水合抛光装置如图 7-30 所示。在普通抛光机上，给抛光加工加上保温罩，

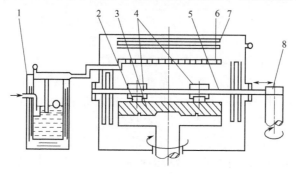

图 7-30　水合抛光装置示意图

1—水蒸气发生器；2—工件；3—抛光盘；4—载荷；

5—保持架；6—蒸汽喷嘴；7—加热器；8—偏心凸轮

使工件在过热水蒸气介质中进行抛光。加热中可调节水蒸气的温度。随着抛光盘的旋转，工件通过保持架在其上做往复运动。水合抛光盘种类和蓝宝石表面去除速率见表7-8。

表 7-8　水合抛光的抛光盘种类和蓝宝石表面去除速率

水蒸气介质温度/℃	表面去除速率/mg · h^{-1}			
	抛光盘材料			
	低碳钢	石英玻璃	石墨	杉木
100	0.034	0.024	0.045	0.010
150	0.051	0.048	0.048	0.040
200	0.080	0.034[①]	0.021[①]	0.075
常温	0.025	0.020	0.027	0.004

注：载荷为 5N，抛光盘转速为 44r · min^{-1}。
① 常温下使用金刚石研磨膏，表面去除率为 0.395mg · h^{-1}。

水蒸气介质温度越高时去除量越大。但有些抛光盘在抛光过程中，从抛光盘上抛光下的微粉会粘到蓝宝石工件上，使抛光去除率下降。水蒸气与石英玻璃抛光盘的 SiO_2 微粒会发生 $Cl_2O_3 · SiO_2 · H_2O$ 反应，生成含水硅酸氯化物$2Cl_2O_3 · 2SiO_2 · 2H_2O$ 的凝固物；而软钢、杉木抛光盘，则能获得切除量小、表面粗糙度低的无凝固物的加工表面。

使用杉木抛光盘（压强为 1000～2000MPa）获得的蓝宝石加工面是无划痕的光滑表面。使用生成凝固物的石墨、石英玻璃抛光盘时，则获得的蓝宝石加工面有小划痕，但均能获得低于 R_a2nm 的表面粗糙度。用浮动抛光法也可获得这种表面，抛光后的表面经腐蚀处理后，无塑性变形的蚀痕，表面粗糙度低于R_z1nm，其平面度为 $\lambda/20$。

7.3.5.3　加工面性质

蓝宝石在水中互磨抛光试验表明，水合反应抛光的前加工对表面粗糙度没有很高的要求，只要用 400 号金刚石砂轮磨削就足够了，抛光后所达到的表面粗糙度：单晶材料 10nm 左右，多晶材料为 30nm 左右。

为研究蓝宝石材料的抛光盘面的结晶性。蓝宝石的破碎断面与蓝宝石抛光盘面比较，从电子衍射图可知，两者都具有优秀的单结晶性，并且没有加工变质层。用光电子分光分析（ECSA）也没有发现晶格畸变。

水合抛光法是以除去界面反应生成物的形式进行加工的，因此，也有加工面反应生成物的残留问题。用离子显微检偏振镜分析（IMA）的结果表明，加工表面只有残留的氢氧化物。

7.3.5.4　亲水性晶体的水合抛光

蓝宝石、硒化锌（ZnSe）晶体、玻璃、水晶、MgO、Y_2O_3、$MgAl_2O_4$ 等亲水

性材料宜采用水合抛光。这些材料在水中很快就形成单分子层的羟基，由于过剩的水分子作用，水合反应可以从表面一直进行到内部。水合层的厚度为 0.1nm 左右。水合抛光普通玻璃的表面粗糙度可达 1～4nm，抛光石英玻璃可获得 0.27nm 的平滑表面。用沥青抛光盘对玻璃进行湿式抛光时，因羟酸水溶液中的电离作用而形成 H^+ 和有机化合物等。这些 H^+ 进一步促进玻璃的水合化。因此，在玻璃、水晶（α-SiO$_2$）、合成石英玻璃系列等材料的机械抛光中，除磨粒的作用外，还包含水合作用。

参考文献

[1]　袁巨龙. 功能陶瓷的超精密加工技术 [M]. 哈尔滨：哈尔滨工业大学出版社，2000.

[2]　袁巨龙，王志伟，文东辉等. 超精密加工现状综述 [J]. 机械工程学报，2007, 1: 35-46.

[3]　Yuzo Moria, Kazuya Yamamuraa, Katsuyoshi Endoa. Creation of perfect surfaces [J]. Journal of Crystal Growth, 2005, 275: 39-50.

[4]　苏建修，康仁科，郭东明. 超大规模集成电路制造中硅片化学机械抛光技术分析 [J]. 半导体技术，2003, 28（10）: 27-32.

[5]　Ogita Y, Kobayashi K, Daio H. Photoconductivity characterization of silicon wafer mirror-polishing subsurface damage related to gate oxide integrity [J]. Journal of Crystal Growth, 2000, 210（1-3）: 36-39.

[6]　于思远，林彬. 工程陶瓷材料的加工技术及其应用 [M]. 北京：机械工业出版社，2008.

[7]　田欣利，徐西鹏等. 工程陶瓷先进加工与质量控制技术 [M]. 北京：国防工业出版社，2014.

第8章

先进陶瓷材料的特种加工技术

8.1 超声波加工技术

8.1.1 概述

　　超声加工作为磨料加工的一种特种加工方法，已在先进陶瓷材料的加工技术中得到了较广泛的应用。超声加工是随着各种脆性材料（如陶瓷、石英晶体、玻璃、半导体、铁氧体等）和难加工材料（如硬质合金，耐热合金等）的不断涌现，而应用和发展的一种特种加工方法。早在1927年，美国物理学家伍德和卢米斯首次在实验室做了超声加工原理性试验，利用超声振动对玻璃板进行雕刻和快速钻孔取得了一定的效果。1951年，美国的科恩制成了世界上第一台实用的超声打孔机，并引起广泛关注，为超声加工技术的发展奠定了基础。日本是较早研究超声加工技术的国家，20世纪50年代日本设立了专门的振动切削研究所，许多大学和科研机构也都设有这个研究课题。日本研究人员不但把超声加工用在普通设备上，而且在精密机床、数控机床中也引入了超声振动系统。苏联20世纪60年代初在超声车削、钻孔、磨削、光整加工、复合加工等技术方面领先并实现了生产应用。1964年，英国提出使用烧结或电镀金刚石工具的超声旋转加工的方法，克服了一般超声加工深孔时速度低和精度差的缺点，取得了较好的效果。1966年，英国Harwell国家原子能权威机构，首次采用旋转超声加工技术，在陶瓷上钻出了$\phi 1.016\sim$25.4mm的孔。1977年日本将超声振动切削与磨削用于生产，可对直径为600mm大型船用柴油机缸套进行镗孔。20世纪70年初美国在超声钻中心孔、光整加工、磨削、拉管和焊接等方面已处于生产应用阶段。德国和英国于1992年对工程陶瓷超声旋转加工技术进行研究，研究表明，超声旋转加工在较低的加工压力和较轻的表面损伤情况下，有较高的材料去除率，是有潜力的加工方法。1995年，日本工业大学铃木清提出开发旋转超声机床附件的想法，并开发出样品。近年来，日本NDK 公司开发出一系列专用超声振动磨削头，部分机床安装了油压力平衡系统。德国 DMG 公司也开发出一系列专用超声振动磨削头，机床采用智能控制算法ADC/自适应控制和 ACC/Acoustic 控制以及 APC/压力自动控制，可以在无人值守的条件下完成加工。

我国超声波加工始于 20 世纪 50 年代末。20 世纪 60 年代末开始了超声振动车削的研究。从此走上了超声振动加工理论与试验相结合的研究探索之路，60 年代哈尔滨工业大学应用超声波车削取得了良好的效果，1983 年机械电子工业部科技司委托《机械工艺师》编辑部在西安召开了我国第一次"振动与切削专题讨论会"，1985 年机电部第 11 研究所研制成超声旋转加工机，在玻璃、陶瓷等硬脆材料的钻孔、套料、端铣、内外圆磨削及螺纹加工中取得了优异的工艺效果。1990 年中国建材院开发了压电式超声旋转加工机，功率为 300W，加工玻璃的效率达 80mm·min^{-1}。国内多所院校亦开展硬脆材料超声加工技术的研究，取得了显著的进展。1996 年，天津大学研制成 TDUMT—1 型压电式超声旋转加工机，功率为 250W，采用钎焊式金刚石工具和气浮式进给工作台，对陶瓷、石英及玻璃进行钻孔、套料和内外圆磨削，加工效率较传统方法显著提高。进入 21 世纪以来发展迅速。2002年，大连理工大学运用传感器技术和数控技术，开发出两轴半联动超声分层加工机床。该系统的研制为简单工具实现工程陶瓷的三维复杂型面的加工开辟了一条新途径，从而使我国的超声加工技术又前进了一大步。清华大学于 2010 年开发出了完全数控化的旋转超声加工机床，以工控 PC 机为硬件基础，其数控系统由 z 轴进给控制、旋转电机控制、自动频率跟踪控制等功能模块组成。2002 年开发了配置气浮工作台的超声旋转加工机；2004 年研发成功可在多种普通机床上使用的超声旋转加工头，实现了超声旋转加工头的机床附件化；2008 年研制成功 QF—200 气浮工作台，实现了 60g 负载力的控制等。但总体来说，由于国内成果转化慢、技术成熟度差和缺少高档超声专用加工设备等原因，使得许多研究工作目前还处在实验室阶段，在生产上还没有得到广泛的应用。

8.1.2　超声波加工原理与特点

8.1.2.1　超声波加工原理

声波与光波、电磁波一样，都是因物体在介质中发生振动，介质各点之间存在弹性联系，引起相邻各点的振动而形成的纵波。人耳能感受到的声波频率范围是16～16000Hz。频率低于 16Hz 的振动就叫次声波；高于 16000Hz 时，就叫超声波。超声波加工是使工具头端面做高频振动，在工具头振动方向加上一个不大的压力，利用工作液中悬浮磨粒的撞击进行加工的，如图 8-1 所示。加工时，超声波发生器1 通过换能器 7 产生频率约 20kHz 的超声波，此波的振幅太小，仅有 0.005～0.01mm，不能用于加工，需通过变幅杆 6 将高频振幅放大至 0.01～0.1mm，再传给工具 5，工具 5 与工件 3 之间由工作液系统循环不断地供给含有适量磨料的工作液 4，通过进出口 2 保持工作液对换能器的冷却。当工件、磨粒和工具紧密相靠时，磨料工作液中的悬浮磨粒在工具的超声振动下，以很大的速度不断撞击抛磨被加工工件表面，磨料打击工件表面的加速度可达重力加速度的 10^4 倍，在撞击作用下，工件表面材料将发生破碎，形成粉末状切屑被工作液带走。虽然每次打击下来的材料不多，但频率高，又由于悬浮液的高频振动，促使磨粒以很大的速度抛磨加工表面，与此同时，磨料悬浮液受工具头超声振动作用而产生的液压冲击和空化现象，也促使工作液钻入被加工材料的裂隙处，加速了机械作用的效果。由于空化现象，在工件表面将形成液压空腔，空腔闭合时所引起的极强的液压冲击也能使工件表面破坏，促进磨料悬浮液循环，使变钝了的磨粒及时得到更换。

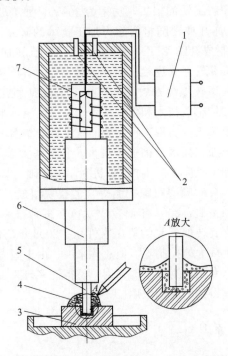

图 8-1　超声加工系统示意图

可以看出，超声波加工是磨粒在超声振动作用下的机械撞击和抛磨作用与超声空化和液压冲击作用的综合结果，但磨粒的连续撞击作用是主要的。

8.1.2.2　超声波加工特点

（1）超声波加工是基于磨粒的连续撞击、抛磨、超声空化和液压冲击作用，因此越是硬脆的材料遭受的破坏也就越大。对于电火花加工等无法加工的不导电的陶瓷，石英晶体、玻璃、半导体、宝石等硬脆材料很适于采用超声波加工方法。

（2）超声波加工在利用磨粒撞击和去除被加工材料时，磨料的运动方向与加工表面垂直而和切入方向是一致的，工件只受到磨料瞬时的局部撞击压力，而不存在横向的摩擦力与冲击，加工过程中受力小。

（3）超声加工精度较高，尺寸精度一般可达 0.02mm，表面粗糙度 R_a 可达 0.63～0.08μm，由于去除被加工材料是靠极小的磨料作用，被加工表面无组织改变，无残余应力和烧伤。

（4）工件上被加工出的形状与工件形状一致，可加工出复杂型腔及成型面，如六角形、正方形、非圆形，还可进行表面修饰加工，如雕刻花纹和图案等。

（5）超声波加工机床结构不太复杂，操作简单，维修方便。超声波加工可以和其他加工方法结合使用，如超声磨削加工、超声电火花加工和超声电解加工等。

8.1.3　超声波加工设备

超声波加工设备的功率和结构有所不同，但其基本组成相同。一般有超声发生器、超声振动系统、机床和磨料悬浮液系统等部分。现以 TDUMT—1 型超声波加工机为例，介绍其结构及主要部件的设计过程。

8.1.3.1　超声波发生器

超声波发生器的作用是将工频交流电转换为超声频振荡的能量，以实现工具端面往复振动和去除工件材料。超声波发生器应具有的基本要求是：具有频率自动跟踪功能、横幅输出功能、自动保护功能、效率高和工作可靠等。

传统超声波发生器的功率管工作于放大状态，效率低，控制较困难。逆变型超声波发生器（高频电源）具有效率高（通常在 80％以上），重量轻和体积小等优点，该机型选用了开关型超声波发生器，应用晶闸管整流得到直流电压，通过开关器件进行逆变，产生超声频振荡电能，驱动换能器和负载。超声波开关电源结构示意图如图 8-2 所示。

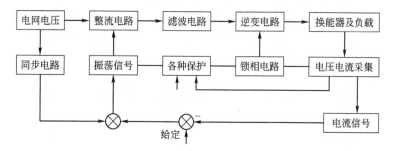

图 8-2　超声波加工开关电源结构示意图

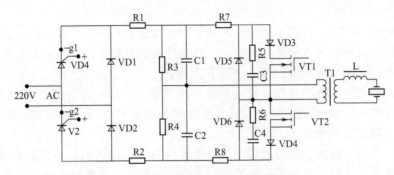

图 8-3　超声发生器的主电路原理图

超声电源主电路原理图如图 8-3 所示，采用单相 220V 工频交流电输入，功率调节触发信号，控制单相桥式半控整流，输出手动连续可调的直流电压。采用具有较强的抗不平衡能力的半桥式逆变电路及串联匹配电路，在频率自动跟踪的驱动信号作用下，将直流电能转变为 20kHz 左右的超声频交流方波电能，经高频输出变压器隔离、变压，将电能经匹配电感传送给换能器使其输出超声频机械能。设计了采样电路，并将锁相环技术应用于逆变电路中，实现了频率自动跟踪的要求。

经测试超声电源的主要参数如下：

输入电压：220V、50Hz；

输入电功率：≤280W；

输出功率：0～250W 连续可调；

输出电压峰峰值：0～180V（可调）；

跟踪中心频率：21kHz（可调）；

频率跟踪范围：17～25kHz（可调）。

8.1.3.2　超声振动系统

(1) 超声换能器　换能器的作用是将高频电振荡转换成机械振动，目前实现这种转变可利用磁致伸缩效应和压电效应两种方法。

① 磁致伸缩法。铁、钴、镍及其合金、铁氧体在变化的磁场中，由于磁场的变化，其长度也随之变化（伸长和缩短）的现象，称为磁致伸缩效应（即焦耳效应）。金属磁致伸缩换能器的特点是：机械强度高，性能稳定，单位面积辐射功率大，电声转换效率一般（30%～40%）。金属磁致伸缩换能器中，镍致伸缩效应较好，且用纯镍片叠成封闭磁路的镍换能器，若经预处理可减少高频涡流损耗，镍片焊接性能好，故常用作大中功率换能器。

② 压电效应法

a. 压电换能器的工作原理　压电换能器是利用压电材料在电场作用下产生形变的逆压电效应而制成的超声换能器，如图 8-4 所示。在压电片两电极间加上电场，当外加电场与极化方向相同时，压电片沿极化方向产生伸长形变。当外加电场与极化方向相反，压电片沿极化方向产生缩短形变。利用以上现象，外加交流电场时，压电片就会产生与交变电场同频率的高频伸缩形变，当外加电场频率与压电片固有频率相同产生谐振时，压电片振动最大，带动变幅杆产生超声振动。

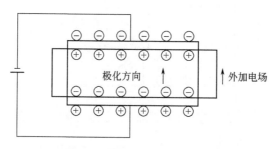

图 8-4　压电换能器的工作原理

b. 压电材料　压电石英晶体力学性能良好，石英晶体的逆压电效应小，在 300V 电压时才能产生 $0.01\mu m$ 的变形。钛酸钡是发现最早并得到广泛应用的压电陶瓷，钛酸钡的逆压电效应（伸缩量）为石英的 $20\sim30$ 倍，但其效率低和机械强度差，因此使用范围受到了限制。锆钛酸铅压电陶瓷（简称 PZT）具有以上二者的优点，它是由 $PbTiO_3$ 和 $PbZrO_3$ 固溶体为基的组成物，在较大的范围内性能都比较稳定，用作换能器材料其压电效应显著。PZT—4 是发射型锆钛酸铅压电陶瓷，具有大的交流退极化场，较大的机电耦合系数、电容率和较高的压电常数，较低的机械损耗和介电损耗，可用作发射换能器。PZT—8 也是发射型锆钛酸铅压电陶瓷，它的电容率、机电耦合系数、压电常数比 PZT—4 稍低，但其抗拉强度、稳定性及介电损耗等均优于 PZT—4。因此，常用来制作高机械振幅的发射换能器。

c. 压电换能器的结构　功率超声技术的应用，大部分是在低频超声范围。由于压电陶瓷材料的抗拉强度低，常采用夹心式压电换能器，通过两金属块及夹紧螺杆给压电体施加予紧压力，使压电体在强烈的振动时也始终处于压缩状态，避免压电体的破裂。图 8-5 是 TDUMT—1 选用的夹心式换能器结构示意图。夹心式压电换能器可以通过改变金属块的厚度或形状来获得不同的工作频率和声强，制作方便，应用广泛。该换能器由后匹配块 1、压电陶瓷片（四片）0、前匹配块 2、磷铜片（三片）3、绝缘管 5 和预应力螺杆 4 组成。压电陶瓷片间采用弹性和导电性能良好的磷铜片隔开并作为电极，压电片相邻两片的极化方向相反，采用机械串联、电端并联的方法连接，使纵向振动同相叠加，保证压电陶瓷片能协调一致的振动。

（2）超声变幅杆　超声变幅杆又称超声聚能器，是超声加工设备中超声振动

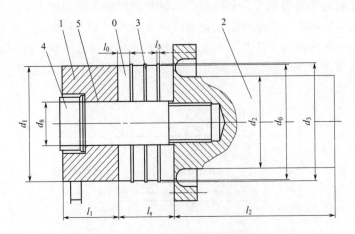

图 8-5　夹心式压电换能器结构图

0—压电陶瓷片；2—前匹配块；3—磷铜片；4—预应力螺杆；1,5—绝缘管

系统的重要组成部分之一。压电换能器的变形量很小，即使在谐振条件下其振幅也只有 0.005～0.01mm，不足以直接用来加工。因此需要通过变幅杆将来自换能器的超声振幅由 0.005～0.01mm 放大至 0.01～0.1mm，以便进行高效加工。变幅杆能放大振幅，是由于通过它任一截面的振动能量是不变的（不计传播损失），截面小的地方能量密度大，振动振幅也就越大。

变幅杆的基本形式有圆锥形、指数形、悬伸链形或阶梯形。而复合形是由上述基本形式根据实际需要组合而成的。变幅杆可采用钛合金、铝合金、工具钢或45 钢制成。钛合金性能最好，但价格昂贵，且加工困难；铝合金价格适中，易于加工，性能较差；而 45 钢的综合性能较好。

（3）工具的设计　超声加工常采用半波长级联的方法来设计声学系统，当声学振动系统处于谐振状态时，工具加工端面振幅最大。但变幅杆附加工具后，谐振频率会下降，振幅会减小。可采用质量互易法对变幅杆进行修正，比较简单，具体方法如图 8-6 所示。

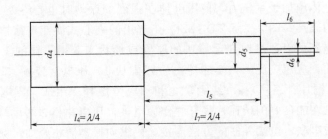

图 8-6　变幅杆的等效长度和物理长度

$$l_7 = l_5 + l_6 \frac{S_6}{S_5}$$

式中　l_7——等效长度；

　　　l_5——小端物理长度；

　　　l_6——工具长度；

　　　S_5——小端截面积；

　　　S_6——工具截面积。

　　式中，$l_5 = 60.5\text{mm}$；$l_6 = 25\text{mm}$；$S_5 = \pi(d_5)^2 = \pi 15^2 \text{mm}^2$；$S_6 = \pi 4^2 \text{mm}^2$；$l_7$约为 62.5mm。工具通常采用螺纹连接或焊接方法固定于变幅杆下端，焊接法牢固可靠，能量损失小，但工具更换困难。螺纹连接较焊接方法能量损失大，如果设计合理，加工精度高，也可将能量损失减小到最小，由于螺纹连接更换工具简单，故应用较多。

8.1.3.3　超声加工机床

　　(1) 超声加工机床结构　陶瓷材料超声加工时，工具与工件之间作用力很小，加工机床只需实现来自工具或工件的工作进给运动，及调整工具与工件之间相对位置的运动，因此结构比较简单。超声旋转加工机床由超声波发生器、超声振动系统（换能器、变幅杆及工具）、调速装置、气动进给系统、磨料工作液供给系统及机床本体（床身、立柱及 XY 工作台）等部分组成。

　　(2) 超声加工的进给运动　主要有重锤加载式进给机构和气动（或液压）进给机构等类型。重锤加载式进给机构，工件和工具间作用力的大小可通过改变重锤质量或重锤的位置调整，但不是很方便。气动进给机构工件和工具间作用力的大小，可通过仪表调整气路压力进行控制，自动化程度较高，使用较方便。

8.1.3.4　磨料悬浮液系统

　　可采用小型离心泵使磨料悬浮液搅拌后注入加工间隙中去，并保持良好的循环。若工具和变幅杆较大，可在工具和变幅杆中间开孔，从孔中输送悬浮液，以提高加工质量。磨料悬浮液由水和磨料（碳化硼、碳化硅或氧化铝）组成，磨料粒度大小根据生产率、加工精度和表面粗糙度而定。对于具有磁致伸缩换能器的超声加工机，还需备有冷却系统，用来冷却换能器。

8.1.4　超声波加工技术

8.1.4.1　陶瓷材料超声波车削技术

　　各国学者的研究普遍认为，Z 向（纵向）超声振动车削陶瓷材料的优点是：提高了加工精度和表面质量，降低了切削力和切削温度，延长了刀具的使用寿命，因此扩大了超声波加工的应用范围。

(1) 超声车削装置

① 超声振动车削系统的工作原理是：超声波发声器输出的电信号，经换能器转变成机械振动，由变幅杆将振动信号放大，再传给做弯曲振动的车刀，进行切削加工，如图 8-7 所示。超声振动车削系统除换能器与变幅杆两关键部件外，对做弯曲振动的刀杆设计时，既要考虑刀杆的弯曲变形，还必须考虑刀杆的剪切变形和截面旋转的影响。因此，在超声波振动条件下，需要进行优化设计。

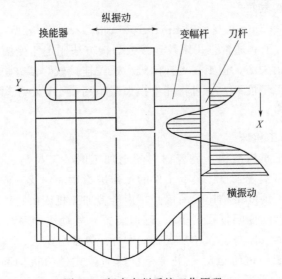

图 8-7　超声车削系统工作原理

② 超声车削装置的作用是，将超声振动车削系统和车刀固定在车床刀架上实现超声车削加工，如图 8-8 所示。

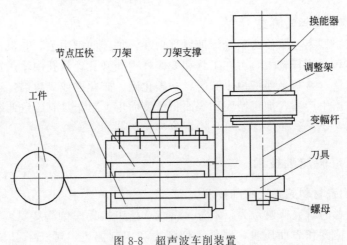

图 8-8　超声波车削装置

③ 超声振动系统的安装与调整　如果超声振动系统由于连接与安装出现问题，那么系统也会不产生谐振，因此在超声振动车削系统中，刀杆与变幅杆的连接是关键。

a. 刀杆与变幅杆连接的基本要求　刀杆与变幅杆之间要连接可靠，结构简单，高效地传递超声能，以及刀杆更换方便。

b. 变幅杆与刀杆的连接方法　将刀杆孔制成两面具有沉头坑的短锥孔，短锥面与变幅杆的连结锥面通过螺纹和刀杆的窄平面紧密地连接在一起，如图8-9所示。上述经过优化设计的刀杆，试验表明，工作正常，性能良好。

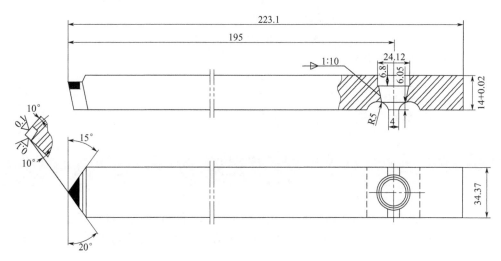

图 8-9　试验刀杆工作图
名称：超声车削刀杆
材料：45 钢调质 260～300HBW

c. 刀头、变幅杆和换能器的连接　超声能量的传递次序，依次是固体—液体—气体，即超声能量在固体中传播最有效，能量损失也小。因此刀片与刀杆的连接、变幅杆与换能器的连接应尽可能地采用钎焊连接的方式。

d. 车刀刀尖高度的调整　要求车刀刀尖高度最好低于工件回转中心一个振幅值，这样在刀具向上振动时，刀尖正好处于工件的回转中心处。使用千分表可对车刀刀尖高度进行顺利的测量和调整。

(2) 超声波振动对切削过程的影响　超声振动车削是一种脉冲式的切削，在此条件下，刀具与工件各接触表面的相互作用条件都与普通切削有很大区别。

① 超声振动切削时的速度与加速度特性

a. 速度特性　刀具与工件的相对运动

如图 8-10 所示。做切向往复振动的刀尖，在不考虑进给运动的影响时，振动刀具的合成速度 V 是工件圆周线速度与刀具运动速度的合成，即：

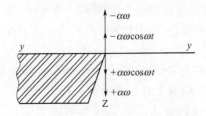

图 8-10   刀具与工件的相对速度

$$V = U \pm V(t) \tag{8-1}$$

由于刀尖做不衰减的正弦振动，则有：

$$V(t) = a\omega\cos(\omega t + \phi_0) \tag{8-2}$$

式中 a——振动振幅；

ϕ_0——初相位；

ω——圆频率，$\omega = 2\pi f$；

f——振动频率。

所以

$$V(t) = U + a\omega\cos(\omega t + \phi_0) \tag{8-3}$$

$$V_{\max} = U + a\omega \tag{8-4}$$

$$V_{\min} = U - a\omega \tag{8-5}$$

可见，如果 $a\omega > U$，则刀具在切削过程中与工件被切削层材料要发生分离，这是超声振动刀具的一个显著特点。一般说来，在很大的切削速度范围内，$a\omega > U$ 都是满足的。

临界切削速度 V_c：式（8-5）如果出现为零或大于零，即：

$$V_{\min} \geqslant 0 \tag{8-6}$$

在此条件下，刀具就与工件被切削层材料完全接触，在整个切削过程中，不发生分离，切削过程也就与普通切削类似了。此时，工件的线速度称为临界切削速度，以 V_c 表示：

$$V_c = a\omega = 2\pi f a \tag{8-7}$$

b. 加速度特性   正弦振动的刀尖，其最大加速度 $A_{\max}$，应该满足 $A_{\max} = a\omega^2$。如果 $a = 20\text{mm}$、$f = 20\text{kHz}$，则 $A_{\max} = 32000g = 320000\text{m} \cdot \text{s}^{-2}$，$g$ 为重力加速度。可见，刀尖的最大加速度为重力加速度的三万多倍，以这样大加速度振动的刀尖与工件被切削层材料接触，工件材料的加工特性必将发生重大变化。

② 超声振动切削与普通切削的区别   前已述及，超声振动切削属于间歇式切削。此外，它与普通切削的另一区别就是，超声振动切削所消耗的功率，不只是机床的功率，还有振动刀头的功率。根据这两个区别，对超声振动切削作用的观点主要有两种，一种观点认为：间歇切削过程的存在，使切削液容易渗入切削区而改善润滑条件，减小摩擦力，从而给切削带来良好效果；另一种观点认为：

具有巨大能量的振动刀头对切削层材料起到冲击作用，这种冲击作用改善了切削层材料的变形特性，从而显示出超声振动切削的优越性。

(3) 陶瓷材料超声车削对表面粗糙度和尺寸精度的影响

① 试验条件：

a. 机床　C620—3。

b. 刀具　聚晶金刚石 COMPAX025；硬质合金 600、YG3、YG3X；镀层金刚石车刀。

c. 超声振动车削系统　由 20kHz 的纵向振动超声车削装置、250W 的超声波发生器（频率范围 16～22kHz，振幅范围 0～20μm）、超低频双线示波器（监测波形）、数字频率计（测试频率）及加速度传感器（测试振幅）组成。

d. 工件材料　试验用陶瓷材料的性能见表 8-1。

表 8-1　几种工程陶瓷的物理力学性能

性能参数	Si_3N_4	PSZ	TZP	$w(Al_2O_3)=75\%$	金属陶瓷
密度/$g \cdot cm^{-3}$	3.5～3.9	5.7	5.7	3.9	～5
气孔率(%)	≤2	≤3	≤3	<3～5	≤2
弹性模量/GPa	160～320	200～250	200～250	390	
硬度 HV	1600～1800	～1500	～1500	1900(文献) 1100(测量)	88～99 HRA
抗弯强度/MPa	600～800	1200	1200	300～500	
断裂韧度 K_{IC}/MPa·$m^{-1/2}$	6～8	8～10	8～10	3～5	
熔点/℃	>1900	2670	2670	2050	
线胀系数/($\times 10^{-6}$℃$^{-1}$)	2.5～3.3	9～15	9～15	8	

② 陶瓷材料超声车削对表面粗糙度的影响

a. 切削用量对表面粗糙度的影响

a) 切削速度对表面粗糙度的影响　如上所述，当切削速度 V 与临界速度 V_c 的比值 $V/V_c=0.355$ 时，即 $V=0.82m \cdot s^{-1}$，此时刀尖具有最大冲击作用。由图 8-11 可以看出，工件速度在低于临界速度时，表面粗糙度数值较低。对脆性陶瓷材料而言，所受冲击作用越强，作用时间越短，被加工材料切削区产生的微裂纹也越多，裂纹扩展也越容易。在超声车削过程中，由于形成粉末状的切屑，使被加工材料表面粗糙度降低。与普通加工相比，加工效果明显改善。

b) 背吃刀量对表面粗糙度的影响　从图 8-12 可以看出，当背吃刀量小于 0.075mm 时，超声车削处于正常工作范围，此时背吃刀量对表面粗糙度的影响不大。当背吃刀量较大时，由于负载增大，刀具的振幅减小，频率也会降低，导

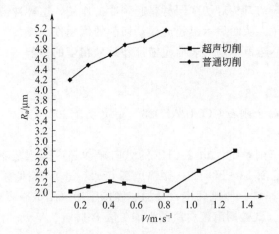

图 8-11　切削速度对表面粗糙度的影响

$f=0.07\mathrm{mm}\cdot\mathrm{r}^{-1}$；$a_\mathrm{p}=0.075\mathrm{mm}$；聚晶金刚石工具；

工件材料 $\mathrm{Al_2O_3}[w(\mathrm{Al_2O_3})=75\%]$；切削液：30 号机油

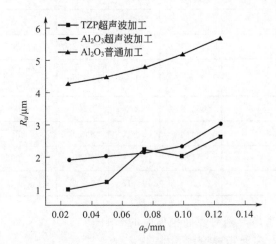

图 8-12　背吃刀量对表面粗糙度的影响

$V=0.41\mathrm{m}\cdot\mathrm{s}^{-1}$，$f=0.11\mathrm{mm}\cdot\mathrm{r}^{-1}$；

其他条件与图 8-11 相同

致刀具冲击效果下降，表面粗糙度就会显著增加。

c）进给量对表面粗糙度的影响　由图 8-13 可以看出，进给量增加，表面粗糙度随着增大，刀刃附加了超声振动后，即使在较大背吃刀量条件下（$a_\mathrm{p}=0.075\mathrm{mm}$），加工表面也能呈现明显的刻划条纹，刀具对已加工表面的高频摩擦，起到了对其微量再切削或压延刻划作用，因此与普通切削比较，已加工表面的表面粗糙度明显下降。进给量增加，使变形抗力增大，刻划间隔增大，加工表

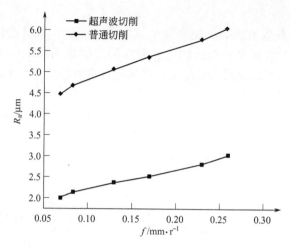

图 8-13　进给量对表面粗糙度的影响

$V=0.26\mathrm{m \cdot s^{-1}}$，

其他试验条件与图 8-13 相同

面的残留面积增加，随着进给量增大，划痕两侧的材料被压溃，这也导致表面粗糙度增加。

　　b. 超声振动振幅的影响　　刀具振动的强弱是通过振动振幅反映出来的，当系统达到谐振时，谐振频率就固定了。由图 8-14 可知，当振动频率一定，随着振动振幅的增大，超声振动输出功率增大，刀具对被加工材料的冲击作用增大，表面粗糙度减小。这一方面是由于超声振动使刀具前方材料能够在主裂纹扩展前，尚未形成大规模破坏时，材料就被去除了；另一方面是使被加工材料在高频冲击与疲劳应力作用下，产生大量的疲劳裂纹，形成粉末状的切屑而被去除，因

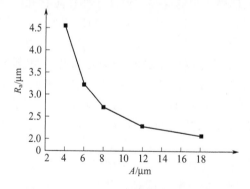

图 8-14　振幅 A 对表面粗糙度的影响

切削条件：$V=0.26\mathrm{m \cdot s^{-1}}$，$a_{\mathrm{p}}=0.075\mathrm{mm}$，

其他参数与图 8-13 相同

此表面粗糙度就减小了。

　　c. 刀具几何参数的影响　超声加工试验研究表明，刀具前角、后角、主偏角、副偏角和刀尖圆弧半径对已加工表面粗糙度的影响较小。为了提高刀具寿命，适于大功率超声振动系统的应用，可采用具有负前角、较大的刀尖圆弧半径和较大刀尖角的刀具。

　　d. 切削润滑液的影响　试验中采用 30 号机油、机油＋煤油混合液、煤油、乳化液、水、煤油＋磨料混合液等六种切削润滑液，进行了六组试验，试验结果如图 8-15 所示。

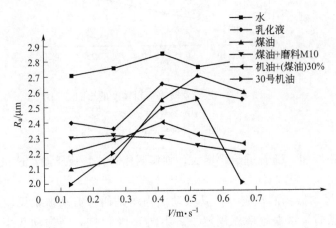

图 8-15　切削液对表面粗糙度的影响

　　可以看出，采用煤油＋磨料 M10 混合液加工的表面粗糙度最低，分析认为，这是由超声空化作用引起的。超声空化现象是由于在超声波振动的作用下，刀具和被加工材料间形成局部的暂时负压区，从而引起液体或液—固体界面的断裂，形成微小的气泡。液体中产生的这些气泡处于非稳定状态，有初生、发育和随后迅速闭合的过程。当它们迅速闭合破裂时，会产生冲击波，因此局部有很大的压强，这种气泡在液体中形成和随后迅速闭合的过程，称为超声空化现象。

　　在超声振动切削刀具与被加工材料分离过程中，切削润滑液流入切削区，磨粒在超声空化作用下，冲击被加工材料和已加工表面。由于磨粒的运动方向是沿着振动方向，磨料既对被加工材料起到冲击剥落作用，也对已加工表面起到机械研磨作用，形成对已加工表面的再加工，因此使已加工表面的表面粗糙度降低。

　　e. 刀具材料的影响　加工硬度高的陶瓷材料，常采用硬度更高的金刚石作为刀具材料，但其价格昂贵，磨刀困难，使用受到限制。图 8-16 是五种刀具材料在相同切削条件下得到的表面粗糙度测量数据，表 8-2 是刀具材料的牌号与物理力学性能。

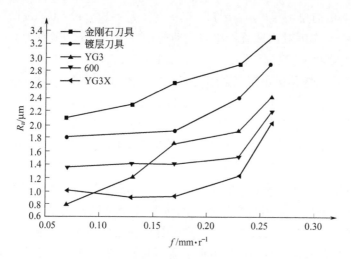

图 8-16　刀具材料对表面粗糙度的影响

切削条件：$V=0.26\mathrm{m\cdot s^{-1}}$，$a_p=0.025\mathrm{mm}$，

工件材料 Al_2O_3，频率 $f=20\mathrm{kHz}$，振幅

$A=16\mathrm{mm}$，切削液为 30 号机油

表 8-2　硬质合金的物理力学性能

材料	性能		
	硬度/HRA	抗弯强度/MPa	ISO 牌号
YG3X	92	1000	K01
YG3	91	110	K01,K05
600	≥92	140	K01,K05

　　试验表明，三种硬质合金刀具对加工表面的影响大致相同，其中细晶粒 YG3X 硬质合金加工的表面粗糙度最低。镀层金刚石刀具加工的表面粗糙度比聚晶金刚石刀具低，但高于硬质合金刀具。研究表明，硬质合金在超声振动交变应力作用下，材料的微观性能发生了变化，刀尖部分的显微硬度上升，抗弯强度提高。在超声波车削过程中，硬质合金刀具与硬度相近的被加工陶瓷材料相接触，在已加工表面上进行高频摩擦，起到了类似研磨和抛光的作用，从而得到了良好的加工表面。可见，在陶瓷材料超声车削过程中，采用硬质合金和性能更好的涂层硬质合金刀具是可行的。

　　③ 陶瓷材料超声车削对加工精度的影响　　试验用经过预加工的完全烧结的外径为 $\phi60\mathrm{mm}$、内孔 $\phi25\mathrm{mm}$ 和长度 30mm 的 $w(Al_2O_3)=75\%$ 带孔试件，用卡盘和金属心轴装卡在 C620—1 车床上，切削速度 $V=0.26\mathrm{m\cdot s^{-1}}$，进给量 $f=0.13\mathrm{mm\cdot r^{-1}}$，背吃刀量 $a_p=0.025\mathrm{mm}$，聚晶金刚石（COMPAX025）及硬质合金

（YG3X）刀具的前角 $\gamma_0=0°$，$\alpha_0=10°$，$\kappa_r=20°$，$\kappa_r'=15°$，$r_\varepsilon=0.5mm$，进行普通车削和超声波振动车削对比试验，超声振动的振幅为 $16\mu m$，频率为 $20kHz$，切削液为 30 号机油和 w（煤油）$=30\%$。采用 RANKTAYLOR-HOBSON 圆度仪进行了测量，图 8-17 是采用聚晶金刚石刀具进行普通车削图 8-17（a）及硬质合金刀具进行超声车削图 8-17（b）对比试验的测量数据，从测量得到的圆度误差图看出，普通车削的圆度误差达 $22.4\mu m$，；由于刀具附加了超声振动，刀刃得到了强化，并由于机床自激振动的消失，超声车削的圆度误差为 $5.7\mu m$。此外，试件的尺寸精度也有了明显的改善，采用聚晶金刚石（COMPAX025）刀具对相同的 Al_2O_3 陶瓷试件进行普通车削和超声波振动车削加工精度对比试验，结果表明超声车削过程平稳，切屑成粉末状，尺寸变化小，试件两端尺寸误差为 $4\mu m$；普通车削过程中，在切削力作用下，由于材料的脆性去除机理和裂纹的产生和扩展，除了形成粉末状切屑外，还出现了崩碎的大颗粒切屑，加工尺寸较分散，试件两端尺寸误差为 $10\mu m$。

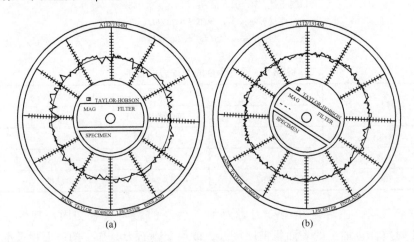

图 8-17　陶瓷材料普通车削与超声车削的圆度误差

8.1.4.2　陶瓷材料超声波钻孔技术

在超声波钻孔过程中，影响加工效率的因素很多，可以分为以下几个方面：①与加工条件和要求有关的因素（振动频率、振幅、进给压力、加工面积、加工深度等）；②与工件材料有关的因素（强度、脆性、显微结构等）；③与机床有关的因素（进给运动精度、机床刚度等）；④与工具材料性能有关的因素（硬度、耐磨性、疲劳强度、工具制造精度、安装方法等）；⑤与磨料悬浮液有关的因素（磨料种类、粒度、悬浮液浓度及其循环供给方法等）。

（1）主要因素对加工效率的影响规律　加工效率为单位时间内材料的切除

量，在超声钻孔加工中用单位时间的加工深度，即材料的线性去除率 Q_l 来表示，单位为 mm·min^{-1}。

① 工具振幅的影响　在功率为 250W，具有磁致伸缩换能器的 J83025 型超声波加工机上（本小节加工设备相同，以下略），采用 45 钢直径 ϕ1.9mm 的实心工具，进给压力为 4.26MPa，浓度为 30% 的磨料悬浮液（B$_4$C，粒度 320 号）对 Al$_2$O$_3$［w(Al$_2$O$_3$)=95%］陶瓷试件进行钻孔试验。图 8-18 为振幅对加工效率的影响关系。可以看出，磨料受到工具振动冲击作用的大小与工具振动的振幅有关，随着振幅的增大，磨粒受到的冲击力增大，磨粒造成的破裂区的体积增大，加工效率显著提高。另外，超声空化作用和工作液的紊流效果加强，有利于切屑从加工区的排除，因此，振幅增大，加工效率明显提高。

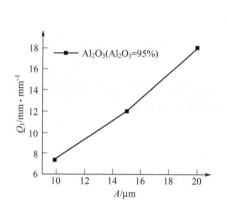

图 8-18　加工效率与振幅关系

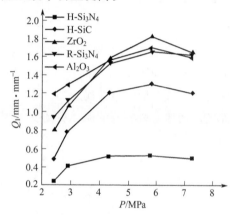

图 8-19　加工效率与进给压力的关系

② 进给压力的影响　图 8-19 为进给压力对加工效率的影响关系，除了进给压力作为变量，并设振幅为 20μm 外，其他加工条件均与图 8-18 相同。从图中可以看出，加工效率随进给压力的变化存在一个峰值区。加工效率与进给压力间的非线性关系，是因为随着进给压力的增加，工具承受的负载增加，工具端的振幅减小，因此磨粒的冲击力减小。陶瓷材料由于磨粒的冲击产生破碎，磨粒的冲击力越大，产生的破碎区域和破碎程度越大，材料破碎的效果越显著，但加工效率不仅与材料破碎有关，而且与碎屑排离加工区的效果有关。试验表明，存在着一个最佳进给压力范围，见表 8-3。

表 8-3　最佳进给压力范围的加工效率

工件材料	ZrO$_2$	R-Si$_3$N$_4$	Al$_2$O$_3$	H-SiC	H-Si$_3$N$_4$
P/MPa	5.19~6.58	4.5~6.58	4.5~5.89	4.15~6.9	3.46~7.27
Q$_l$/mm·min^{-1}	1.70~1.80	1.60~1.70	1.55~1.65	1.25~1.35	0.45~0.50

③ 加工面积及其形状的影响 表 8-4 列出了不同直径的工具，在振幅为 $20\mu m$，采用浓度为 30% 的悬浮液，B_4C320 号磨料，在适宜进给压力下加工 Al_2O_3 陶瓷 $[w(Al_2O_3)=95\%]$ 所能达到的加工效率。可以看出，不同的加工面积，获得最大加工效率时的进给压力不同。试验还表明，在相同的工艺条件下，加工面积为 $0.64\sim2.84mm^2$ 时加工效率高。

表 8-4 加工面积对加工效率的影响

直径 d/mm	0.4(钢针)	0.9(钢针)	1.9(45 钢)	2.5(45 钢)
面积 S/mm²	0.13	0.64	2.84	4.91
最大效率 Q_1/mm·min⁻¹	0.8~0.96	1.54~1.76	1.43~1.76	0.62~0.75
进给压力 P/MPa	39.05~54.7	12.9~15.42	4.26~5.82	33.08~3.56

④ 加工孔深的影响 调整超声波振幅为 $20\mu m$，进给压力为 $4.57MPa$，其他加工条件与图 8-18 相同，进行了改变加工深度的切削试验。图 8-20 为加工孔深与加工效率的试验曲线。加工效率随着孔深的增加而下降，这是由于随着加工深度的增加，磨料液的循环更新变得困难以及排屑不畅所致。

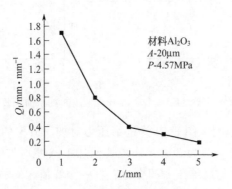

图 8-20 加工效率与孔深的关系

⑤ 工件材料的影响 采用直径 $\phi3mm$ 工具钢工具，进给压力为 $2.35MPa$，振幅为 $20\mu m$，磨料 B_4C（240 号），浓度为 30% 工作液，对四种陶瓷材料进行孔加工试验，表 8-5 中工具磨损率 $m_t=$ 工具磨损长度/加工深度，试验结果见表 8-5。试验表明，不同的工件材料，其加工效率存在很大的差别，陶瓷材料的去除与材料的断裂形式密切相关，材料的断裂形式有两种，即脆性断裂和韧性断裂，材料以何种方式断裂与材料的性能和受力情况有关。可以看出，陶瓷材料的拉伸强度越低，材料越容易发生脆性断裂，形成的碎屑越多，加工效率越高。

表 8-5 不同材料的加工效率与工具磨损率

工件材料	Q_1 /mm·min^{-1}	m_t	工件材料	Q_1 /mm·min^{-1}	m_t
铁氧体	2.3～2.5	0.01～0.02	Al$_2$O$_3$(75%)	1.5～1.7	0.04～0.06
玻璃	2.4～3.0	0.01～0.02	ZrO$_2$	0.6～0.8	0.2～0.3
R-Si$_3$N$_4$	1.8～2.0	0.04～0.06	H-SiC	0.8～1.0	0.1～0.2
Al$_2$O$_3$[w(Al$_2$O$_3$)=95%]	1.6～1.8	0.03～0.05	H-Si$_3$N$_4$	0.7～0.9	0.2～0.3

⑥ 磨料粒度与磨料悬浮液浓度的影响 试验研究表明,磨料粒度不同,其加工效率不同,磨粒最佳尺寸与振幅有关。一般情况下,磨粒的尺寸略大于超声波振幅尺寸时,孔加工的效率高。例如在其他条件相同时,240 号 B$_4$C 磨粒尺寸约为 50μm,超声波孔加工的效率最高,此时磨料悬浮液的浓度在 30% 左右最佳。

(2) 超声旋转孔加工技术 超声旋转孔加工是在传统超声加工基础上发展起来的,用于加工陶瓷材料的金刚石工具是用烧结法或嵌焊法制成的,精密小孔加工工具经磨制而成。超声旋转加工机的主轴转速连续可调,具有磨削的功能,与传统超声加工相比具有以下的优点:①加工速度快;②加工精度高;③加工表面质量好;④工具寿命长;⑤可实现陶瓷材料钻孔,套料,端铣和内外圆磨削多种工序的加工。

试验是在 TDUMT—1 超声旋转加工机上进行的,该机床主要由体积较小的压电换能器、超声波精密旋转主轴系统、水排屑系统和进给系统组成,用于直径 ϕ2.5～5mm,长径比 $L/D>3$ 的小孔加工,效率高,加工质量好。

基础试验条件:工件材料 Al$_2$O$_3$,进给压力 5.5MPa,工件厚度 3～5mm,工具直径 ϕ2.5mm,采用磨料 B$_4$C,其粒度为 240 号,浓度为 30% 的工作液,超声振幅 20μm,超声旋转加工工具采用 120 号金刚石磨粒烧结磨头。试验结果见表 8-6～表 8-9。

表 8-6 进给压力 P 对材料去除率的影响

进给压力 P/MPa	加工方法	
	超声加工(L=3mm)	超声旋转加工(L=3mm)
3.5	0.6	3
4.5	0.8	5
5.5	1.0	7
7.5	0.8	6

表 8-7   工件孔深 L 对材料去除率的影响

工件孔深 L/mm	加工方法	
	超声加工($P=5.5$MPa)	超声旋转加工($P=5.5$MPa)
1	1.0	8
2	1.0	8
3	1.0	7
4	0.8	5
5	0.6	3

表 8-8   工具直径对材料去除率的影响

工具直径/mm	加工方法	
	超声加工($P=5.5$MPa, $L=3$mm)	超声旋转加工($P=5.5$MPa, $L=3$mm)
2.5	1.0	7.0
3.5	0.65	5.5
4.5	0.50	4.0

表 8-9   工具材料对材料去除率的影响

被加工材料	加工方法	
	超声加工($P=5.5$MPa, $L=3$mm)	超声旋转加工($P=5.5$MPa, $L=3$mm)
Al_2O_3	1.0	7
R-SiC	0.8	4.5
H-Si_3N_4	0.7	3.5
ZrO_2	0.6	3

试验研究表明，超声旋转加工的加工效率比传统超声加工提高了 5～7 倍，这是由于超声旋转加工过程中，工具以 0.16～0.20μm 振幅高频地锤击和划擦工件表面，被加工材料在振动冲击、超声空化和液压冲击综合作用下产生裂纹，破碎成微粒微粉状的切屑，并借助工具的高速旋转运动及切削液的冲刷被顺利地带出切削区。

超声旋转加工的加工效率随工具直径的减小而提高，小直径工具端能量密度大、冲击力大、加工效率高。此外，在一定的工艺条件下，超声旋转加工的加工效率随主轴转数的增加而增加。

8.1.4.3   陶瓷材料超声波磨削技术

超声振动辅助加工已经在车削、钻削等方面得到了应用，目前，日本、美国已经实现了超声振动磨削加工的实际应用，但超声振动磨削加工的机理尚处于研究阶段。超声磨削加工可分为纵向振动辅助磨削、径向振动辅助磨削和切向振动辅助磨削三种类型。下面举例介绍纵向振动辅助磨削的试验结果。

（1）陶瓷材料超声波平面磨削试验

① 试验条件。超声波发生器、磨头、超声振动头磨削系统示意图如图 8-21 所示。在普通磨削和超声磨削两种工况下，对比研究了磨削参数（进给速度、背吃刀量、砂轮速度）与法向磨削力和表面粗糙度的关系，试验条件和试验结果见表 8-10、表 8-11。

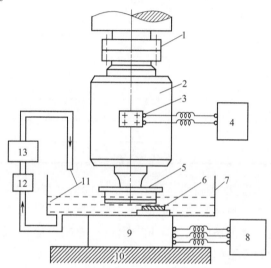

图 8-21　超声磨削系统

1—磨削主轴头；2—超声波磨头；3—滑环；4—超声波发生器；5—砂轮；6—工件；
7—水槽；8—记录仪；9—压电测力计；10—磨床工作台；11—磨削液；
12—磨削液过滤器；13—磨削液冷却器

表 8-10　试验条件

项目	条件	项目	条件
磨床	PSG-52DX 型平面磨床，4R 型空气轴承磨头	工件	25mm×25mm×15mm，热压烧结 Si_3N_4
超声振动系统	USSP-202-BT30 型，振幅 $10\mu m$，频率 21kHz	砂轮速度 $/m \cdot s^{-1}$	5.5、7.4、9.2
砂轮	碗状，粒度 W5，青铜结合剂，砂轮外径 $\Phi70mm$	背吃刀量 $/\mu m$	2、4、6、8、10
磨削液	油性磨削液	进给速度 $/mm \cdot min^{-1}$	50、100、150、200
修整油石	GC80 号/100 号棒状	磨削方式	超声磨削、普通磨削

表 8-11   磨削参数对法向力和表面粗糙度的影响

磨削条件		加工方法			
		普通磨削	超声磨削	普通磨削	超声磨削
		法向力 F_n/N		粗糙度 $R_a/\mu m$	
进给速度 $V_f/mm \cdot min^{-1}(V_s=7.4m \cdot s^{-1}$、 $a_p=4\mu m$)	50	7	22	0.031	0.035
	100	13	21	0.035	0.036
	150	18	23	0.044	0.037
	200	29	24	0.048	0.038
背吃刀量 $a_p/\mu m(V_f=100mm \cdot min^{-1}$、 $V_s=7.4m \cdot s^{-1}$)	2	7	22	0.039	0.024
	4	14	21	0.036	0.036
	6	20	15	0.032	0.040
	8	33	15	0.033	0.060
砂轮速度 $V_s/m \cdot s^{-1}(V_f=100mm \cdot min^{-1}$、 $a_p=4\mu m$)	5.5	16	22	0.035	0.040
	7.4	13	21	0.036	0.038
	9.2	12	17	0.028	0.036

② 试验分析   试验数据表明，随着进给速度的增加，普通磨削的法向磨削力和表面粗糙度变大，超声磨削变化很小；普通磨削的背吃刀量 a_p，大于 $8\mu m$ 后，磨削状态变差，磨削不能继续，超声磨削的背吃刀量 a_p 大于 $4\mu m$ 后，磨削状态由塑性磨削向脆性磨削转变，磨削力下降，a_p 大于 $10\mu m$ 时，磨削力仍呈下降趋势，但表面粗糙度变大；随着砂轮速度的增加，普通磨削和超声磨削的法向磨削力和表面粗糙度均呈下降趋势。试验还表明，普通磨削随着时间的延长，法向力增加，磨削状态变坏，磨削不能继续；超声磨削由于砂轮保持锋利，砂轮不堵塞，磨削过程法向力变化不大，可长时间磨削。

(2) 陶瓷材料小孔精密磨削   对于拉伸强度低，脆性大的陶瓷材料的实体孔加工，采用超声波加工能获得良好的效果；然而对于拉伸强度较高，断裂韧度好的结构陶瓷小孔的加工效率和加工精度仍有待进一步研究。现简单介绍陶瓷材料激光—超声波复合小孔加工技术。

① 试件的制备   选用热稳定性好的热压烧结 $H\text{-}Si_3N_4(R=622K)$ 及 H-SiC $(R=369K)$ 陶瓷材料，制成长 20mm、宽 20mm、厚 3mm 两端面经过粗精磨削的两套各四件试件，在自由振荡 YAG 三坐标数控激光加工机床上，采用优化的激光加工参数（峰值功率 $2.0\sim3.5kW$、平均功率 $24.5\sim40W$、脉宽 $1\sim2ms$、重复频率 $10\sim17kHz$ 和照射时间 $4\sim10$ 次），高效率地加工出 $\phi0.85mm$，$\phi1.35mm$，$\phi1.85mm$ 和 $\phi2.35mm$ 两套试件。

② 试验条件   采用 TDUMT—1 超声旋转加工机床和 $\phi0.98mm$、

$\phi 1.48$mm、$\phi 1.98$mm 和 $\phi 2.48$mm 四种经过磨制的电镀金刚石小磨头，在主轴转速 $V_s = 500$r·m^{-1}、进给压力 $P = 3.5$MPa 和超声波振幅 $A = 20\mu$m 的条件下进行精密小孔加工，试验结果见表 8-12。

表 8-12　超声磨削小孔的加工精度

试件材料		预制孔直径 d_1/mm			
		0.85	1.35	1.85	2.35
H-Si$_3$N$_4$	直径 d/mm	1.02	1.515	2.012	2.51
	偏差/μm	20	15	12	10
H-SiC	直径 d/mm	1.025	1.52	2.018	2.512
	偏差/μm	25	20	18	12

试验结果表明，陶瓷材料超声磨削小孔的加工效率高，加工精度好，可适应工业应用的需要。H-Si$_3$N$_4$ 的热稳定性优于 H-SiC，其热损伤层小，为 $0.1 \sim 0.15$mm，H-SiC 为 $0.15 \sim 0.25$mm，经过高效率的超声磨削，H-Si$_3$N$_4$ 的热损伤层即被去除。在相同的加工条件下，H-Si$_3$N$_4$ 的加工精度优于 H-SiC。

8.1.4.4　陶瓷材料的超声波成形加工

超声加工很适于加工玻璃、石英、宝石、单晶硅、单晶锗及陶瓷等硬脆材料，在超声波成形与切割加工中也应用很广。

(1) 型孔与型腔加工　主要加工圆孔、异形孔、弯孔、微细孔以及套料等。

(2) 切割加工　主要用来加工单晶硅片等，如图 8-22 所示。工具由多片厚

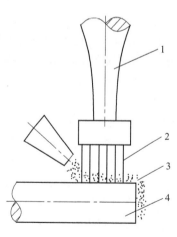

图 8-22　超声波切割单晶硅片
1—变幅杆；2—工具；
3—磨料液；4—工件

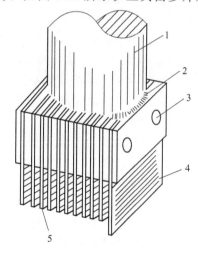

图 8-23　超声波切割工具
1—变幅杆；2—焊缝；3—铆钉；
4—导向片；5—软钢刀片

度为 0.127mm 的薄钢片或磷青铜片铆合而成，再焊接在变幅杆上。每片间隔 1.14mm，刀片伸出高度应考虑磨损后的重磨使用次数。最外边的刀片应高出其他刀片，作为切割时导向用，如图 8-23 所示。

以此方法切割高度为 7mm、宽度为 15～20mm 的锗单晶片，切成厚度为 0.08mm 的薄片，约需 3.5min，切割单晶片的效率高，质量好。

8.2　电火花加工技术

8.2.1　概述

电火花加工（Electrical Discharge Machining，简称 EDM）是通过工具电极和工件的电火花放电产生的局部高温、高压来蚀除工件材料，具有加工时不受材料硬度限制，工件和工具间无宏观作用力等特点。1770 年，英国化学家 Joseph 发现了放电或电火花的腐蚀性；1943 年，苏联莫斯科大学的 Lazarenko 夫妇利用电火花的腐蚀性进行加工，通过汽化金属表面的材料研发了一种可控加工难加工金属材料的方法。Lazarenko 开始采用电阻—电容式电源，20 世纪 50 年代初改进为电阻—电感—电容等回路。同时还采用脉冲发电机之类的长脉冲电源，使蚀除效率提高，工具电极相对损耗降低。20 世纪 60 年代中期研制的晶体管和晶闸管脉冲电源，提高了能源利用效率，降低了工具电极损耗，并扩大了粗精加工的可调范围。20 世纪 70 年代研制出高低压复合脉冲、多回路脉冲、等幅脉冲和可调波形脉冲等电源，在加工表面粗糙度、加工精度和降低工具电磁损耗等方面又有了新的进展；在控制系统方面，从最初简单地保持放电间隙，控制工具电极的进退，逐步发展到利用微型计算机对电参数和非电参数等各种因素进行适时控制。20 世纪 80 年代随着计算机技术的飞速发展，电火花加工引进了数控技术和计算机编程技术，极大地提高了工作效率。20 世纪 50 年代初，电火花加工技术传入我国，从那时起国家开始研究应用电火花加工技术。先是应用电火花强化（镀覆），把硬质合金材料镀覆于高速钢车刀和冷冲模刃口上，镀覆的材料显著地提高了车刀和磨具的使用寿命；同时用电火花加工进行穿孔、制模、切断、磨削、刻写、取折断工具和修理工件等。20 世纪 50 年代末，我国电火花加工开始从研究试用阶段进入到生产应用阶段，研制成功了各种各样的电火花加工设备。20 世纪 60 年代初，中国科学院电工研究所研制成功我国第一台靠模仿形电火花线切割机床，能够切割尺寸微小、形状复杂、材料特殊的冲模和零件。随后又出现了具有我国特色的冷冲模工艺，即直接采用凸模打凹模的方法，使凸凹模配合的均匀性得到了保证，大大简化了工艺过程。20 世纪 60 年代末，上海电表厂张维良工程师在阳极切割的基础上，发明了我国独有的高速走丝线切割机床，上海复旦大学研制出电火花线切割数控系统。20 世纪 70 年代，我国生产的线切割机床绝大多数是"复旦型"数控和高速走丝的线切割机床，经过不断改进和完善，终于形成了我国独具风格的高速走丝线切割机床。20 世纪 80 年代，数控线切割机床普遍采用单片机线切割控制器，因体积集成化占地面积小、成本低、安全可靠而得到广泛应用。20 世纪 90 年代，我国线切割机床向高速度、高精度、低表面粗糙度（镜面加工）和多功能（多轴同时伺服等）方向迈进，尤其是国外慢走丝数控线切割机床的引进，使我国线切割加工水平迈上新的台阶。现在我国生产的高精度、慢走丝数控线切割机床，加工工艺指标已经接近或达到国外同类产品水平。

8.2.2 电火花加工机理与特点

8.2.2.1 电火花加工机理

电火花放电时，电极表面金属材料被蚀除的微观物理过程，也就是电火花加工的物理本质，或称机理。从大量试验资料来看，电火花腐蚀的微观过程都走电场力、磁力、热力、流体动力、电化学和胶体化学等综合作用的过程。这一过程大致可以分为以下四个连续的阶段：极间介质的电离、击穿，形成放电通道；介质热分解、电极材料熔化、汽化热膨胀；电极材料的抛出；极间介质的消电离。

8.2.2.2 电火花加工特点

（1）脉冲放电的能量密度高，便于加工用传统机械加工方法难于加工或无法加工的材料、以及形状复杂的工件。

（2）直接利用电能进行加工，便于实现加工过程的自动化，并可减少机械加工工序，加工周期短，劳动强度低，使用维护方便。

（3）加工时，工具电极与工件材料不接触，两者之间基本没有宏观机械作用力，工具电极不需要比工件材料硬就可以进行加工。

（4）由于脉冲放电的能量密度可精确控制，两极间又无宏观机械作用力，因此可实现精密微细加工。

8.2.3 先进陶瓷的电火花加工技术

电火花加工作为一种电加工，工件必定是导电材料。德国研究人员得到电火花加工的基本要求是被加工材料具有足够的导电性，也就是电导率必须达到 $10^{-2} \sim 10^{-4} \mathrm{S \cdot cm^{-1}}$。工程陶瓷一般不导电，如 Al_2O_3 为 $10^{-4} \mathrm{S \cdot cm^{-1}}$、$Si_3N_4$ 为 $10^{-13} \mathrm{S \cdot cm^{-1}}$、$ZrO_2$ 为 $10^{-10} \mathrm{S \cdot cm^{-1}}$，它们的复合材料导电性能也满足不了早期研究的阈值电导率条件。基于此，科学家们研究出一系列电火花加工工程陶瓷的方法，如以复合的概念使工程陶瓷增强、增韧并具有一定的导电性，即整体改性；以辅助的概念使工程陶瓷满足电火花加工的条件，即表面改性。

整体改性是在基体中添加适当的成分，使烧结后的多晶体复合材料具有导电性。如 TiO_2 中添加 Ti_2O_3、ZrO_2 中添加 CaO 等，以及 Al_2O_3 中添加 TiC、Si_3N_4 中添加 TiN。前两者的导电机理是不同价位的离子混在一起，在烧结形成多晶体时，产生了晶格空位，即四价离子的位置被三价离子或二价离子替换，产生了氧空位，相对应的位置有多余电子，易失去约束成为载荷体。后两者主要靠添加相自身的导电性，在烧结形成晶体时，构成三维导电网络而产生导电性，这种方式对于粉料粒度和混料均匀性有严格的要求。1988 年，法国学者 C. MARTIN 等人成功地应用这种方法研制出了高强度和高韧性的复合陶瓷，在提高复合陶瓷力学性能的同时，提高了复合陶瓷的导电性，从而可以用电火花进行加工。

表面改性常用的方法有辅助电极法。辅助电极法是将陶瓷表面喷涂或包覆导电材料，且选用碳氢化合物作为工作介质。表面导电层一般是喷涂铜或包覆铜网、铜板，工作介质通常为煤油，其加工过程示意图如图 8-24 所示。导电层与工具电极之间首先产生火花放电，导电层熔化、汽化溅射在工件表面，工作液分解出来的碳也溅射在工件表面，在工件表面形成的导电层为下次放电准备了条件。

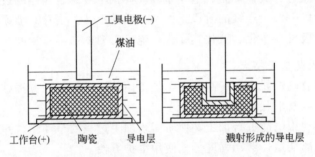

图 8-24　辅助电极法加工过程示意图

8.2.3.1　整体改性法加工复合陶瓷

(1) 试验材料　分别将 A 级 TiN 粉和 B 级 TiN 粉加入 Si_3N_4 陶瓷来提高其导电性。A 级 TiN 粉体颗粒的平均大小是 $0.8\mu m$，B 级 TiN 粉体颗粒的平均大小是 $1.2\mu m$。Al_2O_3 复合陶瓷在真空状态烧结，加入的导电粒子为平均大小 $1.5\mu m$ 的 TiC 颗粒。通过调节 TiN 粒子和 TiC 粒子的含量，分别使 Si_3N_4 和 Al_2O_3 复合陶瓷获得高的强度和刚度，并获得高的导电性。

(2) Si_3N_4 复合陶瓷的试验研究

① TiN 粒子含量对 Si_3N_4 复合陶瓷导电性的影响。A、B 级 TiN 粒子含量与 Si_3N_4 复合陶瓷导电性的函数关系如图 8-25 所示。从图中可以看到两种明显的现象：第一，当 A 级 $w(TiN) < 37\%$，或 B 级 $w(TiN) < 45\%$ 时，复合陶瓷表现出很高的电阻率，此时陶瓷材料绝缘。第二，TiN 粒子大小对复合陶瓷的导电性有显著影响，尤其是当 TiN 粒子含量中等时，TiN 粒子大小对 Si_3N_4 复合陶瓷的

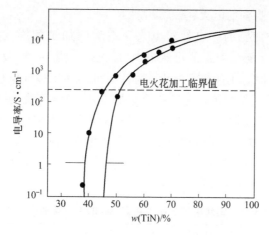

图 8-25　A、B 级 TiN 粒子含量与 Si$_3$N$_4$-TiN
复合陶瓷导电性关系

导电性影响很大；TiN 粒子越小，对应复合陶瓷的导电性越大。

　　② A、B 级 TiN 粒子含量对 Si$_3$N$_4$ 复合陶瓷强度的影响。图 8-26 表明，Si$_3$N$_4$复合陶瓷中 w(TiN)≤60％ ［N(TiN)＝50％］ 时，复合陶瓷的常温断裂强度变化很小。当氮化硅复合陶瓷中 w(TiN)＞60％ ［N(TiN)＝50％］ 时，由于带有 β 细长粒子的 Si$_3$N$_4$ 微结构不再起增强作用，复合陶瓷的常温断裂强度将显著降低。加入 TiN 精细粒子（A 级），Si$_3$N$_4$ 复合陶瓷的导电性增强。从图 8-26可以看出，当 w(TiN)＝50％时，Si$_3$N$_4$ 复合陶瓷强度增强。热膨胀使 Si$_3$N$_4$ 基体（$3×10^{-6}$K^{-1}）与 TiN 粒子（$9×10^{-6}$K^{-1}）形成位错，形成的位错在 TiN 粒子周围产生的挤压切应力可能是复合陶瓷强度增强的原因，位错同时增强了裂纹偏移。

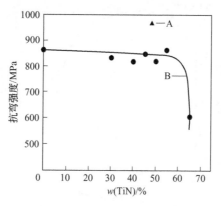

图 8-26　TiN 粒子含量对 Si$_3$N$_4$-TiN
复合陶瓷三点抗弯强度的影响

③ Si_3N_4复合陶瓷的电火花线切割加工

a. Si_3N_4复合陶瓷的导电性对电火花线切割加工的影响。在 TiN 含量不同的情况下，进行复合陶瓷的电火花加工试验。当 Si_3N_4 复合陶瓷的导电性低于 $200S \cdot cm^{-1}$ 时，不能进行电火花加工，此时在工件和电极之间没有电弧产生（无论是电火花线切割还是电火花成形加工）。复合陶瓷的导电性越高，电火花可加工性越大。当用铜丝作电极丝，用去离子水作电解液，复合陶瓷的导电性高于 $5000S \cdot cm^{-1}$ 时，有很好的电加工性能。电火花加工 Si_3N_4 复合陶瓷的去除速度是电火花加工碳化钨的去除速度的 2～3 倍，与电火花加工铁的去除速度差不多。电火花线切割特征见表 8-13。

表 8-13   铜丝电极直径为 0.25mm 的电火花线切割特征

加工特征	材料		
	Si_3N_4-TiN 复合陶瓷	铁	碳化钨
电极丝速度 $V_d/mm \cdot s^{-1}$	80	60	80
切割速度 $V_q/mm \cdot min^{-1}$	3～5	4	1.5
表面粗糙度 $R_a/\mu m$（粗加工）	2.8～2.2	1.6	1.3
表面粗糙度 $R_a/\mu m$（精加工）	1.6～0.6	0.4	0.6

b. Si_3N_4复合陶瓷的导电性对加工表面粗糙度与加工表面变质层厚度的影响。TiN 含量越高，Si_3N_4 复合陶瓷的导电性越大，加工表面粗糙度和加工变质层厚度直接与 Si_3N_4 复合陶瓷的导电性有关，即与 TiN 含童有关。如图 8-27 所示，当复合陶瓷的导电性高于 $200S \cdot cm^{-1}$ 时，表面粗糙度和加工变质层厚度显著降低。如用 A 级 TiN 粒子来代替 B 级 TiN 粒子达到这个级别的导电性，粒子

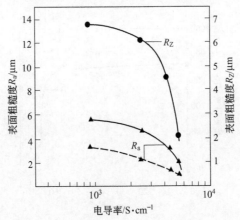

图 8-27   导电率对电火花加工表面粗糙度的影响

（实线反应粗加工，虚线反应精加工）

含量可以减少，表面粗糙度和表面变质层厚度的降低也可以通过精加工实现。

④ Si_3N_4 复合陶瓷的电火花成形加工。用铜作静模，油作电解液，成形电火花加工 Si_3N_4 复合陶瓷。加工 Si_3N_4-TiN 复合陶瓷和铁时，静模铜作阴极，Si_3N_4-TiN 复合陶瓷和铁作阳极；加工碳化钨时，静模铜作阳极，碳化钨作阴极。加工结果表明，Si_3N_4 复合陶瓷具有很好的可加工性。由表 8-14 可知，加工 Si_3N_4-TiN 复合陶瓷的速率比加工碳化钨的速率高，而加工 Si_3N_4-TiN 复合陶瓷时，电极铜的消耗量为加工碳化钨时电极铜的消耗量的 1/4。加工 Si_3N_4-TiN 复合陶瓷时电极消耗量小，工件材料去除率高。

表 8-14　铜作工具电极，油为电解质的成形电火花加工特征

加工特征	材料		
	Si_3N_4-TiN 复合陶瓷	铁	碳化钨
电极偏置电压 $U(80V)$	阳极	阳极	阴极
成形电火花粗加工			
电流强度 I_c/A	10	10	—
电极消耗量/%	5	5	20
去除速度 $V_c/mm^3 \cdot min^{-1}$	60	70	30
成形电火花精加工			
电流强度 I_c/A	4	6	
电极消耗量/%	6	6	20
去除速度 $V_c/mm^3 \cdot min^{-1}$	18	22	12

(3) Al_2O_3 复合陶瓷的试验研究

① 不同含量的 SiC 对 Al_2O_3 复合陶瓷导电性的影响。电火花加工 SiC 晶须增强、ZrO_2 增韧 Al_2O_3 复合陶瓷，需要更多的辅助导电质，比如增加更多的 TiC 粒子。$w(SiC 晶须) = 30\%$ 的 SiC 晶须增强 Al_2O_3 复合陶瓷的导电性太低，以至不能进行电火花加工。高的晶须含量会提高复合陶瓷的导电性，但同样提高了陶瓷的烧结难度。如图 8-28 所示，一个更有效的办法是添加额外的 TiC 粒子，根据 ZrO_2 增韧 Al_2O_3 复合陶瓷的特点，将 $w(TiC 粒子)$ 增加到 30%。

② 不同含量的 TiC 对 Al_2O_3 复合陶瓷强度的影响。如图 8-28 所示，随着 TiC 粒子含量的增加，SiC 晶须增强的 Al_2O_3 复合陶瓷的抗弯强度下降。Al_2O_3 基体和 TiC 粒子之间的热膨胀位错太小，以至 Al_2O_3 基体和 TiC 粒子都没有产生足够大的应力使复合陶瓷强度增强。然而在高的 TiC 含量 [$N(TiC)$ 为 30% 时]，其抗弯强度仍然很高，可以达到 850MPa。

③ Al_2O_3 复合陶瓷电火花线切割加工。当复合陶瓷的导电性高于 $1S \cdot cm^{-1}$ 时，电火花线切割加工 Al_2O_3 复合陶瓷就能进行。这个可加工导电性极值比电火

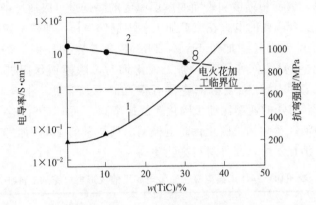

图 8-28　TiC 含量对 Al_2O_3 复合陶瓷导电率和三点强度的影响

1—电导率；2—抗弯强度

花加工 Si_3N_4 复合陶瓷导电性极值小了三个数量级，这也许是两种复合陶瓷的基体特征不同造成的。由于电火花加工 Si_3N_4 复合陶瓷的时候，Si_3N_4 基体发生氧化反应，因此加工 Si_3N_4 复合陶瓷需要更高的导电性。

（4）试验结论　试验表明，新型特等导电性 Si_3N_4 复合陶瓷和 Al_2O_3 复合陶瓷具有很高的断裂强度，它们的强度等于或高于基体本身。除了高的强度，研制的复合陶瓷还具有很好的电加工性。它们比碳化钨更易加工，且工具电极的损耗量较小。调整电火花加工状态，可以获得低的表面粗糙度和高的材料去除率。因此，这些材料将被用来代替传统的 Si_3N_4 和晶须增强 Al_2O_3 复合陶瓷，它们多用来加工复杂零件。

8.2.3.2　辅助电极法加工复合陶瓷

（1）辅助电极法电火花加工绝缘陶瓷加工原理

覆盖在 Sialon 陶瓷表面的金属板或金属网格作辅助电极，煤油作电解液，并用铜工具电极对 Sialon 陶瓷进行电火花成形加工；用铜电极丝对 Sialon 陶瓷进行电火花线切割加工。随着电火花加工的进行，绝缘陶瓷表面会不断地产生导电层，经过 X 射线衍射分析，加工的 Sialon 陶瓷表面存在着 SiO_2、湍层碳、Cu_4O_3 和 α-SiC，其中 α-SiC 电阻率为 $1\sim10\Omega\cdot cm$。从工件材料表面可以观察到，湍层碳是一张二维碳晶格叠成的薄片。电火花加工在陶瓷表面的某一点进行，电极上的铜和电解液里的碳就附着在陶瓷表面，覆盖面积比放电凹坑面积还大。这就是加工过程中，陶瓷加工表面一直覆盖导电材料的原因。此时，加工 Sialon 陶瓷表面的实际电阻率值为 $60\Omega\cdot cm$，接近电火花稳定加工的临界值，整个加工过程解释了辅助电极法加工绝缘陶瓷的加工机理。当陶瓷表面产生导电性材料，陶瓷以稳定的速度去除时，绝缘陶瓷的辅助电极法加工就是一个稳定的过程。

（2）辅助电极电火花成形加工绝缘陶瓷的加工特性

① 试验装置　绝缘陶瓷电火花加工采用普通放电加工机床和电解质油进行。图 8-29 所示为放电加工机床浴槽中放置的电极和被加工。与普通导电材料电火花加工不同的是，绝缘材料上压着一块大金属板，加工过程从金属板上表面向陶瓷深度方向进行。

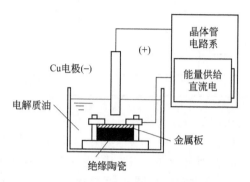

图 8-29　电火花加工示意图

② 试验材料　试验采用 Sialon 陶瓷，为了比较，试验材料还有 Al_2O_3、ZrO_2 陶瓷等。表 8-15 列出了试验用 Sialon 陶瓷的力学性能及物理参数。Sialon 陶瓷电阻率为 $2.5 \times 10^{16} \Omega \cdot cm$，在普通电解质油中直接放电加工几乎无法进行。电极材料采用直径为 1mm 的普通铜线，大孔径场合使用直径为 5mm 的铜线，为比较不同电极材料的加工特性，试验还使用铝、镍、锑电极材料。另外，切断加工使用厚度为 1mm，面积与加工绝缘陶瓷面积相同的铜板。在试验中覆盖在陶瓷表面的金属板主要是 Cu，也使用 Ni 作比较，铜金属板厚度变化范围为 1～10mm。

表 8-15　绝缘 Sialon 陶瓷的物理特性

密度 $\rho/g^{-1} \cdot cm^{-3}$	3.22
硬度 HV	1300
断裂韧度 $K_{IC}/MPa \cdot m^{1/2}$	6
弹性模量（杨氏模数）E/GPa	290
线胀系数 α/K^{-1}	3×10^6
比热容$/J \cdot g^{-1} \cdot K^{-1}$	0.6
热导率 $\lambda/W \cdot m^{-1} \cdot K^{-1}$	21
气孔率$/\%$	<0.6
电阻率$/\Omega \cdot cm$	2.5×10^{16}

③ 试验条件　表 8-16 列出了试验的放电加工条件。其中负极放电电流值在 5A～35A 之间变化，放电持续时间 τ_P 在 2～1024μs 之间变化，工作系数 $\dfrac{\tau_P}{\tau_P+\tau_r}$ 的变化范围是 0.2%～99.8%，这里 τ_r 为休止时间。

表 8-16　电火花加工条件

峰值电流 I_p/A	5,10,15,20,25,30,35
持续放电时间 $\tau_p/\mu s$	2,4,8,16,32,64,128,256,512,1024
电极极性	(一)
工作环境	电解质油

④ 辅助电极电火花加工特性分析

a. 辅助电极电火花加工的放电过程　用小型摄像机观察加工状态，用 X 射线反射，微观分析加工表面粗糙度，用扫描电子显微镜观测加工表面、断面。Sialon 陶瓷放电加工切断面示意图如图 8-30 所示。直径为 1mm 的铜电极端部和 Sialon 陶瓷表面间的放电，可用 CCD 观测到结果。陶瓷上部覆盖厚为 5mm 的铜板，沿着上部金属板到下面 sialon 陶瓷表面的厚度方向，陶瓷上部金属板贯通后，往陶瓷内部继续进行孔加工。

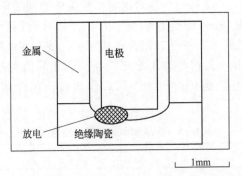

图 8-30　电解质油中，绝缘陶瓷和电极间典型的放电状态

b. 辅助电极电火花加工孔的表面形貌、横截面和孔的表面粗糙度分析　陶瓷加工 5min 后，观察加工孔的表面、横截面和加工孔的表面粗糙度，可以看出，圆状放电加工轨迹的大小与电极直径很接近，工件表面周围的剥离态区域有少数的细小龟裂，这是从金属覆盖层到陶瓷的电火花加工过程中产生的；加工孔的深度为 1mm 左右，孔的表面全部附着黑色物质，同时无法目测到工件表面以外其他部分的龟裂裂纹。由于加工孔的表面附着很多黑色物质，表面粗糙度测定结果，孔表面粗糙度 $R_{max}=80\mu m$。

c. 加工表面状态和附着层元素分析　电极材料为 W、Cu、Al、Ni 和 Ti 圆棒，陶瓷上部金属材料使用铜，加工条件为 $I_P=25A$、$\tau_p=16\mu s$、$D.F=50\%$。

观察用铜电极加工 60s 后工件表面扫描电子显微图和能量散光测定分析结果，发现在加工表面上，无法看到加工导电材料出现的明显放电痕迹，整个加工表面附着微细加工粉。从能量散光测定分析及 X 射线反射分析结果可知，加工表面存在金属电极的生成物，被加工物和电解质油热分解产生的碳化物。表面层的电阻率为 $50 \sim 80 \Omega \cdot cm$，表层具有导电性，附着的黑色物质可用机械加工方法去除。

d. 电极材料和加工速度之间的关系　为了分析电极材料对加工状态的影响，分别把 W、Cu、Al、Ni、Ti 作电极材料，分析不同的电极材料和加工速度的关系。陶瓷上部金属使用 5mm 厚的 Cu，加工条件为 $\tau_p = 16 \mu s$、$I_P = 25A$、$D.F = 50\%$，加工时间 7min。加工结果如图 8-31 所示，当电极材料和陶瓷上部金属材料都是铜时，加工速度最大。电极材料对加工速度的影响，从大到小的顺序依次是 Cu、Al、Ni、Ti 和 W。在相同加工条件下，对各种不同组合材料分别进行加工，研究表明，Cu-Cu 是最佳的加工组合。

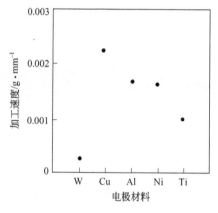

图 8-31　第一加工阶段，不同电极
材料对应下的加工率
$I_P = 25A$；$\tau_p = 16 \mu s$；
$D.F = 50\%$；加工时间 5min

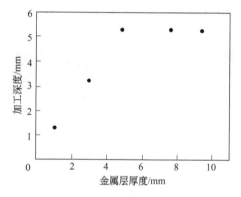

图 8-32　陶瓷上部金属厚度对
Sialon 陶瓷加工深度的影响
$I_P = 25A$；$\tau_p = 16 \mu s$；$D.F = 50\%$；
铜电极直径 1mm

e. 陶瓷上部金属厚度对陶瓷加工深度的影响　陶瓷上部金属板厚度为 1~10mm，加工孔直径为 1mm，加工条件 $\tau_p = 16 \mu s$，$I_P = 25A$，加工系数 $D.F = 50\%$，加工时间为 $1.8 \times 10^4 \, s$。试验结果表明，上部金属板厚度存在一个临界值，当金属板厚度超过这个临界值后，加工孔的深度不再随着上部金属板厚度的增大而增大。如图 8-32 所示，在板厚 5mm 以下区域，加工孔的深度随着板厚的增大而增大；在板厚 5mm 以上区域，加工孔的深度达到 5mm 后，孔深就不再改变了。为验证辅助电极电火花加工临界值是否只存在于孔加工，用厚度 1mm、长 30mm 的铜板作辅助电极，进行电火花切断加工，切断加工条件和孔加工条件相同，切断面深度达到 10mm。在试验中，切断加工不存在孔加工那样的临界值，而是可以加工到更深的深度。研究表明，当用金属网格作辅助电极进行电火花成形加工时，陶瓷可加工深度就不受什么限制。

f. 加工速度分析　图 8-33 所示是陶瓷上部金属板厚为 5mm，进行孔加工时，加工深度与加工时间的关系，加工条件 $I_P = 25A$、$\tau_p = 16\mu s$、加工系数 $D.F = 50\%$，电极直径为 1mm，金属板厚为 5mm。加工开始几分钟后，加工深度迅速达到 2mm，此后加工速度降低，到达加工极限需要几个小时。

g. Cu-Cu 组合的孔加工特性分析　研究 Cu-Cu 组合的孔加工，加工时间为 7min，峰值电流 I_P、放电时间 τ_p 及加工系数 $D.F$ 与加工速度的关系如下：峰值电流 I_P 加工速度的关系如图 8-34 所示，当 I_P 为 25A 时，电火花加工速度最大；加工时间 τ_p 与加工速度的关系是 τ_p 为 $4\mu s$ 时，加工速度最大；加工系数与加工速度的关系是无论持续放电时间为何值，当加工系数 $D.F = 50\%$ 时，加工速度最大。以上结果表明，Cu-Cu 组合的孔加工过程，存在最佳的电流值及最佳的加工系数使孔加工速度最快。

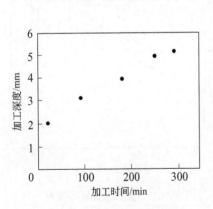

图 8-33　加工时间与加工深度

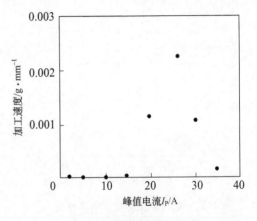

图 8-34　峰值电流与加工速度
的关系 $\tau_p = 16\mu s$, $D.F = 50\%$

h. 关于加工过程的考察　试验加工模型如图 8-35 所示。图 8-35(a) 为普通导电金属作辅助电极，陶瓷表面附近的加工状态；图 8-35(b) 为陶瓷加工初期状态；图 8-35(c) 为加工临界状态。图 8-35(a) 加工完全发生在金属粉上，图 8-35(b) 陶瓷开始加工瞬间生成附着在陶瓷表面的薄膜，这个表面附着层和电极间的放电引导加工持续进行。图 8-35(b)、(c) 对应底面附着层的表面状态。

i. 陶瓷加工能力分析　陶瓷加工形成的表面，如果没有适当的导电膜覆盖，就不能连续加工。孔加工极限形成的原因，认为是加工过程中剥离出的绝缘陶瓷粉末在电极和加工件之间不能完全抛出的缘故。陶瓷粉末充满在电极和加工物之间，阻碍了放电现象的发生。实际上，陶瓷孔加工达到临界深度时，存在厚度 1mm 以上的加工粉末。

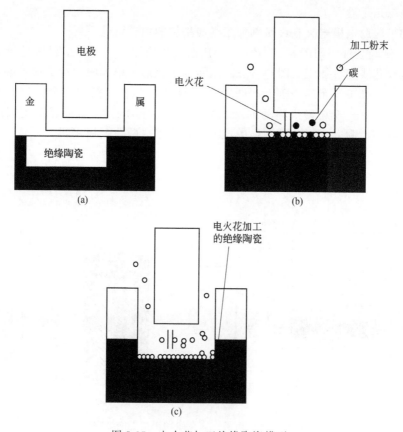

图 8-35　电火花加工绝缘陶瓷模型

图 8-36 是图 8-35 各个加工阶段的电极消耗量。图 8-35(c) 阶段几乎没有电极消耗量，电极产生的导电性粉末供给也没有了，可以认为几乎没有新导电层生成。结果只剩下极间导电性加工膜放电与累计生成的加工粉末放电，绝缘陶瓷的

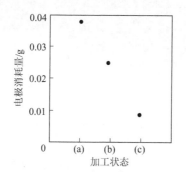

图 8-36　与图 8-35（a）、（b）、（c）各个
状态相对应的电极损耗量

放电加工几乎没有了。

(3) 辅助电极电火花线切割加工绝缘陶瓷的加工特性

① 试验装置 如图 8-37 所示，应用改进的成形电火花加工机床进行绝缘陶瓷的电火花线切割加工。图 8-37(a) 所示为一个加工单元图，这个加工单元装在成形电火花加工机床的主轴上；图中 A 是绕线轴，它连接在一个电控电源开关上，图中 B 是一个电动机驱动的绕线轴；图 8-37(b) 所示为绝缘陶瓷周围辅助电极的结构，附有三层薄铜网格的绝缘陶瓷放置在两块铜板之间。

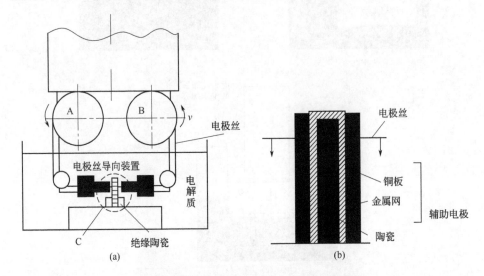

图 8-37 辅助电极电火花线切割加工绝缘陶瓷

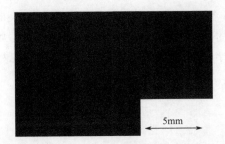

图 8-38 Sialon 陶瓷线切割加工

② 试验结果 煤油作电解液，Sialon 陶瓷厚度为 2mm，铜丝电极直径为 0.2mm，线速度为 120mm·s^{-1}，电极丝张紧力为 1.5N，平均速度为 330μm/min，电火花线切割加工 50min，加工长度为 15.1mm。图 8-38 显示了绝缘陶瓷的加工示意图，加工的槽宽为 0.27~0.29mm。这是因为电极丝直径为 0.2mm，电极丝两边分别留有 30μm 的间隙，电极丝的振动会扩大加工槽宽。

8.2.4　陶瓷电火花加工的表面后处理

陶瓷电火花加工后需要进行表面后处理。一方面，电火花加工后陶瓷表面的断裂韧度降低，产生的加工损伤包括表面、亚表面裂纹和残余应力。表面裂纹和残余应力对陶瓷性能的影响很大，使得陶瓷零件的表面完整性差，可靠性低。另一方面，由于陶瓷材料在应用中有 60%～90% 用于承载摩擦和磨损，在磨损载荷作用下，零件的表面质量对零件摩擦性能影响很大。由于电火花加工后大多数陶瓷零件没有达到所需的表面粗糙度要求，需要进一步精加工。陶瓷电火花加工后，可以通过淬火处理、激光加工、超声波加工和喷丸处理来改善材料的表面质量，提高零件的力学性能及可靠性能。

(1) 淬火表面处理　淬火可以提高材料的强度，同时提高材料的耐热冲击性、耐断裂性和耐腐蚀性。从陶瓷试件塑性变形的温度开始淬火，可以得到比预期更好的耐热冲击性。

试验表明，电火花线切割加工对陶瓷试件的表面有破坏效应，如获得低的抗弯强度（材料初始值的 33%～52%），低的韦伯模数 m(4.2～8.8)。而淬火件比电火花线切割件有更高的抗弯强度（平均值增加了 10%～50%），更高的韦伯模数 m；淬火处理后的零件性能表现出一致性，韦伯模数在平均值（$m>11$）附近变化很小。Sialon—501 最佳淬火温度是 900℃。

(2) 激光表面处理　根据激光气体的不同，受激准分子激光器可以发射波长 $\lambda=193\sim351nm$ 的紫外线。如果能量密度超过了工件材料所需的临界值，工件材料立即汽化并吸收多余的激光能，汽化的工件材料电离，并部分地转化为等离子流。等离子流温度升高到 50000℃ 时，开始加热工件。由于等离子流在加工区产生了屏蔽效应，因此激光能在工件上没有切除作用。除了高温，等离子流还有 500MPa 的高压，以至加工时工件表面发出撞击声。电离蒸汽冷凝的气溶胶沉积在照射区周围，牢牢地粘贴在工件表面，只有用很大的能量才可去除。层积在工件表面的气溶胶和粒子，对承受磨损载荷的工件表面有不利影响。为避免融化粒子的层积，研究人员设计出一个专用喷嘴，如图 8-39 所示，整个系统主要由一个进气环型槽和一个出气喷嘴组成，通过输入气体和输出气体流动，在激光加工表面可以有效地吸走气溶胶。喷嘴设计的原理是应用多余的气流阻止等离子流沿径向膨胀，而沿垂直于工件方向膨胀。

德国学者对 SiC 陶瓷的激光表面处理进行过研究。研究表明，使用气体喷嘴的激光加工，是一种可以获得高表面质量的 SiC 陶瓷加工方法，无需进一步精加工。试验在高能密度（$H=10J\cdot cm^{-2}$）下进行，用几个能量密度（$H>7J\cdot cm^{-2}$）的脉冲，可以有效地去除材料表面微粗糙尖峰，使工件表面光滑。电火花加工是一种高效的陶瓷加工方法，但加工表面粗糙度较大，通过激光加工来修复电火花加工的陶瓷表面，可以显著地降低表面粗糙度，提高表面质量。

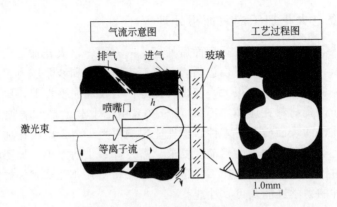

图 8-39　加工过程中生成的等离子
流及等离子流被排气口吸出的侧视图

(3) 超声波和喷丸表面处理　超声波加工是一种研磨加工工艺，可用来加工硬脆材料。大多数加工条件下，超声波加工比电火花加工具有更高的表面质量，加工试件的强度和韦伯模数比电火花加工试件的强度和韦伯模数高。研究表明，减小超声波加工的磨粒大小，可以提高抗弯强度和韦伯模数。

喷丸表面处理是一种经济实用的微细加工法，用来加工硬脆材料。喷丸加工过程中，喷丸粒子从管口加速喷向工件，高速的喷丸粒子撞击硬脆工件时，可以去除工件材料。在低压和小磨粒的作用下，单个磨粒的撞击作用很小，可产生高效抛光作用。

电火花加工复合陶瓷会产生表面变质层，表面变质层包含电火花产生的裂纹和凹坑，其表面完整性差。超声波加工和喷丸处理可以去除表面缺陷，经过超声波加工和喷丸处理的电火花加工试件，强度和韦伯模数均得到提高。

8.2.5　陶瓷电火花的特种加工

8.2.5.1　绝缘陶瓷的电火花磨削加工

基于绝缘陶瓷的辅助电极法电火花加工，提出了绝缘陶瓷的电火花磨削加工。绝缘陶瓷电火花磨削加工的加工原理如图 8-40 所示。首先对绝缘陶瓷表面进行导电化处理，使表面具有导电性，然后将其装夹在回转主轴上，随主轴做旋转运动。主轴与脉冲电源正极相连，工具电极与脉冲电源负极相连。以煤油作电解液，加工时煤油浇注到工具电极与工件之间，工具电极可沿 X、Y 轴方向相对工件电极做伺服进给运动。被加上的绝缘陶瓷工件表面具有导电层，可直接作为工件电极进行电火花放电加工，电火花加工瞬间的局部高温使工作液（煤油）热分解出来的碳、工具电极（铜块）溅射出来的金属及其化合物在绝缘陶瓷表面形成新的导电层，从而使电火花磨削加工能连续进行。

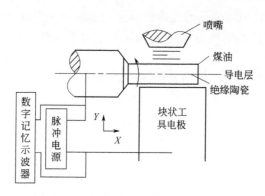

图 8-40 绝缘陶瓷电火花磨削加工原理

试验进行了 Si_3N_4 绝缘陶瓷微细轴的电火花磨削加工，成功地加工出直径 1mm 微细轴，说明绝缘陶瓷电火花磨削加工法可有效地加工绝缘陶瓷。它是利用辅助电极电火花成形加工法，将绝缘陶瓷 Si_3N_4 加工成 $4mm \times 5mm \times 17mm$ 的方棒，利用辅助电极法在工件表面生成的导电层直接进行电火花磨削加工。其加工条件是：煤油为电解液，纯铜块为工具电极，峰值电流 4A，脉宽 $740\mu s$，脉间 $100\mu s$，加工时间 20h。

8.2.5.2 复合超声波电火花加工

超声波加工可以获得好的表面质量，但其去除率低；电火花加工在加工硬脆材料时，可以获得高的去除率，但其表面质量较差，于是需要研究一种综合考虑材料去除率和加工表面质量的加工方法。在加工过程中，复合超声波电火花加工是一种彼此互利的加工。超声波振动产生的振荡和气穴现象可以很好地排除熔池里的物质，明显地提高加工速度，同时让较少的液体材料凝固在工件表面；通过抽出碎屑和吸进电解液的高频抽吸作用，大大地改善了放电活力，提高了效率，获得了高的工件表而去除速度。电火花加工产生的热应力、微裂纹和薄变质层导致更加高效的超声波加工，超声波加工反过来又使得产生的整体变质层降低，由于超声波加工的微脆性断裂，使得热残余应力减小。因此，复合超声波电火花加工可获得高的加工效率和好的表面质量。测试结果表明，复合超声波电火花加工的加工效率是超声波加工的 3 倍，而加工质量和超声波加工差不多。

8.3 激光加工技术

1960 年，美国休斯公司的梅曼（T. Maiman）发明了世界上第一台红宝石激光器。此后人们就开始探索激光这种新型的相干光源在材料加工领域中的应用。1965 年，Nd：YAG 和 CO_2 激光器相继出现。由于这两种激光器可以产生相当高的平均功率密度，因而使得激光在材料加工领域的应用成为可能。作为一种能在工业生产中实用的加工设备，对激光器工作的要求是可靠、稳定，光束质量好，输出功率可调。

利用激光的高亮度和高定向性的特点，可以把光能集中在空间一定的范围内，从而获得比较大的光功率密度，产生几千度到几万度以上的高温。在这么高的温度下，即使是高熔点的陶瓷材料也会迅速熔化甚至汽化。目前激光加工陶瓷技术比较成熟的应用有激光打孔、激光切割、激光划线等。一般激光打孔和切割所需激光功率为 150W～15kW。

激光加工的主要特点是：

(1) 在一台激光加工机上能够同时进行打孔、切削、焊接、表面处理等多工序加工。

(2) 适用性强。能够加工现有的各种工程材料，特别适合于加工工程陶瓷材料。

(3) 易实现遥控操作。在用光学系统控制加工全过程的同时，还能进行分时操作。

(4) 激光束的控制操作易于实现自动化。同时，在加工过程中不会产生反作用力，夹具结构简单，能加工形状复杂的各类零件。

但是，激光加工陶瓷也有一些缺点。由于陶瓷材料热导率低，如果工艺参数选择不当，激光的高能束有可能会在材料表面产生热应力集中，易在加工过程中形成微裂纹、大的碎屑，甚至材料断裂等。

8.3.1　激光加工原理

由于激光具有准值性好、功率大等特点，在聚焦后，形成平行度很高的细微光束，所以可得到很大的功率密度。该激光光束照射到工件表面时，部分光能量被表面吸收转变为热能。对陶瓷材料，因为光的吸收深度非常小（在几十微米以下），所以热能的转换发生在表面的极浅层。使照射斑点的局部区域温度迅速升高到使被加工陶瓷材料熔化，甚至汽化的温度。同时由于热扩散，使斑点周围的材料熔化，随着光能的继续被吸收，被加工区域中陶瓷蒸汽迅速膨胀，产生一次"微型爆炸"，把熔融物高速喷射出来。

8.3.1.1　激光加工机

激光加工机的结构主要由激光发生器、光学系统和工作台三部分组成，如图8-41所示。激光发生器是产生激光的主要设备，它的型号和技术特征，见表8-17。由于陶瓷材料具有良好的吸收红外光谱的特性，因此，具有连续振荡或高速重复振荡的 YAG 激光器和 CO_2 气体激光器是加工陶瓷零件的主要光源。光学系统的主要作用是传输激光束，并将平行激光转换成聚焦光束。通常由反射镜、

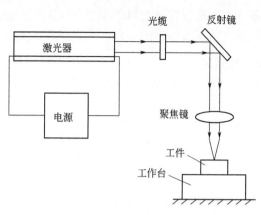

图 8-41　激光加工机结构示意图

凸透镜、喷嘴等零件组成。工作台具有相应的位移自由度。实践证明，激光的波长和振荡状态、激光束的形状和位置、陶瓷材料的成分和表面状态等加工条件都直接影响着激光加工的质量。因此，准确控制激光功率密度和照射时间，调整好焦点距离和喷嘴位置，选择合理的进给速度和加工位置，是提高加工质量的有效措施。

表 8-17　激光发生器的主要类型与技术特征

母体	活性离子	波长/μm	振荡形式	输出功率	相对加工效率	应用
Al_2O_3	Cr-3	0.6943	脉冲	0.5mJ～400J	—1	打孔
$Y_3Al_5O_{12}$	ND+3	1.065	连续脉冲	0.2mJ～55J	—2	热处理、打孔、刻线、修边
钕玻璃	ND+3	1.065	脉冲	1～100mJ	-1	打孔
CO_2	CO_2	10.63	连续脉冲	0.2mJ～100kJ	—10	打孔、切割、焊接

激光器作用是将电能转变成光能，产生所需要的激光束。激光器的种类有固体激光器、气体激光器、液体激光器、半导体激光器和自由电子激光器等，常用于材料加工的激光器有二氧化碳气体激光器和固体激光器。二氧化碳激光器是以气体作为工作物质的激光器，它有较大的功率和较高的能量转换效率。除此之外，它也具有输出光束的光学质量高、相干性好、线宽窄、工作稳定等优点。固体激光器有较大的输出功率和较紧凑的结构。加工用激光器的平均功率从瓦级至千瓦级。

激光电源系统主回路包括充电电路、储能电路、触发电路及预燃电路和操作与控制电路等。电路工作原理是当触发电路给氙灯提供一个高压触发脉冲时，将灯内气体击穿，处于低阻状态。储能元件中的电能通过灯放电。适当设计储能脉冲电路及放电电路的形式，使放电脉冲具有所希望的波形。当采用预燃技术，灯触发后，预燃电路为灯提供一小电流，使灯维持导通状态，脉冲放电靠放电回路中串入放电开关控制。充电电路在储能网络小放电时工作，为储能网络输送电能控制与操作回路，保证电路正常协调的工作，并提供各种安全保护功能。

8.3.1.2 激光可加工性判定

被加工材料的热学性能对激光加工的效果影响很大，如钨的熔点高、铜的热传导率大，这两种材料都是典型的激光难加工金属，陶瓷也符合这一规律。目前主要以 NY 值作为判断材料激光加工难易性的判据。

$$NY = T_m \lambda \tag{8-8}$$

式中　T_m——熔点（K）；

　　　λ——热导率（$W \cdot m^{-1} \cdot K^{-1}$）。

NY 值小，加工越容易。表 8-18 表明，陶瓷材料加工的难易顺序为 α-SiC、Al_2O_3、Si_3N_4、ZrO_2，ZrO_2 的 NY 值小，其去除效率是 Si_3N_4 的 3 倍多。

表 8-18　不同材料激光加工的判据

材料	T_m/K	$\lambda/W \cdot m^{-1} \cdot K^{-1}$	NY
钨	3.410	0.41	1.398
铜	1.083	0.95	1.030
铁	1.540	0.20	0.308
α-SiC	2.200	0.16	0.352
Al_2O_3	2.050	0.07	0.144
Si_3N_4	1.900	0.04	0.076
ZrO_2	2.677	0.008	0.021

8.3.1.3 激光加工的热稳定性

激光加工是把激光照射到工件上，通过高度集聚的光能转变成热能，使被加工部位熔融和蒸发，实现材料去除。由于照射部位和周围环境的温差很大，产生很大的热应力。工程陶瓷的热稳定性较差，若热应力的最大值 σ_{max} 超过材料的强度极限 σ_b，则材料损坏。因此，陶瓷材料激光加工必须防止和避免裂纹的产生和断裂破坏，以确保激光加工的质量。为此，必须度量陶瓷材料的热稳定性。一般以激光加工时产生的热应力等于材料的强度极限时的温差值作为陶瓷材料热稳定性的度量标准，称该温差值为热应力断裂抵抗因子，用 R 表示：

$$R = \frac{\sigma_b(1-\mu)}{\alpha E} \tag{8-9}$$

式中　σ_b——极限强度；

　　　μ——泊松比；

　　　α——线胀系数；

　　　E——弹性模量。

　　显然，R 值越大，承受温度变化能力越强，即热稳定性好，抵抗破坏的能力强。由表 8-19 可见，材料抵抗热损伤能力的大小顺序为 Si_3N_4、SiC、ZrO_2、Al_2O_3。

表 8-19　公式中的参数参考值

材料	$\sigma_b/(\times 1080kPa)$	$E/1010Pa$	μ	$\alpha/(\times 10^{-6}/K)$	R/K
Si_3N_4	9.0	33	0.27	3.2	622
SiC	6.2	42	0.16	4.0	310
ZrO_2	6.5	21	0.31	9.6	222
Al_2O_3	3.1	35	0.25	7.9	84

8.3.1.4　激光加工中激光与材料的相互作用

　　激光加工主要是利用激光对加工材料的热效应而实现的。其过程可用激光束与被加工材料相互作用的三个阶段来描述。

　　以激光打孔为例。首先是激光的吸收阶段。材料吸收激光的数量主要取决于材料的性能，光束与材料的耦合能量可通过不同材料的热导率来计算。由于依赖该耦合能量加热工件，因此吸收激光的材料体积中，单位时间内散失的热量须小于输入的热量。经过一段时间的加热后，温度上升到一定程度开始发生部分熔融。持续一段时间后进入第二阶段，材料相变吸收率增大，加热更加剧烈，熔融区体积缩小而深度增加，蒸汽开始出现，即进入熔化和部分汽化阶段。为了提高成孔质量，力求材料尽可能的汽化。当进一步提高激光束强度，超过某临界值时，材料进一步汽化，加工过程相对稳定，材料汽化比例剧增至最大程度，蒸汽带着液相材料飞溅，形成孔的成型圆柱段，此时在孔的通道内离子化，逐渐形成等离子体，进入第三阶段。此时由于等离子体的形成，将会对光束产生吸收，甚至形成一个吸收光束的屏蔽层，影响激光打孔的进程。因此，激光打孔的激光束功率要适当的控制，使等离子体处于最佳状态，否则大量等离子体除了吸收光束外，还会导致激光的散射，把能量辐射到孔壁，引起液相流入孔道底部或覆盖堵孔。

　　就材料对激光的吸收而言，材料的汽化是一个分界点。表面没有汽化，不论材料处于固相还是液相，其对激光的吸收仅随表面温度的升高而有较慢的变化；而一旦材料出现汽化并形成等离子体和小孔，材料对激光的吸收会发生突变，其吸收率决定于等离子体与激光相互作用的结果。

8.3.1.5　物质对激光的反射和吸收

　　激光与物质的相互作用首先是从入射激光被物质反射和吸收开始的。激光束入射各向同性的物质时，部分能量被周围气体或物质表面所散射或反射，部分激光能量被吸收。真空环境中入射激光束的总能量功率是反射散射、吸收和折射透射三部分之和，入射波的电、磁场强度即为反射和折射透射光束电、磁场强度的向量和。对于金属和电介质，可以用电动力学的理论分析其对激光束的反射和吸收过程。但陶瓷材料主要依靠试验测量其入射表面状况、温度、样品纯度、压力及环境状况，间接反映其对激光束的反射和吸收过程。

对于陶瓷材料，符合一般材料的吸收特性。但由于它们没有自由载流子，只有靠束缚电子、激子、极化子、晶格振动年振子实现吸收。事实上，陶瓷材料在极高频光源射线的照射下，所有的振子对高频光都无法做出响应。当光频降低到紫外波段，很多材料都会出现束缚电子的跃迁，从而出现吸收波段，这个波段对应于正常的基本吸收。由于束缚电子的自然频率较大，因此，其吸收波段可以从紫外一直延续到可见光或近红外，吸收波段在低能段下降很快，原因是对应于禁带的能隙，这条下降很快的边称为吸收边缘。在激光照射下，吸收边缘后出现了另一个吸收带，这是激子和极化子的吸收带，它是由激子的吸收产生的。在光波长增加至远红外（$20\mu m$）以上时，出现了声子的吸收。可见，陶瓷的吸收带比较复杂，还可能有一些色心的吸收等叠加于吸收谱上。陶瓷对激光的吸收都比较强烈，特别是在紫外到中远红外。因此，用激光加工陶瓷材料时，激光的吸收问题并不突出。

8.3.2　激光打孔

8.3.2.1　激光打孔的应用与发展

随着科学技术的飞跃发展，在机械加工领域中，带有小孔的零件材料种类越来越多，孔径越来越小，并且对孔的质量要求越来越高。激光打孔技术具有精度高、通用性强、效率高、成本低的优点，已成为现代制造领域的关键技术之一。目前，国外激光打孔主要应用在航空航天、汽车制造、电子仪表、化工等行业。瑞士某公司用固体激光器给飞机涡轮叶片进行打孔，可以加工直径从 $20\sim80\mu m$ 的微孔，其直径与深度之比可达 $1:80$。激光束还可以在脆性材料，如陶瓷上加工各种微小的异型孔（盲孔、方孔等）。20 世纪 80 年代中、后期，美国、德国等国家已将激光加工深微孔技术大规模地应用到飞机制造等行业。1984 年，美国一家飞机发动机制造厂利用激光对涡轮发动机零件进行数万个冷却微孔的大规模加工。1986 年，原苏联基辅工学院用工业激光器在硬质合金毛坯上打孔径为 $0.6\sim1.0$mm、深度为 6mm 的中心孔。进入 20 世纪 90 年代，国内外激光加工机生产技术日趋完善，激光打孔朝着多样化、高速度、孔径更微小的方向发展。日本在厚 1mm 的氮化硅板上打出孔径 0.2mm 的孔，在 0.05mm 的陶瓷薄膜上加工出孔径为 0.02mm 的孔。

陶瓷的小孔加工，也是目前特种加工和微细加工的热点。该技术的发展，将对电子陶瓷零件的小孔加工的产业化起到重要作用。目前电子工业中陶瓷基板的过孔加工，常用的高速旋转细钻头难以加工 0.25mm 以下的微小孔。在加工陶瓷微小孔时，应努力提高打孔质量，减小成孔锥度及表面裂纹等影响。

8.3.2.2　工艺参数对激光打孔的影响

激光打孔的工艺参数主要指功率（峰值功率、平均功率）、脉宽、脉冲重复频率等。试验表明，经激光加工后的工件形貌存在着熔触凝固层和裂纹两种缺陷，通常裂纹又分布在熔融凝固层上面，当热损伤达到一定程度后，裂纹便从熔融凝固层延伸至基体；熔融凝固层的厚度和裂纹长度成正比增加，所以可由裂纹长度判断加工缺陷的程度。

（1）脉宽对打孔质量的影响

为固定其他参数，改变脉宽的试验条件见表 8-20。脉宽处于 ms 量级，峰值功率均取 3.5kW，结果如图 8-42 所示。由图可见，脉宽处于 ms 量级时，工件加工表面存在裂纹，但脉宽的缩短，裂纹长度迅速减小；脉宽在 μs 级时，裂纹甚微已不易分辨；当脉宽处于 ns 级时，可实现无裂纹的小孔加工。

表 8-20　改变脉宽时的试验条件

峰值功率/kW	3.5（取最大值）				
脉宽/ms	0.3	1.0	4.0	6.0	7.4
平均功率/W	7.00	24.5	98	147	180
重复频率/kHz	17	17	17	17	17
照射时间/s	4	4	4	4	4

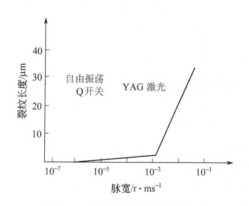

图 8-42　脉宽和裂纹长度的关系

（2）重复频率对打孔的影响　采用 Q 开关激光打孔，脉宽可控制到 ns 级，以抑制裂纹的发生，但 Q 开关的重复频率相当高。为此按表 8-21 的试验条件考察了重复频率的作用，试验中各频率的总输入能量皆为 22.75J。由表 8-21 可见，Q 开关波形的脉宽随重复频率升高而变大，最长脉宽达 600ns，而在观察脉宽对激光打孔的影响时，几百 ns 对打孔结果几乎不产生影响。由图 8-43 可知，对于

Q 开关激光打孔，存在一个裂纹缺陷产生的临界频率。在给定的试验条件下，此临界频率值为 7kHz，当重复频率值低于 7kHz 时，裂纹被抑制；而超过此临界频率时，情况发生突变，孔壁出现较厚的熔融凝固层，并产生了裂纹，裂纹甚至延伸到材料基体中。这可以理解为当重复频率增加到一定限度时，输出能量接近连续激光加工状态，加工结果迅速恶化。

表 8-21　改变重复频率条件下的试验条件

重复频率/kHz	1	3	5	7	10	12
脉宽/ns	120	185	250	350	400	600
单脉冲能量/mJ	6	0.93	1.25	1.75	2	3
照射次数/N	3.790	24.500	18.200	13.000	11.380	7.580
峰值功率/kW	50	5	5	5	5	5

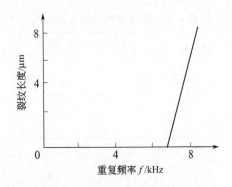

图 8-43　重复频率和裂纹长度的关系

(3) 激光脉冲能量对打孔质量的影响　激光加工微小孔时，作用在材料上的能量密度是一个至关重要的参数。对光学系统来说，焦平面上的激光光斑直径的大小是由激光棒和光学系统参数决定的。在给定激光辐射焦距条件下，孔的最终尺寸是由激光脉冲的能量决定的。在脉冲宽度一定的情况下，能否加工出合格的孔，是由所选的脉冲能量来实现的。在高能激光的照射下，材料的蒸发和熔化是激光打孔成形的两个基本过程。当功率密度很高时，蒸发极为旺盛，极大部分能量用于蒸发，由于热传导而引起的能量损失，几乎可以忽略不计，这便是"准稳定蒸发过程"。在这个过程中，激光脉冲能量几乎全部用于材料的破坏和蒸发去除。此时，孔深和孔径可以用下面两式估算：

$$h(t) = \left[\frac{3P_s\tau}{\pi\tan^2\varphi(L_v + 2L_m)} \right]^{1/3} \tag{8-10}$$

$$r(t) = h(t)\tan\varphi \left[\frac{3P_s\tau\tan\varphi}{\pi\tan^2\varphi(L_v + 2L_m)} \right]^{1/3} \tag{8-11}$$

式中　　$P_s\tau$——脉冲总能量；

$\tan\varphi$——光学系统参数，φ 是在光学系统焦平面以后光锥的发散角；

L_v——材料汽化热；

L_m——材料熔化热。

由式(8-10)、式(8-11) 可见，如果加工材料和聚焦光学系统已经确定，并且满足材料的汽化热和熔化热的准稳定条件，那么可以看出，孔深以及孔径的大小实际上是由激光脉冲能量所决定的。

(4) 激光离焦量对打孔质量的影响　在激光打孔中，材料表面与聚焦透镜焦点之间的距离称为离焦量。焦点在材料表面上所形成的离焦量为正，焦点在材料表面之下所形成的离焦量为负，图 8-44 为正负离焦生示意图。当其他条件一定时，离焦量的变化对孔的深度、直径和孔的形状有很重要的影响。

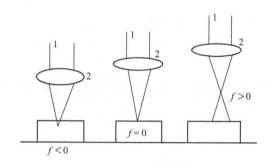

图 8-44　正负离焦量示意图

1—激光束；2—聚焦透镜

图 8-45 所示为工件在不同焦点位置所打孔的孔形观察结果。焦点位置在工件内部呈负离焦状态时，激光是以会聚方式进入材料，孔壁很少能直接接受光通量。因此液相多气相少，汽化时蒸气压力不太大，喷射力小，孔形由锥形向桶形过渡。当焦点位于表面下某一定值时，激光可直接照射到孔壁，使材料获得良好的汽化效果，孔形平直光滑。当焦点位置在工件表面上时，孔的锥度较大，效果并不理想；当焦点位于表面以上正离焦状态时，材料表面平均光照功率密度成减少趋势，材料汽化率逐渐减少，孔形成坑形。从而可知，小孔锥度受离焦量影响较大。对于厚度小于 0.3mm 的陶瓷基片，激光聚焦于工作表面下负离焦位置，即可获得高质量的孔。但对较厚的陶瓷材料（厚度大于 1mm），负离焦或聚焦于工作表面时，加工出的孔锥度较大，甚至不能形成通孔。为了改善孔的质量，减小孔锥度，需采用正离焦的方式。

8.3.2.3　陶瓷激光打孔的特点

与机械钻孔、电火花加工等打孔手段相比，陶瓷激光打孔具有以下显著的优点：

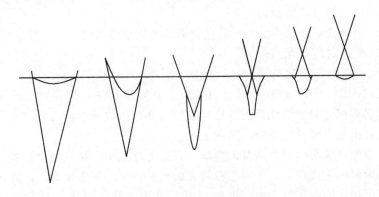

图 8-45　离焦量对打孔形状的影响

(1) 速度快，效率高，经济效益好　由于激光打孔是利用功率密度为 107～109W·cm^{-2} 的高能激光束对材料进行瞬间作用，作用时间只有 0.0001～0.001s，因此激光打孔速度非常快。将高效能激光器与高精度的机床及控制系统配合，通过微处理机进行程序控制，可以实现高效率打孔。激光打孔与超声打孔相比，效率提高 10 倍以上。

(2) 可获得大的深径比　一般情况下，超声打孔所获得的深径比值不超过 10。使用增设腔内光栏、增加 Q 开关或调整导光系统参数的方法，来改变打孔光束质量，容易获得高质量、大深径比的小孔。

(3) 适合于数量多、高密度的群孔加工　由于激光打孔机可以和自动控制系统及微机配合，实现光、机、电一体化，使得激光打孔过程准确无误地重复成千上万次。结合激光打孔孔径小、深径比大的特点，通过程序控制可以连续、高效地制作出小孔径、数量大、密度高的群孔板。

(4) 可在陶瓷材料的倾斜面上加工小孔　对于机械打孔，如超声打孔来说，在倾斜面上特别是大角度倾斜面上打小孔是极为困难的。倾斜面上的小孔加工的主要问题是钻头入钻困难，钻头端部在倾斜平面上单刃切削，两边受力不均造成打滑难以入钻，甚至产生钻头折断。而激光却特别适合于加工工件表面 60°～90° 的小孔。

(5) 无工具损耗　由于激光打孔为非接触式加工，从而避免了机械打孔时易断钻头和钻头磨损的问题。

8.3.3　激光切削

激光切割是一种应用最广泛的激光加工技术。其工业应用始于 20 世纪 70 年代初，最初用在硬木板上切非穿透槽，嵌刀片，制造冲剪纸箱板的模具。随着激光器件和加工技术的进步，其应用领域逐步扩大到低碳钢、不锈钢等金属和木材、增强塑料、陶瓷、石英、石材等非金属板材的切割，应用规模也不断扩大。

8.3.3.1　激光切割机理

激光切割是利用聚焦的高功率密度激光束辐照工件，在一定的激光功率密度下，激光束的能量大部分被材料吸收，由此引起工件局部温度的急剧上升，达到熔点后材料开始汽化，并形成孔洞，随着激光束与工件的相对运动，最终使得材料形成切口，切口处的熔渣被一定的辅助气流吹走。根据被切材料和切割参数的不同，激光切割主要有以下三种方式：汽化切割、熔化切割、反应熔化切割。

(1) 汽化切割　在汽化切割过程中，切口部分材料以蒸汽或残渣的形式排出，这是切割不熔化材料，如木材、碳和某些塑料的基本形式。采用脉冲激光，其峰值功率密度高达 $10^8\,W\cdot cm^{-2}$ 以上时，各种金属和非金属材料陶瓷、石英也主要是以汽化的形式被切除。

(2) 熔化切割　这是金属板材切割的基本形式。当被切材料受到较低功率密度的激光作用时，主要是发生熔化而不是汽化。在气流的作用下，切口材料以熔融物的形式由切口底部排出，激光能量的消耗要比汽化切割低。

(3) 反应熔化切割　如果不采用惰性气体，而采用氧气或其他反应气体吹气，和被切材料产生放热反应，则在除激光辐照之外，还提供了另一个切割所需的能量。在氧气辅助切割钢板时，切割所需的能量大约有 60% 是来自铁的氧化反应。而在氧气辅助切割钛合金板时，放热反应可提供 90% 的能量。

随着激光束的定向移动，具有高功率密度的激光束能够很快地将局部加热，从而迅速地切断陶瓷材料，并可以切割出任意曲线轮廓的复杂零件。

8.3.3.2　激光切割工艺参数

影响激光切割过程的参数众多，影响切割过程的参数主要体现在激光束的特性、装置和加工参数、材料本身的性质等方面。光束特性主要包括功率、模式、偏振性和稳定性；装置和加工参数主要包括传输光路的设计、进给速度、辅助气体系统的设计、辅助气体的种类和压力及与材料相关的特性，包括热物理性能参数、厚度、密度等和基本光学性质。其中激光功率、模式、偏振性、焦点位置、切割速度、辅助气体和材料本身的性质是主要的影响因素，下面就这些参数进行分析。

(1) 功率　工业用切割激光器输出功率从几百瓦到上千瓦不等。小功率激光器可以用于激光雕刻和切割薄板，大功率激光器可以切割厚板和实现更高的切割速度，提高切割效率。功率越大，穿透深度越大。切割厚度不变的情况下，功率越大，切割速度越高。但是功率越大，激光器的成本越高，因此，应该合理选择激光功率，实现最大切割深度和切割速度。

(2) 模式　激光束剖面能量分布称为模式，用 TEM_{mn} 表示。研究指出，激光的模式决定了光束能量在三维空间的分布。光束剖面的形状决定了最终的加工性能，大多数激光的模式是基模或近基模，呈高斯分布或近高斯分布，具有聚焦区域小、功率密度高等特点。此外，所有坐标轴的能量分布都是一样的，切割时与方向无关。高斯能量分布的激光存在尖峰，所以聚焦光束中心的能量显著高于平均能量。多模输出激光聚焦后的功率密度的数量级只有高斯光聚焦的二分之一或更少，这好比是"钝刀"和"利刀"。在某些情况下，小功率激光光束模式比大功率的要好。聚焦光斑直径小，能量密度反而更高，导致较大的切割速度和良好的切割质量，反而优于大功率激光切割。

（3）偏振性　与任何形式的电磁波传输一样，激光束具有电和磁的分矢量，它们相互垂直并与光束前进方向成直角。在光学领域，传统上以电矢量的位向作为光束偏振方向。光束偏振与切口质量密切相关。在实际切割中产生的缝宽、切边表面粗糙度和垂直度变化都与光束偏振有关。

几乎所有用于切割的高功率激光器都是平面偏振，也就是在发射光束内电磁波都在同一平面内振动。电磁波在垂直于工件的平面或表面内平面振动，对能量耦合效应的差别较小。在表面处理和焊接领域，光束的偏振问题并不重要。但在切割过程中，光束在切割面上不断反射，如果光沿着切口方向振动，光束能量就能被最好地吸收。不同的陶瓷材料，偏振方向在对激光束的吸收率方面有很大的差别，从而对切割断面形状、最大切割速度、切割深度等方面都有很大的影响。

（4）焦点位置　焦距影响焦斑直径和焦深。短焦距加工时，焦斑直径小，功率密度高，切割速度高，表面粗糙度低，切口窄，但是焦深较短，使得切口不直，上下切口的表面粗糙度相差较大，因此，仅适合薄材料切割。切割厚材料时，只有长焦距才能得到直切口和上下均匀的表面粗糙度。薄板切割时，焦点位置通常位于工件表面。焦点位置的改变会影响切割速度和切割质量。

（5）切割速度　激光切割的生产率和切割速度密切相关。切割速度决定了激光切割所需的时间以及材料可以吸收的能量。如果其他参数保持不变，切割深度随着切割速度的减小而增加，但是切割速度对切缝宽度的影响不大。进给速度和功率的组合同工件厚度、切缝宽度和密度有关。切割速度是操作者可以调节的重要参数之一。切割速度过大，不能切穿板材；切割速度过小，有可能损坏切割表面。因此，对于一定厚度的陶瓷材料，存在最大最小切割速度，其中包括得到良好切割质量的优化切削速度。

（6）辅助气体　气流辅助激光切割陶瓷，激光束与气流共轴，气流的作用有三个：清除切口处产生的烟雾和燃烧时的碎屑，防止污染光学系统；吹走切口碎屑和燃烧废气，使得激光能量直接作用于工件上，加强了激光切割作用；如用氧气代替空气，通过化学反应可在工件切口起到助燃作用。

目前，切割陶瓷材料的主要光源是 CO_2 气体激光发生器。各种陶瓷的切割工艺参数见表 8-22。实践证明，各种陶瓷的切割特性相差很大。切割时，首先要根据陶瓷材料的成分和结构特征选择好激光的功率和切割速度。在切割过程中，要特别注意由温差引起的裂纹。防止切割裂纹的主要措施有：

表 8-22　激光切割的工艺参数

陶瓷材料	试件厚度 /mm	切割速度 /m·min^{-1}	切割缝宽 /mm	激光功率 /kW	辅助气体
氧化铝陶瓷	1.4	0.76	0.4	0.2	N_2
氧化铝陶瓷	0.6	1.3	0.3	0.25	N_2
氧化铝陶瓷	0.8	0.02	—	0.25	—
氧化铝陶瓷	0.8	0.02	—	0.25	—
石英	1	2.5	—	0.5	空气
石英	9.5	0.13	—	1.0	

① 冷气吹喷切割部位，使该区域冷却，防止热冲击。
② 用辅助加热法把切割部位周围区域预热，减少温差，防止热应力。
③ 使照射激光脉冲化，减少热负荷，防止热裂纹。

激光切割过程中，激光脉冲的捕捉采用远红外仪和光电传感器综合测试，并可通过示波器显示出来，激光共振的 Q 值是周期性变化的。

8.3.4　激光加工陶瓷微裂纹分析

用于陶瓷加工的激光器主要有 YAG 激光器、CO_2 激光器。这两种激光器在加工陶瓷时都会产生微裂纹。又因为陶瓷是脆性材料，塑性很差，这些微裂纹的尖端所形成的应力难于释放，使微裂纹很容易扩展为大裂纹，甚至使激光加工出来的陶瓷工件失效。所以分析 YAG 和 CO_2 激光器加工陶瓷时产生微裂纹的原因，寻找减少和消除微裂纹的方法就显得非常重要。

激光在加工陶瓷时产生微裂纹的原因并不完全相同，所以减少和消除微裂纹的方法也不相同。Lsamu 等人分别用 CO_2 激光器和 YAG 激光器切割 Si_3N_4 陶瓷，发现在切割表面附着 $30\sim100\mu m$ 大的颗粒，表面非常粗糙。用 SEM 观察，发现这些颗粒中布满了微裂纹。究其原因，是因为 CO_2 激光器和 YAG 激光器输出的功率密度不够高，在切割 Si_3N_4 陶瓷材料时，只能将 Si_3N_4 分解为气体氮和液体硅，这些液体硅形成液滴附着于切割表面，冷却后即成为 $30\sim100\mu m$ 的小颗粒，而这些小颗粒中布满了裂纹。如果提高激光的功率密度，则通过热传导方式传递给周围陶瓷材料的能量减少。所输入的激光能量主要用于陶瓷材料的汽化，可将 Si_3N_4 陶瓷分解为气体氮和气体硅，这样就不会有液体硅沉积在切割表面上，从而消除了切割表面上的微裂纹。

Copley 等人研究了 Si_3N_4 陶瓷材料在激光加工过程中的物理化学变化，发现 Si_3N_4 并未熔融而是发生了升华，分解为 N_2 和 Si 单质，沉积的 Si 与 Si_3N_4 线胀系数相差很大，材料表面产生微裂纹，强度损失 $30\% \sim 40\%$，所以应该进行加工后处理。

陶瓷打孔多采用多脉冲激光打孔方式，但脉冲的波形和脉冲宽度对裂纹的产生有很大的影响。当打孔进行到光脉冲尾缘，即多个脉冲中的最后一个脉冲以后，由于激光光强迅速减弱，熔化的液相材料会重新凝聚在孔壁上，形成再铸层，而再铸层中布满了微裂纹。再铸层取决于材料的性质和激光脉冲波形的尾缘形状，尾缘越陡，再铸层越少，改善激光脉冲波形可以减少陶瓷激光打孔时产生的微裂纹。

当脉宽增大时，会使较多的热量用于材料的非加工性加热，使陶瓷材料受热产生热应力裂纹。例如对 Al_2O_3 陶瓷打孔，当脉宽超过 0.5ms 时，裂纹几乎是不可避免的。所以减小脉冲宽度对陶瓷的激光打孔有利，可以减少微裂纹。

调整激光参数可以改变激光束能进的空间分布，激光束能量的空间分布不同，对微裂纹的产生也有影响。

Stankiewicz 等对 Al_2O_3 陶瓷的激光打孔进行了计算机仿真研究。他们用两种空间分布形式不同的激光进行研究，一种是高斯形光束；另一种是矩形光束，它们的数学表达式如下：

高斯形光束：

$$Q = 3.34 \times 10^{10} \exp(-32r^2) \qquad r < 0.25$$
$$Q = 0 \qquad\qquad\qquad\qquad\quad r < 0.25 \qquad (8\text{-}12)$$

矩形光束：

$$Q = 2.1 \times 10^{10} \qquad\qquad r < 0.25$$
$$Q = 0 \qquad\qquad\qquad\qquad r < 0.25 \qquad (8\text{-}13)$$

式中　Q——激光的功率密度（$W \cdot cm^{-2}$）；

　　　r——激光光斑半径（mm）。

仿真结果表明：用矩形光束在 Al_2O_3 陶瓷上打孔所产生的裂纹深度是高斯形光束的 2/3，而矩形光束在 Al_2O_3 陶瓷上打孔的速率仅是高斯形光束的 2/3。可见，改善激光光束能量的空间分布不仅可以提高加工效率，而且可以减少微裂纹。加工实例也充分证明，提高激光的功率密度，改善激光输出的波形即减小脉宽，使脉冲尾缘更加陡峭，从而改善激光光束能量的空间分布，以及对被加工陶瓷工件进行预热和控制激光加工速度等方法，均可减少甚至消除激光加工陶瓷时产生的微裂纹。

激光切割热压 Si_3N_4 陶瓷试件时，Hong Lei 对切割速度对裂纹形成的影响进行了试验研究。试验条件为：激光切割平均功率为 250W，峰值功率为 12.5kW，脉冲频率为 20kHz，切割速度从 8mm $\cdot$ s^{-1} $\sim$ 220mm $\cdot$ s^{-1}，对每个切割速度来说，切割过程都要重复几次，直到线切割能量即每单位切割长度内的激光能量达到相同的 240J $\cdot$ mm^{-1}。对切缝进行观察会发现，大多数裂纹都出现在切缝的上部。

图 8-46 表示裂纹随激光切割速度的变化关系，其中包括每切割单位长度内的裂纹数和裂纹长度两种情况。随着切割速度的增加，每切割单位长度内的裂纹数目和长度都减少。当切割速度大于 $220\text{mm} \cdot \text{s}^{-1}$ 或脉冲间距大于 $11\mu\text{m}$ 时，裂纹几乎看不到了。这是因为当光斑直径为 $100\mu\text{m}$ 时，光斑位移为 $11\mu\text{m}$，直接作用在切割表面某些位置上的激光脉冲数量仅有 10 个。

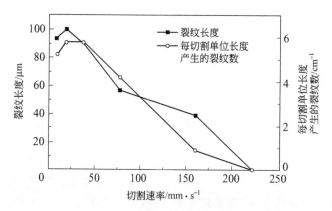

图 8-46　裂纹的长度和数量与激光切割速度之间的关系

8.3.5　陶瓷加工中激光技术的其他应用

8.3.5.1　激光加热辅助加工的应用与发展历程

加热切削（heat cutting）迄今为止已有近一个世纪的历史，加热方法包括电加热、火焰加热、等离子加热、激光加热以及特殊光源加热等，早期多使用电加热或火焰加热。自 1970 年英图氧气公司创造性地采用等离子体加热切削奥氏体钢获得成功后，1973 年美国 PERA 生产组织引进此技术并进行了推广，此后该技术得到了长足的发展。20 世纪 80 年代，德国 Fraunhofer 学院生产中心发明了激光加热辅助切削高温合金的方法。进入 20 世纪 90 年代，全球的相关科研机构对激光加热辅助加工进行了大量的研究。美国国家电气公司联合南加利福尼亚大学，用 1.4kW 的 CO_2 激光器对难加工材料进行了激光加热辅助切削；意大利的菲亚特（Fait）汽车制造公司也对加热切削发动机关键零件做了不少试验研究；希腊的佩特雷大学（University of Patras）对激光加热辅助加工做了定量的试验研究；俄罗斯科学院（Russian Academy of Sciences）对激光加热辅助切削时工件表面的温度进行了实时的测量，并对工艺控制做了研究；西班牙的迭比戈大学（Univcrsidadede Vigo）采用光纤导光的 Nd：YAG 激光对陶瓷材料进行了加工试验研究；美园的宾夕法尼亚大学（Pennsylvania Stale LTni-verslt）运用 CO_2 激光对陶瓷材料进行了加工试验，并得到了一些陶瓷材料吸热的试验数据；

日本的千叶工艺研究所（ChibaPolytechnic）对树脂陶瓷材料的激光作用机理进行了研究；法国的巴黎大学对激光辅助加工陶瓷微电子产品做了研究；德国的亚琛技术研究中心、加拿大的劳伦西大学（Laurentian University）对激光辅助加工旋转难加工试件做了研究；德国的斯图加特大学（Univeisitat Stuttgart）运用YAG激光对光学玻璃进行了加热试验研究；此外，德国的汽车制造业运用激光加热辅助切削制造了汽车的陶瓷进排气阀。

8.3.5.2   陶瓷材料激光辅助车削与磨削

常温下在车床上切削陶瓷只能使用 PCD 或 PVD 刀具，由于加工时气孔和瑕疵引起的冲击振动极易使刀具崩刃或非正常磨损，刀具寿命极低，因此几乎无人用这种方法加工陶瓷。

因此，要想从根本上改变陶瓷的加工现状，必须要在加工方法上有新的突破。关键是要改变陶瓷材料加工时的硬脆特性，即变脆性切削为塑性切削。一般的加热方法受到陶瓷材料性能的制约，如陶瓷的绝缘性使得与电加热无缘。火焰加热温度较低，能量密度不够。日本的上田隆司曾采用远红外技术把热压氮化硅工件整体加热到 2500℃ 以上，再用普通车刀加工内螺纹，加工起来可谓"游刃有余"。但这种加热方式必然导致材料的相变，除非是对零件使用要求很低的场合。

等离子体加热对陶瓷材料存在一定难度，由于陶瓷工件不导电无法直接充当阴极，只能用其他方法引弧，若使用非转移弧加热，热流密度不够。田欣利曾尝试用辅助电极法将最大电流为 100A 的等离子弧引出，再用出口处的惯性焰窝对 Al_2O_3 陶瓷涂层进行加热，用红外测温仪测出焰窝中心温度为 2500℃，由于热源随刀架快速移动，对工件而言时间历程仅为 0.4s，软化区域半径可达到 0.5mm，这样才有可能满足车削加工正常的切削用量的要求。加工陶瓷涂层勉强能实现，但对结构陶瓷来说，还需大大增加等离子源的功率密度。

激光加热有以下几个优点：

(1) 功率密度高达 $10^8 \sim 10^{10} \, W \cdot cm^{-2}$，加热速度极快，足以对任何陶瓷材料实现高速切削条件下的塑性加工；

(2) 激光光斑可聚焦到微米量级，热影响区小；

(3) 输出功率可调，可根据不同工件材料对加热温度和光斑直径进行调节。

从 20 批纪 90 年代开始，德国 Konig W 等人首先在陶瓷切削加工中采用激光加热辅助切削技术。至今已进行了多种材料、多种加工方式及不同刀具材料的试验研究。由于采用大功率激光器（4kW）和高性能刀具，材料的加热温度较高，可加工性有了较大的改善，可大大提高切削加工速度，提高加工表面质量，延长刀具寿命，降低加工成本。1997 年，德国 T. Toucs 尝试用 200W 的 YAG激光器加热 MgO 陶瓷效果显著，提高切削效率 5 倍，表面粗糙度下降了 25%。虽然研究还停留在初级试验阶段，但毕竟说明激光加热陶瓷具备可行性，有深入研究的必要。

20 世纪 90 年代初，美国普度大学（Purdue university）就对激光加热辅助切削陶瓷材料进行了研究，他们通过对 Si_3N_4、ZrO_2 陶瓷进行试验，建立了瞬时、三维温度场传递的物理、数学模型，并通过原始试验曲线分析预测在切削过程中工件表面温度的变化，并通过在线的精度测量和切削力的测量，改变激光作用位置、激光能量、光斑直径、激光扫描速度、工件转速、刀具进给量、背吃刀量等参数进行切削力的分析、刀具磨损量的分析，并运用解析的方法进行预测，得到了激光辅助切削 Si_3N_4、ZrO_2 陶瓷试验与理论分析数据，并于 1998 年开发出用激光辅助切削陶瓷材料的实用技术，据称"可将加工成本降低 50％"。开发该技术的初衷，是考虑到模具制作成本因素而不采用模具来生产的小批量、小规格的某些陶瓷部件。研究人员首先用激光将陶瓷材料加热到 1000℃ 以上，使其软化，激光的强度及加热部位均需精确控制，加热的部位仅限于材料上很小的一部位，然后再用氮化硼刀具进行切削。目前正在考虑开发较低成本便于应用的半导体激光器。

在陶瓷的磨削过程中，可以利用激光对工件进行预热，提高陶瓷的断裂韧度，使陶瓷发生塑性变形而变得较容易磨削。而且对于陶瓷这样的硬脆材料来说，磨削时在陶瓷中的一些硬脆微粒对砂轮有消极的影响。利用激光预加热（图 8-47 所示），不仅能提高磨削效率，而且还能降低陶瓷中的硬质点对砂轮寿命的影响。工件经激光照射预热后需立即进行磨削，使预加热和磨削间的时间间隔尽可能缩短，以避免工件因冷却影响加工效果。用激光预加热进行磨削可增大背吃刀量，提高去除量而不引起磨削裂纹，但是用与不用激光预热磨削加工得到的表面粗糙度几乎是一样的。

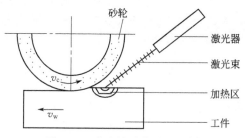

图 8-47　激光辅助磨削原理图

目前，国内外许多专家学者正在探索陶瓷材料的延展性和半延展性磨削加工技术，而利用激光预加热可以提高其断裂韧度，使其更易通过塑性变形的方式得以去除。在陶瓷的磨削过程中，利用激光预加热，使材料最大限度地由脆性破坏向塑性去除转变是值得研究探索的。

8.3.5.3　激光检测加工表面

当先进陶瓷应用于航空、航天和国防等工业部门时，对表面质量的要求较高，特别是为了保证其强度，必须尽可能地减少表面微裂纹、裂缝等缺陷。为了保证加工质量，还必须对其表面粗糙度实现在线检测。而且由于表面粗糙度与刀具磨损、断裂以及加工系统的自激振荡等密切相关，因此可以通过在线检测表面粗糙度来检定磨削条件，防止零件出现表面振纹、烧伤、裂纹等。在线检测是激光检测系统的一大特点，不用把加工工件卸离机床就可以测出表面粗糙度，这种方法也可以用来去除砂轮表面黏结物，其基本原理是通过激光照射使砂轮表面的黏结物蒸发去除。选择合理的工艺参数，能保证在蒸发黏结物的同时不影响基体与磨粒。另外，还可以在线实时检测高速砂轮的磨粒磨损状况，最大限度地延长金刚石砂轮的耐用度与寿命。随着科学技术的发展，激光检测技术将会获得更广泛的应用。

● 参考文献

[1] 田欣利，徐西鹏等．工程陶瓷先进加工与质量控制技术［M］．北京：国防工业出版社，2014.

[2] 刘殿通．超声磨削加工机床及其电源的研究［D］．天津：天津大学机械学院，2001.

[3] 曹凤国．超声加工技术［M］．北京：化学工业出版社，2005.

[4] 陈桂生．超声换能器的设计［M］．北京：海洋出版社，1984.

[5] 林仲茂．超声变幅杆的原理和设计［M］．北京：科学出版社，1987.

[6] 扬周铜．高速超声加工工具的研究与应用［J］．应用声学，1997，16（5）32-35.

[7] 胡传炘，夏志东．特种加工手册［M］．北京：北京工业大学出版社，2001.

[8] 刘晋春，陆纪培．特种加工［M］．吉林：吉林人民出版社，1979.

[9] 张建华．精密与特种加工手册［M］．北京：机械工业出版社，2003.

[10] 王先逵．精密加工技术实用手册［M］．北京：机械工业出版社，2001.

[11] 韩宏远．新型陶瓷材料超声振动车削试验研究［D］．天津：天津大学机械学院，1987.

[12] 赵学晓．新型陶瓷材料超声加工特性的试验研究［D］．天津：天津大学机械学院，1989.

[13] 刘金华．超声磨削加工机及其模块化设计研究［D］．天津：天津大学机械学院，2001.

[14] 高波．TiB_2/Cu 复合材料在电火花电极材料中应用的探讨研究［D］．天津：天津大学机械学院，2005.

[15] 王斌修，李淑玉．结构陶瓷精加工工艺［J］．山东机械，2001，3：15-18.

[16] Martin C et al. Electrical Discharge Machinable Ceramic Composites［J］. Materials Science and Engineering, 1989（A109）：351-356.

[17] Naotake Mohri. et al. Assisting Electrode Method for Machining Insulating Ceramics［J］. Annals of the CIRP, 1996, 1（45）：201-204.

[18] Yasushi Fukuzawa et al. A New Machining for Insulating Ceramics with an Electrical Discharge Phenomenon［J］. Journal of the Ceramic of Japan, 1995, 10（103）：1000-1005.

[19] Lee T C, Zhang J H, Tang C Y. Strengthening of Wire Electro_ Discharge Machined Sialon Ceramic by Quenching［J］. Key Engineering Materials, 1998,（145-149）：1173-1178.

[20] Tonshoff H K and Kappel H. Surface Modification of Ceramic by Laser Machining［J］. Annals of the CIRP, 1998, 1（47）：471-474.

［21］　Deng J X and Lee T C. Techniques for Improved Surface Integrity of Electrodischarge Machined Ceramic Composites［J］. Surface Engineering, 2000, 5（16）: 411-414.

［22］　郭永丰, 白基成, 毛利尚武. 绝缘陶瓷电火花磨削加工的研究［J］. 电加工与模具, 2006, 1: 54-56.

［23］　Jia ZhiXin, Zhang JianHua, Ai Xing. Study on a New Kind of Combined Machining Technology of Ultrasonic Machining and Electrical Discharge Machining［J］. Int. J. Mach. Tools Manufact, 1997, 2（37）: 193-199.

［24］　Hong Lei, Lijun. A study of laser cutting engineering ceramics［J］. Optics&Laser technology, 1999, 31: 531-538.

［25］　Morita N, Watanabe T, Yoshida Y. Crack-free processing of hot-pressed silicon nitride ceramics using pulse YAG laser（3rd Report, Analysis of Fracture Strength and Residual Stress）［J］. Transactions of the Japan Society of Mechanical Engineers, 1991, （57）: 537.

［26］　邓琦林, 张永康, 唐亚新等. 激光加工陶瓷微裂纹的减少和消除［J］. 电加工, 1994, 3: 2-4.

［27］　陈锡让, 王忠琪, 于思远等. 工程陶瓷小孔激光加工［J］. 天津大学学报, 1996, 1（29）: 152-157.

［28］　柯宏发, 陈友良, 赵燕. 陶瓷加工中的激光技术应用研究［J］. 光学技术, 1997, 6: 17-19.

［29］　赵宇. 工程陶瓷的激光加热辅助切削研究［D］. 长沙: 湖南大学, 2003.

［30］　孙立华. 陶瓷激光打孔技术研究［D］. 长春: 长春理工大学, 2006.

［31］　袁巨龙. 功能陶瓷的超精密加工技术［M］. 哈尔滨: 哈尔滨工业大学出版社, 2000.

［32］　程学艳. 新型旋转超声复合磨削头及其系列化研究［D］. 天津: 天津大学机械学院, 2005.

［33］　于思远, 林彬. 工程陶瓷材料的加工技术及其应用［M］. 北京: 机械工业出版社, 2008.